全国高等农林院校“十三五”规划教材

大学信息技术实训教程

黄锋华　刘艳红　主编

中国农业出版社

北　京

内容简介

本书是一本操作性较强的信息技术实训教材，由 14 个实训组成，分别为中文版 Windows 7 基本操作、Word 2016 文档格式化、Word 2016 表格制作与图文混排、Excel 2016 基本操作、Excel 2016 数据处理与分析、PowerPoint 2016 演示文稿的设计与制作、Visio 2016 图形绘制、Access 2016 数据库基础应用、Photoshop 2022 贺卡制作、Photoshop 2022 照片处理、Adobe Audition CC 2022 音频编辑与 Adobe Premiere Pro CC 2022 视频制作、SPSS 数据分析、Python 农业数据分析和可视化、计算机网络基础应用。本书提供了实训操作 PPT、微视频、实训素材等相关材料文档。本书融入新农科理念，并与思政有机融合，结构清晰，语言通俗易懂，注重科学性与实用性。遵循农林院校学生的认知规律，各实训分别包括实训目的、实训准备、实训内容、实训要求、实训步骤、实训延伸、习题七个模块，循序渐进，由浅入深。

本书适合作为高等院校非计算机专业大学计算机基础课程的实验或实训教材，也可作为信息技术基础爱好者的自学参考用书。

编审人员名单

主　编　黄锋华　刘艳红

副主编　车秀梅　冯灵清　王春山　李龙威

编　者　（按姓氏笔画排序）

王　娜（黑龙江八一农垦大学）
王春山（河北农业大学）
车秀梅（山西农业大学）
冯灵清（山西农业大学）
刘文洋（东北农业大学）
刘艳红（山西农业大学）
李龙威（黑龙江八一农垦大学）
李艳文（山西农业大学）
杨　艳（山西农业大学）
苗荣慧（山西农业大学）
侯　斐（山西农业大学）
高云丽（黑龙江八一农垦大学）
黄锋华（山西农业大学）
梁长梅（山西农业大学）

主　审　尹淑欣（黑龙江八一农垦大学）

前言 FOREWORD

信息技术在人们的生活和工作中起着越来越重要的作用，计算机、通信、数字信息、软件这些信息时代的主要元素无处不在。大学信息技术实训课程以培养计算机操作技能、计算思维能力，以及提高信息化素养为目标，为后续计算机及相关课程的学习做好必要的知识准备。使人们能够有意识地借鉴、引入信息技术中的一些思想、技术和方法，能够利用计算机解决计算机信息处理中出现的问题。

本书适合作为高等院校大学计算机基础课程的实验或实训教学用书。根据多年的教学经验，在本书中融入新农科理念，遵循从计算机操作系统到常用软件使用、从一般操作到技能技巧掌握、从规则化制作到创意设计的原则。全书共有 14 个实训：实训一为中文版 Windows 7 基本操作、实训二为 Word 2016 文档格式化、实训三为 Word 2016 表格制作与图文混排、实训四为 Excel 2016 基本操作、实训五为 Excel 2016 数据处理与分析、实训六为 PowerPoint 2016 演示文稿的设计与制作、实训七为 Visio 2016 图形绘制、实训八为 Access 2016 数据库基础应用、实训九为 Photoshop 2022 贺卡制作、实训十为 Photoshop 2022 照片处理、实训十一为 Adobe Audition CC 2022 音频编辑与 Adobe Premiere Pro CC 2022 视频制作、实训十二为 SPSS 数据分析、实训十三为 Python 农业数据分析和可视化、实训十四为计算机网络基础应用。本书提供了实训操作 PPT 文稿、微视频，以及习题素材及答案，均可通过扫描二维码获取。

本书突出实践操作技能的培养，使用了大量符合实际需求的应用实例，注重提升学生的自学能力、实践能力、数据分析与处理能力、实训组织能力和文字表达能力。通过信息技术的学习，激发学生的创新意识，坚定学生的科技强国信念。本书在内容编排方面，以“立德树人”为根本任务，按照循序渐进、由浅入深的规律设计，选取实用性较强的案例。根据教学内容，针对学生的实际情况，精心设计各实训内容。每个实训有明确的思政实训目的、充足的实训准备、直观的实训内容、简明扼要的实训要求、清晰翔实的实训步骤、开拓视野的实训延伸和习题 7 个模块。

本书由山西农业大学、河北农业大学、黑龙江八一农垦大学和东北农业大学一线教师编写，本书编者均具有丰富的计算机基础教学经验，部分编写内容取自教学讲义或考试题库。本书由黄锋华、刘艳红任主编，车秀梅、冯灵清、王春山、李龙威任副主编，实训一由杨艳编写，实训二由王春山编写，实训三由黄锋华编写，实训四由李龙威编写，实训五由刘艳红编写，实训六由车秀梅编写，实训七由李艳文编写、实训八由梁长梅编写，实训九由高云丽编写，实训十由冯灵清编写，实训十一由苗荣慧编写，实训十二由王娜编写，实训十三由侯斐编写，实训十四由刘文洋编写。全书由黑龙江八一农垦大学尹淑欣主审，由山西农业大学黄锋华、刘艳红统稿并定稿。

本书的编写凝聚了课程组教师多年来在大学计算机基础课程教学方面的研究成果和在教学改革中的经验，在此深表感谢。同时，编者参阅了大量有关大学计算机基础的书籍和资料，在此，对它们的作者和提供者一并表示衷心的感谢。

由于编者水平有限，本书存在遗漏和不足之处在所难免，恳请读者批评和指正，我们将不断改进与完善。

编　者

2022年8月

目录 CONTENTS

实训一 中文版 Windows 7 基本操作

一 实训目的

PPT

（1）学会操作系统信息的查看和桌面主题的设置。
（2）掌握鼠标、窗口、菜单操作及其使用技巧。
（3）掌握任务栏、“开始”菜单的设置及任务切换功能。
（4）掌握快捷方式的创建与使用。
（5）掌握资源管理器的使用。
（6）掌握文件的查找，文件和文件夹的创建、移动、复制、删除、重命名等操作。
（7）学会使用“控制面板”调整计算机的设置。

知 识

- 计算机属性的查看
- 快捷方式的创建与任务栏的设置
- 计算机个性化设置
- Windows资源管理器的使用

能 力

- 逻辑思维能力
- 终身学习的意识和能力
- 良好的沟通能力和合作精神

素 质

- 培养学生利用计算机解决问题的思维方式
- 培养学生细致严谨、勇于探索的科学态度和工匠精神

二 实训准备

Windows 7 是由微软公司开发的操作系统，可供家庭及商业工作环境、笔记本电脑、平板电脑、多媒体中心等使用。Windows 7 操作系统在用户界面、应用程序和功能、安全、网络、管理性等方面在原版本的基础上进行了大幅度改善。

1. Windows 7 的启动与退出

（1）启动计算机的一般步骤。

① 依次打开计算机外围设备的电源开关和主机电源开关。

② 计算机执行硬件测试，测试无误后即开始系统引导。

③ 单击要登录的用户名，输入用户密码，然后继续完成启动，出现 Windows 7 系统桌面。

（2）退出 Windows 7 并关闭计算机。

① 保存所有应用程序的处理结果，关闭所有运行的应用程序。

② 单击“开始”菜单，选择最底部靠右的“关机”按钮，将出现“关闭所有打开的程序，关闭 Windows，关闭计算机”的提示信息，然后关闭系统及计算机。

③ 单击“关机”按钮右侧的三角按钮，弹出“关机选项”菜单，选择相应的选项，可完成“切换用户”、“注销”、“锁定”、“重启”和“睡眠”等相应操作。

2. Windows 7 的桌面组成

Windows 7 桌面由桌面图标、桌面背景和任务栏等组成，如图 1－1 所示。

图 1－1　桌面组成

Windows 7 任务栏组成如图 1－2 所示。

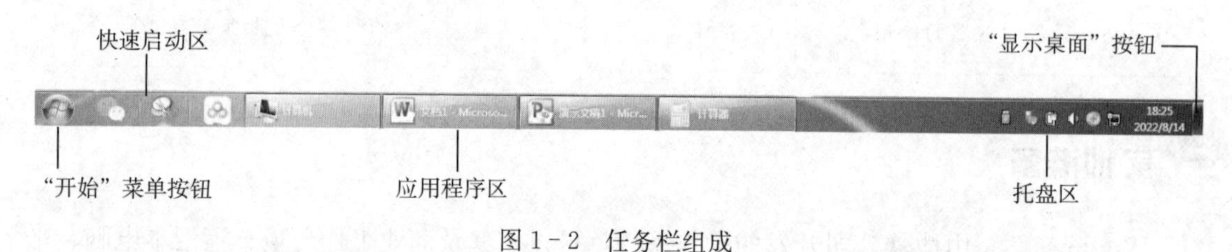

图 1－2　任务栏组成

3. Windows 7 的窗口

在打开文件夹、库，或运行一个程序、打开一个文档时，都会在桌面上打开一个与之相对应的窗口，窗口的各个不同部分帮助用户更轻松方便地使用文件、文件夹和库，图 1－3 是以计算机的资源管理器窗口为例标识出窗口各组成部分。

4. Windows 7 文件和文件夹管理

（1）文件。文件是数据在计算机中的组织形式，无论是程序、文章、声音、视频，还是图像，最终都是以文件形式存储在计算机的存储介质（如硬盘、光盘、U 盘等）上。Windows中的任何文件都是用图标和文件名来标识的，文件名由主文件名和扩展名两部分组成，中间由“.”分隔，如图 1－4 所示。

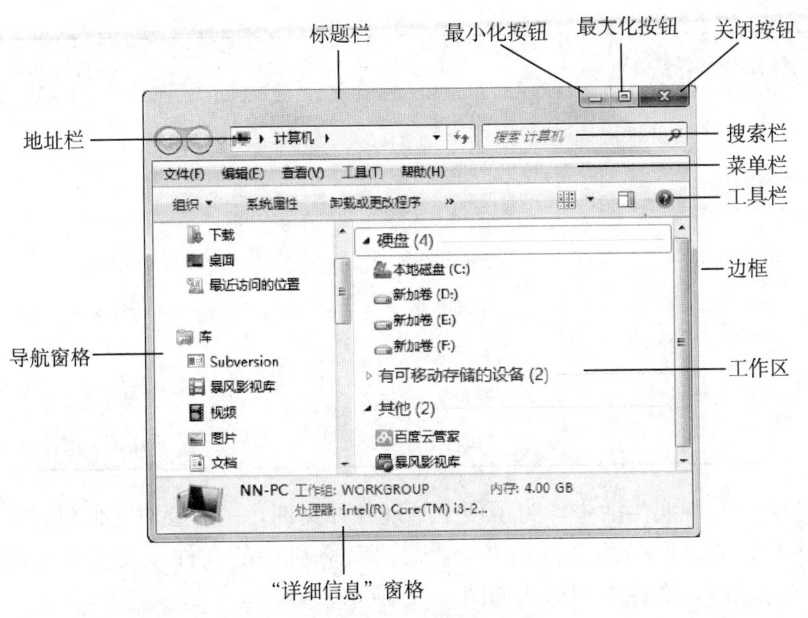

图 1-3 资源管理器窗口组成

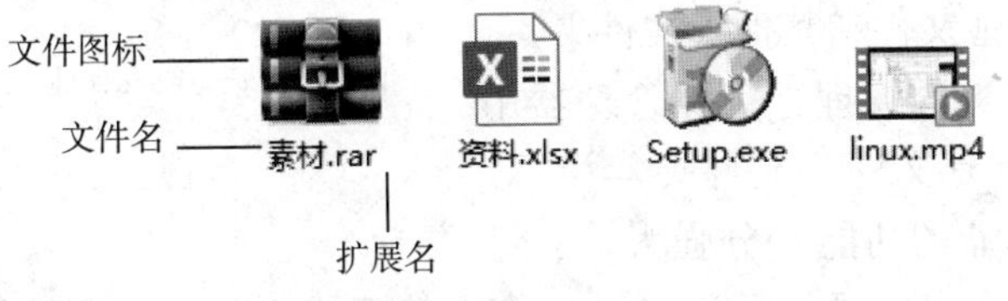

图 1-4 文件名的组成示例

主文件名最多可由 255 个英文字符或 127 个中文字符组成，或者混合使用字符、汉字、数字甚至空格。但是，文件名中不能含有"/"、"\"、":"、"<"、">"、"?"、"*"、"""和"|"字符。扩展名用来标识文件格式或文件类型，也决定了使用什么程序来打开该文件，常说的文件格式指的就是文件的扩展名。常见的文件类型及其扩展名如表 1-1 所示。需要注意的是，在 Windows 系统中无法用设备名来命名文件或文件夹，这些设备名主要有 aux、com1、com2、prn、con、nul 等，它们是 Windows 操作系统定义的设备名称，是保留关键字，不允许使用。

表 1-1 常见的文件类型及其扩展名

扩展名	文件类型	关联软件
.txt	文本文件	记事本
.rar	压缩文件	WinRAR
.docx	Microsoft Word	Microsoft Word 2007 以上版本
.xlsx	Microsoft Excel	Microsoft Excel 2007 以上版本
.pptx	Microsoft PowerPoint	Microsoft PowerPoint 2007 以上版本

（续）

扩展名	文件类型	关联软件
. wps	WPS 文字	WPS Office
. et	WPS 表格	WPS Office
. dps	WPS 演示文稿	WPS Office
. pdf	便携式文档	Adobe Acrobat
. jpg	图片文件	画图、Photoshop 等
. mp3	音频文件	影音播放软件
. avi	视频文件	影音播放软件
. exe	可执行文件	Windows 操作系统

（2）文件夹。在现实生活中，为了便于管理各种文件，一般会对它们进行分类，并放在不同的文件夹中。Windows 用文件夹来分类管理计算机中的文件，文件夹是用文件夹名和文件夹图标来标识的，文件夹的形式如图 1－5 所示。

文件夹还可以存储其他文件夹。文件夹中包含的文件夹通常称为“子文件夹”，每个子文件夹中又可以容纳其他文件和其他子文件夹。

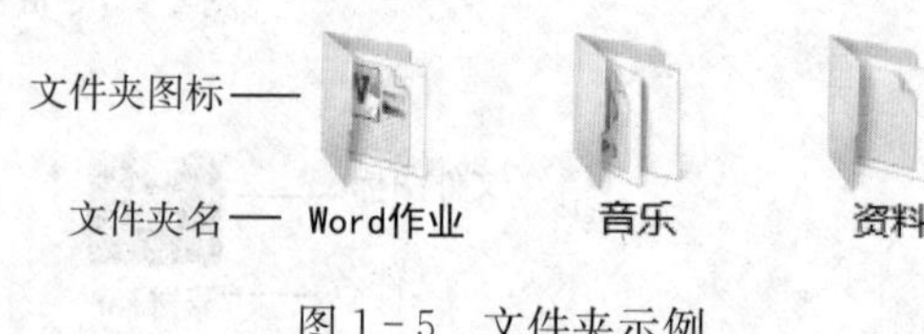

图 1－5　文件夹示例

（3）文件与文件夹的管理。资源管理器用来管理计算机中的所有文件、文件夹等资源。Windows 7 资源管理器的功能十分强大，右键单击“开始”按钮，会出现“打开 Windows 资源管理器”选项，或双击桌面上的“计算机”图标、“网络”图标等，都可打开资源管理器。

① 新建文件或文件夹：通常情况下，用户可利用文档编辑程序、图像处理程序等应用程序创建文件。此外，也可以直接在 Windows 7 中创建某种类型的空白文件，或者创建文件夹来分类管理文件。在要创建文件或文件夹的磁盘窗口处单击“新建文件夹”按钮，输入文件夹名称，即可创建文件夹。进入文件夹后在空白处单击右键，在出现的快捷菜单中选择“新建”选项实现文件或文件夹的创建。

② 选择文件或文件夹：要选择单个文件或文件夹，可直接单击该文件或文件夹。要选择窗口中的所有文件或文件夹，可单击窗口工具栏中的“组织”按钮，在展开的列表中选择“全选”选项，或直接按【Ctrl＋A】键实现全选。

要选择多个文件或文件夹，可在按住【Ctrl】键的同时，依次单击要选择的文件或文件夹，选择完毕释放【Ctrl】键即可。要选择连续的多个文件或文件夹，单击选中第一个文件或文件夹后，按住【Shift】键单击其他文件或文件夹，则两个文件或两个文件夹之间的全部文件或文件夹均被选中。按住鼠标左键不放，拖出一个矩形选框，这时在选框内的所有文件或文件夹都会被选中。

③ 文件或文件夹重命名：当用户在计算机中创建了大量文件或文件夹时，为了方便管理，可以根据需要对文件或文件夹进行重命名。选择要重命名的文件或文件夹，再单击窗口中的“组织”按钮，在展开的列表中选择“重命名”选项，直接输入新的文件夹名称，然后

按【Enter】键确认，或利用鼠标右键打开快捷菜单，选中“重命名”选项实现文件或文件夹的重命名。

为文件和文件夹重命名时，要注意在同一个文件夹中不能有两个名称相同的文件或文件夹，还要注意不要修改文件的扩展名。如果文件已经被打开或正在被使用，则不能被重命名。不要对系统中自带的文件或文件夹，以及其他程序安装时所创建的文件或文件夹进行重命名，以免引起系统或其他程序的运行错误。

④ 文件或文件夹的移动与复制：移动文件或文件夹是指调整文件或文件夹的存放位置；复制是指为文件或文件夹在另一个位置创建副本，原位置的文件或文件夹依然存在。

移动文件或文件夹：选中文件或文件夹，按【Ctrl＋X】（剪切）组合键，或单击工具栏中的“组织”按钮，在展开的列表中选择“剪切”项，选择放置位置后按【Ctrl＋V】（粘贴）组合键，或单击工具栏中的“组织”按钮，在展开的列表中选择“粘贴”项即可。

复制文件或文件夹：选中文件或文件夹，按【Ctrl＋C】（拷贝/复制）组合键，或单击工具栏中的“组织”按钮，在展开的列表中选择“复制”项，选择放置位置后按【Ctrl＋V】（粘贴）组合键，或单击工具栏中的“组织”按钮，在展开的列表中选择“粘贴”项即可。

在移动、复制文件或文件夹时，如果目标位置有类型相同并且名称相同的文件或文件夹，系统会打开一个提示对话框，用户可根据需要选择覆盖同名文件或文件夹、不移动文件或文件夹，或是保留两个文件或文件夹。

⑤ 删除文件或文件夹：在使用计算机的过程中应及时删除计算机中已经没有用的文件或文件夹，以节省磁盘空间。选中需要删除的文件或文件夹，按【Delete】键，或在工具栏的“组织”按钮列表中选择“删除”项，在打开的提示对话框中单击“是”按钮即可。删除大文件时，可将其不经过回收站而直接从硬盘中删除。方法是选中要删除的文件或文件夹，按【Shift＋Delete】组合键，然后在打开的确认提示框中确认即可。

⑥ 使用回收站：回收站用于临时保存从磁盘中删除的文件或文件夹，当用户对文件或文件夹进行删除操作后，默认情况下，它们并没有从计算机中直接被删除，而是保存在回收站中，对于误删除的文件，可以随时将其从回收站恢复。对于确认没有价值的文件或文件夹，再从回收站中删除。

选中文件或文件夹后单击工具栏中的“还原此项目”按钮可将文件或文件夹还原到删除之前的位置。

如果不选中任何文件或文件夹，然后单击窗口工具栏上的“还原所有项目”按钮，可将回收站中的所有文件和文件夹恢复到删除前的位置；若选中的是多个文件或文件夹，则可单击“还原选定项目”按钮恢复所选项目。

单击工具栏中的“清空回收站”按钮，或右击桌面上的回收站图标，在弹出的快捷菜单中选择“清空回收站”选项，然后在打开的提示对话框中单击“是”按钮，即可清空回收站。

⑦ 搜索文件或文件夹：随着计算机中文件和文件夹数量的增加，以及文件组织管理的方式不同，查找文件可能意味着浏览数百个文件和子文件夹，为了省时省力快速找到所需内容，用户可以利用 Windows 7 的搜索功能来查找计算机中的文件或文件夹。打开资源管理器窗口，可在窗口的右上角看到“搜索计算机”编辑框，在其中输入要查找的文件或文件名称，表示在所有磁盘中搜索名称中包含所输入文本的文件或文件夹，此时系统自动开始搜

索，等待一段时间即可显示搜索的结果。对于搜到的文件或文件夹，用户可对其进行复制、移动、查看和打开等操作。

如果用户知道要查找的文件或文件夹的大致存放位置，可在资源管理器中首先打开该磁盘或文件夹窗口，然后再输入关键字进行搜索，以缩小搜索范围，提高搜索效率。如果不知道文件或文件夹的全名，可只输入部分文件名；还可以使用通配符“?”和“*”，其中“?”代表任一个字符，“*”代表多个任意字符。

⑧ 使用 Windows 7 的库：在以前版本的 Windows 中，文件管理的主要形式是以用户的个人意愿，用文件夹的形式作为基础分类进行存放，然后再按照文件类型进行细化。但随着文件数量和种类的增多，加上用户行为的不确定性，原有的文件管理方式往往会造成文件存储混乱、重复文件多等情况，已经无法满足用户的实际需求。

而在 Windows 7 中，由于引进了“库”，文件管理更方便，可以把本地或局域网中的文件添加到“库”中，把文件收藏起来。简单地讲，文件库可以将我们需要的文件和文件夹集中到一起，就如同网页收藏夹一样，只要单击库中的链接，就能快速打开添加到库中的文件夹而不管它们原来的存储位置如何。另外，它们都会随着原始文件夹的变化而自动更新，并且可以以同名的形式存在于文件库中。

利用 Windows 7 的库可以对计算机中的文件和文件夹进行集中管理。用户可以新建多个库，并将常用的文件夹添加到相应的库中，以方便快速找到和管理这些文件夹中的文件。

添加到库中的文件夹只是原始文件夹的一个链接，不占任何磁盘空间。当删除某个库时，文件夹并没有被真正删除，在原位置依然存在。但对添加到库中的文件夹或文件夹中的文件进行的任何管理操作，如复制、移动和删除等，都将直接反映到原始位置的文件夹中。

在资源管理器中单击导航窗格中的“库”项目，打开资源管理器的“库”界面，从中可看到系统默认提供了“文档”、“音乐”、“图片”和“视频”4 个库，双击某个库，可看到已添加到其中的文件夹或文件。

在一个库中可以添加多个文件夹，单击某一选项，可在打开的对话框中查看添加的文件夹的原始位置。

向库中添加文件：打开库属性对话框，单击“包含文件夹”按钮，选择要添加到库中的文件夹后，单击“包括文件夹”按钮，最后单击“确定”即可。

5. Windows 7 操作系统的个性化设置

Windows 7 操作系统拥有丰富的主题，界面更加友好，其个性化设置主要包括：主题设置、桌面图标设置、任务栏和“开始”菜单设置等。用户可以通过“控制面板”→“个性化”来打开个性化设置窗口，也可通过在桌面的空白处单击鼠标右键，在弹出的菜单中选择“个性化”来打开。

(1) 主题设置。在 Windows 7 中，可设置的桌面主题有我的主题、Aero 主题（包括 Windows 7、建筑、人物、风景、自然、场景、中国）、基本和高对比度主题。如中国风主题，它的桌面背景、声音、屏幕保护程序，以及使用与壁纸同样的色调来装饰窗口和任务栏，都是很有中国特色的。需要注意的是，由于不同品牌计算机预装系统时带的主题不一样，部分 Aero 主题很可能无建筑、中国等主题。主题可从微软下载，方法为右键单击桌面空白处，在弹出的菜单中选择“个性化”，打开“个性化”窗口，在“我的主题”一栏的右下方位置处单击“联机获取更多主题”，打开微软关于桌面主题的链接，根据需要选择相应主题下载打开即可使用。按照此方法用户可以根据需要定制主题。

Windows 7 的桌面中采用了最新的 Aero 特效，Aero 特效是桌面透明毛玻璃的显示效果，带有精致的窗口动画和窗口颜色，并具有窗口透视功能（Aero Peek）、晃动功能（Aero Shake）、窗口吸附功能（Aero Snap）。

① Aero Peek：将鼠标悬停在任务栏程序图标上，Aero Peek 功能可以让用户预览打开程序窗口。可以通过单击预览缩略图打开程序窗口，或通过缩略图右上角的关闭按钮关闭程序。

② Aero Shake：在 Windows 7 中打开多个窗口的时候，可以选择其中一个窗口，按下鼠标左键，接着晃动窗口，其他的窗口就会全部最小化到任务栏中，桌面上只保留该选定窗口，如果继续晃动选定窗口的话，那么那些最小化的窗口将会被还原。

③ Aero Snap：Aero Snap 功能可以自动调整程序窗口的大小。拖动窗口到屏幕顶部可以最大化窗口，拖动窗口到屏幕一侧可以半屏显示窗口，如果再拖动其他窗口到屏幕另一侧，那么两个窗口将并排显示。从屏幕边缘拉出窗口，窗口将恢复原来状态。

④ Windows Flip 3D：Windows Flip 3D 是 Windows Aero 体验的一部分，是切换程序时的一种 3D 效果，使用组合键【Ctrl＋ ＋Tab】可以打开 Windows Flip 3D，使用【Tab】键循环切换窗口。用户通过 Windows Flip 3D 可以快速预览所有打开的窗口而无须单击任务栏，而且让窗口以 3D 形式层叠出现在屏幕上，周围的整体颜色变暗，从而起到突出用户当前使用窗口的绚丽效果。当打开较多窗口时，能快速切换到目标位置。

（2）桌面图标设置。Windows 7 操作系统安装完成后，默认情况下，桌面上仅有一个回收站的图标。如果想显示“计算机”“网络”“用户的文件”等桌面图标，则在个性化设置窗口选择“更改桌面图标”，然后选中欲显示的图标，如“计算机”“网络”等，然后单击“确定”即可，如图 1－6 所示。

（3）任务栏和“开始”菜单设置。用户可以通过设置“任务栏和‘开始’菜单属性”使 Windows 7 操作系统使用起来更加方便。“任务栏和‘开始’菜单属性”设置窗口，如图 1－7 所示，可以通过以下方式打开：

图 1－6　桌面图标设置窗口

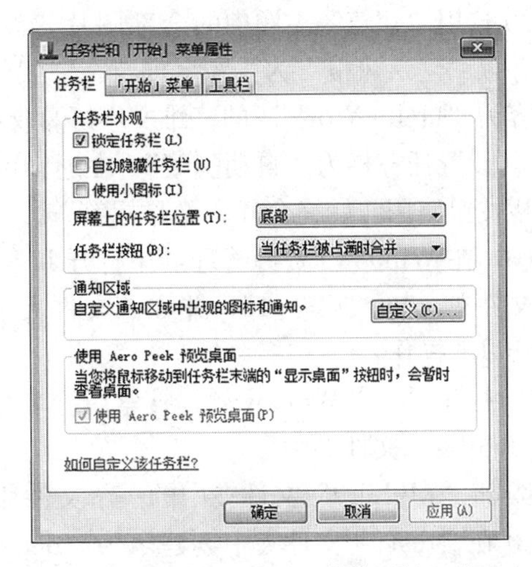

图 1－7　“任务栏和‘开始’菜单属性”设置窗口

① “开始”菜单→“控制面板”→“任务栏和‘开始’菜单”。
② “个性化”窗口→“任务栏和‘开始’菜单”。
③ 鼠标右键单击任务栏→“属性”。

三 实训内容

（1）学习“附件”中小程序（画图、记事本）的使用方法及其快捷方式的创建，以及窗口的管理与操作。

（2）对计算机进行个性化设置，设置主题、桌面背景、窗口颜色、屏幕保护程序、任务栏等。

（3）对文件夹及文件的操作，如创建、移动、复制、删除、重命名，设置文件夹属性等。

四 实训要求

（1）查看“所有程序”→“附件”中“画图”“记事本”的属性，在桌面上创建“画图”“记事本”的快捷方式，并将二者打开。从任务栏中激活“画图”窗口，完成下列操作：

① 向下移动窗口，最大化窗口。
② 缩小窗口直至出现水平和垂直滚动条。
③ 双击窗口标题栏，拖动标题栏到桌面的左边界、上边界，观察窗口大小的变化。
④ 在桌面上同时打开多个窗口，晃动选定窗口的标题栏，观察桌面上所有窗口的变化。
⑤ 通过快捷键，不单击任务栏，快速预览所有打开的窗口，例如，打开的应用程序、文件夹和文档，并通过该方式切换至“记事本”窗口。

（2）对所使用的计算机进行如下设置：

① 查看实验用计算机所用操作系统的版本、处理器型号、内存大小、计算机名称；卸载计算机中安装的 QQ 应用程序。

② 选用“建筑”主题中的全部图片，设置以 10 秒间隔按“无序播放”的方式更换图片，并以“建筑风格”为主题名保存在“我的主题”中，更改窗口颜色为“巧克力色”；设置内容为“Hello World”的三维文字屏幕保护程序，屏幕保护等待时间为 5 分钟。

③ 设置任务栏为“自动隐藏”，在通知区域中不显示时钟，任务栏外观使用“小图标”，任务栏按钮使用“始终合并、隐藏标签”。

（3）在 Windows 资源管理器中打开 D 盘，在 D 盘下创建以“学生姓名”和“学号”命名的文件夹，如“张三 01”，并在该文件夹下创建文件名为“MyFiles”的二级文件夹，然后进行以下操作：

① 打开“C:\Windows”，搜索后缀名为“.txt”的文本文件，任选 3 个，将它们复制到“MyFiles”文件夹中。

② 将“MyFiles”文件夹中的一个文件移动到其子文件夹“test1”中。

③ 在“test1”文件夹中创建名为“demo.txt”的文本文件，并且输入内容“业精于勤荒于嬉”。

④ 删除文件夹“test1”，然后再将其恢复。

⑤ 对文件夹进行设置，使其能显示（或隐藏）所有文件以及文件的扩展名。

⑥ 搜索“C：\windows\System32”文件夹及其子文件夹下所有文件名第一个字母为a、文件大小小于100KB且扩展名为“.dll”的文件，并将它们复制到“D：\张三01\MyFiles\”中。

⑦ 将“MyFiles”设置为“只读”属性，并在此文件夹下新建指向C盘的快捷方式，名称为“本地磁盘（C）”。

⑧ 将“MyFiles”文件夹添加为压缩文件“我的文件.rar”。

五 实训步骤

（1）创建快捷方式。单击桌面左下角的“开始”按钮，打开“所有程序”→“附件”，找到“画图”，单击右键选择“属性”，可查看mspaint.exe（画图的文件名）文件的路径，如图1-8所示的“目标：C：\Windows\System32\mspaint.exe”，并按照以下步骤进行快捷方式的创建。

方法一：右键单击桌面空白处，在弹出的快捷菜单中选择“新建”→“快捷方式”命令，打开“创建快捷方式”对话框，在“请键入项目的位置”框中，键入mspaint.exe文件的路径“C：\Windows\System32\mspaint.exe”（或通过“浏览”选择该路径，或复制），单击“下一步”按钮，在“键入该快捷方式的名称”框中，输入“画图”，再单击“完成”即可。

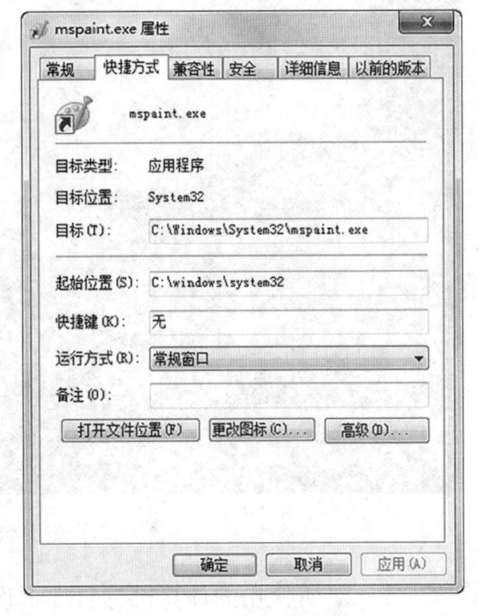

图1-8 画图属性窗口

方法二：在资源管理器窗口中选定文件“C：\Windows\System32\mspaint.exe”，用鼠标右键拖动该文件至桌面，在释放鼠标右键的同时弹出一个快捷菜单，从中选择“在当前位置创建快捷方式”命令；用鼠标右键单击所建快捷方式图标，选择“重命名”命令，将快捷方式名称改为“画图”。

“记事本”快捷方式的创建方法和“画图”快捷方式的创建方法相同。单击桌面左下角的“开始”按钮，打开“所有程序”→“附件”，找到“记事本”，单击右键选择“属性”→“打开文件位置”，可查看notepad.exe（记事本的文件名）文件的路径，并参考上面方法一或方法二的步骤进行快捷方式的创建。

创建完成后，将二者打开，并从任务栏中激活“画图”窗口，继续进行下列操作：

① 单击鼠标左键拖动所选窗口的标题栏可向下移动窗口；双击标题栏或单击“最大化”按钮都可以使窗口最大化。

② 如果要缩小的窗口正处于最大化状态，则双击标题栏或单击“向下还原”按钮使得窗口退出最大化状态，将鼠标置于窗口边框线或对角处，则鼠标指针会由↖变为↔ ↕ ⤢ ⤡，

分别表示“水平调整”“垂直调整”“沿对角线调整 1”“沿对角线调整 2”，然后拖动鼠标调整窗口大小，直至出现水平和垂直滚动条。

③ 窗口移动到屏幕边缘时会自动排列。拖动窗口到屏幕的左边界，窗口自动占满屏幕的左半边；拖动窗口到屏幕的右边界，窗口自动占满屏幕的右半边；将窗口拖到屏幕顶部，窗口会最大化。

④ 在桌面上同时打开多个窗口，晃动选定的窗口，则其他窗口会全部最小化，桌面上只保留该选定窗口。

⑤ 快速预览所有打开窗口的快捷键是【Ctrl+⊞+Tab】，打开的窗口切换效果为 Windows Flip 3D 效果，如图 1－9 所示。然后可以按【Tab】键循环切换窗口，也可以按“向右键”或“向下键”向前循环切换窗口，或者按“向左键”或“向上键”向后循环切换窗口，按【Esc】键可关闭 Flip 3D 效果。

图 1－9　Windows Flip 3D 窗口

（2）对所使用的计算机进行如下设置：

① 右键单击桌面上的“计算机”图标，在弹出的快捷菜单中单击“属性”选项，则会出现“系统”窗口，该窗口显示了计算机安装的操作系统版本以及处理器型号和内存大小等，如图 1－10 所示。在图 1－10 所示窗口中选择“控制面板主页”选项，在打开的“所有控制面板项”中选择“程序和功能”，在弹出的窗口中选择“腾讯 QQ”后单击鼠标右键选择“卸载”。

② 在桌面任意空白位置单击鼠标右键，在弹出的快捷菜单中选择“个性化”，出现“个性化”设置窗口。

a. 设置桌面主题：选择桌面主题为 Aero 风格的“建筑”，观察桌面主题的变化。然后单击“保存主题”，保存该主题为建筑风格，如图 1－11 所示。

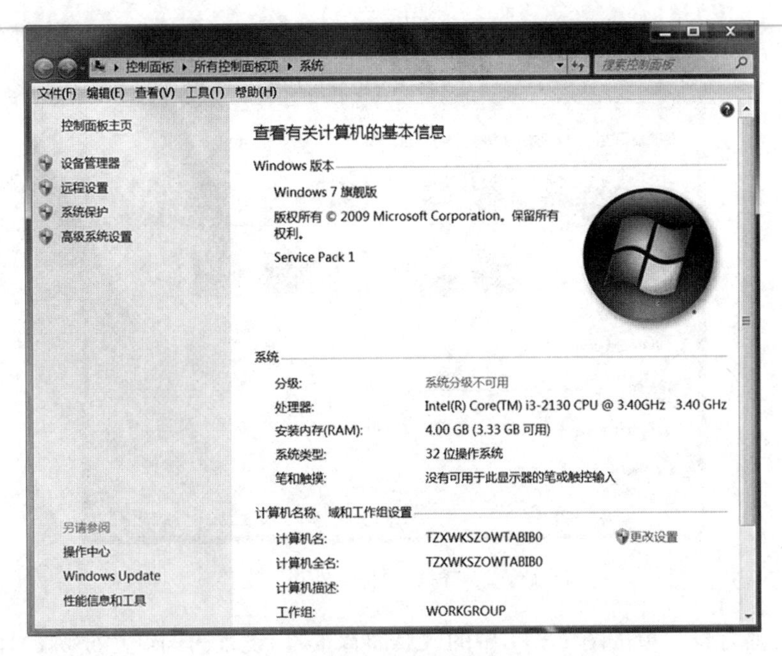

图1-10　查看操作系统版本和处理器信息

图1-11　个性化设置窗口

b. 设置窗口颜色：单击图1-11下方的“窗口颜色”，打开如图1-12所示的“窗口颜色和外观”窗口，选择一种窗口的颜色，如“巧克力色”，观察桌面窗口边框颜色由原来的“黄昏”变为了“巧克力色”，最后单击“保存修改”按钮即可。

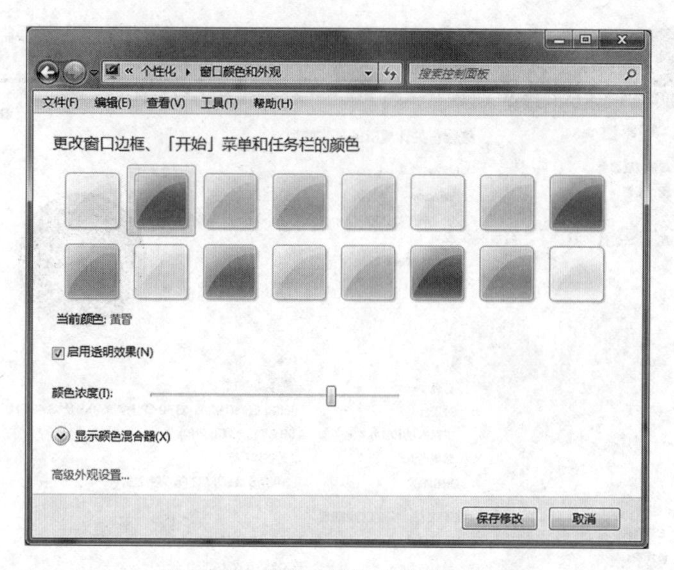

图 1 - 12 “窗口颜色和外观”窗口

c. 设置桌面背景：单击图 1 - 11 中的“桌面背景”，设置为幻灯片放映，时间间隔为 10 秒，无序播放，如图 1 - 13 所示。

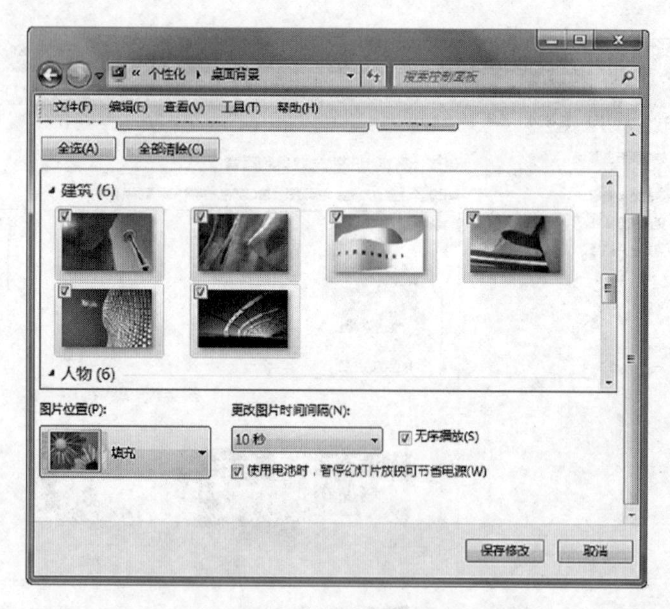

图 1 - 13 桌面背景设置窗口

d. 设置屏幕保护程序：单击图 1 - 11 中的“屏幕保护程序”，出现“屏幕保护程序设置”窗口，如图 1 - 14 所示。如果要为屏幕保护设置密码，则在“在恢复时显示登录屏幕”复选框中打钩。然后在“屏幕保护程序”下拉列表框中选择“三维文字”，在“等待”下拉列表框中选择“5 分钟”，然后单击“设置”按钮。

在如图 1 - 15 所示对话框的“自定义文字”框中输入“Hello World”，然后单击“选择字体”按钮，选择需要的字体。

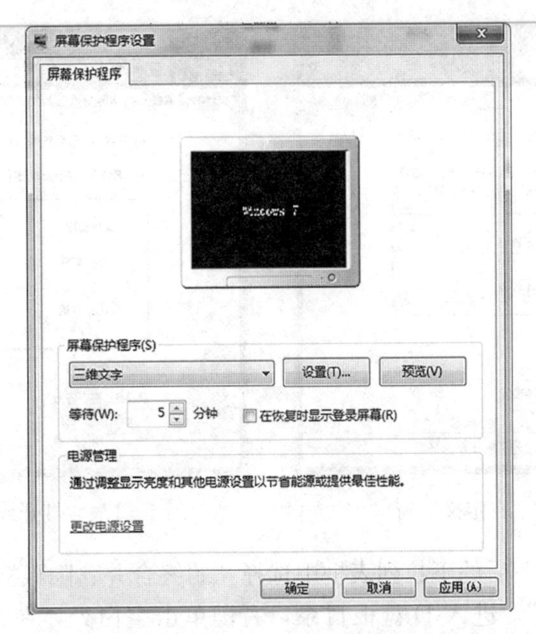

图 1－14 “屏幕保护程序设置”窗口

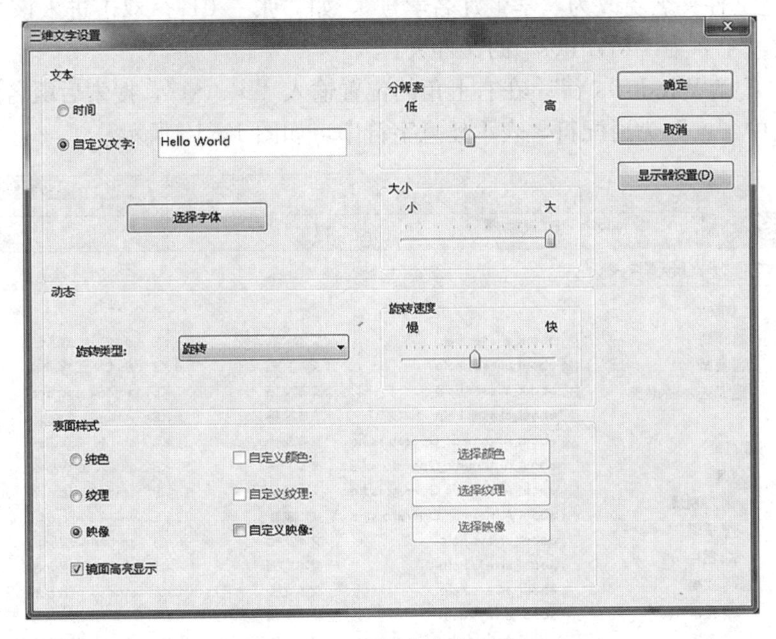

图 1－15 设置文字格式窗口

③ 设置任务栏为“自动隐藏”，在通知区域中不显示时钟，任务栏外观使用“小图标”，任务栏按钮使用“始终合并、隐藏标签”。

a. 右键单击任务栏的空白处，在出现的快捷菜单中选取“属性”，则会显示“任务栏和‘开始’菜单属性”对话框，在“自动隐藏任务栏”和“使用小图标”前面的复选框中打钩。

b. 单击通知区域“自定义”，显示如图 1－16 所示窗口，单击“打开或关闭系统图标”，在打开的窗口中选择时钟的行为为“关闭”，即可在消息区域不显示时钟，如图 1－17 所示。

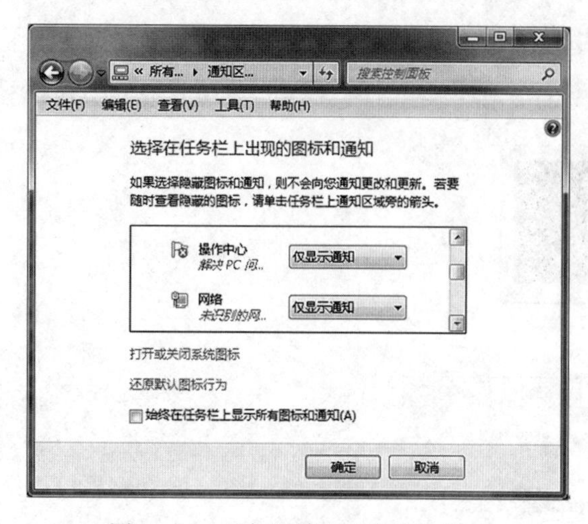

图 1-16　通知区域“自定义”窗口

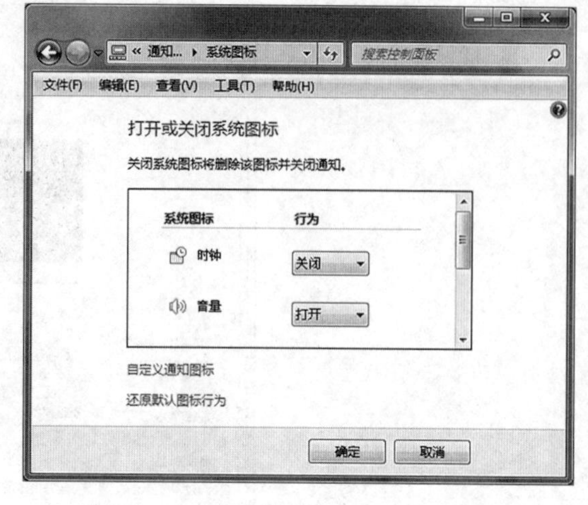

图 1-17　“打开或关闭系统图标”窗口

c. 在“任务栏按钮”后的下拉列表框中选择“始终合并、隐藏标签”。

(3) 打开“计算机”，进入 D 盘根目录，右键单击空白处，在弹出的快捷菜单中选择“新建”→“文件夹”命令，创建一个新建文件夹。在新建的文件夹上单击右键，选择“重命名”，将新建文件夹名更改为“学生姓名学号”，如“张三 01”。双击进入该文件夹，以同样的方式创建一个名为“MyFiles”的文件夹。

① 进入“C:\Windows\”，在右上角的位置输入“*.txt”，搜索后缀名为“.txt”的文本文件，其中“*”为通配符，表示任意字符串，如图 1-18 所示。

图 1-18　搜索窗口

在搜索出来的文件中任选三个，可以拖动鼠标左键选择三个连续文件，或选择三个不连续的文件。选择好以后，在所选文件处单击右键，选择“复制”，或按【Ctrl+C】键进行复制。复制完成后，再进入“D:\张三 01\MyFiles\”，单击右键，选择“粘贴”，或按

【Ctrl+V】键进行粘贴。该过程完成后，则所选的三个文件就被复制到了“MyFiles”文件夹中。

② 在“MyFiles”文件夹中新建一个文件夹“test1”，选择“MyFiles”文件夹的任一个.txt文件，在所选文件处单击右键选择“剪切”，或按【Ctrl+X】进行剪切，然后进入“test1”，单击右键选择“粘贴”，或按【Ctrl+V】进行粘贴，则将“MyFiles”文件夹中的一个文件移动到其子文件夹“test1”中。

③ 在“test1”文件夹中，右键单击空白处，在弹出的快捷菜单中选择“新建”→“文本文档”命令，则创建出一个文本文档，将该文档重命名为“demo.txt”，双击打开，输入内容“业精于勤荒于嬉”。

④ 在“MyFiles”文件夹中，选择“test1”，右键单击该文件夹，在弹出的菜单中选择“删除”，即可将“test1”删除。双击打开桌面上的“回收站”，找到上一步删除的“test1”，在其上单击右键选择“还原”，则可将删除的“test1”恢复到原来的位置。

⑤ 打开Windows资源管理器，右键单击桌面左下角的“开始”按钮，在出现的快捷菜单中选择“打开Windows资源管理器”，或选择“开始”菜单中的“所有程序”→“附件”→“Windows资源管理器”。在打开的资源管理器窗口中选择“工具”菜单下的“文件夹选项”，如图1-19所示，选择“查看”选项卡，在“隐藏已知文件类型的扩展名”前面的复选框中打钩，即可隐藏所有文件的扩展名，如隐藏demo.txt的扩展名.txt，隐藏后实际显示为demo；如果单击复选框中的“√”，取消选择该设置，则会显示完整的文件名。

⑥ 打开Windows资源管理器，进入“C:\windows\System32\”，在打开窗口右上角的搜索框位置单击，选择“大小”为“小（10～100KB）”，在搜索框处的“大小：小”后输入“a*.dll”，从窗口位置搜索出来的文件中找到avicap.dll，将该文件选中，在所选文件处单击右键选择“复制”，或按【Ctrl+C】进行复制。复制完成后，再进入“D:\张三01\MyFiles\”，单击右键选择“粘贴”。

⑦ 右键单击“MyFiles”文件夹，在弹出的菜单中选择“属性”，即可打开属性窗口，如图1-20示，选择“只读”即可。

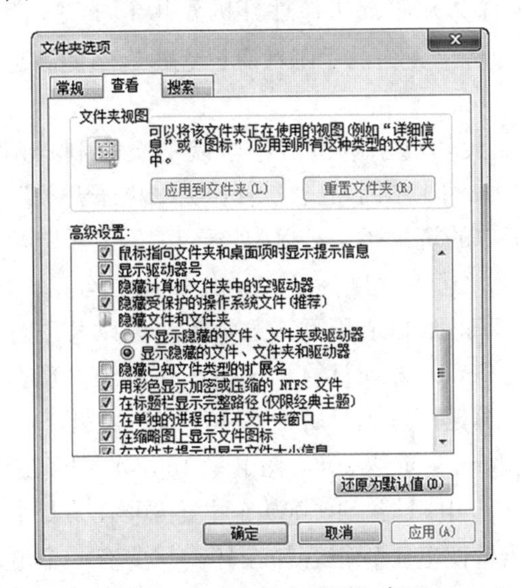

图1-19 “文件夹选项”窗口

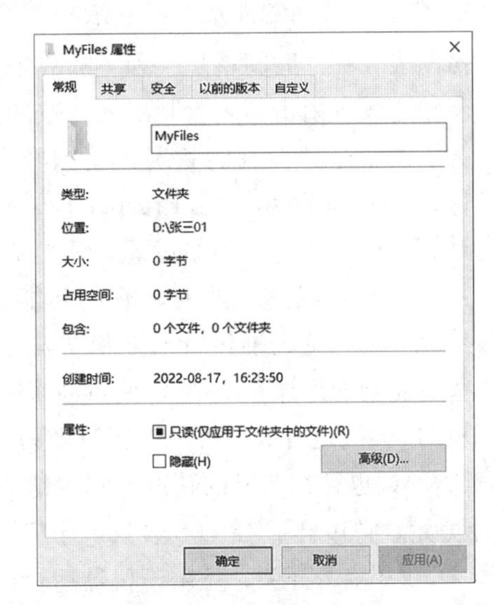

图1-20 属性窗口

双击“MyFiles”文件夹，在窗口空白处单击右键，在弹出的快捷菜单中选择“新建”→“快捷方式”命令，打开“创建快捷方式”对话框，在“请键入项目的位置”框中，键入“C:\”（或通过“浏览”选择该路径），单击“下一步”按钮，在“键入该快捷方式的名称”框中，输入“本地磁盘（C）”，再单击“完成”即可。

⑧ 右键单击“MyFiles”文件夹，在弹出的菜单中选择“添加到压缩文件”，弹出如图1-21所示的窗口，默认的压缩文件名为“MyFiles.rar”，按要求将压缩文件名改为“我的文件.rar”，然后单击“确定”按钮。

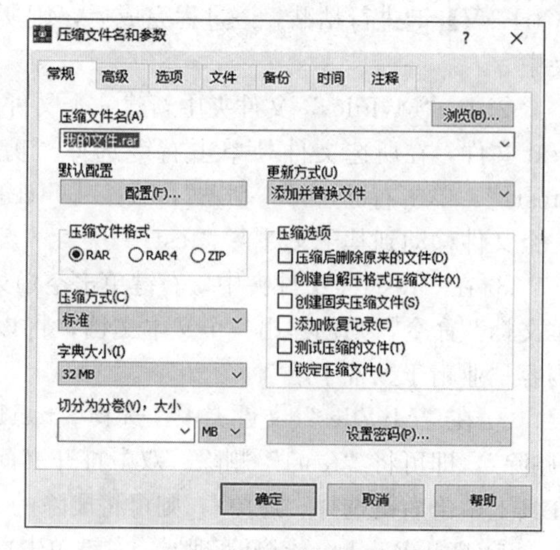

图1-21 “压缩文件名和参数”窗口

六 实训延伸

1. 计算机的诞生与发展

世界上第一台电子数字积分计算机ENIAC（Electronic Numerical Integrator and Computer，电子数字积分计算机）于1946年2月诞生于美国宾夕法尼亚大学，美国国防部用它来进行炮弹弹道参数的计算。

图灵机

第二次世界大战期间，敌对双方都使用飞机和火炮来轰炸对方军事目标，为了提高射出去的炮弹的命中率，必须精确计算并绘制出关于弹道轨迹的射击图表，经过查表确定炮口的角度，才能使射出去的炮弹正中飞行目标。但是，射击图表中的弹道轨迹问题涉及大量复杂的计算，十几个人用手摇机械计算机算几个月，才能完成一份图表。在“时间就是胜利”的战争年代，仅凭借人为的手工计算已经远远不能满足需求，恐怕还没等射击图表绘制出来，败局已定。

为了改变这种不利的状况，美国宾夕法尼亚大学莫尔电机工程学院的莫克利（John W. Mauchly）和艾克特（J. Presper Eckert）于1942年提出了把电子管作为“电子开关”来提高计算机运算速度的初始设想，于是在美国军方的资助下，ENIAC于1943年开始被研制，并于1946年完成。当时，它的功能出类拔萃，运算速度为5 000次/s加法运算、400次/s乘法运算，它还能进行平方和立方运算，计算正弦和余弦等三角函数的值以及进行其他一些更复杂的运算。ENIAC使得原来需要超过20min才能计算出来的一条弹道，现在只要短短的30s，这有效地解决了当时极为严重的计算速度远远落后于实际需求的问题。

ENIAC也存在明显的缺点，它占地面积约170m^2，重达30t，耗电量150kW·h，造价48万美元。它包含了18 000多只电子管，70 000个电阻器，10 000个电容器，1 500个继电器，6 000多个开关，且由于机器运行产生高热量使电子管很容易损坏。只要有一个电子管损坏，整台机器就不能正常运转，于是就得先从这18 000多个电子管中找出那个损坏的，再换上新的，这一过程是非常消耗时间的，很大程度上抵消了ENIAC所提高的机器的计算速度。它的存储容量很小，只能存20个字长为10位的十进制数；另外，它采用线路连接的方法来编排程序，因此每次解题都要靠人工改接连线，准备时间远远超过了实际计算时间。

虽然ENIAC体积庞大、性能不佳，但它的研制成功为以后计算机科学的发展奠定了基础，标志着电子计算机时代的到来，而每克服它的一个缺点，都对计算机的发展带来很大的影响。其中影响最大的是"程序存储方式"的采用和在电子计算机中采用二进制编码来表示程序和数据。它是由美国数学家冯·诺依曼（Von Neumann）提出的《关于EDVAC的报告草案》中的设计思想，该草案明确指出了新机器离散变量自动电子计算机EDVAC（Electronic Discrete Variable Automatic Computer）采用二进制编码来表示程序和数据，且由运算器、控制器、存储器、输入设备和输出设备五个部分组成，并且采用二进制编码，这种体系结构就是著名的冯·诺依曼结构，从计算机诞生之日到当前最先进的计算机全部采用的是冯·诺依曼体系结构，冯·诺依曼被认为是当之无愧的数字计算机之父。

从ENIAC诞生到现在，计算机技术以惊人的速度发展着，主要经历以下几个阶段，如表1-2所示。

表1-2　计算机的发展阶段

阶段	时间	电子器件	内存	外存	处理速度（每秒处理的指令数）
第一代	1946—1955年	电子管	汞延迟线	穿孔卡片、纸带	几千条
第二代	1956—1963年	晶体管	磁芯存储器	磁带	几百万条
第三代	1964—1970年	中、小规模集成电路	半导体存储器	磁带、磁盘	几千万条
第四代	1971年至今	大规模、超大规模集成电路	半导体存储器	磁盘等大容量存储器	数亿条以上

当前正在研发的新一代计算机也称第五代计算机，属于人工智能计算机，本身具有学习机理，可以模拟人的意识、思维过程。

2. 计算机中信息的表示与存储

计算机中处理的数据分为数值数据和非数值数据（如字母、汉字和图形），无论什么类型的数据，在计算机内部都是以二进制的形式存储和运算的。

计算机常用的数据单位有位、字节、字。

位（又称比特）是计算机内部储存数据的最小单位，表示一个二进制信息。例如，数据110表示一共有3位二进制位。

字节是计算机中数据处理的基本单位，一个字节由8个二进制位构成，即：

1 B=8 bit

计算机的存储器通常也是以多少字节来表示它的容量。通常的单位有：KB（千字节）、MB（兆字节）、GB（吉字节）、TB（太字节）、PB（拍字节）。

$1KB=2^{10}B=1024B$

$1MB=2^{10}KB=2^{20}B=1024KB$

$1GB=2^{10}MB=2^{30}B=1024MB$

$1TB=2^{10}GB=2^{40}B=1024GB$

$1PB=2^{10}TB=2^{50}B=1024TB$

计算机进行数据处理时，一次处理的数据长度称为字，一个字通常由一个或多个（一般是字节的整数倍）字节构成，每个字所包含的位数称为字长，计算机的字长决定了其CPU一次操作处理实际位数的多少，字长越长，计算机一次处理的信息位就越多，精度就越高，性能越优越。不同的计算机系统的字长是不同的，现代计算机的字长通常为16位、32位、64位等，如早期的286微机的字由2个字节组成，它的字长为16位；486微机的字由4个字节组成，它的字长为32位，目前计算机的主流位数为64位。字长是衡量计算机性能的一个重要指标。

（1）计算机中的数制系统。人们日常生活中最熟悉的是十进制数，但在与计算机打交道时，会涉及二进制、八进制、十进制、十六进制系统。无论哪种数制，其共同之处都是进位计数制。进位计数制是按照进位的原则进行计数的方法，有数码、基数和位权三个基本概念。

数码是一组用来表示某种数制的符号，如0，1，2，3，A，B，C，D，E，F等，二进制有2个数码0，1，十进制有10个数码0，1，2，3，4，5，6，7，8，9。

基数指进位计数制中数码的个数，常用R表示，R进制的基数为R。例如，二进制的基数为2，十进制的基数为10。

位权（简称权）是指一个数值的一位上的数字的权值的大小，位权＝$(基数)^i$，其中i为数码所在位的编号，从小数点向左依次为0，1，2，3，…，小数点向右依次为－1，－2，－3，…。例如，十进制数279，2的位权是10^2，7的位权是10^1，9的位权是10^0。二进制中的1011，第一个1的位权是2^3，0的位权是2^2，第二个1的位权是2^1，第三个1的位权是2^0。

任何一种数制的数都可以表示成按位权展开的多项式之和，如十进制数的436.08可以表示为$436.08=4\times10^2+3\times10^1+6\times10^0+0\times10^{-1}+8\times10^{-2}$，二进制数的1101.01可以表示为$1101.01=1\times2^3+1\times2^2+0\times2^1+1\times2^0+0\times2^{-1}+1\times2^{-2}$。位权表示法的特点是：每一项＝某位上的数字×基数的若干次幂，而次幂的大小由该数字所在的位置决定。

二进制有2个数码：0、1，计数原则为逢二进一，计数顺序为0，1，10，11，100，101，110，111，1000，1001，1010，1011，1100，1101，1110，1111，…。一个二进制数1011.11可以表示为$(1011.11)_2$或1011.11B，按位权展开为如下形式：

$(1011.11)_2=1\times2^3+0\times2^2+1\times2^1+1\times2^0+1\times2^{-1}+1\times2^{-2}$

八进制有8个数码：0，1，2，3，4，5，6，7，计数原则为逢八进一，计数顺序为0，1，2，3，4，5，6，7，10，11，12，13，14，15，16，17，20，…。一个八进制数357.27可以表示为$(357.27)_8$或357.27O，按位权展开为如下形式：

$(357.24)_8=3\times8^2+5\times8^1+7\times8^0+2\times8^{-1}+4\times8^{-2}$

十进制有10个数码：0，1，2，3，4，5，6，7，8，9，计数原则为逢十进一，一个十进制数628.79可以表示为$(628.79)_{10}$或628.79D，按位权展开为如下形式：

$(628.79)_{10}=6\times10^2+2\times10^1+8\times10^0+7\times10^{-1}+9\times10^{-2}$

十六进制有16个数码：0，1，2，3，4，5，6，7，8，9，A，B，C，D，E，F，其中A，B，C，D，E，F代表的数值分别对应十进制数的10，11，12，13，14，15，计数原则为逢十六进一，计数顺序为0，1，2，3，4，5，6，7，8，9，A，B，C，D，E，F，10，

11，12，13，14，15，16，17，18，19，1A，1B，1C，1D，1E，1F，20，…。一个十六进制数 4A9. F1 可以表示为 $(4A9.F1)_{16}$ 或 4A9. F1H，按位权展开为如下形式：

$(4A9.F1)_{16}=4\times16^{2}+10\times16^{1}+9\times16^{0}+15\times16^{-1}+1\times16^{-2}$

进制之间可以相互转换，方法如下：

① R 进制数转换为十进制数：R 进制数转换为十进制数的方法为按位权展开，即各位数码乘以各自位权的累加和。

$a^{n}\cdots a^{1}a^{0}\cdots a^{-1}\cdots a^{-m}$ $(R)=a\times R^{n}+\cdots+a\times R^{1}+a\times R^{0}+a\times R^{-1}+\cdots+a\times R^{-m}$

其中，a 表示某进制的任一个数码。

例：1101101. 1B 转换为十进制数。

$(110110.11)_2$

$=1\times2^{5}+1\times2^{4}+0\times2^{3}+1\times2^{2}+1\times2^{1}+0\times2^{0}+1\times2^{-1}+1\times2^{-2}$

$=32+16+0+4+2+0+0.5+0.25$

$=(54.75)_{10}$

例：6B2DH 转换为十进制数。

$(23D)_{16}$

$=2\times16^{2}+3\times16^{1}+D\times16^{0}$

$=512+48+13$

$=(573)_{10}$

② 十进制数转换为 R 进制数：十进制数转换为 R 进制的数的方法为整数部分和小数部分分开转换，整数部分用除 R 取余法，除以 R 取余数，直到商为 0，余数逆序排列。小数部分用乘 R 取整法，乘以 R 取整数，直到满足精度要求或小数部分为 0，整数部分顺序排列。

例：将 $(26.375)_{10}$ 转换为二进制数。

整数部分转换：

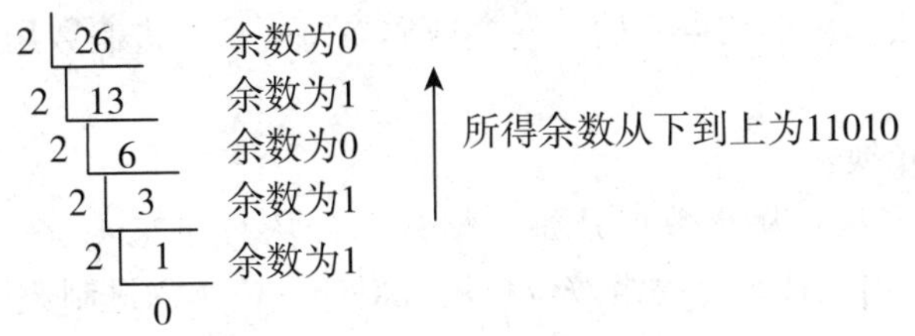

小数部分转换：

0.375
× 2
0.750 取整数部分0，小数部分为0.75

0.75
× 2
1.500 取整数部分1，小数部分为0.5

0.5
× 2
1.0 取整数部分1，小数部分为0结束

所得余数从上到下为011

转换结果为 $(26.375)_{10}=(11010.011)_2$

需要注意的是，将十进制小数转换为二进制小数的过程中，当乘积小数部分变成 0 时，表明转换结束，实际上将十进制转换成二进制、八进制、十六进制的过程中小数部分可能始终不为0，因此只能限定取若干位为止。将十进制转换为八进制、十六进制的规则和方法与之相同，只是R（基数）的取值不同。

例：将135D转换成八进制数。

```
8 |135
8 |16    余数为7   ↑
8 |2     余数为0   |  所得余数从下到上取为207
   0     余数为2   |
```

转换结果为 $(135)_{10}=(207)_8$ 或表示为135D=207B。

例：将986D转换为十六进制数。

```
16 |986
16 |61    余数为10  ↑
16 |3     余数为13  |  所得余数从下到上取为3DA
    0     余数为3   |
```

转换结果为 $(986)_{10}=(3DA)_{16}$ 或表示为986D=3DAH。

③ 二进制数与八进制数之间的转换：

a. 二进制数转换为八进制数的方法：从小数点开始，整数部分从右向左3位一组；小数部分从左向右3位一组，不足3位用0补足，每组按位权展开对应一位八进制数即可得到八进制数。

例：将二进制数10110011010.1101011B转换为八进制数。

```
0 1 0   1 1 0   0 1 1   0 1 0 . 1 1 0   1 0 1   1 0 0
  2       6       3       2   .   6       5       4
```

转换结果为 $(10110011010.1101011)_2=(2632.654)_8$ 或表示为10110011010.1101011B=2632.654O。

b. 八进制数转换为二进制数的方法：从小数点开始，向左或向右每一位八进制数用除2取余的方法转换为3位二进制数。

④ 二进制数与十六进制数之间的转换：

a. 二进制数转换为十六进制数的方法：从小数点开始，整数部分从右向左4位一组；小数部分从左向右4位一组，不足4位用0补足，每组按位权展开对应一位十六进制数即可得到十六进制数。

例：将二进制数10110011110.1101011B转换为十六进制数。

```
0 1 0 1   1 0 0 1   1 1 1 0 . 1 1 0 1   0 1 1 0
   5         9         E    .    D         6
```

转换结果为 $(10110011110.1101011)_2=(59E.D6)_{16}$ 或表示为10110011110.1101011B=59E.D6H。

b. 十六进制数转换为二进制数的方法：从小数点开始，向左或向右每一位十六进制数用除2取余的方法转换为4位二进制数。

（2）计算机中数据的表示。计算机中的数据可以分为数值型数据和非数值型数据。

数值型数据的表示方法有多种，为了解决负数在机器中的表示问题，人们提出了常用的3种表示方法，即原码表示、反码表示和补码表示。

非数值型数据（如字母、运算符、标点、声音、图片等）在计算机处理的过程中需要用二进制编码来表示、存储和处理，下面分别加以介绍。

① 西文字符的编码：目前计算机中普遍采用的字符编码为 ASCII、Unicode、ANSI、UTF－8 等，下面以 ASCII 为例进行简单介绍。

ASCII（American Standard Code for Information Interchange，美国信息交换标准代码），实现在不同计算机硬件和软件系统中数据传输的标准化，用于显示现代英语和其他西欧语言。ACSII 以 7 位二进制数进行编码，可以表示所有的大写和小写字母、数字 0～9、标点符号，以及在美式英语中使用的特殊控制字符，共有 $2^7=128$ 种不同的编码值，用来表示 128 个不同的字符。ASCII 码如表 1－3 所示。

表 1－3　ASCII 码表

ASCII 值	控制字符	ASCII 值	控制字符	ASCII 值	控制字符	ASCII 值	控制字符
0	NUT	32	(space)	64	@	96	、
1	SOH	33	!	65	A	97	a
2	STX	34	”	66	B	98	b
3	ETX	35	#	67	C	99	c
4	EOT	36	$	68	D	100	d
5	ENQ	37	%	69	E	101	e
6	ACK	38	&	70	F	102	f
7	BEL	39	,	71	G	103	g
8	BS	40	(	72	H	104	h
9	HT	41	)	73	I	105	i
10	LF	42	*	74	J	106	j
11	VT	43	+	75	K	107	k
12	FF	44	,	76	L	108	l
13	CR	45	—	77	M	109	m
14	SO	46	.	78	N	110	n
15	SI	47	/	79	O	111	o
16	DLE	48	0	80	P	112	p
17	DCI	49	1	81	Q	113	q
18	DC2	50	2	82	R	114	r
19	DC3	51	3	83	X	115	s
20	DC4	52	4	84	T	116	t
21	NAK	53	5	85	U	117	u
22	SYN	54	6	86	V	118	v
23	TB	55	7	87	W	119	w
24	CAN	56	8	88	X	120	x
25	EM	57	9	89	Y	121	y
26	SUB	58	:	90	Z	122	z
27	ESC	59	;	91	[	123	{
28	FS	60	<	92	\	124	|
29	GS	61	=	93	]	125	}
30	RS	62	>	94	^	126	～
31	US	63	?	95	—	127	DEL

由上表可知，大写英文字母 A 的 ASCII 码 65D 转换为二进制数为 1000001B，则大写字母 A 在计算机内被表示为 1000001。

由于 ASCII 码采用 7 位编码，没有用到字节的最高位，因此很多系统利用这一位作为校验码，以便提高字符信息传输的可靠性。

Unicode 编码也是一种国际标准编码，它采用两个字节编码，应用于网络、Windows 系统和很多大型软件中。

② 汉字的编码：

a. 国标码和区位码：为了满足计算机系统对汉字的处理需要，1980 年，我国颁布了第一个汉字编码的国家标准《信息交换用汉字编码字符集——基本集》，代号为 GB 2312—80，简称国标码。它是计算机进行汉字信息处理和汉字信息交换的标准编码。国标码是二字节码，用两个七位的二进制数编码表示一个汉字，也就是说一个汉字用两个字节来表示。

在该编码中，共收录汉字和图形符号 7445 个，其中一级常用汉字 3755 个（按汉语拼音字母顺序排列），二级常用汉字 3008 个（按部首顺序排列），图形符号 682 个。

为了便于使用，国标码将汉字和其他符号按照一定的规则排列成一个 94 行 94 列的表格，在这个表格中，每一横行称为一个“区”，每一竖列称为一个“位”，整个表格共有 94 区，每区有 94 位，并将“区”和“位”用十进制数字进行编号，即区号为 01～94，位号为 01～ 94，区号和位号的组合为汉字的区位码。

根据汉字的国家标准，用两个字节（16 位二进制数）表示一个汉字。但使用 16 位二进制数容易出错，因而在使用中都将其转换为十六进制数使用。国标码是一个 4 位十六进制数，区位码则是一个 4 位的十进制数，每个国标码或区位码都对应着一个唯一的汉字或符号，但十六进制数很少用到，常用的是区位码，它的前两位叫作区码，后两位叫作位码。区位码和国标码的换算关系是：区码和位码分别加上十进制数 32（十六进制数 20H）就是国标码。

例如，“国”字在区位表中的 25 行 90 列，其区位码为 2590D。区码 25，25＋32＝57，57 转换为十六进制数为 39H；位码 90，90＋32＝122，122 转换为十六进制数为 7AH。因此“国”字的国标码是 397AH。

b. 机内码：国标码是汉字信息交换的标准编码，但因其前后字节的最高位为 0，所以容易与 ASCII 码发生冲突。如“保”字，国标码为 31H 和 23H，而西文字符“1”和“#”的 ASCII 码也为 31H 与 23H，现假如内存中有两个字节为 31H 和 23H，这到底是一个汉字，还是两个西文字符“1”和“#”？于是就出现了二义性。显然，国标码是不可能在计算机内部直接采用的，而是采用汉字的机内码，即计算机对汉字进行处理和存储时使用汉字的机内码，汉字的机内码是变形国标码，其变换方法为，将国标码的每个字节都加上十进制 128（或十六进制的 80H），即将两个字节的最高位由 0 改为 1，其余 7 位不变。例如，由上面的讲述可知，“保”字的国标码为 3123H，前一字节为 00110001B，后一字节为 00100011B，高位改 1 为 10110001B 和 10100011B 即 B1A3H，因此，“保”字的机内码就是 B1A3H。

c. 输入码：输入码是使用英文键盘输入汉字时的编码。目前，我国已推出的输入码有数百种，但用户使用较多的约为十几种。按输入码编码的主要依据，大体可分为顺序码、音码、形码、音形码四类。如“学”字，用全拼输入法，输入码为“XUE”，用区位码输入法，输入码为“4907”，用五笔字型输入法则为“ipbf”。

d. 字形码：汉字字形码又称汉字字模，用于汉字在显示屏或打印机输出。汉字字形码通常有两种表示方式：点阵和矢量表示方法。

用点阵表示字形时，汉字字形码指的是这个汉字字形点阵的代码。根据输出汉字的要求不同，点阵的多少也不同。简易型汉字为16×16点阵，提高型汉字为24×24点阵、32×32点阵、48×48点阵等。点阵规模越大，字形越清晰美观，所占存储空间也越大。如果一个汉字字形采用16×16点阵形式，每一个点用一个二进制位来表示的话，则存储该汉字就需要32字节。

那么存储400个24×24点阵汉字字形所需的存储容量是多少呢?

我们知道，8bit=1B，1024B字节为1KB。则一个24×24点阵汉字的大小为24×24÷8=72B，400个24×24点阵汉字的大小为400×24×24÷8=28800B，28800B÷1024=28.125KB。所以，存储400个24×24点阵汉字字形所需的存储容量是28.125KB。

矢量表示方式存储的是描述汉字字形的轮廓特征，当要输出汉字时，通过计算机的计算，由汉字字形描述生成所需大小和形状的汉字点阵。矢量化字形描述与最终文字显示的大小、分辨率无关，因此可以产生高质量的汉字输出。Windows中使用的TrueType技术就是汉字的矢量表示方式。

③ 多媒体信息的编码：多媒体信息的编码是指如何用二进制数码表示图像、视频和声音等信息，也称多媒体信息的数字化。现实生活中的图像、视频和声音等信息都是连续变化的物理量，数字化的过程就是通过一定的方法将它们变换成离散的二进制数据，供计算机处理。

计算机中常见的图像类型有位图图像、矢量图形。

图像分为单色图像、灰度图像、彩色图像等。单色图像每个像素只用1位二进制（0或1）来表示颜色，0代表黑色，1代表白色或者相反。灰度图像的每个像素由8位二进制组成，像素值的取值范围为0～255，可以表示256种不同明暗程度的灰色。彩色图像大多数使用的是RGB色彩模式，图像中每个像素由（R，G，B）的三个基本颜色分量组成，每个分量占8位二进制，3个分量共24位。分量R表示红色、分量G表示绿色、分量B表示蓝色，由红（R）、绿（G）、蓝（B）三种基本颜色叠加后的颜色即一个像素最终表现的颜色。对于每种基本颜色，用0到255之间的整数表示这个颜色分量的明暗程度。3个数字中对应某种基本颜色的数字越大，表示该基本颜色的比例越大。例如，（255，0，0）表示红色，（0，255，0）表示绿色，（0，0，255）表示蓝色，（90，159，71）表示浅绿色。

例如，一幅灰度图像由8×8个像素构成，表示水平位置上有8个像素，垂直位置上有8个像素，共64个像素，每一个像素需要一个8位二进制数字来表示其灰度，则计算机存储这样一幅图像需要8×8×8位二进制数字，如图1-22所示。

图1-22　8×8灰度图像

那么一幅由1024×768个像素构成的RGB色彩模式位图图像的大小是多少呢?

在图像中每一个像素的颜色都是由三个颜色（R，G，B）叠加而成的，每个分量占8位二进制（也就是1个字节），那么每个像素将需要3个字节，因此要计算该图像大小，只需要把像素的总数乘以3，即1024×768×3÷1024÷1024=2.25MB。

常见的位图格式有BMP格式、TIFF格式、JPEG格式、PNG格式、GIF格式等。

矢量图形（简称图形）的元素是点、线、矩形、多边形、圆和弧线等，矢量图形使用直线和曲线来描述，并且记录了元素形状及颜色的相关算法。当打开一幅矢量图形的时候，软件对图形对应的函数进行运算，将运算结果（即图形的形状和颜色）显示出来。无论显示画面是大还是小，画面上的对象对应的算法是不变的，所以，即使对画面进行倍数相当大的缩放，其显示效果仍然相同（不失真）。Adobe公司的Illustrator、Corel公司的CorelDRAW都是绘制矢量图形的设计软件。

视频是按照时间顺序排列起来的图像，在播放时，只需要按照一定的速度依次将图像显示出来，就能呈现出运动的视频画面。一段播放中的视频实际上是由连续拍摄的多张照片组成的序列，其中每张照片称为这个视频的一帧，当图像以每秒24帧以上的速度播放时，在视觉暂留机制的作用下，原本静止的画面就可以无卡顿流畅地运动起来。

声音是通过一定介质传播的连续的波，是一种模拟信号，通常将声音表现为连续平滑的波形，其横坐标为时间轴，纵坐标表示声音的强弱。要在计算机中表示声音，需要将模拟信号转化为数字信号，这一过程称为声音的数字化，当用户需要播放声音的时候，再将数字信号转化为模拟信号。声音的数字化需要经过采样、量化、编码三个过程。采样是从一个时间上连续变化的模拟信号中取出若干个有代表性的样本值的过程，用选取出来的样本值来代表这个连续变化的模拟信号，一般为每隔相等的一段时间采样一次，其时间间隔称为采样周期，周期的倒数称为采样频率。量化是将经采样得到的幅度上连续取值的样本值（模拟量）转换为离散值（数字值）表示的过程。编码则将量化后的样本值转换成二进制编码，计算机就可以通过不同的编码方式将它存储为不同的文件格式，听音乐时常用的MP3就是一种音频编码。

声音的质量取决于采样频率与量化位数；声音文件的大小取决于采样频率、量化位数、声道数和持续时间。

采样频率表示每一秒钟内采集的样本个数。采样频率越高，可恢复的声音信号越丰富，其声音的保真度越好，常见的采样频率有11.025kHz（电话音质）、22.05kHz（广播音质）、44.1kHz（CD音质）。

量化位数也叫声音的位深度，使用二进制数表示。一般有8bit、16bit，量化位数越大，所能记录声音的变化就越细腻。

采样的声道数是指处理的声音是单声道还是立体声。单声道在声音处理过程中只有单数据流，单声道的声道数为1，而立体声则需要左、右声道的两个数据流，立体声的声道数为2。立体声的效果优于单声道，但相应的数据量比单声道的数据量要加倍。不经过压缩的声音数据量的计算公式为：

采样频率×量化位数×声道数×持续时间

例如，按照图1-23所示的参数标准，录音2min，声音文件大小是多少？

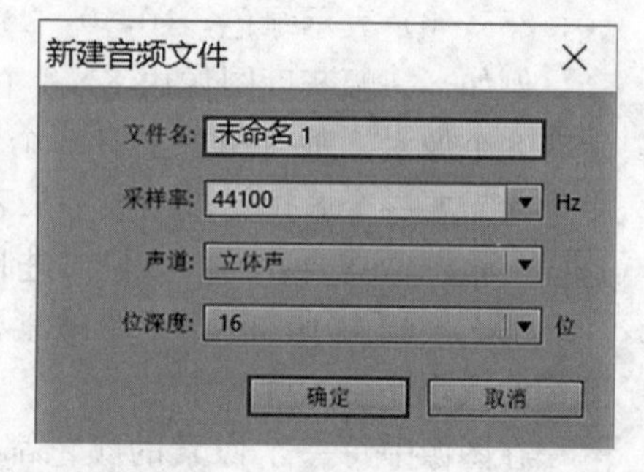

图1-23　新建音频文件窗口

按照图1-23所示，量化位数16位，采样频率44100Hz，立体声声道数2，2min声音文件大小为16×44100×60×2=84672000位（bit），84672000÷8÷1024÷1024=10.7MB，则该声音文件大小为10.7MB。

3 Windows 7 操作系统中的快捷键

快捷键即键盘快捷方式，是一种通过按键或按键组合来替代鼠标操作的方式。在Windows 7操作系统中用户可以通过不同的快捷键，快速执行某个命令或者启动某个软件，Windows 7操作系统中快捷键有很多，合理使用快捷键能够大大提高工作效率。常用的快捷键及其功能如表1-4所示。

表1-4 常用的快捷键

按键	功能
Ctrl+C（或Ctrl+Insert）	复制选定项
Ctrl+X	剪切选定项
Ctrl+V（或Shift+Insert）	粘贴选定项
Ctrl+Z	撤消操作
Ctrl+Y	恢复操作
Delete（或Ctrl+D）	删除所选的项目，将其移至回收站
Shift+Delete	删除选定项，无须先移动到回收站
按Shift与任何箭头键	在窗口中或桌面上选择多个项目，或在文档中选择文本
Ctrl+A	选择文档或窗口中的所有项
Alt+F4	关闭活动项，或者退出活动程序
Alt+Tab	在打开的项目之间切换
Ctrl+Alt+Tab	使用箭头键在打开的项目之间切换
Ctrl+鼠标滚轮	更改桌面图标的大小
Windows徽标键+Tab	使用Aero三维窗口循环浏览任务栏上的程序
Ctrl+R（或F5）	刷新活动窗口
Ctrl+Shift+Esc	打开任务管理器
Windows徽标键+D	显示桌面
Windows徽标键+M	最小化所有窗口
Windows徽标键+Shift+M	将最小化窗口还原至桌面
Windows徽标键+E	打开计算机
Windows徽标键+向上键	最大化窗口
Windows徽标键+向左键	最大化屏幕左侧的窗口
Windows徽标键+向右键	最大化屏幕右侧的窗口
Windows徽标键+向下键	最小化窗口
Windows徽标键+Home	最小化活动窗口之外的所有窗口
Windows徽标键+Shift+向上键	将窗口拉伸至屏幕顶部和底部

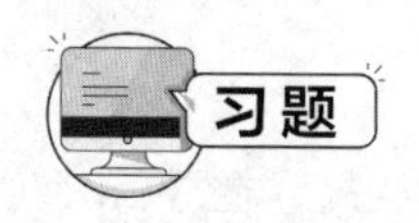

习题

一、单选题

1. 两个二进制数进行算术加运算，即 100001＋111 的结果是（　　）。

A. 100101　　B. 101110　　C. 101000　　D. 101010

2. 已知英文字母 m 的 ASCII 码值为 6DH，那么字母 q 的 ASCII 码值是（　　）。

A. 72H　　B. 71H　　C. 70H　　D. 6FH

3. 在计算机的硬件技术中，构成存储器的最小单位是（　　）。

A. 字　　B. 二进制位　　C. 双字　　D. 字节

4. 第一台计算机是 1946 年美国研制的，该机器的英文缩写名为（　　）。

A. MARK－II　　B. EDSAC　　C. EDVAC　　D. ENIAC

5. 计算机的主要技术指标通常是指（　　）。

A. 硬盘容量的大小

B. 所配备的系统软件的版本

C. CPU 的时钟频率、运算速度、字长和存储容量

D. 显示器的分辨率、打印机的配置

6. 表示计算机内存储器容量时，1MB 为（　　）字节。

A. 1000×1024　　B. 1024×1000

C. 1024×1024　　D. 1000×1000

7. 二进制数 1111111 对应的十六进制数是（　　）。

A. 3D　　B. 6F　　C. 7D　　D. 7F

8. Windows 7 把所有的系统环境设置功能都统一到（　　）。

A. 计算机　　B. 控制面板　　C. 资源管理器　　D. 我的文档

9. Windows 中，以下对文件的说法中正确的是（　　）。

A. 不同的文件夹下，不可以有同名的文件

B. 在同一磁盘下，不可以有同名的文件

C. 在同一文件夹下，可以有同名的文件

D. 在同一文件夹下，不可以有同名的文件

10. Windows 系统中，“任务栏”（　　）。

A. 只能改变大小不能改变位置　　B. 只能改变位置不能改变大小

C. 既不能改变位置也不能改变大小　　D. 既能改变位置也能改变大小

11. Windows 中，某个窗口的标题栏右端的三个图标可以用来（　　）。

A. 改变窗口的颜色、大小和背景　　B. 使窗口最大化、最小化和关闭

C. 改变窗口的大小、形状和颜色　　D. 使窗口最小化、最大化和改变显示方式

12. Windows 资源管理器中，选定文件后，打开文件属性对话框的操作是（　　）。

A. 单击“工具”→“属性”　　B. 单击“编辑“→“属性”

C. 单击“文件”→“属性”　　D. 单击“查看”→“属性”

13. 按照数的进位制概念，下列各个数中正确的八进制数是（　　）。

A. 7081　　B. 1101　　C. 1109　　D. B03A

14. 一个字长为7位的无符号二进制整数能表示的十进制数值范围是（　　）。

A. 0～256　　B. 0～128　　C. 0～255　　D. 0～127

15. 将十进制257转换成十六进制数是（　　）。

A. 101　　B. FF　　C. 11　　D. F1

16. 要存放10个24×24点阵的汉字字模，需要（　　）存储空间。

A. 720B　　B. 72B　　C. 72KB　　D. 320B

17. 4个字节应由（　　）位二进制位表示。

A. 16　　B. 32　　C. 64　　D. 48

18. 一般认为，电子计算机的发展已经历了4代，第1～4代计算机使用的主要元器件分别是（　　）。

A. 电子管、数码管、中小规模集成电路、激光器件

B. 电子管、晶体管、中小规模集成电路、光纤

C. 晶体管、中小规模集成电路、激光器件、大规模或超大规模集成电路

D. 电子管、晶体管、中小规模集成电路、大规模或超大规模集成电路

19. 不同进制的4个数中，最小的是（　　）。

A. 75（十进制）　　B. 2A（十六进制）

C. 37（八进制）　　D. 11011001（二进制）

20. Windows中打开“任务管理器”的快捷键是（　　）。

A. 【Ctrl+Alt+Delete】　　B. 【Ctrl+Alt+Enter】

C. 【Ctrl+Alt+Home】　　D. 【Ctrl+Alt+End】

21. Windows默认环境中，下列哪个是中英文输入切换键？（　　）

A. 【Shift+空格】　　B. 【Ctrl+空格】

C. 【Ctrl+Alt】　　D. 【Ctrl+Shift】

22. 已知英文字母m的ASCII码值为6DH，那么ASCII码值为70H的英文字母是（　　）。

A. p　　B. j　　C. Q　　D. P

23. 任务栏中的任何一个按钮都代表着（　　）。

A. 一个可执行程序　　B. 一个不工作的程序窗口

C. 一个缩小的程序窗口　　D. 一个正在执行的程序

24. 按组合键（　　）可以在多个应用程序窗口间进行切换。

A. 【Ctrl+Tab】　　B. 【Ctrl+Shift】　　C. 【Ctrl+空格】　　D. 【Alt+Tab】

25. C的ASCII码为1000011，则G的ASCII码为（　　）。

A. 1000111　　B. 1000100　　C. 1001001　　D. 1001010

26. 计算机术语中，bit的中文含义是（　　）。

A. 位　　B. 字长　　C. 字　　D. 字节

27. 字长是CPU的主要技术性能指标之一，它表示的是（　　）。

A. CPU计算结果的有效数字长度

B. CPU能表示的十进制整数的位数

C. CPU 一次能处理二进制数据的位数

D. CPU 能表示的最大的有效数字位数

28. 删除 Windows 桌面上某个应用程序的图标，意味着（　　）。

A. 只删除了图标，对应的应用程序被保留

B. 只删除了该应用程序，对应的图标被隐藏

C. 该应用程序连同其图标一起被隐藏

D. 该应用程序连同其图标一起被删除

29. Windows 中能更改文件名的操作是（　）。

A. 用鼠标左键单击文件名，选择“重命名”，键入新文件名后按【Enter】键

B. 用鼠标右键双击文件名，选择“重命名”，键入新文件名后按【Enter】键

C. 用鼠标右键单击文件名，选择“重命名”，键入新文件名后按【Enter】键

D. 用鼠标左键双击文件名，选择“重命名”，键入新文件名后按【Enter】键

30. Windows 中，双击窗口左上角的“控制菜单图标”按钮，可以（　　）。

A. 放大该窗口　　B. 关闭该窗口　　C. 缩小该窗口　　D. 移动该窗口

31. 下面的数值中，（　　）可能是二进制数。

A. 1011　　B. 84EK　　C. DDF　　D. 125M

32. 计算机操作系统是（　　）。

A. 对源程序进行编辑和编译的软件　　B. 一种使计算机便于操作的硬件设备

C. 计算机的操作规范　　D. 计算机系统中必不可少的系统软件

33. 下列不属于 Windows“附件”的是（　　）。

A. 记事本　　B. 计算器　　C. 画图　　D. 启动

34. 一般计算机硬件系统的主要组成部件有五大部分，下列选项中不属于这五部分的是（　　）。

A. 输入设备和输出设备　　B. 控制器

C. 运算器　　D. 软件

35. Windows 中有两个管理系统资源的程序组，它们是（　　）。

A. “控制面板”和“开始”菜单　　B. “计算机”和“控制面板”

C. “资源管理器”和“控制面板”　　D. “计算机”和“资源管理器”

二、操作题

1. 在 D 盘下建立 exe 文件夹，并完成以下操作：

（1）在文件夹 exe 内新建一个 BMP 文件并命名为 ch，设置该 BMP 文件只具备“只读”属性。

（2）在文件夹 exe 内新建一个文件夹并命名为 ku。

（3）在文件夹 exe 内新建一个文本文件并命名为 wd，在文本文件中输入以下文字“胸怀千秋伟业，恰是百年风华”。

（4）移动文件 wd. txt 到 ku 下。

2. 在 D 盘下建立一个文件夹 jk，并完成以下操作：

（1）在文件夹 jk 内新建一个名为 ta3 的文件夹。

（2）在文件夹 jk 内新建一个 Word 文档，为文档命名为 ku3，并设置 Word 文档 ku3 只

具备“只读”属性。

（3）在文件夹jk内新建txt.xls文档，并设置该文档为“只读”属性。

（4）把ta3文件夹的属性更改为“只读”，并在该文件夹下建立“画图”的快捷方式，快捷方式名称为painting。

参考答案

实训二 Word 2016 文档格式化

一 实训目的

（1）熟悉 Word 2016 页面设置的方法。

（2）掌握 Word 2016 字符格式、段落格式以及样式的设置。

（3）掌握在文档中插入形状及设置其属性的方法。

（4）熟悉外观界面、功能区及视图的设置方法。

（5）熟悉 Word 2016 页眉、页脚、页码、批注、尾注、脚注、项目符号与编号的设置方法。

知识	能力	素质
▸ 页面设置	▸ 文档规划构思能力	▸ 培养学生排版编辑的严谨作风
▸ 样式、段落设置	▸ 文档排版编辑能力	▸ 提升学生计算思维素养
▸ 文档元素插入与设置	▸ 元素设置美化能力	▸ 提升学生创意策划的美学素养

二 实训准备

Word 2016 是 Microsoft 公司推出的 Office 2016 中的一个重要组件，它用于制作各种文档，如书稿、信件、报刊、合同、文件、简历、海报等，集静态图、文、表等对象于一体。Word 2016 集编辑与打印于一体，具有丰富的全屏幕编辑功能，并提供各种输出格式，使打印输出的文稿规范美观。它是一种易学易用、所见即所得的应用软件，默认文档的扩展名为“. docx”。

1. Word 2016 工作界面

Word 2016 工作界面如图 2－1 所示，除了具有 Windows 7 窗口的标题栏等基本元素外，还主要包括快速访问工具栏和“文件”“开始”“插入”“设计”“布局”“视图”等选项卡，以及选项卡下方的功能区命令工具、标尺，编辑区（图 2－1 的编辑区被“Word 选项”对话框遮盖）左侧的导航选项，编辑区右侧的滚动条，编辑区下方的状态栏、视图按钮、显示比例等，可根据需求进行修改和设置。

（1）自定义外观界面。如图 2－1 所示，单击“文件”菜单中的“选项”命令，打开“Word 选项”对话框。其中，“常规”选项卡中的“用户界面选项”、“启动选项”和“实时协作选项”可完成外观界面及其他设置。

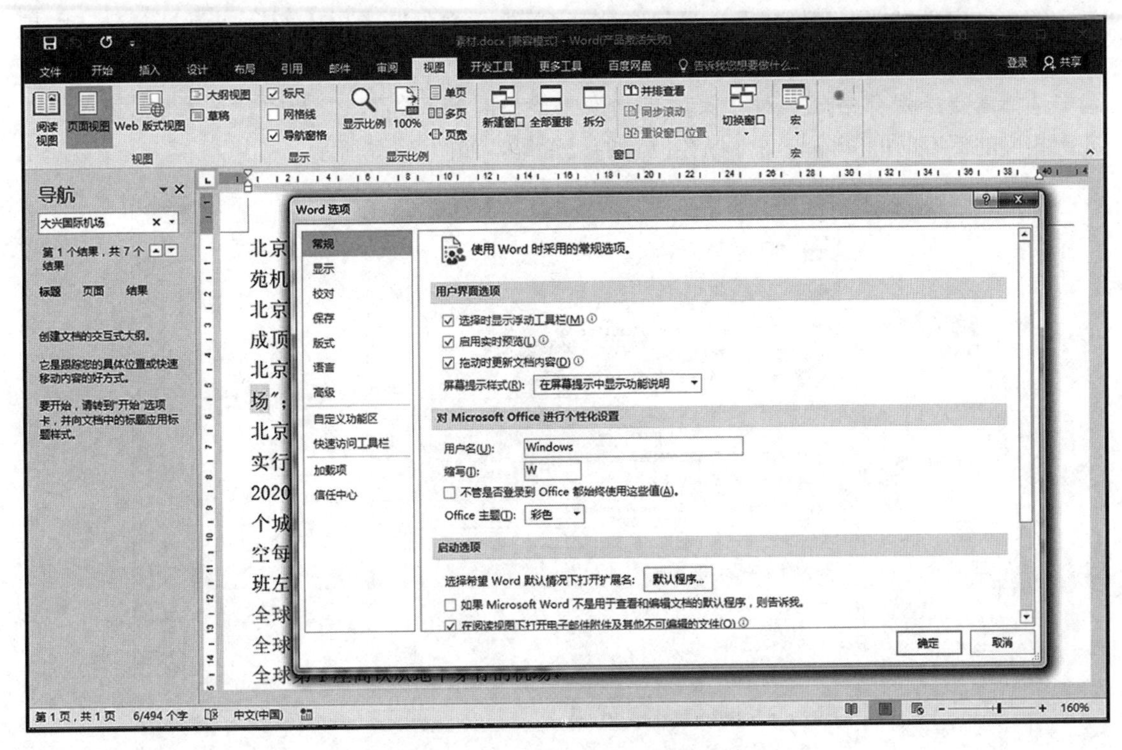

图 2-1　Word 2016 工作界面

（2）自定义功能区。当选中某一选项卡后，其下方为对应的功能区，用户对功能区可以进行自定义，让功能区更加符合自己的使用习惯。单击“文件”菜单下的“选项”命令，在打开的对话框中找到“自定义功能区”选项卡，然后在“自定义功能区”列表中，进行相应操作实现自定义功能区显示的设置，如图 2-2 所示。

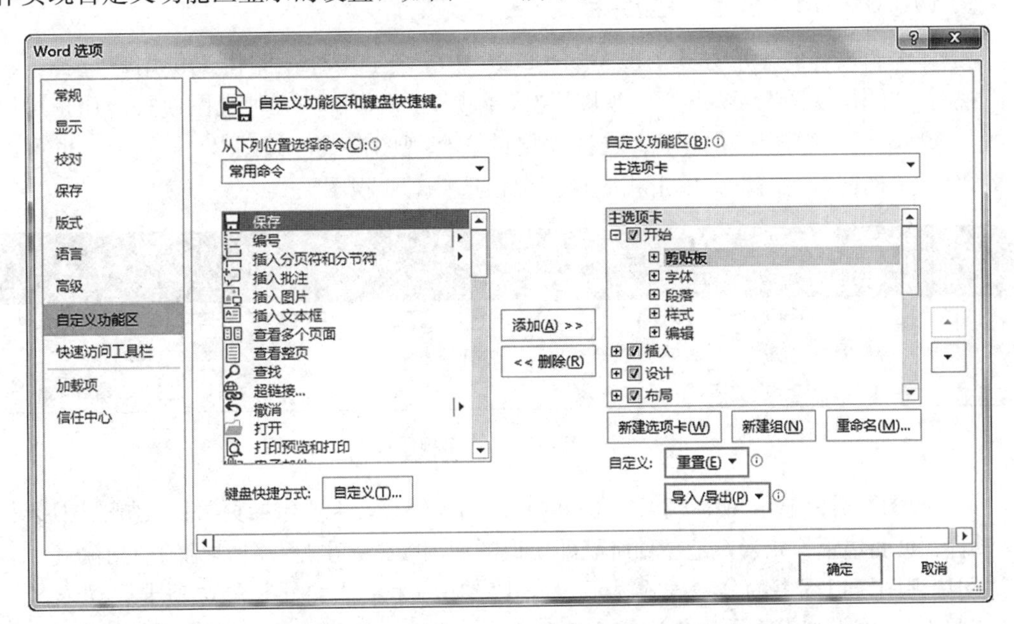

图 2-2　Word 2016“自定义功能区”设置

（3）自定义文档保存格式和位置（方式）。单击“文件”菜单中的“选项”命令，打开“Word 选项”对话框，单击“保存”命令，在右侧设置“将文件保存为此格式”，从下拉列表中选择需要的保存格式，对“保存自动恢复信息时间间隔”，以及“默认本地文件位置”进行相应的保存时间间隔与文件保存位置的设置等，如图 2－3 所示。

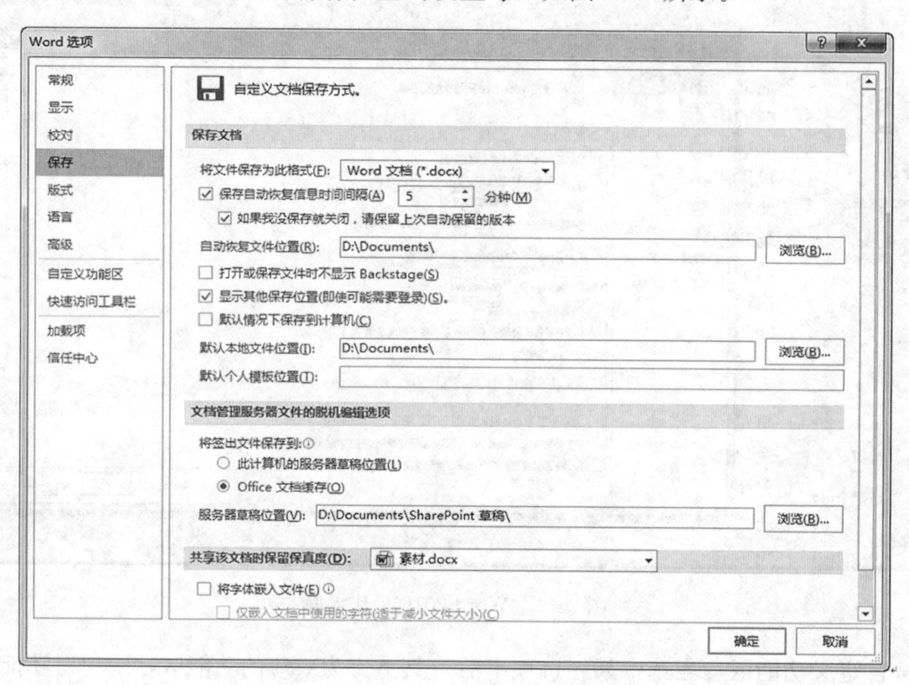

图 2－3　Word 2016“保存”选项设置

2 Word 2016“视图”选项卡

视图即编辑内容的显示方式。在 Word 2016 中提供了多种视图模式供用户选择，包括“页面视图”“阅读视图”“Web 版式视图”“大纲视图”“草稿”五种视图模式。用户可以从“视图”选项卡的“视图”功能区中选择需要的文档视图模式，如图 2－4 所示。也可以在 Word 2016 文档窗口的右下方单击相应视图按钮选择对应视图模式。

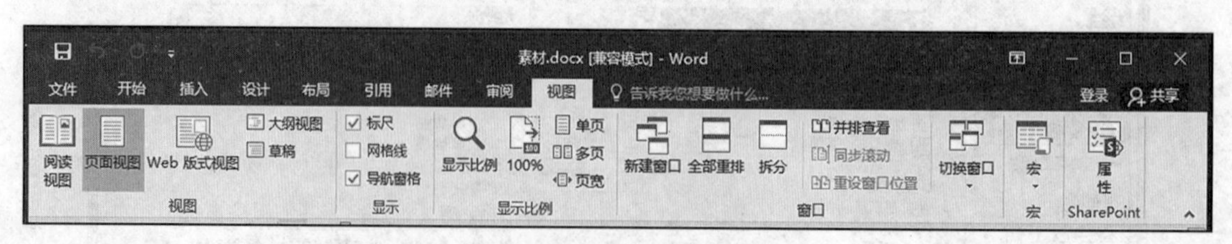

图 2－4　Word 2016 多视图模式

“页面视图”可以显示 Word 2016 文档的打印结果外观，主要包括页眉、页脚、图形对象、分栏设置、页面边距等元素，是一种所见即所得的视图模式，也是一种常见的视图模式。

“阅读视图”以图书的分栏样式显示 Word 2016 文档，“文件”等选项卡、功能区元素被隐藏起来。在阅读视图中，用户还可以单击左右箭头、显示比例等进行阅读。

“Web 版式视图”以网页的形式显示 Word 2016 文档，Web 版式视图适用于发送电子邮件和创建网页。

“大纲视图”主要用于 Word 2016 文档的设置和显示标题的层级结构，并可以方便地折叠和展开各种层级的文档。大纲视图广泛用于 Word 2016 长文档的快速浏览和设置。

“草稿”取消了页面边距、分栏、页眉、页脚和图片等元素，仅显示标题和正文，是最节省计算机系统硬件资源的视图方式。当然现在计算机系统的硬件配置都比较高，基本上不存在由于硬件配置偏低而使 Word 2016 运行遇到障碍的问题。

“视图”选项卡中的“显示”功能区，用于设置标尺、网格线、导航窗格的显示与否。勾选相应选项即可实现对应功能。

“视图”选项卡中的“显示比例”功能区，用于缩放文本区的显示比例，单、双、多页显示等。

3. Word 2016“布局”选项卡

布局用于对页面的规划。Word 2016“布局”选项卡提供了“页面设置”功能区、“稿纸”功能区、“段落”功能区以及“排列”功能区等，用于实现文档排版方式、纸张大小、页面边距、段落格式的设置等，如图 2－5 所示。与 Word 2010“布局”选项卡略有不同，其中的“主题”功能区转到了“设计”选项卡中。

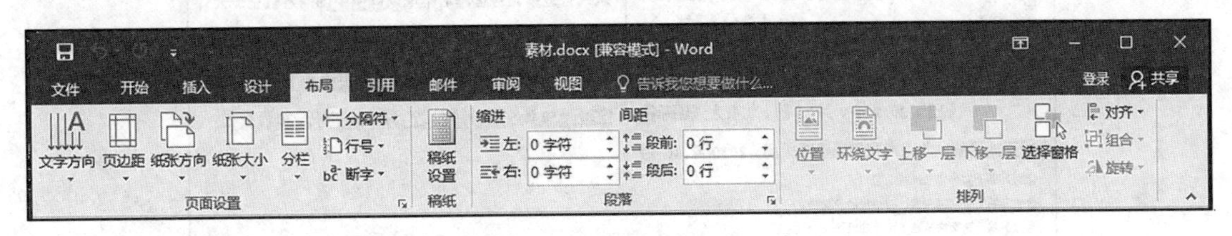

图 2－5 Word 2016“布局”选项卡及功能区

Word 2016“布局”选项卡中比较常用的是“页面设置”功能区和“段落”功能区。

“页面设置”功能区在 Word 启动后、文档录入前就应进行设置，包括纸张的大小、纸张的方向、页边距、文字方向以及分栏等设置。

“段落”功能区主要便于在排版时设定段前、段后的间距以及以段为单位向左、向右整体缩进距离等，其功能与“开始”选项卡中的“段落”功能区一致。

4. Word 2016“开始”选项卡

Word 2016“开始”选项卡提供了“剪贴板”功能区、“字体”功能区、“段落”功能区、“样式”功能区、“编辑”功能区等，主要用于实现文档的编辑命令、字符格式设置、段落格式设置、样式的设置以及文档中文本的查找替换等，如图 2－6 所示。

“剪贴板”功能区提供“剪切”“复制”“粘贴”“格式刷”等编辑按钮。

“字体”功能区用于实现对选定内容的“字体”“字号”“颜色”“上标”“下标”“加粗”“倾斜”“下划线”以及字符的“边框底纹”等效果的设定，使用频率极高。

“段落”功能区用于实现对段前、段后、段之间距离的设置，行距设置，编号、项目符号等效果的设定。

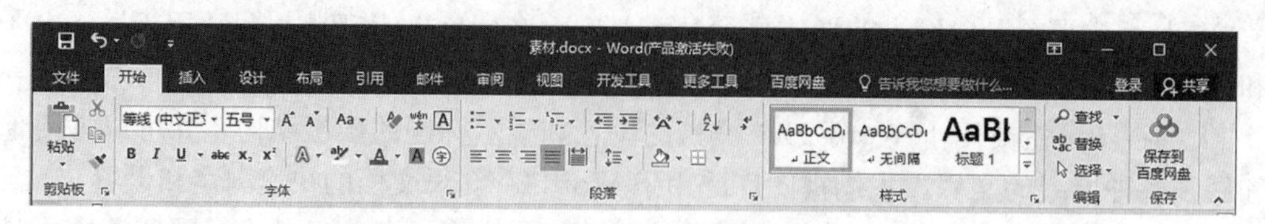

图 2-6　Word 2016“开始”选项卡及功能区

三　实训内容

打开文件夹“实训二素材”中的文件“素材 . docx”，按照下列要求完成操作并以文件名“Word 结果 1. docx”保存文档，效果如图 2-7 所示。

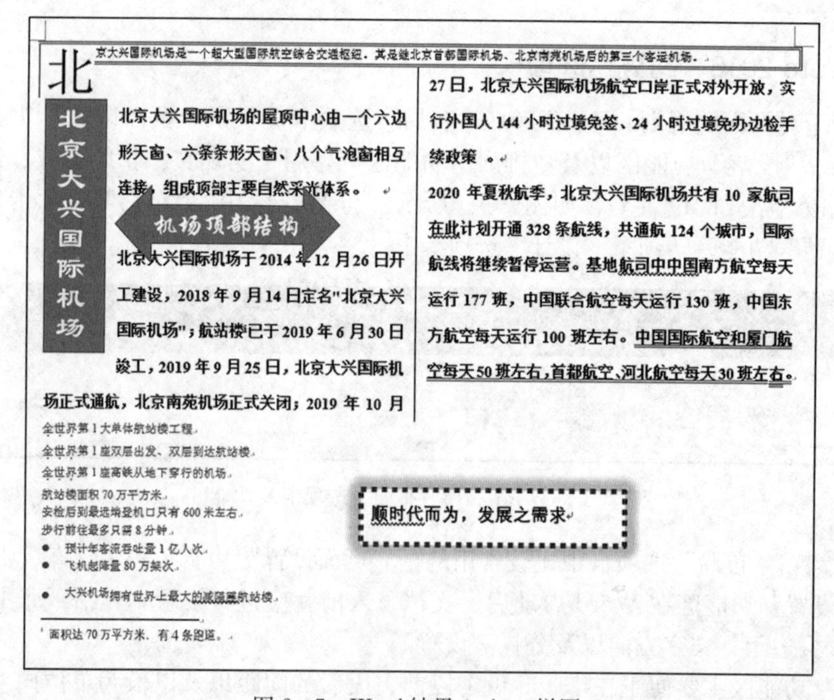

北京大兴国际机场是一个超大型国际航空综合交通枢纽，其是继北京首都国际机场、北京南苑机场后的第三个客运机场。

北京大兴国际机场

北京大兴国际机场的屋顶中心由一个六边形天窗、六条条形天窗、八个气泡窗相互连接，组成顶部主要自然采光体系。

机场顶部结构

北京大兴国际机场于2014年12月26日开工建设，2018年9月14日定名"北京大兴国际机场"；航站楼已于2019年6月30日竣工，2019年9月25日，北京大兴国际机场正式通航，北京南苑机场正式关闭；2019年10月27日，北京大兴国际机场航空口岸正式对外开放，实行外国人144小时过境免签、24小时过境免办边检手续政策。

2020年夏秋航季，北京大兴国际机场共有10家航司在此计划开通328条航线，共通航124个城市，国际航线将继续暂停运营。基地航司中中国南方航空每天运行177班，中国联合航空每天运行130班，中国东方航空每天运行100班左右。中国国际航空和厦门航空每天50班左右，首都航空、河北航空每天30班左右。

全世界第1大单体航站楼工程。

全世界第1座双层出发、双层到达航站楼。

全世界第1座高铁从地下穿行的机场。

航站楼面积70万平方米。

安检后到最远端登机口只有600米左右。

步行前往最多只需8分钟。

- 预计年客流吞吐量1亿人次。
- 飞机起降量80万架次。
- 大兴机场拥有世界上最大的减隔震航站楼。

顺时代而为，发展之需求

1 面积达70万平方米，有4条跑道。

图 2-7　Word 结果 1. docx 样图

四　实训要求

(1) 设置纸张大小为 A3，左、右页边距均为 3 厘米；页面颜色为浅绿色。

(2) 正文第一段首行缩进 2 字符，段前间距 1 行，并添加双线、红色的方框。

(3) 正文第二、第三、第四段段落内容设置为宋体、四号、加粗，1.5 倍行距；并且分栏为 2 栏，带分隔线。

(4) 在第二段后、第三段前插入一个形状“箭头：左右”，应用第二行第二列形状样式，内容为“机场顶部结构”，华文行楷、二号字，浮于文字上方。

(5) 在第三段“航站楼”处插入尾注，内容为“面积达 70 万平方米，有 4 条跑道。”。

（6）为正文第四段最后一句文字添加双线、标准色为“红色”的下划线；第四段的最后1个字应用增大圈号的带圈字符效果。

（7）插入一个文字方向竖排的文本框作为标题，添加文本内容为“北京大兴国际机场”，隶书、一号、居中；文本框应用第三行第二列形状样式，“阴影：内部左上”的形状效果，四周型环绕。

（8）为正文设置首字下沉，下沉行数为“3”；将正文最后一段“大兴机场”字符位置提升 3 磅。

（9）将文档中所有词“全球”替换为“全世界”，并加着重号“.”。

（10）将文档中英文、数字设置为 Times New Roman 字体。

（11）为正文最后三行设置项目符号“•”。

（12）在文档最后插入文本框，内容为“顺时代而为，发展之需求”，文本框的边框（形状轮廓）修改为 4.5 磅紫色圆点虚线，文本框形状效果设置为“发光，红色，18pt 发光，个性色 2”。

五 实训步骤

（1）设置纸张大小为 A3，左、右页边距均为 3 厘米；页面颜色为浅绿色。

操作步骤

打开“布局”选项卡进行页面设置。该操作应该在文字、图、表格录入之前进行设置，如果在录入之后、打印之前设置，则页面设置的变化会使图片和表格的大小、位置发生移位，甚至出现溢出边界的现象。

首先进行纸张大小的设置，然后对纸张方向、文字方向、页边距进行设置。可以单击“页面设置”功能区右下角箭头按钮（对话框启动器），打开如图 2-8、图 2-9 所示的对话框，进行设置。

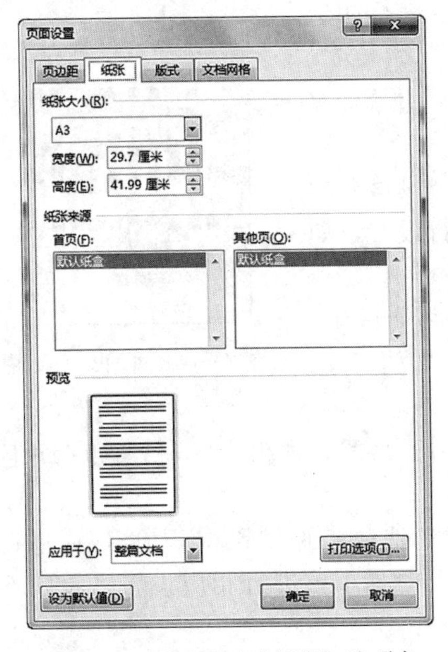

图 2-8　页面设置“纸张”选项卡

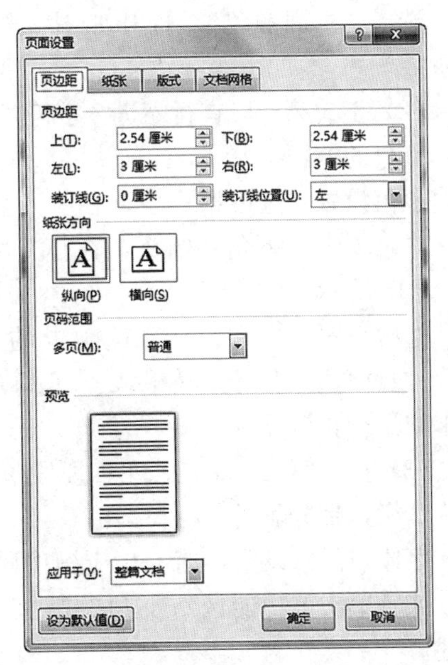

图 2-9　页面设置“页边距”选项卡

同样也可以直接单击功能区中相应按钮的下拉列表，进行设置，这里选取纸张大小为“A3”、纸张方向为“纵向”、文字方向为“水平”、左右页边距为“3 厘米”等，如图 2－10 至图 2－13 所示。

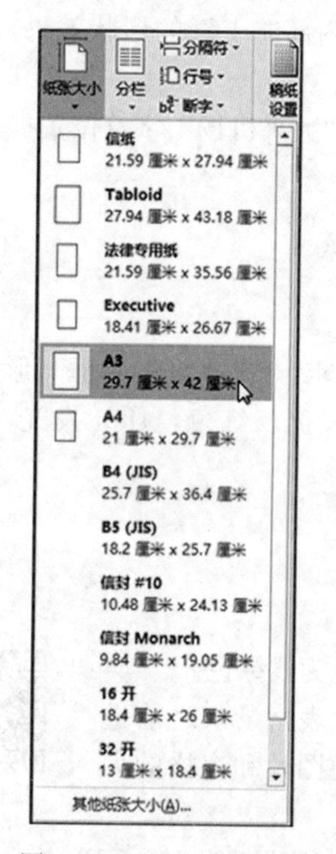

图 2－10 纸张大小设置

图 2－11 纸张方向设置

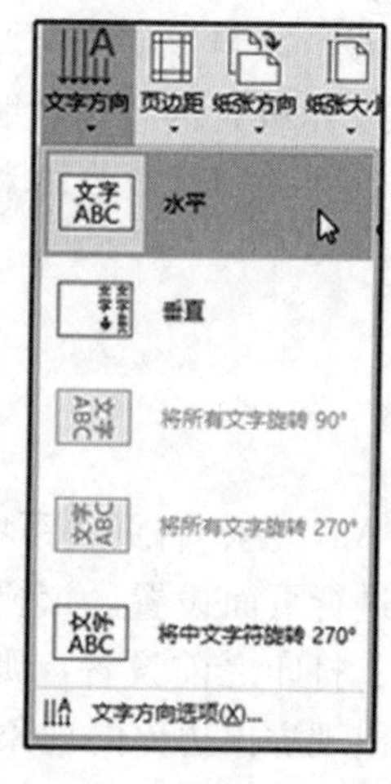

图 2－12 文字方向设置

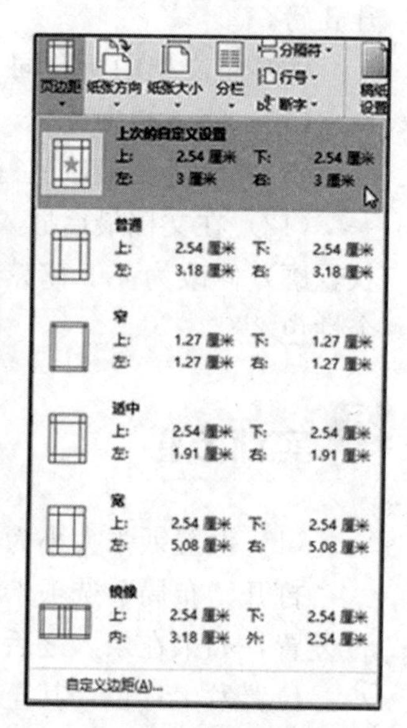

图 2－13 页边距设置

页面颜色设置：在“设计”选项卡的“页面背景”功能区中，选择“页面颜色”，打开如图 2－14 所示菜单，进行相应设置。

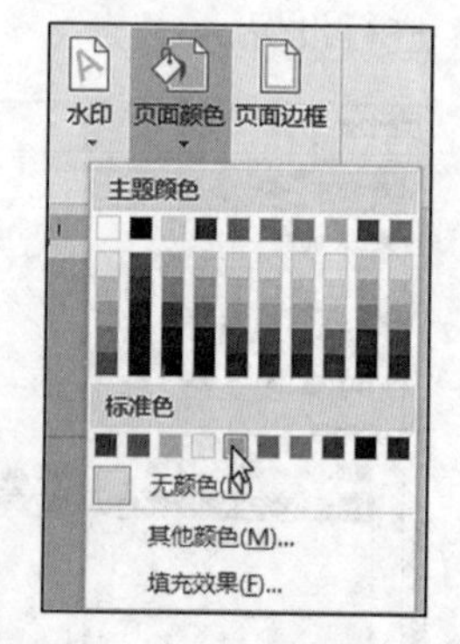

图 2－14 页面颜色设置

（2）正文第一段首行缩进 2 字符，段前间距 1 行，并添加双线、红色的方框。

段落设置：选中第一段，在“开始”选项卡的“段落”功能区中，单击右下角的箭头，在打开的对话框中进行设置，如图 2－15 所示。

边框设置：在“设计”选项卡的“页面背景”功能区中，选择“页面边框”，打开如图 2－16 所示对话框，在“边框”选项卡中进行相应设置。

（3）正文第二、第三、第四段段落内容设置为宋体、四号、加粗，1.5 倍行距；并且分栏为 2 栏，带分隔线。

字体与段落设置：选定相应操作段落，在“开始”选项卡的“字体”功能区中进行设置，或者单击该功能区右下角的箭头，打开“字体”对话框，进行相应设置，此处不再赘述。

分栏设置：选定相应操作段落，在“布局”选项卡的“页面设置”功能区中进行设置，如图 2－17 所示。

（4）在第二段后、第三段前插入一个形状“箭头：左右”，应用第二行第二列形状样式，内容为“机场顶部结构”，华文行楷、二号字，浮于文字上方。

箭头的插入与样式设置：将光标置于第一段后、第二段前，在“插入”选项卡的“插图”功能区中单击“形状”，打开如图 2－18 所示的菜单进行箭头选取；单击设置好的箭头图形，如图 2－19 所示，进行相应设置。

内容添加与设置：选定已插入的箭头形状，单击右键选取“添加文字”命令，添加相应文字，并完成字体、字号设置。

（5）在第三段“航站楼”处插入尾注，内容为“面积达 70 万平方米，有 4 条跑道。”。

选中第三段文本“航站楼”，单击“引用”选项卡的“脚注”功能区中的“插入尾注”按钮，在链接位置输入内容文本即可，如图 2－20 所示。

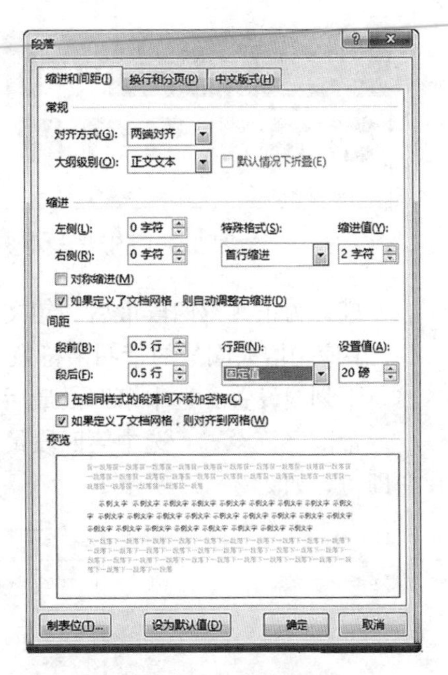

图 2－15　段落设置

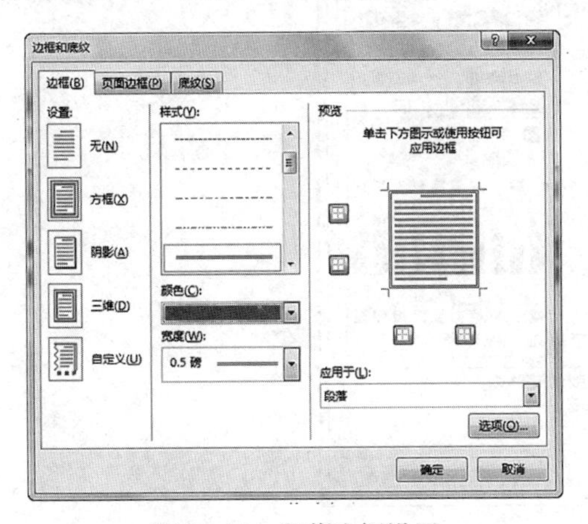

图 2－16　段落边框设置

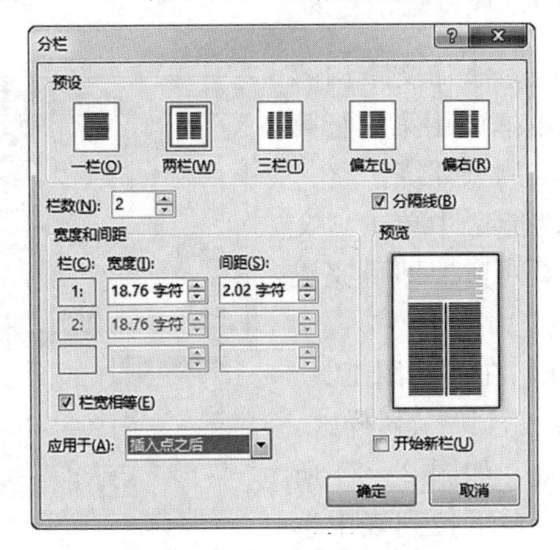

图 2－17　分栏设置

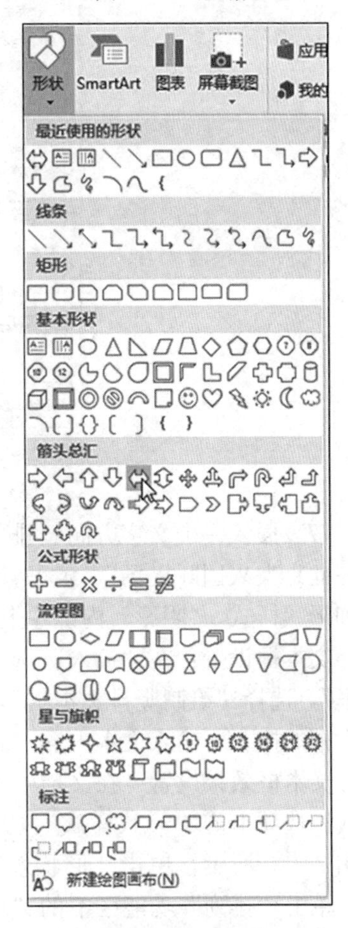

图 2－18　插入箭头操作

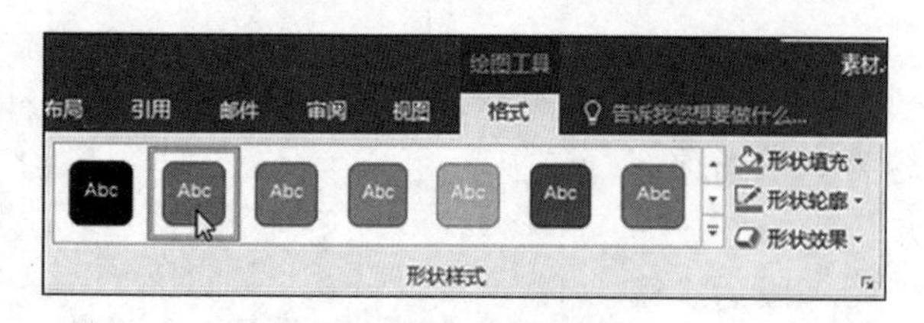

图 2－19　形状样式设置

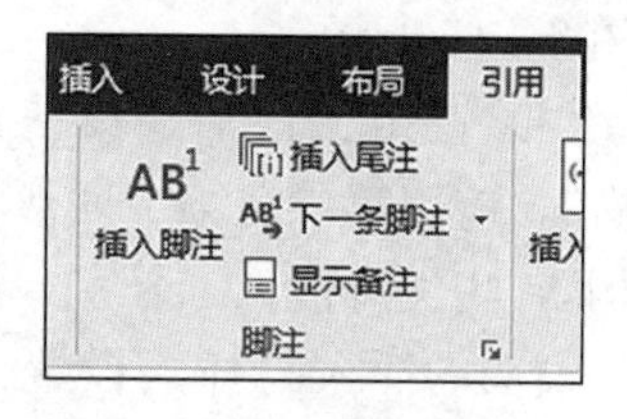

图 2－20　尾注设置

（6）为正文第四段最后一句文字添加双线、标准色为“红色”的下划线；第四段的最后1个字应用增大圈号的带圈字符效果。

下划线设置：选中第四段最后一句，在“字体”对话框中设置即可，如图 2－21 所示。

带圈字符设置：选中第四段最后一句的“右”，单击“字体”功能区中“带圈字符”按钮即可，如图 2－22 所示。

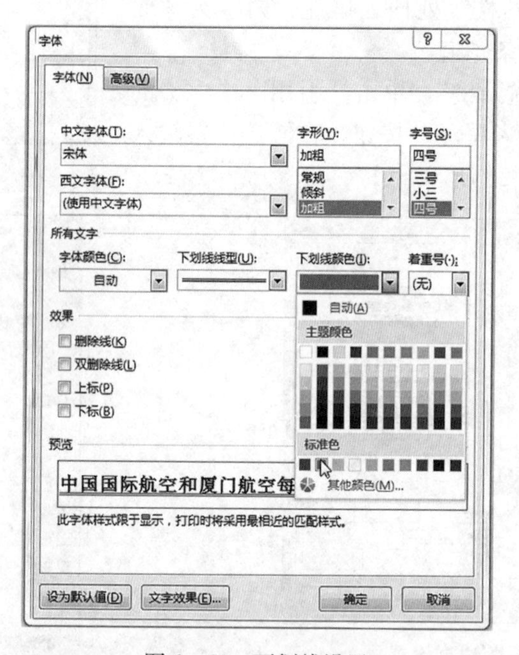

图 2－21　下划线设置

（7）插入一个文字方向竖排的文本框作为标题，添加文本内容为“北京大兴国际机场”，隶书、一号、居中；文本框应用第三行第二列形状样式，“阴影：内部左上”的形状效果，四周型环绕。

文本框设置：在“插入”选项卡的“文本”功能区中单击“文本框”，选择“绘制竖排文本框”，在文档相应位置处拖拽即可完成文本框的插入，输入文本内容“北京大兴国际机场”。

文本框效果设置：在文档中选取插入的文本框，在“绘图工具-格式”选项卡的“形状样式”功能区中，单击第三行第二列样式，如图 2－23 所示；单击“形状效果”进行相应设置，如图 2－24 所示；单击“排列”功能区中的“环绕文字”按钮，在下拉列表中选择“四周型”即可完成。

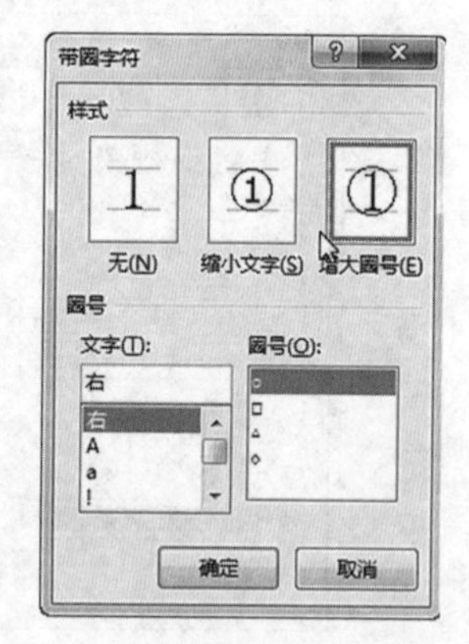

图 2－22　带圈文字设置

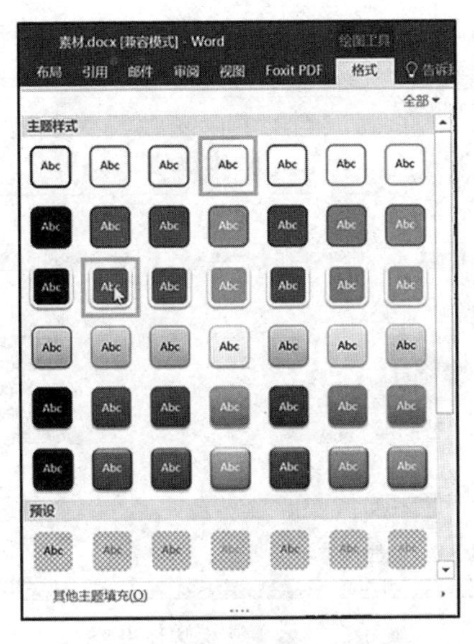

图 2-23　文本框形状样式设置

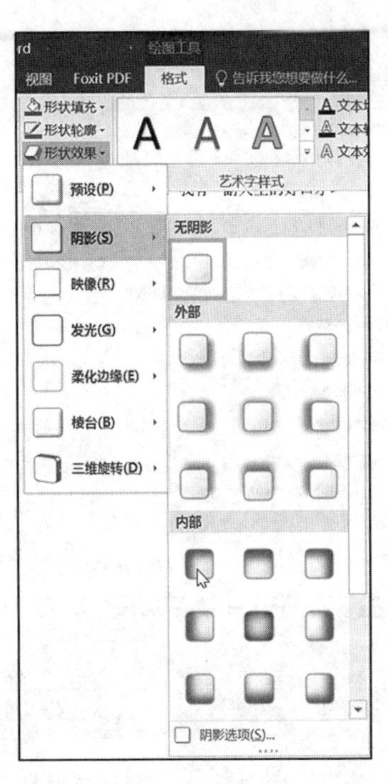

图 2-24　文本框"阴影"形状效果设置

（8）为正文设置首字下沉，下沉行数为"3"；将正文最后一段"大兴机场"字符位置提升 3 磅。

首字下沉设置：选中正文，在"插入"选项卡的"文本"功能区中单击"首字下沉"，选择"首字下沉选项"，弹出"首字下沉"对话框，进行相应设置，如图 2-25 所示。

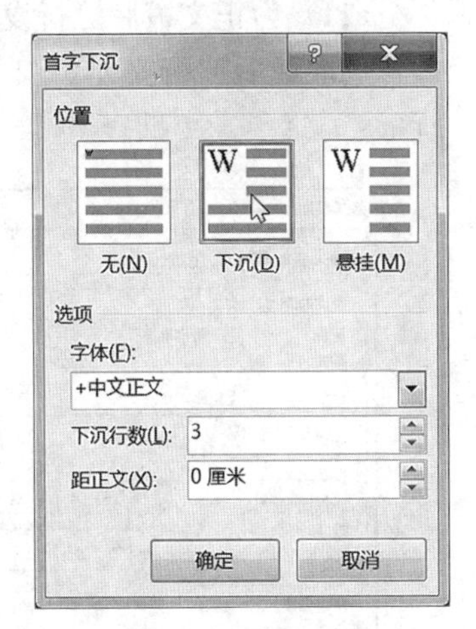

图 2-25　首字下沉设置

字符位置设置：选中"大兴机场"文字，然后单击"开始"选项卡，在"字体"功能区中选择（右下箭头）对话框启动器按钮，在弹出的"字体"对话框中，单击"高级"选项卡，进行相应设置，如图 2-26 所示。

（9）将文档中所有词"全球"替换为"全世界"，并加着重号"."。

替换设置：单击"开始"选项卡"编辑"功能区的"替换"按钮，在"查找内容"文本框中输入"全球"，在"替换为"文本框中输入"全世界"。单击左下角"更多"按钮，打开如图 2-27 所示的对话框，单击左下角"格式"按钮，打开"字体"对话框，设置着重号，单击"确定"按钮，返回如图 2-27 所示对话框中，单击"全部替换"，如图 2-28 所示，即可完成。

（10）将文档中英文、数字设置为 Times New Roman 字体。

字体的设置：按【Ctrl+A】键全选文档，在"开始"选项卡的"字体"功能区中进行设置。选取 Times New Roman 字体、字号即可完成设置，或打开如图 2-21 所示的"字体"对话框完成设置，此处不再赘述。此时 Times New Roman 字体的设置仅对英文和数字有效，汉字保持不变。

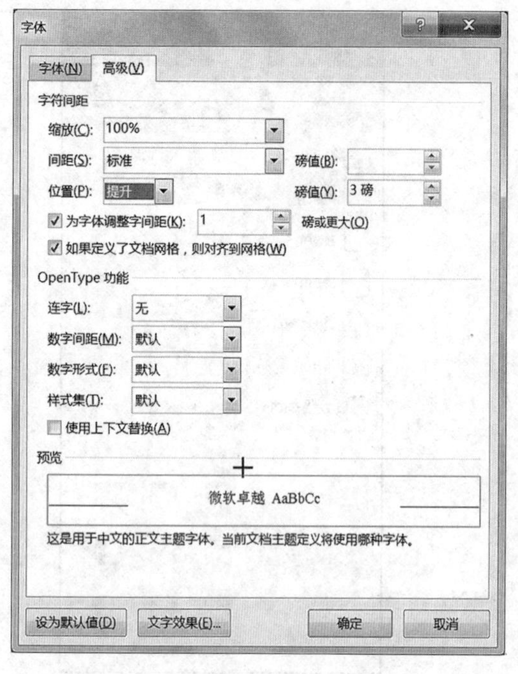

图 2-26　字符位置设置

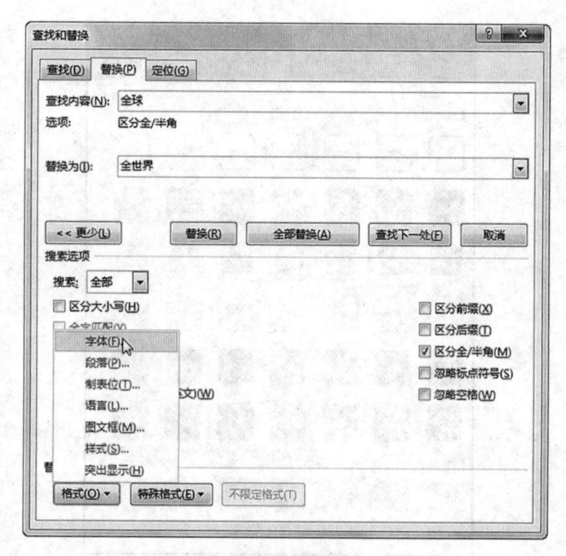

图 2-27　文本替换设置

（11）为正文最后三行设置项目符号“•”。

选取最后三行文本，打开“段落”功能区中的“项目符号”进行设置，如图 2-29 所示。

图 2-28　替换格式设置

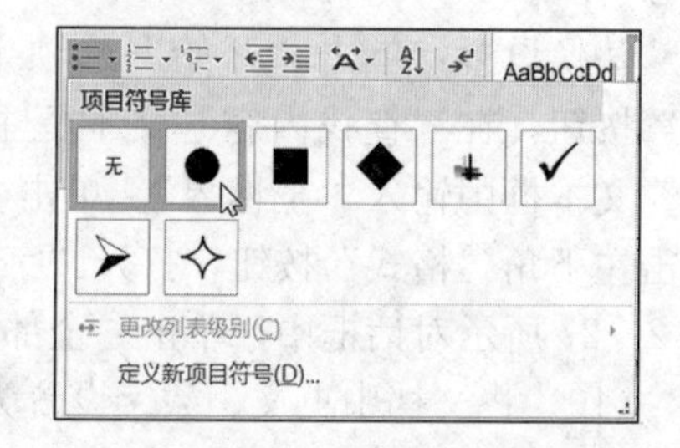

图 2-29　项目符号设置

（12）在文档最后插入文本框，内容为“顺时代而为，发展之需求”，文本框的边框（形状轮廓）修改为 4.5 磅紫色圆点虚线，文本框形状效果设置为“发光，红色，18pt 发光，

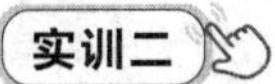

个性色 2”。

文本框的插入：将鼠标置于文档最后，选取“插入”选项卡“文本”功能区中的“文本框”，选择“绘制文本框”，在文档最后拖拽即可完成文本框的插入，输入文本内容“顺时代而为，发展之需求”。

文本框效果的设置：在文档中选取插入的文本框，在“绘图工具-格式”选项卡的“形状样式”功能区中，单击“形状轮廓”进行相应颜色、线型设置，如图 2－30 所示；单击“形状效果”进行相应设置，如图 2－31 所示。

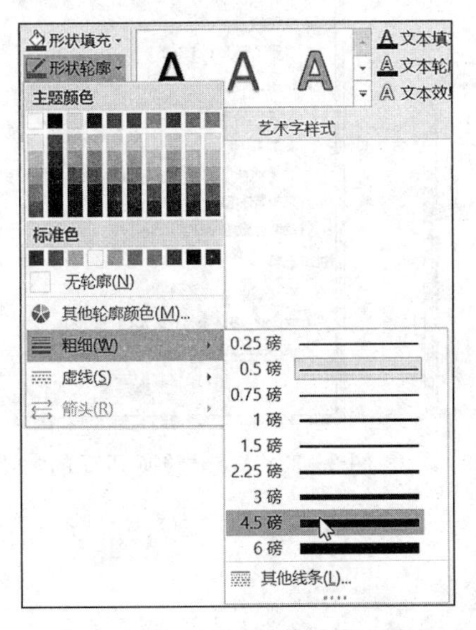

图 2－30　文本框形状轮廓设置

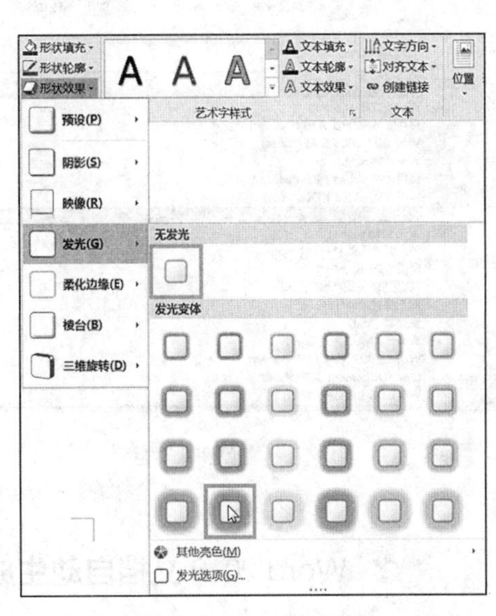

图 2－31　文本框“发光”形状效果设置

至此，文档的创建，页面设置，字符格式设置，段落格式设置，分栏设置，项目符号设置，编号设置，页眉、页脚、页码、尾注设置，文档框、形状以及效果设置等基本文档格式化的方法已经介绍完毕，读者可继续对各种文字、图形、文本框的效果进行设置，凡是见到的印刷版效果都可以进行模仿实现。

六　实训延伸

1. Word 2016 文档如何转换成 PDF 文档

PDF 文档因其具有只读、不易修改的特性，而被广泛应用。有时在文档编辑中需要将 Word 文档转换成 PDF 文档。Office 2016 版转换功能甚是强大，它具有把一个 Word 文档转换成 PDF 的功能。具体操作如下：

方法一：先将文档保存之后，选择“文件”菜单中的“导出为 PDF”命令，可直接将文档转换为 PDF 文件，这是 Word 2010 不具备的一项功能。

方法二：文档编辑好保存后，单击“文件”菜单下的“另存为”命令，打开“另存为”对话框，在“保存类型”中选取“PDF”，如图 2－32 所示。

单击“另存为”对话框右下角的“选项”按钮，打开“选项”对话框，可进行 PDF 文档加密以及指定“页范围”等操作，如图 2-33 所示。

图 2-32 Word 转换 PDF

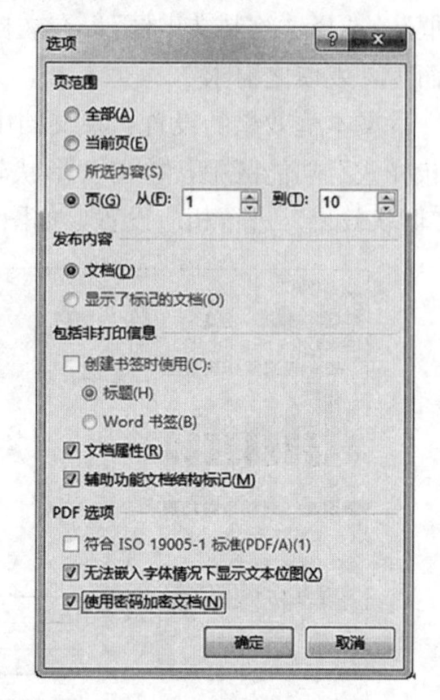

图 2-33 Word 转换 PDF 的常规选项

文档目录
生成与更新

2 Word 2016 文档自动生成目录

（1）设置标题格式。选中文档中的所有一级标题，在“开始”选项卡“样式”功能区中单击“标题 1”，即选用默认样式，右击该样式选项可进行样式修改；同样对二级标题、三级标题的样式进行设置，如图 2-34 所示。

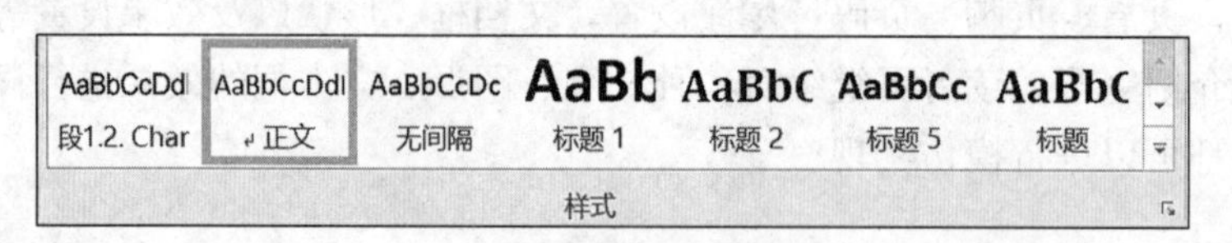

图 2-34 标题样式功能区

（2）自动生成目录。把光标定位到文档第一页的首行，第一个字符左侧（目录应在文章的前面）；选择“引用”选项卡，打开“目录”功能区，单击“目录”，选择“自动”，样式自选，文章的目录即可自动生成，如图 2-35 所示。

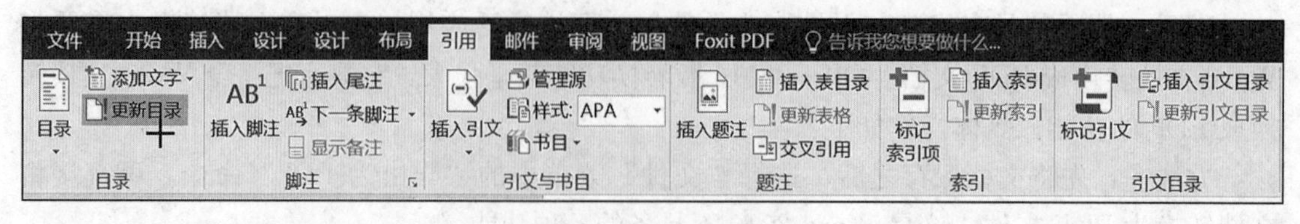

图 2-35 “引用”选项卡

（3）更新目录。在目录中右击，在弹出的快捷菜单中选择“更新域”更新页码或目录内容。通过快捷键【F9】亦可实现同样操作。

3. Word 2016 文档打印选项

“打印”面板基本可以完成所有有关打印操作的设置，如图 2-36 所示。

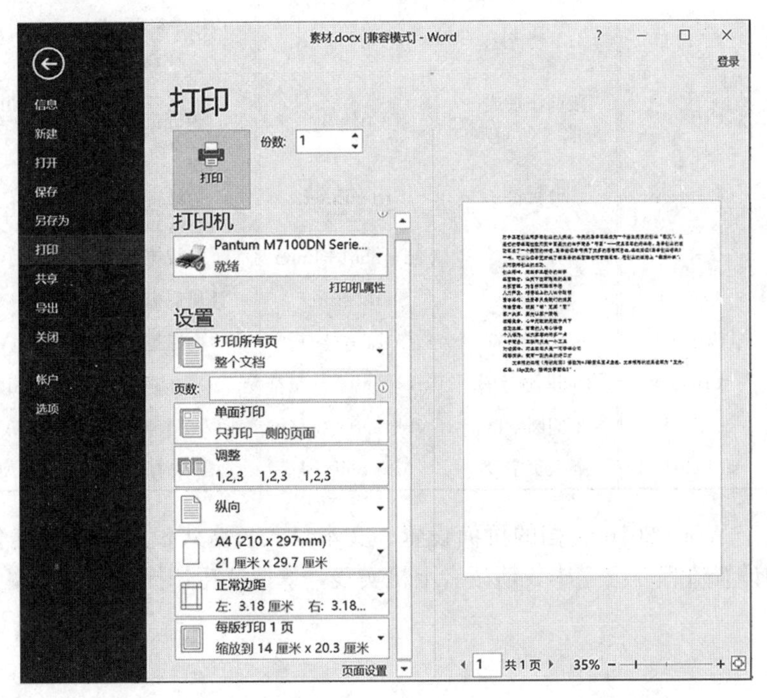

图 2-36 “打印”面板

4. Word 2016 快捷键

Word 2016 中的常用快捷方式如表 2-1 所示。

表 2-1 Word 2016 常用快捷键

命令	快捷键	命令	快捷键	命令	快捷键
打开文档	Ctrl+O	文本左对齐	Ctrl+L	打开“应用样式”任务窗格	Ctrl+Shift+S
保存文档	Ctrl+S	文本右对齐	Ctrl+R	打开“样式”任务窗格	Alt+Ctrl+Shift+S
关闭文档	Ctrl+W	撤消	Ctrl+Z	启动“自动套用格式”	Alt+Ctrl+K
创建文档	Ctrl+N	恢复	Ctrl+Y	应用“正文”样式	Ctrl+Shift+N
打印文档	Ctrl+P	单倍行距	Ctrl+1	应用“标题 1”样式	Alt+Ctrl+1

（续）

命令	快捷键	命令	快捷键	命令	快捷键
剪切	Ctrl+X	双倍行距	Ctrl+2	应用“标题 2”样式	Alt+Ctrl+2
复制	Ctrl+C	1.5 倍行距	Ctrl+5	应用“标题 3”样式	Alt+Ctrl+3
粘贴	Ctrl+V	段前添加或删除 1 行间距	Ctrl+0	长破折号	Alt+Ctrl+减号（数字键盘上的减号）
全选	Ctrl+A	分页符	Ctrl+Enter	短破折号	Ctrl+减号（数字键盘上的减号）
加粗	Ctrl+B	分栏符	Ctrl+Shift+Enter	版权符号	Alt+Ctrl+C
倾斜	Ctrl+I	换行符	Shift+Enter	注册商标符号	Alt+Ctrl+R
下划线	Ctrl+U	可选连字符	Ctrl+连字符	商标符号	Alt+Ctrl+T
查找文本	Ctrl+F	不间断连字符	Ctrl+Shift+连字符	省略号	Alt+Ctrl+句号
替换文本	Ctrl+H	不间断空格	Ctrl+Shift+空格键	插入“日期”域	Alt+Shift+D
插入 ListNum 域	Alt+Ctrl+L	插入页字段	Alt+Shift+P	插入时间域	Alt+Shift+T

至此，关于 Word 2016 文档的页面设置、文本录入、格式设置、排版美化，以及打印输出，完整的设置流程介绍完毕，请读者上机实践，掌握技巧，提高编排效率。

一、单选题

1. 以下不属于 Word 文档视图的是（　　）。

A. 大纲视图　　B. 阅读版式视图
C. 放映视图　　D. Web 版式视图

2. 在 Word 文档中，不可直接操作的是（　　）。

A. 插入 Excel 图表　　B. 插入 SmartArt
C. 屏幕截图　　D. 录制屏幕操作视频

3. 下列文件扩展名中不属于 Word 模板文件的是（　　）。

A. .docx　　B. .dotx　　C. .dotm　　D. .dot

4. 小张的毕业论文设置为 2 栏页面布局，现需在分栏之上插入一个横跨两栏内容的论文标题，最优的操作方法是（　　）。

A. 在两栏内容之前空出几行，打印出来后手动写上标题
B. 在两栏内容之上插入一个文本框，输入标题，并设置文本框的环绕方式
C. 在两栏内容之上插入一个分节符，然后设置论文标题位置
D. 在两栏内容之上插入一个艺术字标题

5. 在 Word 功能区中，拥有的选项卡分别是（　　）。

A. 开始、插入、编辑、页面布局、选项、帮助等

B. 开始、插入、编辑、页面布局、引用、邮件等

C. 开始、插入、页面布局、引用、邮件、审阅等

D. 开始、插入、编辑、页面布局、选项、邮件等

6. 在 Word 文档中，要选择从某一段落开始到文档末尾的全部内容，最优的操作方法是（　　）。

A. 将指针移动到该段落的开始位置，按住【Shift】键，单击文档的结束位置

B. 将指针移动到该段落的开始位置，按【Ctrl＋Shift＋End】组合键

C. 将指针移动到该段落的开始位置，按【Ctrl＋A】组合键

D. 将指针移动到该段落的开始位置，按【Alt＋Ctrl＋Shift＋PageDown】组合键

7. 在 Word 文档中，学生“张小民”的名字被多次错误地输入为张晓明、张晓敏、张晓民、张晓名，纠正该错误的最优操作方法是（　　）。

A. 利用 Word“查找和替换”功能搜索文本“张晓”，并将其全部替换为“张小民”

B. 利用 Word“查找”功能搜索文本“张晓”，并逐一更正

C. 从前往后逐个查找错误的名字，并更正

D. 利用 Word“查找和替换”功能搜索文本“张晓 *”，并将其全部替换为“张小民”

8. 如果希望为一个多页的 Word 文档添加页面图片背景，最优的操作方法是（　　）。

A. 在每一页中分别插入图片，并设置图片的环绕方式为衬于文字下方

B. 利用页面填充效果功能，将图片设置为页面背景

C. 利用水印功能，将图片设置为文档水印

D. 执行“插入”选项卡中的“页面背景”命令，将图片设置为页面背景

9. 将 Word 文档中的大写英文字母转换为小写，最优的操作方法是（　　）。

A. 执行“审阅”选项卡“格式”功能组中的“更改大小写”命令

B. 单击鼠标右键，执行右键菜单中的“更改大小写”命令

C. 执行“引用”选项卡“格式”功能组中的“更改大小写”命令

D. 执行“开始”选项卡“字体”功能组中的“更改大小写”命令

10. 在 Word 文档编辑状态下，将光标定位于任一段落位置，设置 1.5 倍行距后，结果将是（　　）。

A. 光标所在行按 1.5 倍行距调整格式

B. 光标所在段落按 1.5 倍行距调整格式

C. 全部文档没有任何改变

D. 全部文档按 1.5 倍行距调整段落格式

11. 在 Word 中编辑一篇文稿时，纵向选择一块文本区域最快捷的操作方法是（　　）。

A. 按【Ctrl＋Shift＋F8】组合键，拖动鼠标选择所需的文本

B. 按下【Ctrl】键不放，拖动鼠标分别选择所需的文本

C. 按下【Alt】键不放，拖动鼠标选择所需的文本

D. 按下【Shift】键不放，拖动鼠标选择所需的文本

12. 在 Word 中编辑一篇文稿时，如需快速选取一个较长段落的文字区域，最快捷的操作方法是（　　）。

A. 在段首单击鼠标，按下【Shift】键不放再按【End】键

B. 在段首单击鼠标，按下【Shift】键不放再单击段尾

C. 在段落的左侧空白处双击鼠标

D. 直接用鼠标拖动选择整个段落

13. 小马在一篇 Word 文档中创建了一个漂亮的页眉，她希望在其他文档中还可以直接使用该页眉格式，最优的操作方法是（　）。

A. 将该文档保存为模板，下次可以在该模板的基础上创建新文档

B. 下次创建新文档时，直接从该文档中将页眉复制到新文档中

C. 将该页眉保存在页眉文档部件库中，以备下次调用

D. 将该文档另存为新文档，并在此基础上修改即可

14. 吴编辑在一本 Word 书稿中定义并应用了符合出版社排版要求的各级标题的标准样式，希望将该标准样式应用到其他书稿的同名样式中，最优的操作方法是（　　）。

A. 利用格式刷，将标准样式的格式从原书稿中复制到新书稿的某一同级标题，然后通过更新样式以匹配所选内容

B. 通过管理样式功能，将书稿中的标准样式复制到新书稿中

C. 依据标准样式中的格式，直接在新书稿中修改同名样式中的格式

D. 将原书稿保存为模板，基于该模板创建或复制新书稿的内容并应用标准样式

15. 某公司秘书小莉经常需要用 Word 编辑中文公文，她希望所录入的正文都能够段首空两个字符，最简捷的操作方法是（　　）。

A. 在每次编辑公文前，先将“正文”样式修改为“首行缩进 2 字符”

B. 将一个“正文”样式为“首行缩进 2 字符”的文档保存为模板文件，然后每次基于该模板创建新公文

C. 在一个空白文档中将“正文”样式修改为“首行缩进 2 字符”，然后将当前样式集设为默认值

D. 每次编辑公文时，先输入内容然后选中所有正文文本将其设为“首行缩进 2 字符”

16. 小陈在 Word 中编辑一篇摘自互联网的文章，他需要将文档每行后面的手动换行符删除，最优的操作方法是（　　）。

A. 依次选中所有手动换行符后，按【Delete】键删除

B. 在每行的结尾处，逐个手动删除

C. 按【Ctrl＋*】组合键删除

D. 通过查找和替换功能删除

17. 在 Word 2016 中，要把某段落中包含 3 个汉字的词汇的宽度调整为 4 个字符，最优的操作方法是（　　）。

A. 在“字体”对话框中调整字符的间距

B. 使用“开始”选项卡“字体”功能组的“调整宽度”功能

C. 在“段落”对话框中调整字符的间距

D. 使用“开始”选项卡“段落”功能组的“调整宽度”功能

18. 在 Word 2016 中的默认选项设置下，为文档中的某个样式为“正文”的段落应用了

项目符号，则该段落的样式将变化为（　　）。

A. 强调　　B. 突出显示　　C. 项目符号列表　　D. 列表段落

19. 在 Word 2016 中，要输入 x^2，最快捷的操作方法是（　　）。

A. 通过“开始”选项卡“字体”中的上标功能实现

B. 通过“插入”选项卡“插入新公式”中的上标功能实现

C. 通过“插入”选项卡“插入函数”中的上标功能实现

D. 通过 Microsoft 公式 3.0 中的上标功能实现

20. 在 Word 2016 中，关于文档自动保存的正确说法是（　　）。

A. 如果不进行特别设置，Word 2016 不会自动保存文档

B. 自动保存时间间隔越短越好

C. 默认的自动保存时间间隔为 10 分钟

D. 自动保存时间间隔越长越好

二、操作题

1. 打开“实训二习题”中的“习题一”文件夹，再打开“素材文件.docx”，按下列步骤进行操作。完成操作后，保存文档为“结果文件 1.docx”，并关闭 Word 应用程序。

注意：文件中所需要的素材和样张均在“实训二习题”中的“习题一”文件夹下，做题时可参考样张。

要求如下：

（1）纸张大小为 A4，左、右页边距均为 2 厘米，装订线 0.5 厘米；页面颜色为“花束”纹理效果。

（2）文档标题“语文园地”应用“标题 1”样式，并修改样式为华文隶书、一号、加粗，段前后间距均为 1 行，居中（其余默认格式请勿更改）。所有的红色文字均设置为倾斜，字符放大 150%，字符间距加宽 3 磅，并添加双线的下划线。

（3）“读读认认”下的 6 个段落，分 2 栏，带分隔线；“读读背背”下的 2 个段落添加 ➢ 项目符号。

（4）插入文本框，将“口语练习”下的文字移至文本框内，文字内容居中；文本框应用第四行第四列形状样式，即“橄榄色，8pt 发光，个性色 3”形状效果，上下型环绕，放置在“口语练习”下方。

（5）插入图片“春天.jpg”，高度为 4 厘米，应用“简单框架，白色”图片样式，浮于文字上方。

（6）在文档最后制作表格，输入如图 2－37 所示的表格内容；单元格高度、宽度均为 2 厘米，文字均水平和垂直居中；所有框线均为红色的单线。

设置完结果如图 2－37 所示。

2. 打开“实训二习题”中的“习题二”文件夹，再打开“素材文件.docx”，按下列步骤进行操作。完成操作后，保存文档为“结果文件 2.docx”，并关闭 Word 应用程序。

注意：文件中所需要的素材和样张均在“实训二习题”中的“习题二”文件夹下，做题时可参考样张。

要求如下：

（1）自定义纸张大小：宽 27 厘米、高 36 厘米，纸张方向为横向。添加空白页眉“恐龙

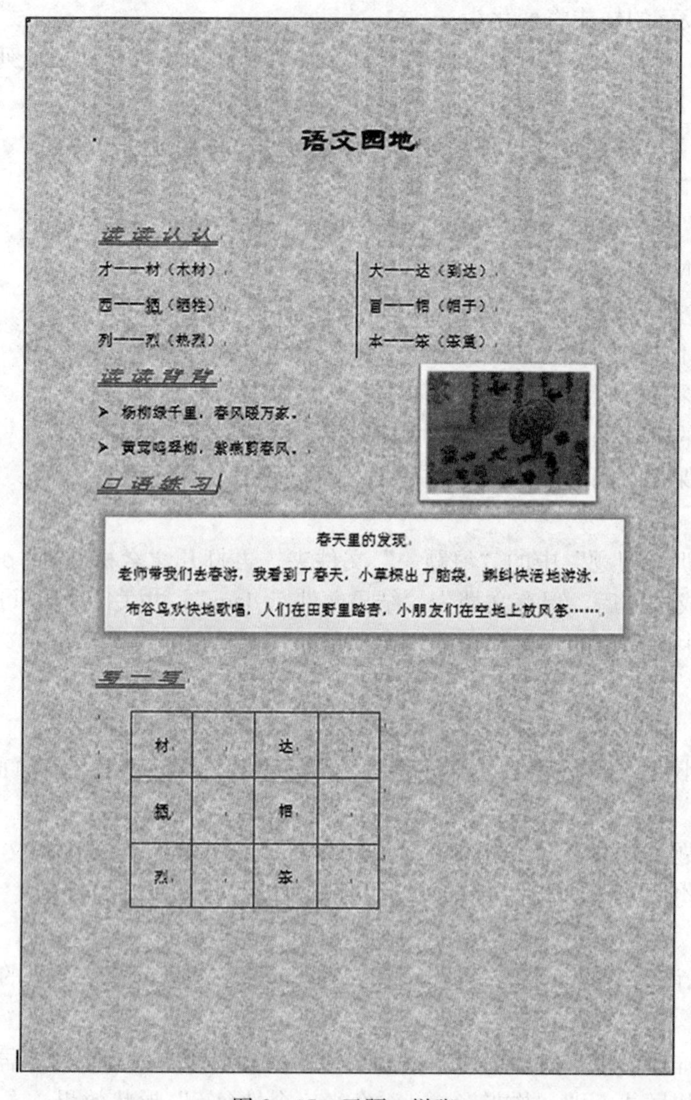

图 2-37　习题一样张

知识”。

（2）“恐龙时代”应用文本效果：第二行第二列“渐变填充，水绿色，主题色 5，映像”，华文行楷、一号字。正文的前 3 段应用“正文”样式，并修改样式为宋体、四号字，首行缩进 2 字符，行距为固定值 26 磅，段前间距为 0.5 行。

（3）插入“垂直框列表”类型的 SmartArt 图形，内容见样张；应用第五种彩色，三维“优雅”样式效果，四周型环绕；放置在文档左侧。

（4）插入图片“恐龙.jpg”，应用“简单框架，黑色”图片样式，“偏移：下”外部阴影效果，衬于文字下方。

（5）文档最后 4 段文字转换为 4 行 2 列的表格，均为四号字；应用“网格表 6 彩色-着色 1”表格样式，列宽均为 8 厘米，第一行单元格合并及居中。

（6）插入“对话气泡：椭圆形”标注，应用第一行第二列形状样式；添加文字“温和的食草动物”。

设置完结果如图 2－38 所示。

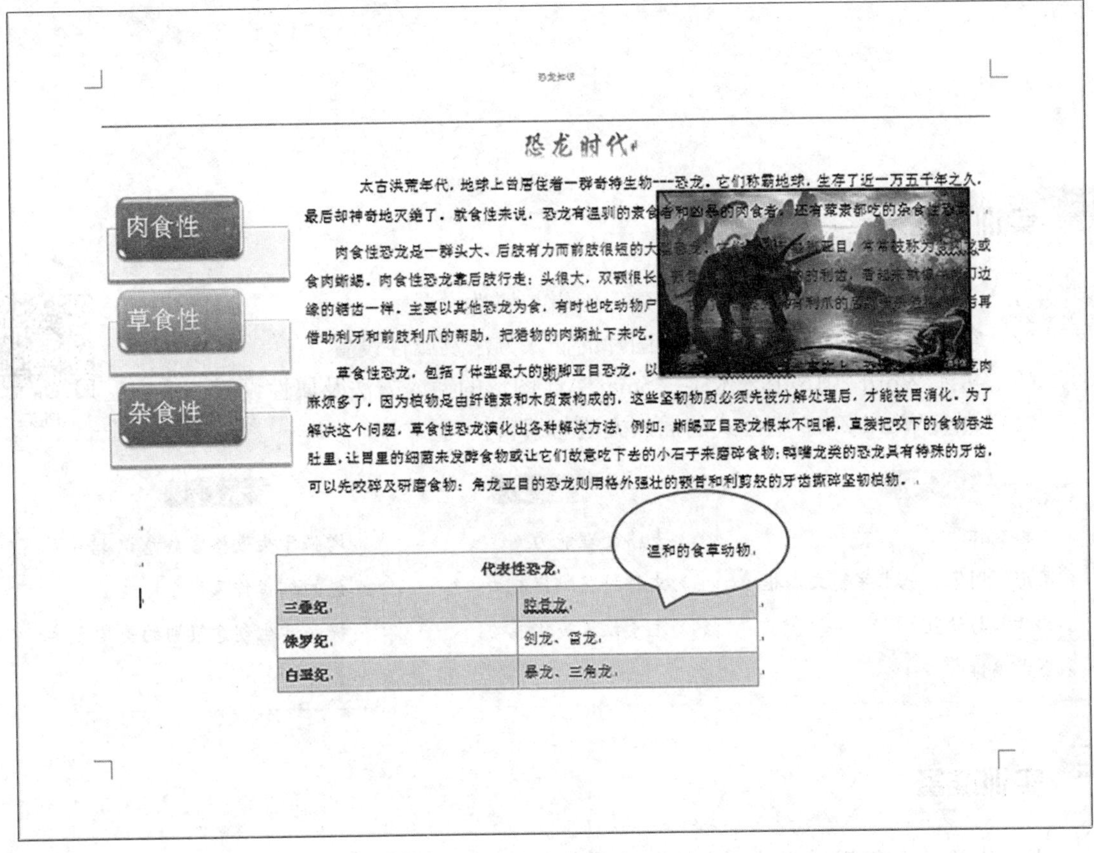

恐龙知识

恐龙时代

太古洪荒年代，地球上曾居住着一群奇特生物---恐龙，它们称霸地球，生存了近一万五千年之久，最后却神奇地灭绝了。就食性来说，恐龙有温驯的素食者和凶暴的肉食者，还有荤素都吃的杂食性恐[illegible]。

肉食性恐龙是一群头大、后肢有力而前肢很短的大[illegible]亚目，常常被称为[illegible]或食肉蜥蜴。肉食性恐龙靠后肢行走：头很大，双颚很长[illegible]的利齿，看起来[illegible]刀边缘的锯齿一样。主要以其他恐龙为食，有时也吃动物尸[illegible]利爪的[illegible]再借助利牙和前肢利爪的帮助，把猎物的肉撕扯下来吃。

草食性恐龙，包括了体型最大的蜥脚亚目恐龙，以[illegible]肉麻烦多了，因为植物是由纤维素和木质素构成的，这些坚韧物质必须先被分解处理后，才能被胃消化。为了解决这个问题，草食性恐龙演化出各种解决方法，例如：蜥蜴亚目恐龙根本不咀嚼，直接把咬下的食物吞进肚里，让胃里的细菌来发酵食物或让它们故意吃下去的小石子来磨碎食物；鸭嘴龙类的恐龙具有特殊的牙齿，可以先咬碎及研磨食物；角龙亚目的恐龙则用格外强壮的颚骨和利剪般的牙齿撕碎坚韧植物。

代表性恐龙	
三叠纪	腔骨龙
侏罗纪	剑龙、雷龙
白垩纪	暴龙、三角龙

图 2－38　习题二样张

参考答案

实训三 Word 2016 表格制作与图文混排

一 实训目的

(1) 掌握 Word 2016 中表格的创建、编辑与属性设置。

(2) 掌握 Word 2016 中文本框、图片的插入方法及属性设置。

(3) 熟练 Word 2016 中艺术字、SmartArt 图形的插入方法及属性设置。

(4) 熟练 Word 2016 中公式的插入方法与编辑技巧。

PPT

知识

- 表格制作
- 图形、图像、艺术字、文本框的插入与设置
- 公式编辑

能力

- 表格处理能力
- 文档排版编辑能力
- 元素设置美化能力

素质

- 增强学生表格容载意识,培养严谨的编辑作风
- 提高学生创意策划的美学素养

二 实训准备

Word 2016 的编辑排版从"开始"选项卡入手,在编辑区录入文本、图形图像、表格等元素,然后对其进行格式与属性的设置,最终对生成的文档进行保存或打印存档。"插入"选项卡实现特定元素的录入,并对其显示效果进行设置。

表格用来组织和显示信息,快速引用和分析数据,排序及进行公式计算,创建 Web 页中文本、图片和嵌套表格。模板与样式使长文档操作更加规范和快捷。对象的插入使文档更加规范与美观,阅读起来更轻松高效。

Word 2016 中还可以插入系列对象,如 Excel 电子表格、PowerPoint 演示文稿、Visio 绘图、数理化公式以及各种媒体元素等。

1. Word 2016 "插入"选项卡

Word 2016 "插入"选项卡包含"页面"功能组、"表格"功能组、"插图"功能组、"链接"功能组、"批注"功能组、"页眉和页脚"功能组、"文本"功能组以及"符号"功能组等。

(1) "页面"的插入在"页面"功能组。可以插入或删除内置以及可用的联机内容中的各种类型的封面、插入空白页或在指定位置插入分页符等。

(2) "表格"的插入在文档中。使用表格是一种简明扼要的表达方式,它以行和列的形式组织信息,结构严谨,效果直观,应用广泛。Word 2016 表格的制作常有两种方法:

方法一：

在 Word 2016 文档中，用户可以使用“插入表格”对话框插入指定行数、列数的表格，并可以设置所插入表格的列宽，操作步骤如下：

打开 Word 2016 文档窗口，切换到“插入”选项卡，在“表格”功能组中单击“表格”按钮，并在打开的表格菜单中选择“插入表格”命令，如图 3－1 所示。

打开“插入表格”对话框，在“表格尺寸”区域分别设置表格的行数和列数。在“自动调整”操作区域如果选中“固定列宽”单选按钮，则可以设置表格的固定列宽尺寸；如果选中“根据内容调整表格”单选按钮，则单元格宽度会根据输入的内容自动调整；如果选中“根据窗口调整表格”单选按钮，则所插入的表格将充满当前页面的宽度。选中“为新表格记忆此尺寸”复选框，则再次创建表格时将使用当前尺寸。设置完毕单击“确定”按钮即可，如图 3－2 所示。

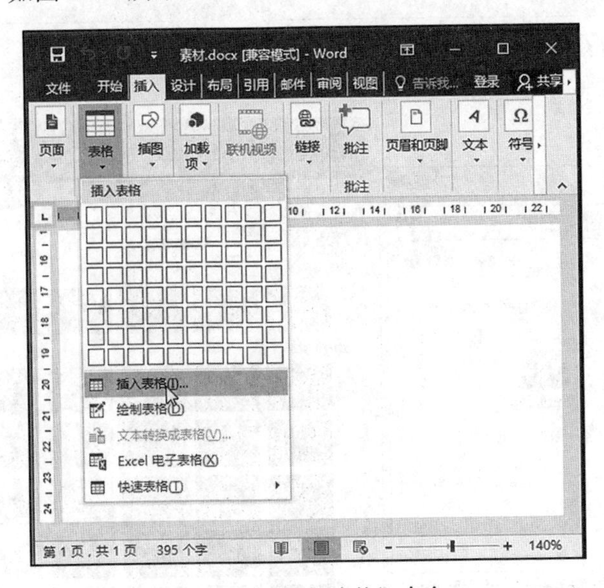

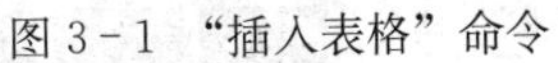
图 3－1 “插入表格”命令

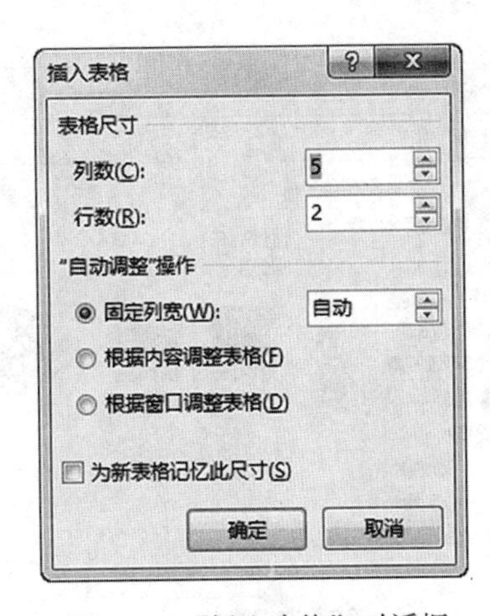

图 3－2 “插入表格”对话框

方法二：

在“插入”选项卡的“表格”功能组中单击“表格”按钮，并在打开的表格菜单中根据实际需要用鼠标拖动来实现行、列的设定，如图 3－1 所示。

选中插入的表格，在“表格工具”的“设计”选项卡中，可以对表格样式、线型、颜色、边框底纹等进行设置，如图 3－3 所示。

在使用 Word 2016 制作和编辑表格时，也可以直接插入 Excel 电子表格，插入的电子表格具有数据运算的功能，或者粘贴 Excel 电子表格，此时表格不具有 Excel 电子表格的运算功能，请自行实践，此处不再赘述。

(3)“图片”的插入。插入图片是一种常见的操作，单击“插入”选项卡中“插图”功能组的“图片”，选取图片所在的位置以及文件名，单击“插入”按钮即可插到文档中光标位置处，如图 3－4 所示。之后可对其背景、更正、颜色效果等在“调整”功能组中设置，对大小、位置、排列等在“大小”与“排列”功能组中进行调整设置，如图 3－5 至图 3－8 所示，也可进行图片样式设置等。

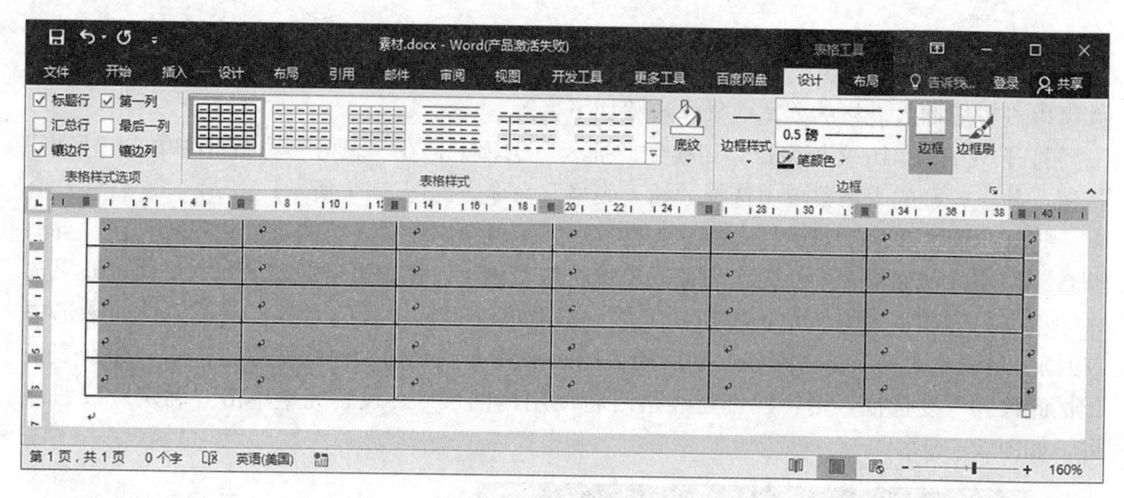

图 3－3 “设计”选项卡

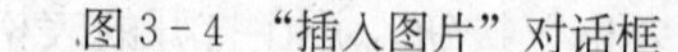
图 3－4 “插入图片”对话框

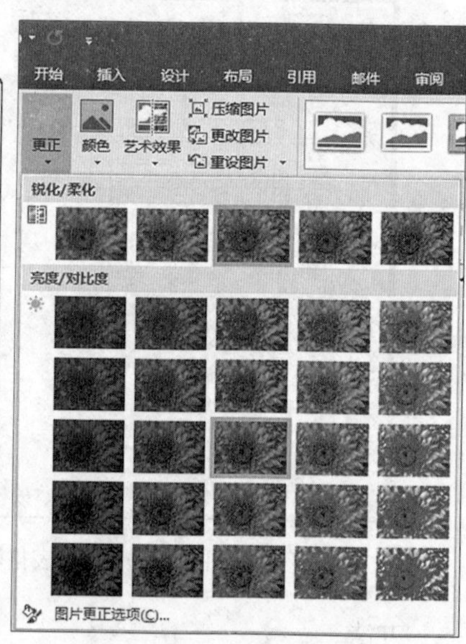

图 3－5 图片更正设置

2. Word 2016 其他元素的插入

（1）“形状”对象的插入。Word 2016 文档中可插入自选图形包括矩形、圆、线条、箭头、流程图、符号与标注等。在“插入”选项卡的“插图”功能组中单击“形状”，参见实训二中图 2－18 进行相应操作，选取相应的图形符号在文档处拖动即可。可以多个图形组合，还可以在其中添加文字等。

（2）SmartArt 图形的插入。借助 Word 2016 提供的 SmartArt 功能，用户可以在 Word 2016 文档中插入丰富多彩、图文并茂的 SmartArt 图形，从而轻松、快速、有效地传达信息。操作步骤如下：

① 打开 Word 2016 文档窗口，切换到“插入”选项卡，在“插图”功能组中单击

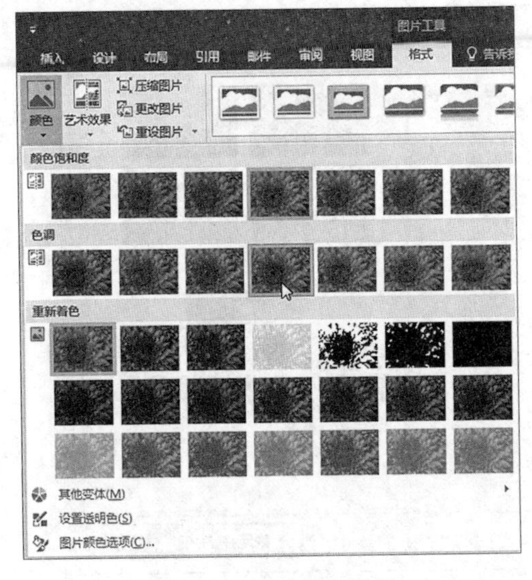

图 3－6　图片颜色设置

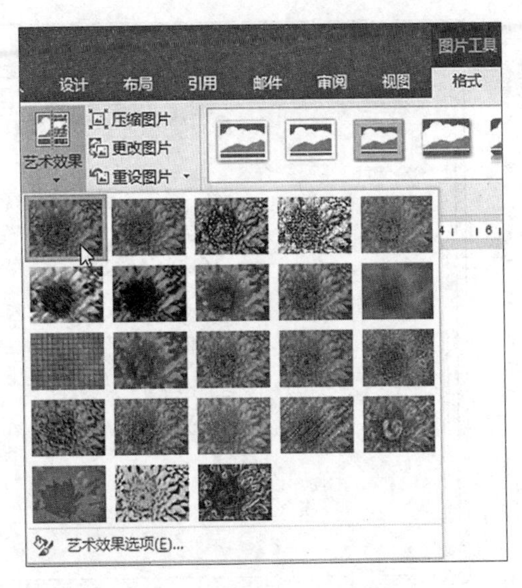

图 3－7　图片艺术效果设置

图 3－8　图片布局环绕

“SmartArt”按钮。

② 在打开的“选择 SmartArt 图形”对话框中，在左侧的类别名称中，选择合适的类别，然后在对话框右侧单击选择需要的 SmartArt 图形，并单击“确定”按钮，如图 3－9 所示。

③ 返回 Word 2016 文档窗口，在插入的 SmartArt 图形中单击文本占位符，输入合适的文字即可，如图 3－10 所示。

④ 当创建好的 SmartArt 图形不能满足实际需要时，可在指定位置添加形状，还可以进行布局的更改，直到得到满意的图形为止。

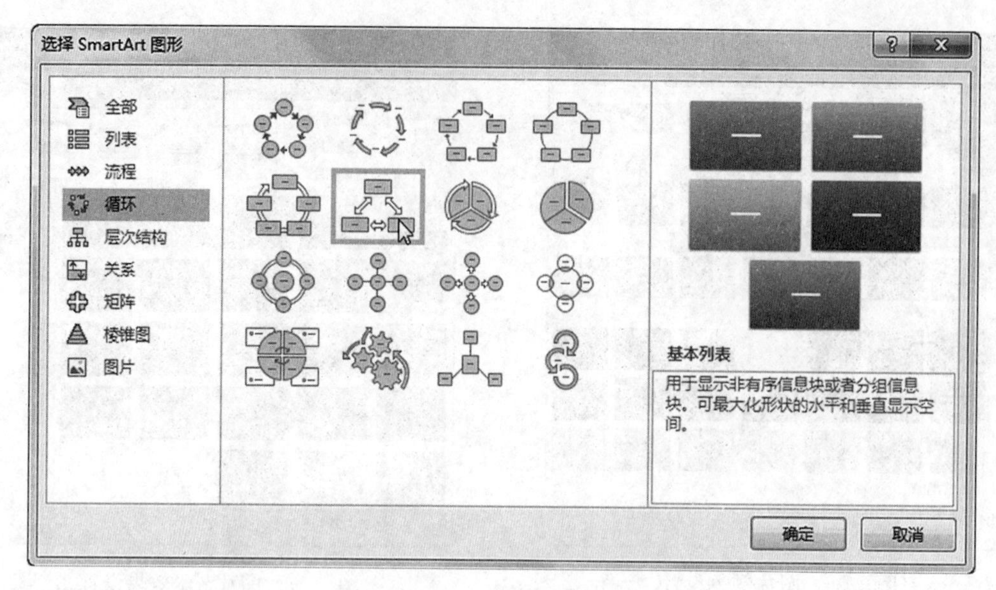

图 3-9　SmartArt 图形对话框

(3)“文本框”的插入。通过使用 Word 2016 文本框，用户可以将 Word 文本很方便地放置到 Word 2016 文档页面的指定位置，而不必受到段落格式、页面设置等因素的影响。Word 2016 内置多种样式的文本框供用户选择使用。

在 Word 2016 文档中插入文本框的方法如下：

打开 Word 2016 文档窗口，切换到“插入”选项卡，在“文本”功能组中单击“文本框”按钮，如图 3-11 所示。在打开的内置文本框面板中选择合适的文本框类型，返回 Word 2016 文档窗口，所插入的文本框处于编辑状态，直接输入用户需要的文本内容即可。

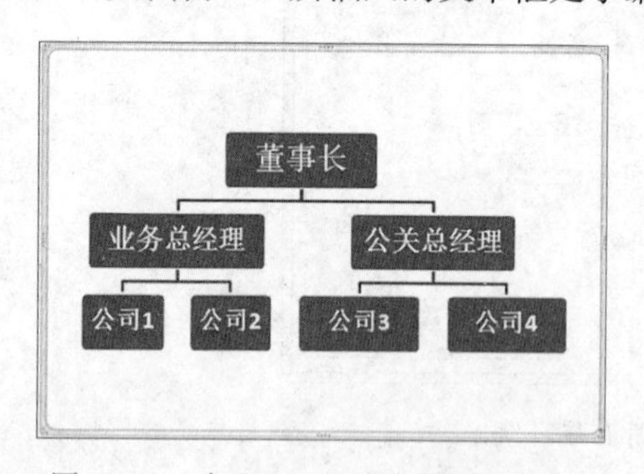

图 3-10　在 SmartArt 图形中输入文字

图 3-11　“文本框”按钮

(4)“艺术字”的插入。在 Word 2016 中，艺术字是一种包含特殊文本效果的绘图对象，可以对这种修饰性文字任意旋转角度、着色、拉伸或调整字间距等，以达到最佳艺术效果。插入艺术字时将鼠标指针定位到要插入艺术字的位置，单击功能区的“插入”选项卡，在“文本”功能组中单击“艺术字”，然后选择一种用户喜欢的 Word 2016 内置的艺术字样式，如图 3-12 所示。文档中将自动插入含有默认文字“请在此放置您的文字”和所选样式的艺术字，并且将显示“绘图工具”的“格式”选项卡。

选取内置的艺术字样式，并在文档处输入文字内容后，可修改艺术字效果。这时选择要修改的艺术字，单击“绘图工具”的“格式”选项卡，功能组将显示艺术字的各类操作按钮。

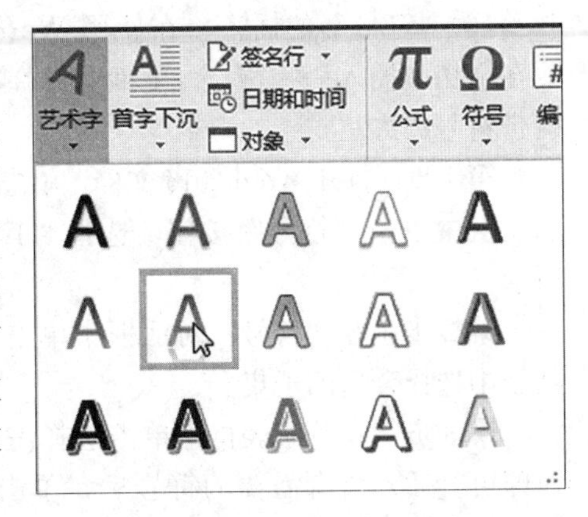

图 3-12　内置艺术字样式

在“形状样式”功能组中，可以修改整个艺术字的样式，并可以设置艺术字形状填充、形状轮廓及形状效果；在“艺术字样式”功能组中，可以对艺术字中的文字设置填充、轮廓及文字效果；在“文本”功能组中，可以为艺术字设置链接、文字方向、对齐文本等；在“排列”功能组中，可以修改艺术字的排列次序、环绕方式、旋转及组合；在“大小”功能组中，可以设置艺术字的宽度和高度。此处不再赘述，请自行实践。

（5）“公式”的插入。在编辑科技类的文档时，通常需要输入数理公式，其中含有许多数学符号和运算公式。在 Word 2016 中包含编写和编辑公式的内置支持，可以满足日常大多数公式和数学符号的输入与编辑需求。

① 插入内置公式：Word 2016 内置了一些公式，供用户选择插入。

将光标置于需要插入公式的位置，单击“插入”选项卡“符号”功能组中的“公式”旁边的下拉按钮，然后单击“内置”公式下拉列表列出的所需公式。例如，选择“二项式定理”，立即在光标处插入相应的公式：$(x+a)^n=\sum_{k=0}^{n}\binom{n}{k}x^k a^{n-k}$ 与 $x=\frac{-b\pm\sqrt{b^2-4ac}}{2a}$。

② 插入新公式：如果系统内置公式不能满足要求，用户可以自己编辑公式来满足需求。例如：

$$B=\lim_{x\to 0}\frac{\int_0^x \cos 2x\mathrm{d}x}{x}$$

第 1 步：在文档合适处定位光标，单击“插入”选项卡“符号”功能组中的“公式”旁边的下拉按钮，然后选择“内置”公式下拉列表列出的“插入新公式”命令，在光标处出现一个空白的公式框，如图 3-13 所示。

图 3-13　空白公式框

第 2 步：选中空白的公式框，Word 2016 会自动展开“公式工具”的“设计”选项卡，如图 3-14 所示。

图 3-14　“公式工具”的“设计”选项卡

第 3 步：先输入“B=”，然后在“设计”选项卡的“结构”功能组中单击“极限和对数”按钮，选取“极限”样式。

第 4 步：利用方向控制键输入字符以及“设计”选项卡“结构”功能组中的“分数”“上下标”“积分”来实现如上所示公式的输入。

（6）“符号”的插入。在使用 Word 2016 编辑文档时，常常需要在文档中插入一些符号。下面介绍在文档中插入 Word 2016 任意自带符号的方法。

第 1 步：打开 Word 2016 文档，单击“插入”选项卡，在“符号”功能组中单击“符号”按钮，选择“其他符号”命令，如图 3－15 所示。

第 2 步：在“符号”对话框中单击“子集”下拉按钮，在下拉列表中选择合适的子集。

第 3 步：在符号表格中单击选择需要的符号，单击“插入”按钮即可。插入所有需要的符号后，单击“取消”按钮关闭“符号”对话框，如图 3－16 所示。

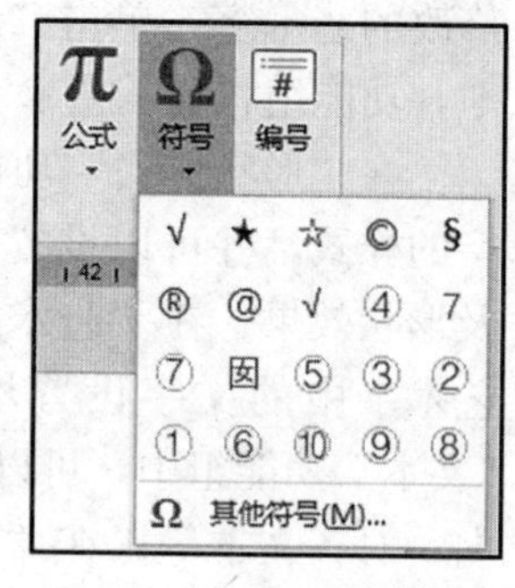

图 3－15　插入符号操作

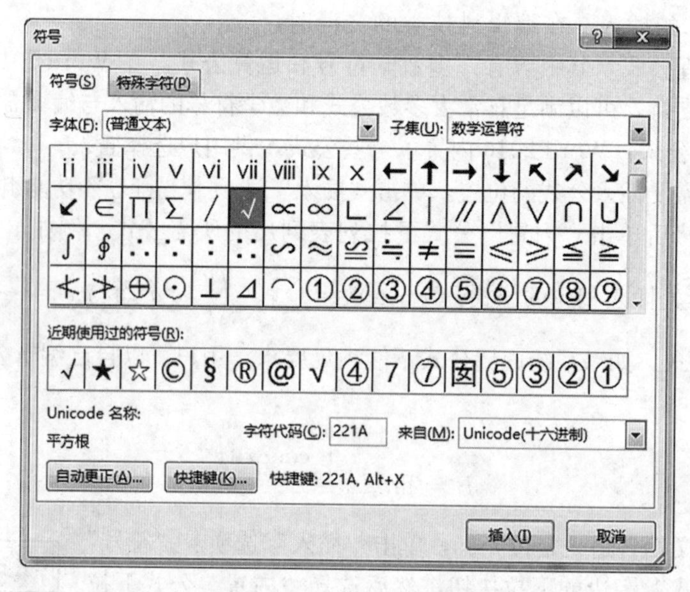

图 3－16　“符号”对话框

此外，Word 2016 文档还可插入图表、媒体、链接、批注等内容，并可实现摘要与目录的自动生成等。请自行实践或阅读实训延伸，这里不再赘述。

三　实训内容

请打开文件夹“实训三素材”中的文档“素材 . docx”，按照要求完成下列操作并以文件名“Word 结果 2. docx”保存文档。样张如图 3－17 所示。

四　实训要求

（1）在文档“素材 . docx”正文下方插入第三行第四列样式的艺术字“成绩表”，隶书，小初号字。

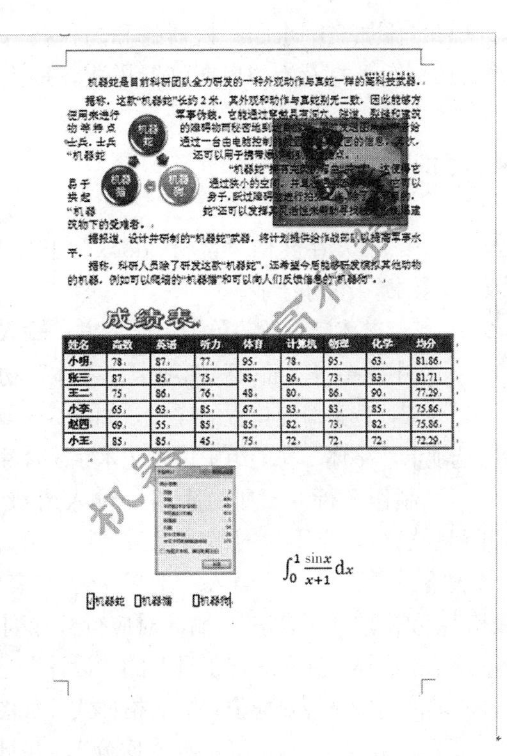

姓名	高数	英语	听力	体育	计算机	物理	化学	均分
小明	78	87	77	95	78	95	63	81.86
张三	87	85	75	83	86	73	83	81.71
王二	75	86	76	48	80	86	90	77.29
小李	65	63	85	67	83	83	85	75.86
赵四	69	55	85	85	82	73	82	75.86
小王	85	85	45	75	72	72	72	72.29

$$\int_0^1 \frac{\sin x}{x+1}\mathrm{d}x$$

图 3-17　Word 结果 2 样张

（2）制作 7 行×8 列的表格，输入班级中 6 名同学 7 门课程的成绩，应用“网格表 4-着色 1”的表格样式。

（3）在表格最后插入一列“均分”，并计算其值（必须使用 AVERAGE 函数，参数为“left”），然后按“均分”列递减为表格内容排序。

（4）设置表格文字水平、垂直居中，表格列宽为 1.8 厘米，行高 0.6 厘米。

（5）设置表格外框线为 3 磅红色单实线，内框线为 1 磅黑色单实线；其中第一行的底纹设置为灰色 25%，其余为浅黄色（红色 255、绿色 255、蓝色 100）底纹。

（6）插入“基本循环”类型的 SmartArt 图形，内容如图 3-18 所示。应用第一种彩色和三维“优雅”样式效果；紧密型环绕；适当调整大小（高度 4 厘米，宽度 7 厘米），放置在正文前两段中间。

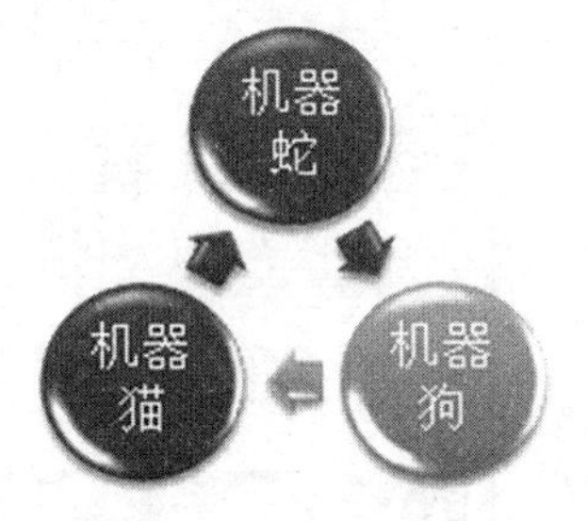

图 3-18　SmartArt 图形

（7）插入图片“机器蛇.jpg”，应用“简单框架，白色”图片样式，修改边框颜色为“标准色：红色”，衬于文字下方。

（8）给第一段中的“高科技武器”添加拼音指南；统计文档字数，并将统计结果截图到文档最后。

（9）在文档底部的“机器蛇”前加☑，“机器猫”与“机器狗”前加☐。

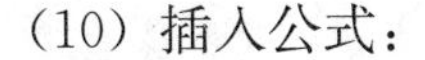

（10）插入公式：

$$\int_0^1 \frac{\sin x}{x+1}\mathrm{d}x$$

（11）添加文字水印“机器蛇和高科技”，隶书，红色，半透明。

（12）插入封面为“奥斯汀”样式，输入标题为“高科技武器”，副标题为“机器蛇”。

五 实训步骤

操作步骤（1）

（1）在文档“素材.docx”正文下方插入第三行第四列样式的艺术字“成绩表”，隶书，小初号字。

艺术字设置：单击正文下方，输入“成绩表”并选中，单击“插入”选项卡“字体”功能组的“艺术字”，选择对应位置的样式，如图3-19所示；在“开始”选项卡“字体”功能组中设置艺术字字体字号。

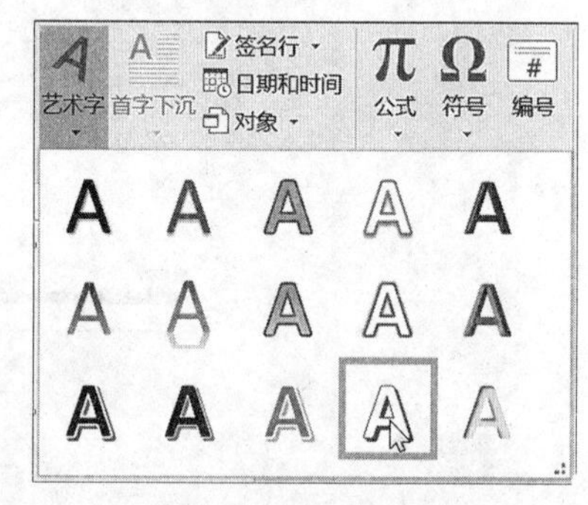

图3-19　艺术字设置

（2）制作7行×8列的表格，输入班级中6名同学7门课程的成绩，应用“网格表4-着色1”的表格样式。

表格设置：单击“插入”选项卡中“表格”功能组的“表格”，单击“插入表格”，输入对应行数和列数，如图3-2所示。单击表格，在“表格工具”的“设计”选项卡的“表格样式”功能组中选择对应位置的表格样式，如图3-20所示。

（3）在表格最后插入一列“均分”，并计算其值（必须使用AVERAGE函数，参数为“left”），然后按“均分”列递减排序表格内容。

在表格中插入列：选取表格最后一列，单击右键，进行如图3-21所示的操作，完成表格列的插入，输入相应文本内容。

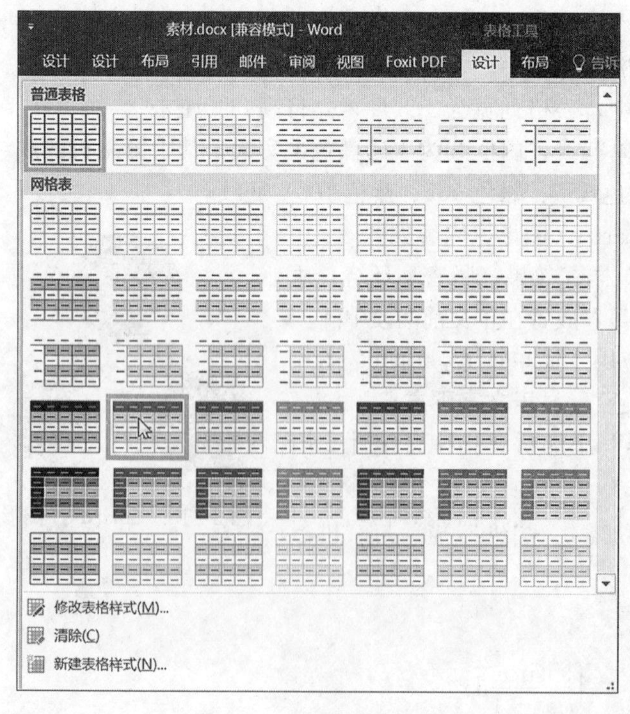

图3-20　表格样式设置

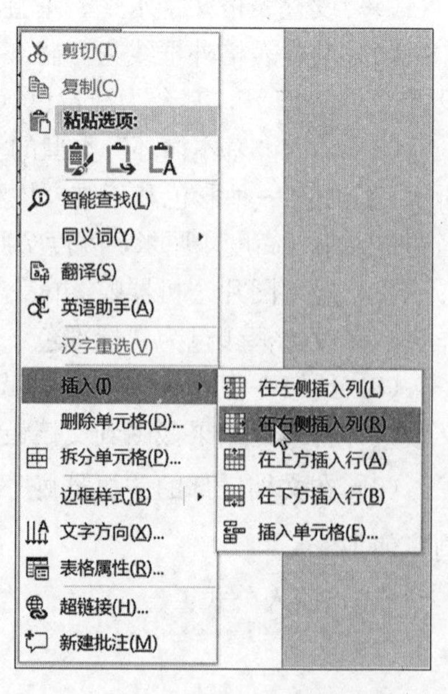

图3-21　表格中插入列设置

表格数据使用函数计算：在对应的单元格中选取如图 3－22 所示的“公式”按钮，打开如图 3－23 所示的对话框，进行平均值的计算。

表格数据排序：在对应的单元格中单击如图 3－22 所示的“排序”按钮，主要关键字选择“均分”，“降序”进行排序。

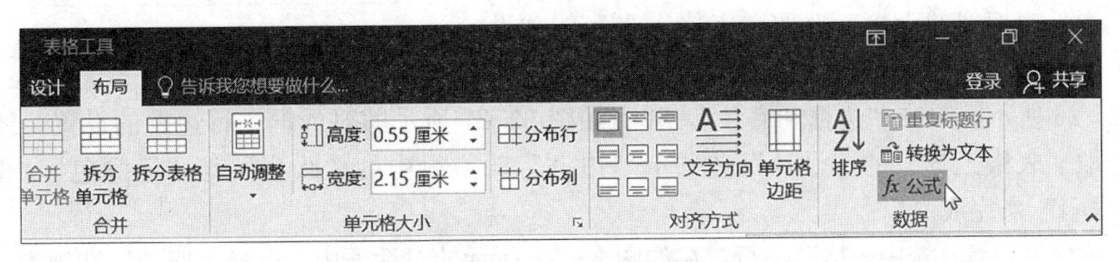

图 3－22　表格中公式设置

（4）设置表格文字水平、垂直居中，表格列宽为 1.8 厘米，行高 0.6 厘米。

居中设置：水平居中使用“段落”中的“居中”即可设置，垂直居中在右键快捷菜单中选择“表格属性”选项，在弹出的“表格属性”对话框中设置，如图 3－24所示。

表格列宽、行高设置：选取整个表格，在“表格工具”的“布局”选项卡中的“单元格大小”功能组中进行设置，如图 3－25 所示。也可单击其右下角的箭头打开“表格属性”对话框，如图 3－24 所示，在“行”“列”选项卡中进行设置。

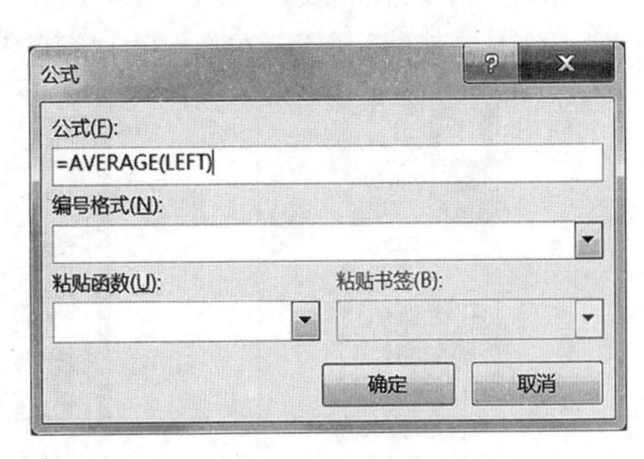

图 3－23　表格中函数的使用

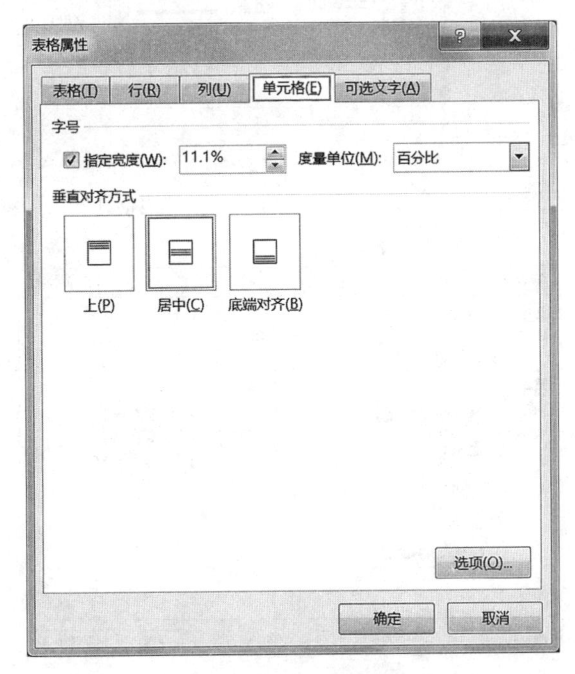

图 3－24　表格属性设置

（5）设置表格外框线为 3 磅红色单实线，内框线为 1 磅黑色单实线；其中第一行的底纹设置为灰色 25%，其余为浅黄色（红色 255、绿色 255、蓝色 100）。

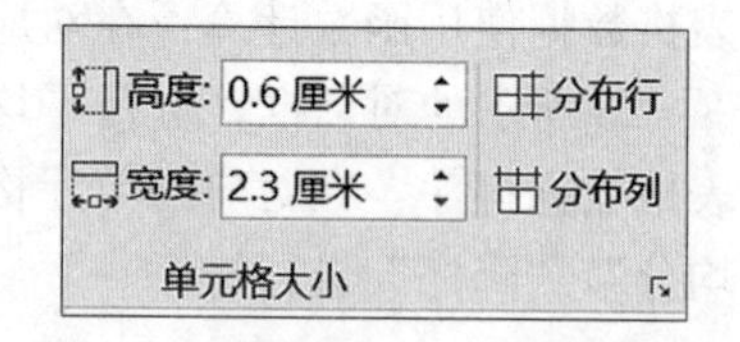

图 3－25　表格中行高、列宽的设置

内外边框线的设置：选取“表格工具”的“设计”选项卡“边框”功能组中的“边框”按钮，如图 3－26 所示，单击“边框和底纹”，弹出如图 3－27 所示的对话框进行边框的设置。还可以选取“表格工具”的“设计”选项卡“边框”功能组中的“线型”与“笔颜色”，通过“边框刷”来完成。

底纹的设置：选中表格第一行，在如图 3－27 所示的对话框中，选择“底纹”选项卡，在“图案”项中设置底纹，如图 3－28 所示；选中表格其余行，单击“边框”功能组的“底纹”按钮，单击“其他颜色”，在弹出的“颜色”对话框中进行底纹填充颜色的设置，如图 3－29 所示。

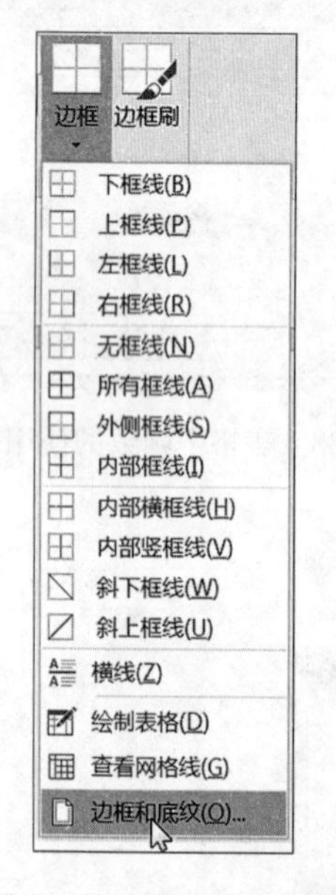

图 3－26　表格边框设置

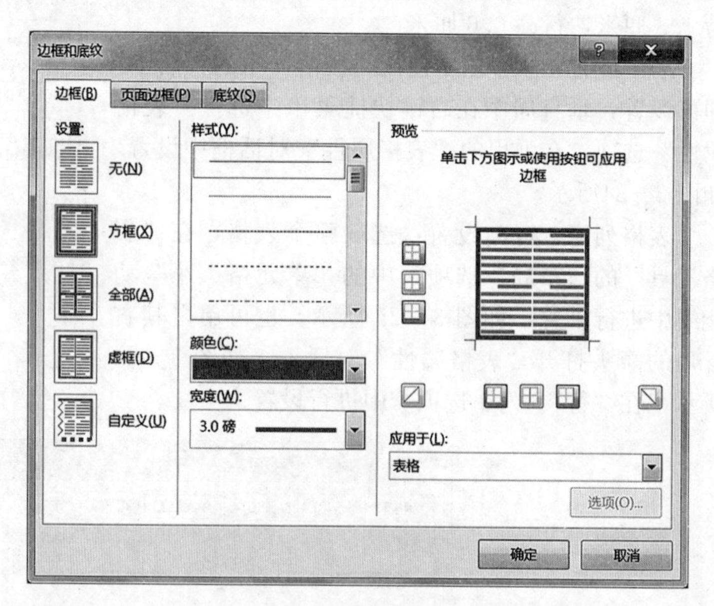

图 3－27　“边框和底纹”对话框

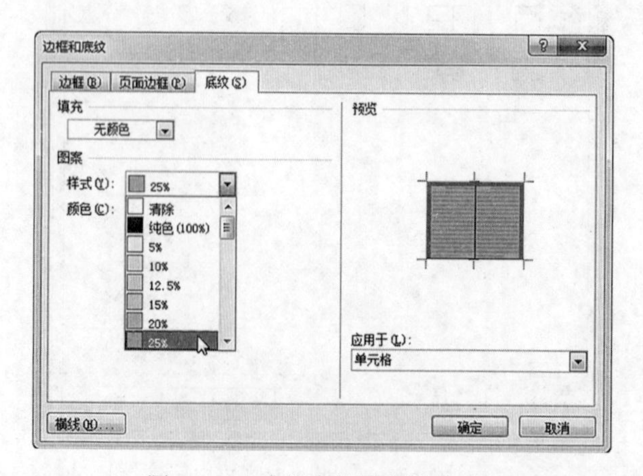

图 3－28　表格底纹图案样式设置

（6）插入“基本循环”类型的 SmartArt 图形，内容如下所示：应用第一种彩色和三维“优雅”样式效果；紧密型环绕；适当调整大小（高度 4 厘米，宽度 7 厘米），放置在正文前两段中间。

SmartArt 图形选择设置：单击“插入”选项卡“插图”功能组中的“SmartArt”按钮，弹出“选择 SmartArt 图形”对话框，单击“循环”类型的第一行第一个图形，如图 3－30 所示，删除（【Delete】键）多余的两个圆形，填充文本内容。

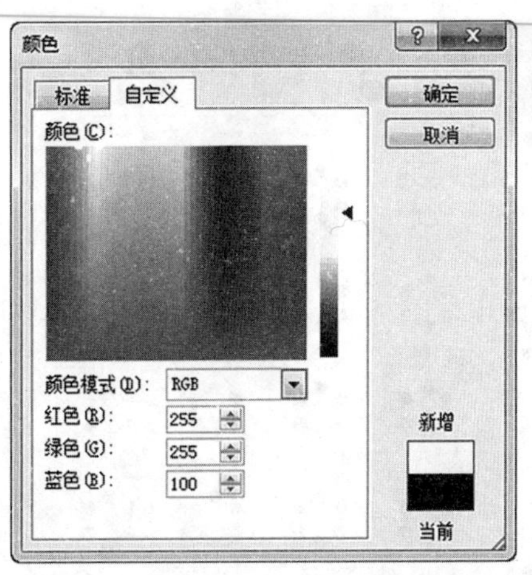

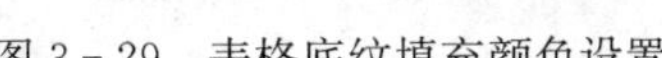
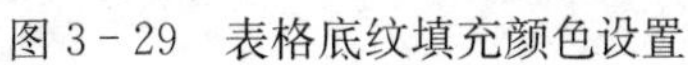

图 3－29　表格底纹填充颜色设置

操作步骤（2）

SmartArt 图形效果设置：单击 SmartArt 图形，选择“SmartArt 工具”的“设计”选项卡“SmartArt 样式”功能组中的“更改颜色”按钮，应用“彩色”的第一种颜色，如图 3－31 所示。单击“SmartArt 样式”功能组右下方的三角按钮，单击三维“优雅”样式效果，如图 3－32 所示。单击“SmartArt 工具”的“格式”选项卡“排列”功能组中的“文字环绕”按钮，选择“紧密型环绕”。

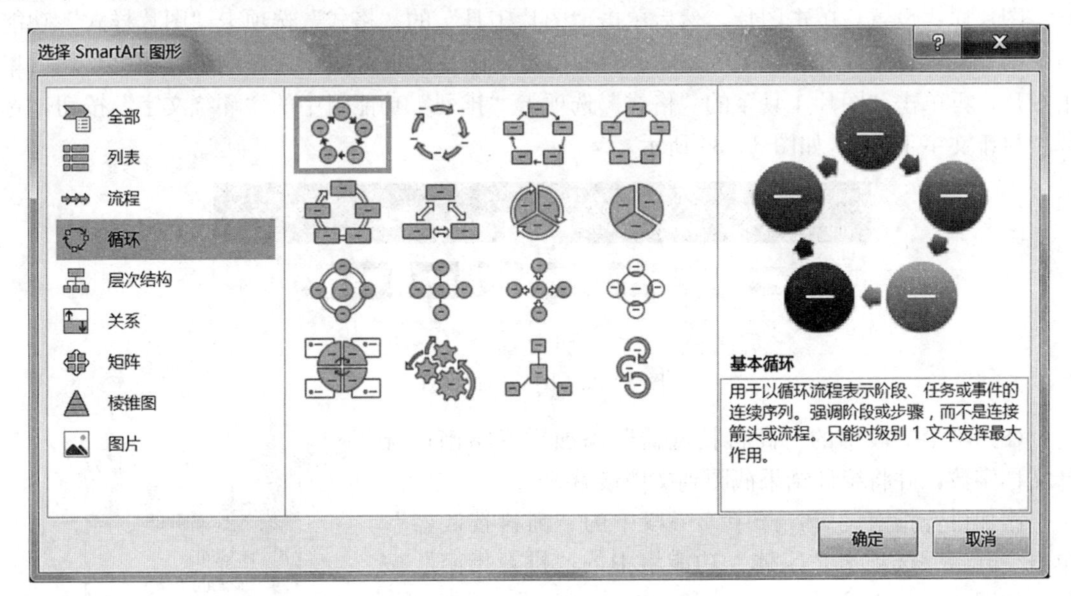

图 3－30　SmartArt 图形选择

SmartArt 图形大小设置：单击 SmartArt 图形，在“SmartArt 工具”的“格式”选项卡“大小”功能组中填写对应高度和宽度；拖动 SmartArt 图形，将其放置在正文前两段中间。

（7）插入图片“机器蛇 .jpg”，应用“简单框架，白色”图片样式，修改边框颜色为“标准色：红色”，衬于文字下方。

插入图片设置：单击“插入”选项卡“插图”功能组中的“图片”按钮，弹出“插入图片”对话框，选择“机器蛇 .jpg”，单击右下角“插入”按钮，完成图片插入。

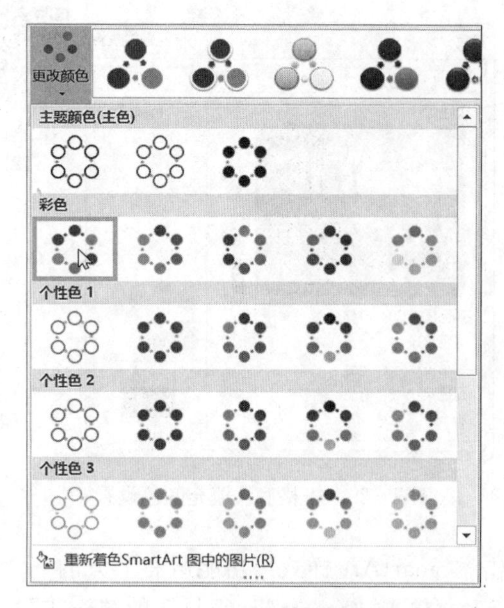

图 3-31　SmartArt 图形颜色设置

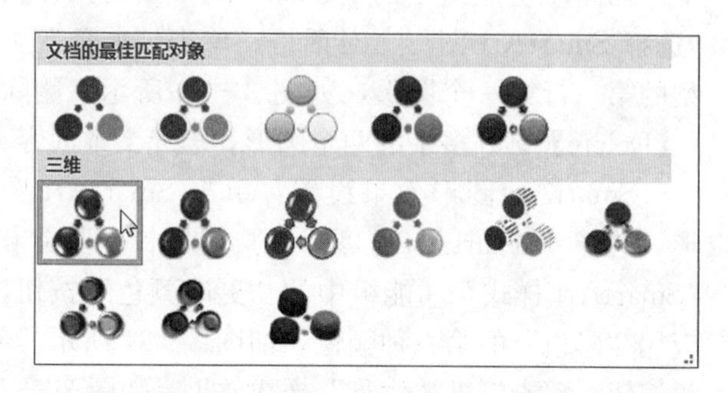

图 3-32　SmartArt 图形效果设置

图片样式设置：单击图片，然后单击“图片工具”的“格式”选项卡“图片样式”功能组中第一行第一个样式，如图 3-33 所示；单击“图片边框”按钮，修改边框颜色。然后单击图片，再单击“图片工具”的“格式”选项卡“排列”功能组中的“环绕文字”按钮，选择“衬于文字下方”，如图 3-34 所示。

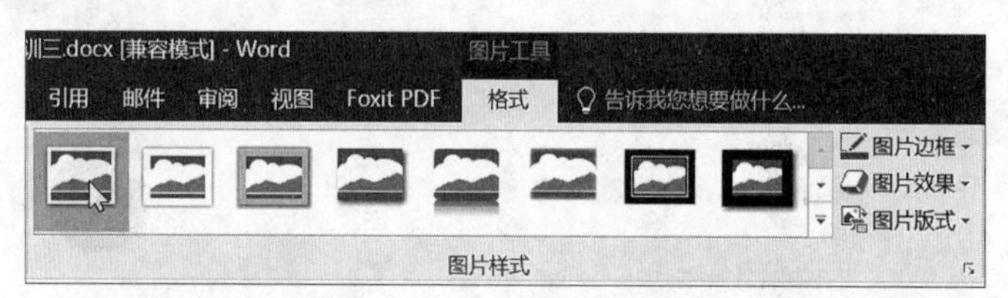

图 3-33　图片样式设置

（8）给第一段中的“高科技武器”添加拼音指南；统计文档字数，并将统计结果截图到文档最后。

添加拼音指南设置：选中第一段中的“高科技武器”，单击“开始”选项卡“字体”功能组中的“拼音指南”按钮，如图 3-35 所示。

统计文档字数：单击“审阅”选项卡“校对”功能组中的“字数统计”按钮，如图 3-36 所示。弹出“字数统计”对话框，如图 3-37 所示。

截图：弹出“字数统计”对话框后，按【Alt＋Print-Screen】组合键完成截图操作。将光标移到文档最后，右键粘贴或按【Ctrl＋V】键插入截图。

（9）在文档底部的“机器蛇”前加☑，“机器猫”与“机器狗”前加□。

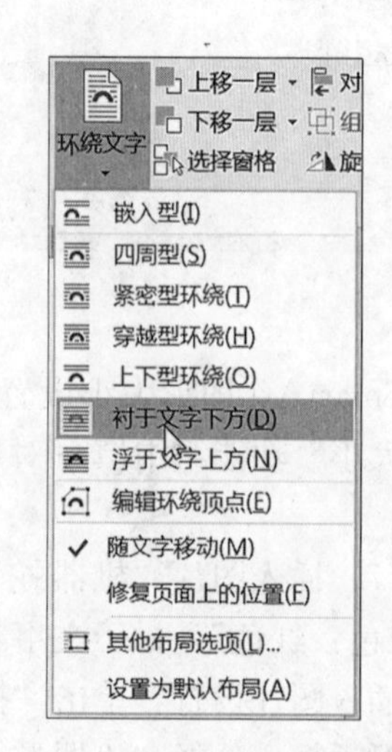

图 3-34　图片文字环绕设置

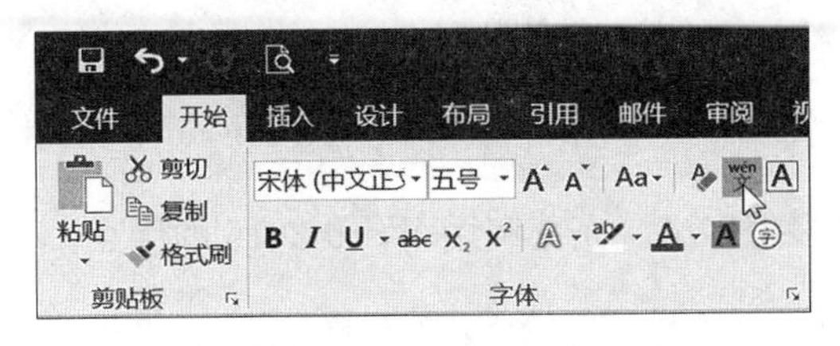

图 3－35　添加拼音指南

图 3－36　统计文档字数

如图 3－15 所示，先插入√，然后加“字符边框”即可实现。

（10）插入公式：

$$\int_0^1 \frac{\sin x}{x+1} \mathrm{d}x$$

参见实训准备中的公式的插入方法及图 3－14 实现上述公式编辑。

（11）添加文字水印“机器蛇和高科技”，隶书，红色，半透明。

添加文字水印设置：单击“设计”选项卡“页面背景”功能组中的“水印”按钮，弹出“水印”对话框，进行相应设置，如图 3－38 所示。

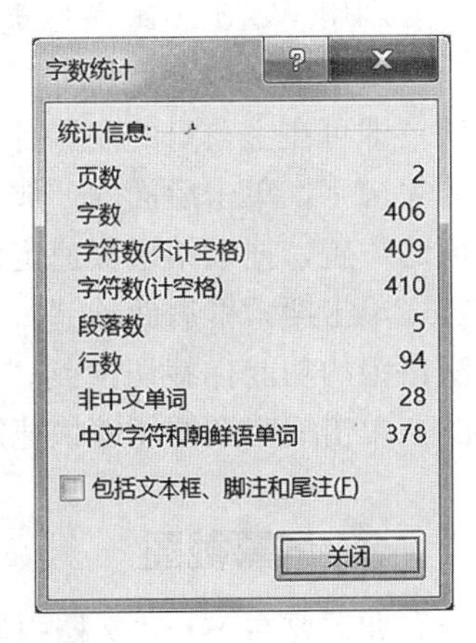

图 3－37　“字数统计”对话框

（12）插入封面：“奥斯汀”样式，输入标题为“高科技武器”，副标题为“机器蛇”。

插入封面设置：单击“插入”选项卡“页面”功能组中的“封面”按钮，单击“奥斯汀”样式，如图 3－39 所示；输入相应的文本内容。

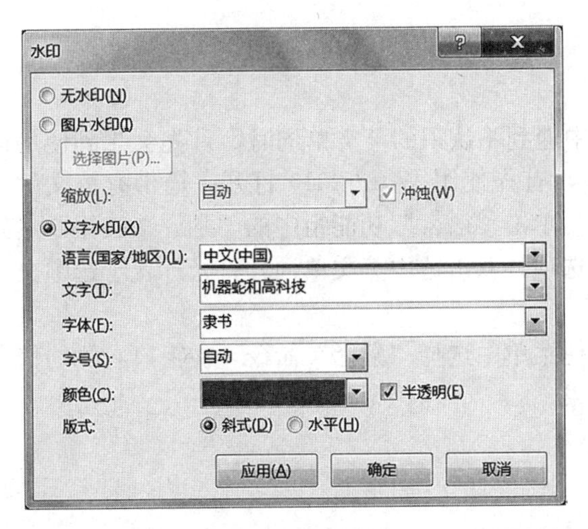

图 3－38　水印设置

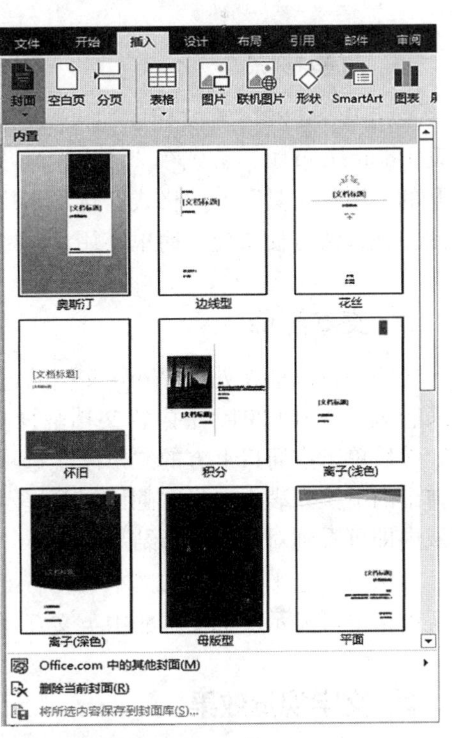

图 3－39　插入封面设置

六 实训延伸

下面简要描述 Word 2016 的新功能，请读者多想多试，充分利用 Word 2016 的优点。

1. 导航窗格

利用 Word 2016 可以更加快捷地查询信息，方法如下：

单击主窗口上方的“视图”选项卡，在打开的“显示”功能组中勾选“导航窗格”选项，即可在主窗口的左侧打开导航窗格，如图 2－1 所示。在导航窗格搜索框中输入要查找的关键字，单击后面的“放大镜”按钮，这时 Word 2016 中列出整篇文档所有包含该关键词的位置，搜索结果快速定位并高亮显示与搜索内容相匹配的关键词。

单击搜索框后面的“×”按钮即可关闭搜索结果，并关闭所有高亮显示的文字。将导航窗格中的功能标签切换到“页面”选项时，可以在导航窗格中查看该文档的所有页面缩略图，单击缩略图便能够快速定位到该页文档。

2. 屏幕截图

如需要在 Word 文档中插入屏幕截图，一般都需要安装专门的截图软件，或者使用键盘上的【Print Screen】键来完成，Word 2016 内置了屏幕截图功能，并可将截图即时插入文档中。单击主窗口上方的“插入”选项卡，然后单击“插图”功能组中的“屏幕截图”按钮，如同 QQ 中的截图一样方便快捷，直接截图到文档光标位置。

3. 背景移除

使用 Word 2016 在文档中加入图片以后，用户还可以进行简单的抠图操作，而无须再启动 Photoshop 了。首先在“插入”选项卡中选取“图片”，插入图片；图片插入以后，在打开的“图片工具”的“格式”选项卡中单击“调整”功能组中的“删除背景”按钮，完成抠图。该方法方便快捷、简单实用。

4. 文本翻译

方法一：以前在处理 Word 文档的过程中遇到不认识的英文单词时，首先会想到使用词典来查询；Word 2016 中内置文档翻译功能，首先使用 Word 2016 打开一篇带有英文的文档，然后单击主窗口上方的“审阅”选项卡，单击“语言”功能组中的“翻译”按钮，然后在弹出的下拉列表中选择“翻译屏幕提示”选项，双击选中英文单词，将光标置于选中文本区域内即可看到对应的翻译结果。

方法二：选中要翻译的文本，在右键快捷菜单中选择“翻译”命令，在窗口右侧的信息检索窗格中可显示所选文本的中英文互译结果。

5. 文字视觉效果

在 Word 2016 中用户可以为文字添加图片特效，例如阴影、凹凸、发光等，同时还可

以对文字应用格式，从而让文字完全融入图片中。这些操作实现起来也非常容易，只需要通过鼠标即可完成。首先在 Word 2016 中输入文字，然后设置文字的大小、字体、位置等，然后选取文字，单击主窗口上方的 A A | Aa，实现文字视觉效果的改变。

6. 书法字帖

在 Word 2016 中用户可以实现书法字帖的编辑，单击“文件”菜单下的“新建”命令，选择“书法字帖”，选取需要的字体和文字添加到字帖内即可，如图 3－40 所示。

“邮件”选项卡用来批量生成信件并发送，“审阅”选项卡用来实现文档的批阅修订与校对等，详细内容请扫描二维码阅读。

7. “邮件”与“审阅”功能

邮件功能是制作多份请柬、邀请函等公文的利器，扫描相应二维码学习如何在 Word 2016 中使用邮件合并功能。“审阅”选项卡包含校对、见解、语言、中文简繁转换、批注、修订、更改、比较和保护几个功能组，其主要作用是对 Word 文档进行校对和修订等操作，扫描相应二维码进行学习。

“邮件”功能

“审阅”功能

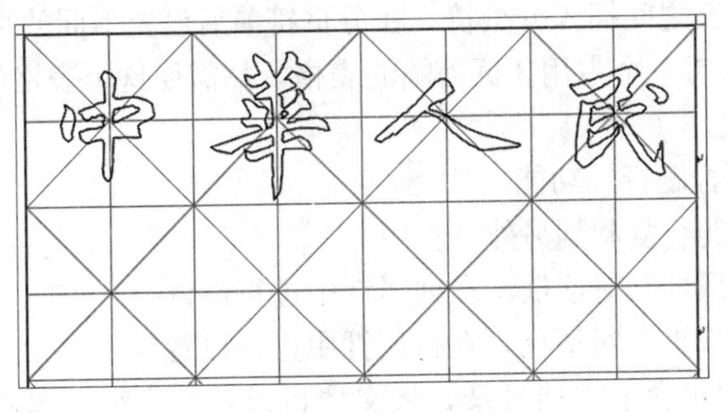

图 3－40 字帖设置

习题

一、单选题

1. 某 Word 文档中有一个 5 行×4 列的表格，如果要将另外一个文本文件中的 5 行文字拷贝到该表格中，并且使其正好成为该表格一列的内容，最优的操作方法是（　　）。

A. 在文本文件中选中这 5 行文字，复制到剪贴板；然后回到 Word 文档中，将光标置于指定列的第一个单元格，将剪贴板内容粘贴过来

B. 将文本文件中的 5 行文字，一行一行地复制、粘贴到 Word 文档表格对应列的 5 个单元格中

C. 在文本文件中选中这 5 行文字，复制到剪贴板，然后回到 Word 文档中，选中对应列的 5 个单元格，将剪贴板内容粘贴过来

D. 在文本文件中选中这 5 行文字，复制到剪贴板，然后回到 Word 文档中，选中该

表格，将剪贴板内容粘贴过来

2. 张经理在对Word文档格式的工作报告进行修改的过程中，希望在原始文档中显示其修改的内容和状态，最优的操作方法是（　　）。

A. 利用“插入”选项卡的修订标记功能，在文档中每一处需要修改的地方插入修订符号，然后在文档中直接修改内容

B. 利用“审阅”选项卡的修订功能，选择带“显示标记”的文档修订查看方式后按下“修订”按钮，然后在文档中直接修改内容

C. 利用“插入”选项卡的文本功能，在文档中每一处需要修改的地方添加文档部件，将自己的意见写到文档部件中

D. 利用“审阅”选项卡的批注功能，在文档中每一处需要修改的地方添加批注，将自己的意见写到批注框里

3. 小华利用Word编辑一份书稿，出版社要求目录和正文的页码分别采用不同的格式，且均从第一项开始，最优的操作方法是（　　）。

A. 将目录和正文分别存在两个文档中，分别设置页码

B. 在目录与正文之间插入分节符，在不同的节中设置不同的页码

C. 在Word中不设置页码，将其转换为PDF格式时再增加页码

D. 在目录与正文之间插入分页符，在分页符前后设置不同的页码

4. 在Word文档中有一个占用3页篇幅的表格，如需使这个表格的标题行出现在各页面首行，最优的操作方法是（　　）。

A. 利用“重复标题行”功能

B. 将表格的标题行复制到另外2页中

C. 打开“表格属性”对话框，在列属性中进行设置

D. 打开“表格属性”对话框，在行属性中进行设置

5. 在Word文档中包含了文档目录，将文档目录转变为纯文本格式的最优操作方法是（　　）。

A. 使用【Ctrl+Shift+F9】组合键

B. 在文档目录上单击鼠标右键，然后执行“转换”命令

C. 复制文档目录，然后通过选择性粘贴功能以纯文本方式显示

D. 文档目录本身就是纯文本格式，不需要再进行进一步操作

6. 小张完成了毕业论文，现需要在正文前添加论文目录以便检索和阅读，最优的操作方法是（　　）。

A. 将文档的各级标题设置为内置标题样式，然后基于内置标题样式自动插入目录

B. 利用Word提供的“手动目录”功能创建目录

C. 直接输入作为目录的标题文字和相对应的页码创建目录

D. 不使用内置标题样式，而是直接基于自定义样式创建目录

7. 在Word中，邮件合并功能支持的数据源不包括（　　）。

A. HTML文件　　B. Word数据源

C. PowerPoint演示文稿　　D. Excel工作表

8. 在Word文档编辑过程中，如需将特定的计算机应用程序窗口画面作为文档的插图，

最优的操作方法是（　　）。

A. 在计算机系统中安装截屏工具软件，利用该软件实现屏幕画面的截取

B. 使所需画面窗口处于活动状态，按下【PrintScreen】键，再粘贴到 Word 文档指定位置

C. 用 Word 的插入屏幕截图功能，直接将所需窗口画面插入 Word 文档指定位置

D. 使所需画面窗口处于活动状态，按下【Alt＋PrintScreen】组合键，再粘贴到 Word 文档指定位置

9. 小明需要将 Word 文档内容以稿纸格式输出，最优的操作方法是（　　）。

A. 利用 Word 中"表格"功能绘制稿纸，然后将文字内容复制到表格中

B. 利用 Word 中"文档网格"功能即可

C. 适当调整文档内容的字号，然后将其直接打印到稿纸上

D. 利用 Word 中"稿纸设置"功能即可

10. 在 Word 中，不能作为文本转换为表格的分隔符的是（　　）。

A. ＃＃　　B. 段落标记　　C. 制表符　　D. @

11. 下列操作中，不能在 Word 文档中插入图片的操作是（　　）。

A. 使用"插入图片"功能　　B. 使用复制、粘贴功能

C. 使用"插入交叉引用"功能　　D. 使用"插入对象"功能

12. 小李的打印机不支持自动双面打印，但他希望将一篇在 Word 中编辑好的论文连续打印在 A4 纸的正反两面上，最优的操作方法是（　　）。

A. 打印时先指定打印所有奇数页，将纸张翻过来后，再指定打印偶数页

B. 先单面打印一份论文，然后找复印机进行双面复印

C. 先在文档中选择所有奇数页并在打印时设置"打印所选内容"，将纸张翻过来后，再选择打印偶数页

D. 打印时先设置"手动双面打印"，等 Word 提示打印第二面时将纸张翻过来继续打印

13. 小刘使用 Word 编写与互联网相关的文章时，文中频繁出现"@"符号，他希望能够在输入"(a)"后自动变为"@"，最优的操作方法是（　　）。

A. 将"(a)"定义为文档部件

B. 将"(a)"定义为自动图文集

C. 将"(a)"定义为自动更正选项

D. 先全部输入为"(a)"，最后再一次性替换为"@"

14. 郝秘书在 Word 中草拟一份会议通知，他希望该通知结尾处的日期能够随系统日期的变化而自动更新，最快捷的操作方法是（　　）。

A. 通过插入对象功能，插入一个可以链接到原文件的日期

B. 通过插入日期和时间功能，插入特定格式的日期并设置为自动更新

C. 直接手动输入日期，然后将其格式设置为可以自动更新

D. 通过插入域的方式插入日期和时间

15. 若希望 Word 中所有超链接的文本颜色在被访问后变为绿色，最优的操作方法是（　　）。

A. 通过修改主题字体，改变已访问的超链接的字体颜色

B. 通过查找和替换功能，将已访问的超链接的字体颜色进行替换

C. 通过修改“超链接”样式的格式，改变字体颜色

D. 通过新建主题颜色，修改已访问的超链接的字体颜色

16. 在 Word 中编辑文档时，希望表格及其上方的题注总是出现在同一页上，最优的操作方法是（　）。

A. 设置题注所在段落孤行控制

B. 当题注与表格分离时，在题注前按【Enter】键增加空白段落以实现目标

C. 设置题注所在段落与下段同页

D. 在表格最上方插入一个空行，将题注内容移动到该行中，并禁止该行跨页断行

17. 在 Word 2016 中，关于尾注说法错误的是（　）。

A. 尾注可以插入页脚中　　B. 尾注可以插入节的结尾处

C. 尾注可以转换为脚注　　D. 尾注可以插入文档的结尾处

18. 小宁正在 Word 中编辑一份公益演讲稿，她希望每行文本左侧能够显示行号，最优的操作方法是（　）。

A. 通过“页面布局/行号”功能，在每行的左侧显示行号

B. 将文本打印出来，在每行前手动添加行号

C. 通过“插入/编号”功能，依次在每行的左侧添加行号

D. 通过“视图/显示/行标题”功能，依次在每行的左侧插入行号

19. 为 Word 2016 格式的论文添加索引时，如果索引项已经以表格形式保存在另一个 Word 文档中，则最快捷的操作方法是（　）。

A. 在 Word 格式论文中，使用自动标记功能批量标记索引项，然后插入索引

B. 直接将以表格形式保存在另一个 Word 文档中的索引项复制到 Word 格式论文中

C. 在 Word 格式论文中，使用自动插入索引功能，从另外保存 Word 索引项的文件中插入索引

D. 在 Word 格式论文中，逐一标记索引项，然后插入索引

20. 小慧正在 Word 2016 中编辑一份通知，她希望位于文档中间的表格在独立的页面中横排，其他内容则保持纸张方向为纵向，最优的操作方法是（　）。

A. 在表格的前后分别插入分页符，然后设置表格所在的页面纸张方向为横向

B. 在表格的前后分别插入分栏符，然后设置表格所在的页面纸张方向为横向

C. 首先选定表格，然后为所选文字设置纸张方向为横向

D. 在表格的前后分别插入分节符，然后设置表格所在的页面纸张方向为横向

二、操作题

1. 打开“实训三习题”中的“习题一”文件夹，再打开“素材文件.docx”，按下列步骤进行操作。完成操作后，保存文档为“结果文件 1.docx”，并关闭 Word 应用程序。

注意：文件中所需要的素材和样张均在“实训三习题”中的“习题一”文件夹下，做题时可参考样张。

要求如下：

（1）将标题文字“中国片式元器件市场发展态势”设置为“标题”样式，颜色为“标准

色-深蓝”。

（2）将正文所有文字“90 年代……片式化率达 80%。”设置为仿宋、小四号字，1.5 倍行距，段前 0.5 行。

（3）将蓝色文字“近年来中国片式元器件产量一览表（单位：亿只）”下面的文字转换成 4 列 3 行的表格，表格居中对齐，表格第一行底纹设置为“标准色-浅绿”。

（4）插入形状“星与旗帜”类中的“卷形：水平”，形状高度为 3 厘米，宽度为 10 厘米，应用第四行第二列形状样式，并添加文字“中国电子元件市场分析”。

（5）将页面背景颜色设置为主题颜色“茶色，背景 2”，页面边框为艺术型第一个选项“苹果”。

（6）在“二极管”后插入尾注，尾注文字为“MDD”。

设置完结果如图 3－41 所示。

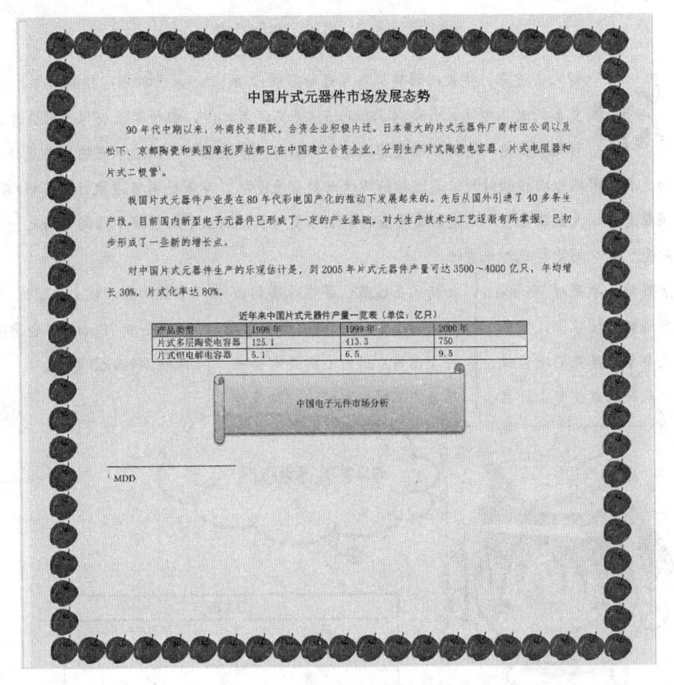

中国片式元器件市场发展态势

90 年代中期以来，外商投资踊跃，合资企业积极内迁。日本最大的片式元器件厂商村田公司以及松下、京都陶瓷和美国摩托罗拉都已在中国建立合资企业，分别生产片式陶瓷电容器、片式电阻器和片式二极管[1]。

我国片式元器件产业是在 80 年代彩电国产化的推动下发展起来的。先后从国外引进了 40 多条生产线。目前国内新型电子元器件已形成了一定的产业基础，对大生产技术和工艺逐渐有所掌握，已初步形成了一些新的增长点。

对中国片式元器件生产的乐观估计是，到 2005 年片式元器件产量可达 3500～4000 亿只，年均增长 30%，片式化率达 80%。

近年来中国片式元器件产量一览表（单位：亿只）

产品类型	1998 年	1999 年	2000 年
片式多层陶瓷电容器	125.1	413.3	750
片式钽电解电容器	5.1	6.5	9.5

中国电子元件市场分析

[1] MDD

图 3－41　习题一样张

2. 打开“实训三习题”中的“习题二”文件夹，再打开“素材文件 . docx”，按下列步骤进行操作。完成操作后，保存文档为“结果文件 2. docx”，并关闭 Word 应用程序。

注意：文件中所需要的素材和样张均在“实训三习题”中的“习题二”文件夹下，做题时可参考样张。要求如下：

（1）纸张大小为信纸；左、右页边距均为 1.5 厘米；插入空白（三栏）型页眉，依次添加文字“国际版”“新华网”“2013 年”。

（2）文档正标题应用“标题”样式，并修改样式。名称为“正标题”，华文行楷、三号，段前、段后间距均为 18 磅，副标题段落居中。

（3）文档第一段首字下沉 3 行，并将最后一句文字以黄色突出显示。第二段分为 3 栏，带分隔线。

（4）插入图片“男孩.jpg”，添加红色图片边框，应用“发光，8 磅，蓝色，主题色 1”的图片效果，浮于文字上方。放置位置如图 3 - 42 所示。

（5）插入形状“思想气泡：云”，添加文本“好好学习，天天向上。”，应用第一行第二列的形状样式，文字格式为幼圆，带着重号。

（6）将文档最后 4 行文字转换为表格，表格宽度为 8 厘米，表格中的文字、数字均中部居中。放置位置如图 3 - 42 所示。

设置完结果如图 3 - 42 所示。

国际版　　　　新华网　　　　2013 年

苹果公司拟在美国全面启动 iPhone 手机以旧换新

来源：新华网　　时间：2013-06-08

知情人士透露，苹果公司将从本月开始启动一项 iPhone 手机以旧换新计划，旨在让更多的老机型用户升级到 iPhone5，并交还老机型。由于苹果公司尚未公开宣布该计划，知情人士并不愿透露姓名。他们称，苹果已与手机经销商明亮之星公司达成合作意向，共同实施以旧换新计划。通过折价回收老款智能手机，苹果公司首席执行官蒂姆•库克希望吸引消费者升级至最新机型，这是该公司重新刺激销量增长、阻止市场份额下滑的举措之一。苹果公司和明亮之星公司均拒绝对此置评。

截至目前，苹果对 iPhone 翻新机市场的关注很少。但由于最近几个季度苹果的增长放缓，这一状况正在改变。一名知情人士透露，苹果在美国回收的旧 iPhone 只会在新兴市场再次出售，因为在新兴市场中，苹果产品的份额较小，对廉价手机的需求较大。因此，苹果转售老款 iPhone 不会影响在美国的 iPhone5 销量。

成绩表	
班级	平均分
一班	85.4
二班	78

图 3 - 42　习题二样张

参考答案

实训四 Excel 2016 基本操作

一 实训目的

（1）熟悉数据的输入方式与格式设置。
（2）掌握数据的移动、复制和选择性粘贴操作。
（3）掌握单元格及区域的插入和删除操作。
（4）掌握工作表的插入、删除和重命名操作。
（5）熟练掌握工作表的复制和移动操作。

知 识

- 数据输入方式与格式设置
- 数据的移动、复制与粘贴
- 单元格区域的各种操作
- 工作表的各种操作

能 力

- 各种数据的辨别、分析能力
- 各种数据的处理能力
- 举一反三的学习能力

素 质

- 培养学生数据设置的严谨作风
- 提高学生全局科学设计的素养
- 提升学生学习迁移的良好素质

二 实训准备

Excel 2016 可以用于创建工作簿（电子表格集合），并设置工作簿格式，对数据进行编辑、格式化、图形图像化显示、趋势预测分析等，帮助用户做出更好的决策，养成严谨的工作习惯。Excel 2016 电子表格文档的扩展名为“.xlsx”。用户可以在 Excel 2010 的基础上，采用知识迁移法快速熟练掌握 Excel 2016 的基本操作。与 Word 相比，Excel 的优势在于具有直观的电子表格界面、出色的计算功能和丰富的图表工具等。此外，PowerPoint 2016 演示文稿中图表的操作也类似于 Excel 的操作方法。

1. 工作簿的新建与保存

用户可以通过迁移学习 Word 2016 相关知识来熟练掌握这一部分的操作。

（1）Excel 2016 工作界面。Excel 2016 工作界面与 Word 2016 相似，如图 4－1 所示。

（2）新建工作簿。Excel 2016 工作簿的新建，可以迁移学习 Word 2016 新建文档的方式，通常分为 2 种。

① 新建空白工作簿：运行 Excel 2016，执行“文件”菜单，选择“新建”命令，在右侧单击“空白工作簿”，就可以新建一个空白的表格，如图 4－2 所示。

② 通过模板新建工作簿：在 Excel 2016 中，可以使用系统自带的模板或搜索联机模板

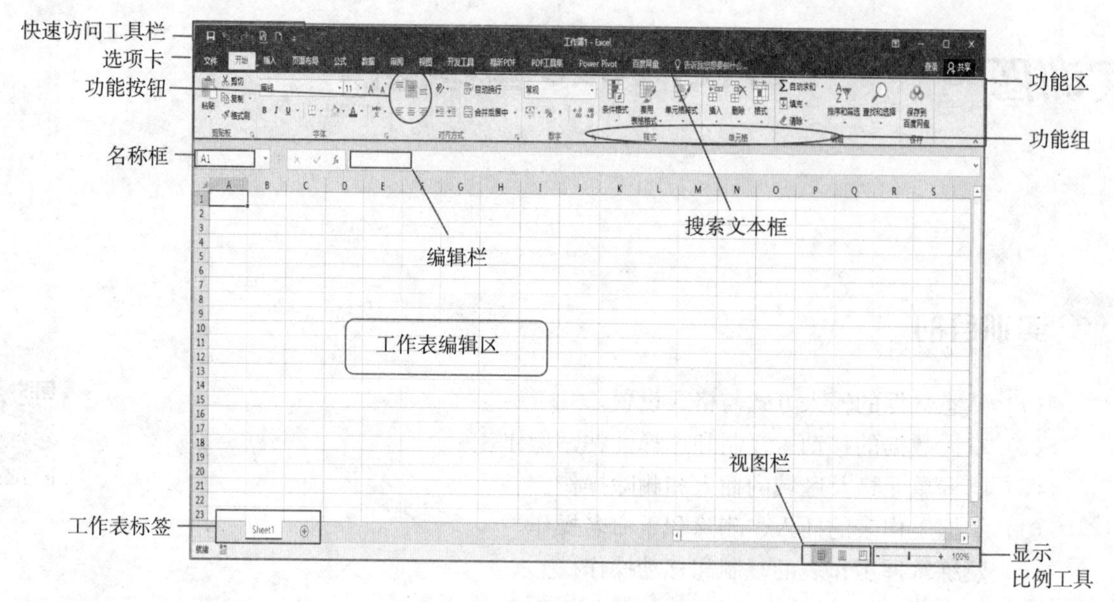

图 4-1　Excel 2016 工作界面

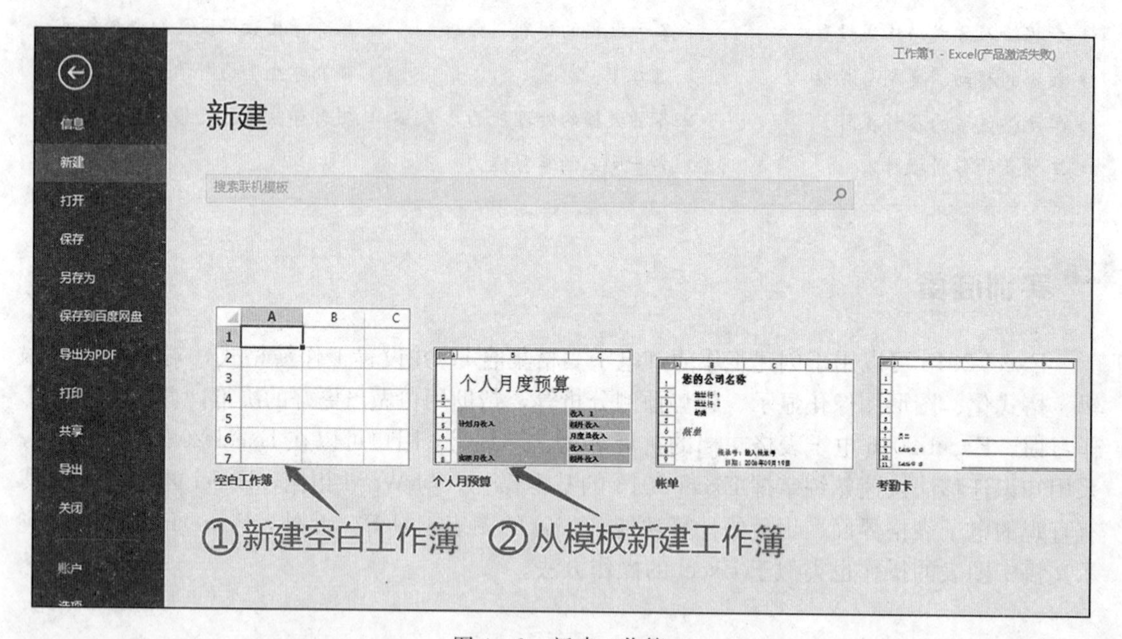

图 4-2　新建工作簿

创建新的工作簿，也可以使用用户自己创建的自定义模板创建新的工作簿。如何在 Excel 2016 的模板中创建新的工作簿呢？

运行 Excel 2016，执行“文件”菜单，选择“新建”命令，在打开的窗口中有多种模板，单击所需要的模板即可创建，如图 4-2 所示。

模板下载完成后可以看到如图 4-3 所示的工作簿。

（3）文件保存方法。文件保存方法与 Excel 2007 和 Excel 2010 相同，也可以参考 Word 2016 中介绍的操作方法，如下所示：

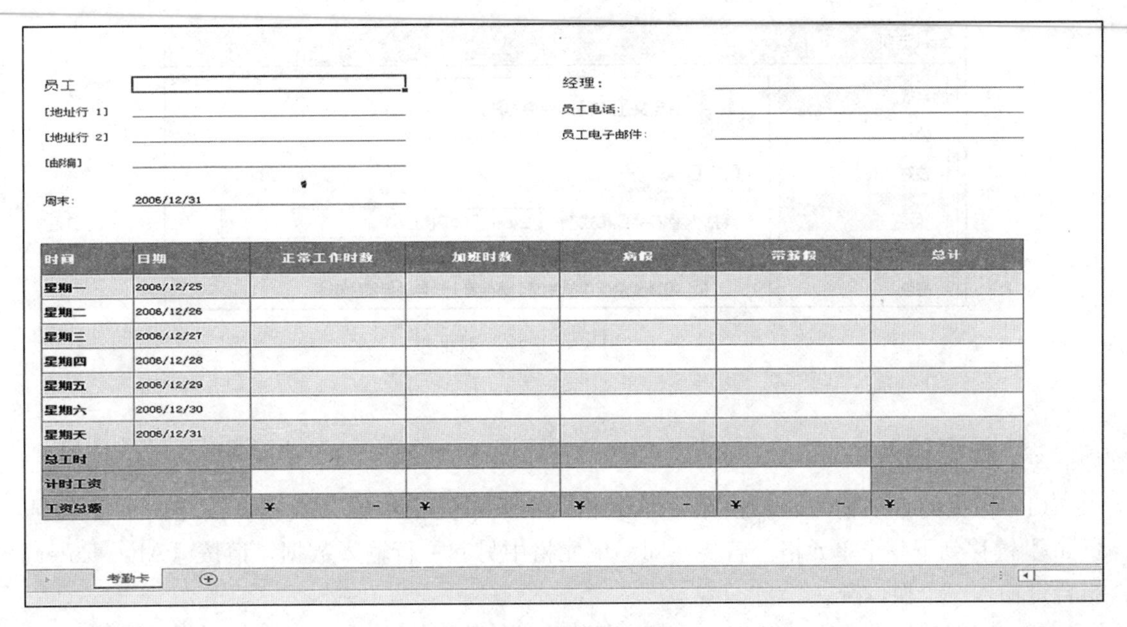

图 4－3 使用模板创建“考勤卡”工作簿

方法一：

执行“文件”菜单，选择“保存”命令，如图 4－4 所示。

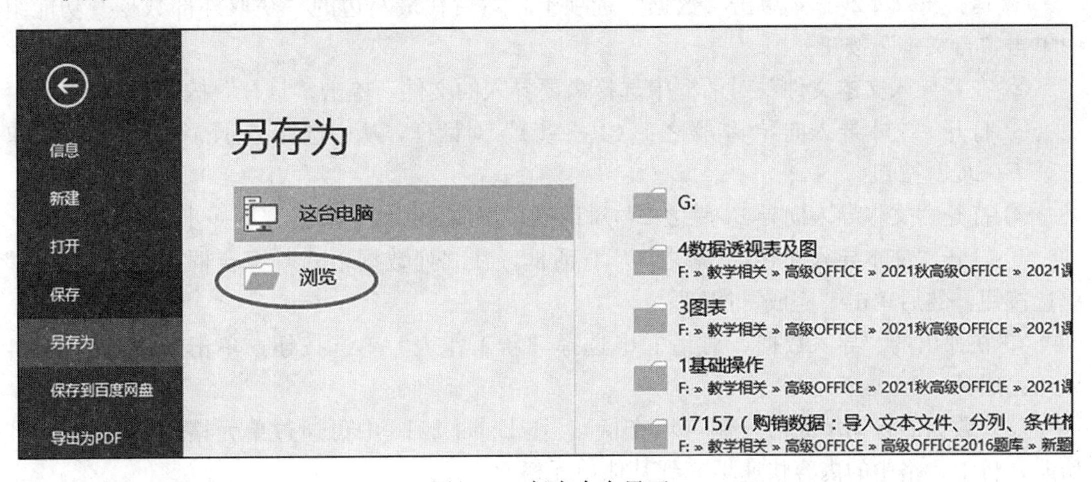

图 4－4 保存命令界面

选择“浏览”命令，在弹出的“另存为”对话框中，选择文件的保存位置及文件名，单击“保存”按钮，保存完成。

按【Ctrl＋S】组合键后也可以打开图 4－4 所示界面。

方法二：

在文档编辑过程中使用“自动保存”功能能够每隔一段时间对文档自动保存，其操作方法如下：首先打开“文件”菜单，选择“选项”命令，在“Excel 选项”对话框中选择“保存”选项，在右侧“保存自动恢复信息时间间隔”中设置所需要的时间间隔，如图 4－5 所示。

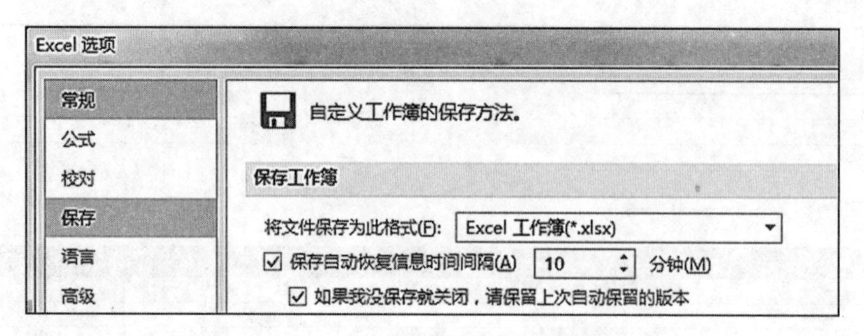

图 4-5 “Excel 选项”对话框

2 数据输入

(1) 数据的手动输入。单击某个单元格，在该单元格中输入数据，按【Enter】键或【Tab】键移到下一个单元格。若要在同一单元格中另起一行输入数据，请按【Alt+Enter】组合键输入一个换行符。

(2) 数据的导入。Excel 2016 具有共享其他文件数据的功能，比如把一些文件数据导入 Excel 2016 工作表中，但是许多文本文件字符不是很规则，不易排列，可按以下方法进行处理：

① 运行 Excel 2016，单击“数据”选项卡，然后在最左边的“获取外部数据”功能组中单击“自文本”按钮。

② 在“导入文本文件”对话框中选择需要导入的文件，单击“打开”按钮。

③ 打开“文本导入向导-步骤之 1 (共 3 步)”对话框，从中选择“分隔符号”选项，单击“下一步”按钮。

④ 打开“文本导入向导-步骤之 2”对话框，添加分列线，单击“下一步”按钮。

⑤ 打开“文本导入向导-步骤之 3”对话框，在“列数据格式”组合框中选中“文本”单选按钮，然后单击“完成”按钮。

⑥ 在弹出的“导入数据”对话框中选择“新工作表”单选按钮，单击“确定”按钮，导入完成。

(3) 数据的自动填充与复制（填充柄）。在 Excel 2016 中可通过单元格的“自动填充”功能，将单元格中的内容快速填充到其他单元格。

① 输入一系列连续数据：例如日期、月份或有规律的数字，可在一个单元格中输入起始值，然后在下一个单元格中再输入一个值，建立一个模式。例如，如果要填充序列 1，2，3，4，5，…，请在前两个单元格中输入 1 和 2。选中包含起始值的单元格，然后拖动填充柄，包含要填充的整个范围。若要按升序填充，请从上到下或从左到右拖动；若要按降序填充，请从下到上或从右到左拖动。

② 复制相同数据或者是拖动数据到其他单元格：通常的做法是复制后粘贴。

启用填充柄和单元格拖放功能的设置：单击“文件”菜单，选择“选项”命令，在弹出的“Excel 选项”对话框中单击“高级”按钮，在弹出的“编辑选项”中选中“启用填充柄和单元格拖放功能”复选框，单击“确定”按钮，如图 4-6 所示。

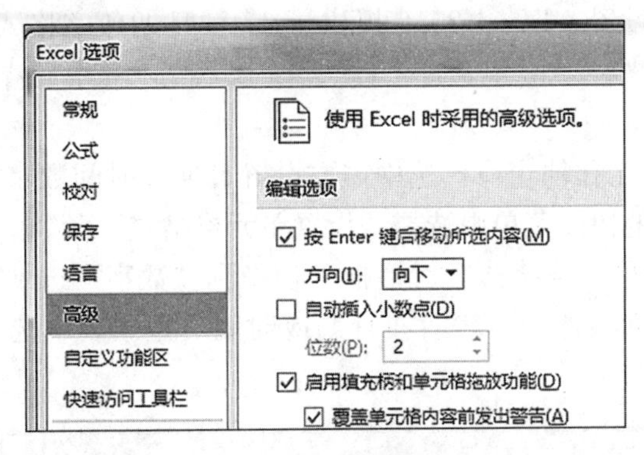

图 4-6　拖放功能设置

在 Excel 2016 编辑栏中输入任一列数字，通过拖动填充柄，即可实现数据填充。

3. 数字格式设置

（1）小数位数设置。在统计数据时，经常需要指定数值的小数位数。方法：首先选中需要更改的单元格，右击，在弹出的快捷菜单中选择“设置单元格格式”命令（或使用【Ctrl+1】快捷键），弹出如图 4-7 所示对话框。设置完成后就可以看到所有的数值都四舍五入为两位小数。

（2）货币格式设置。人民币（RMB）是中华人民共和国的法定货币，人民币符号为元的拼音首字母大写 Y 加上两横线即“￥”。设置为货币数字格式的单元格中将添加指定的货币符号，操作步骤如下：

① 打开 Excel 2016 工作簿窗口，选中需要设置货币数字格式的单元格，然后右击选中的单元格，在弹出的快捷菜单中选择“设置单元格格式”命令。

② 在打开的“设置单元格格式”对话框中，切换到“数字”选项卡；在“分类”列表中选择“货币”选项，在右侧的“小数位数”微调框中设置小数位数（默认为 2 位），并根据实际需要在“货币符号”下拉列表中选择货币符号种类（货币符号列表中含有 390 种不同国家和地区的货币符号），然后在“负数”列表框中选择负数的表示类型，如图 4-8 所示，单击“确定”按钮。

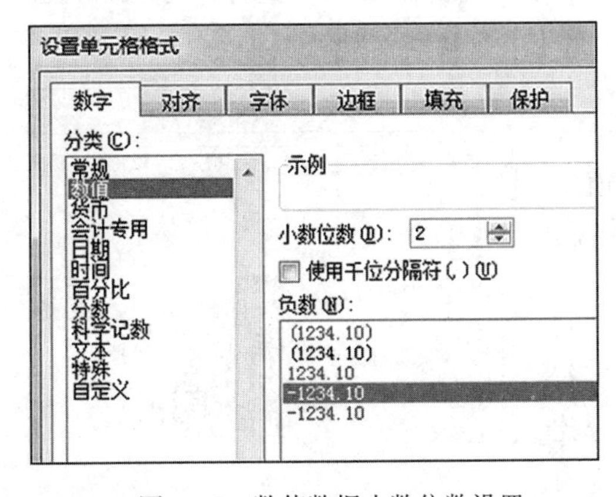

图 4-7　数值数据小数位数设置

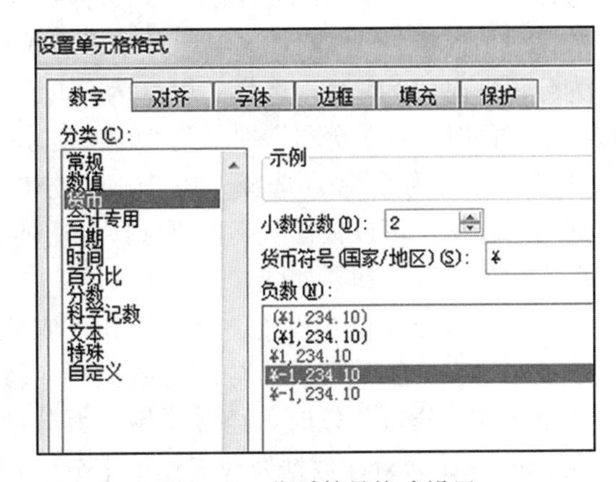

图 4-8　货币符号格式设置

（3）时间日期格式设置。Excel 2016 提供了 17 种日期数字格式和 9 种时间数字格式，例如中国常用的时间格式“2022 年 8 月 1 日”。在 Excel 2016 中设置日期和时间数字格式的步骤如下：

① 打开 Excel 2016 工作簿窗口，选中需要设置日期和时间数字格式的单元格，右击被选中的单元格，在打开的快捷菜单中选择“设置单元格格式”命令。

② 在打开的“设置单元格格式”对话框中切换到“数字”选项卡，并在“分类”列表中选中“日期”或“时间”选项，然后在日期或时间类型列表中选择需要的日期或时间格式，如图 4-9 所示。

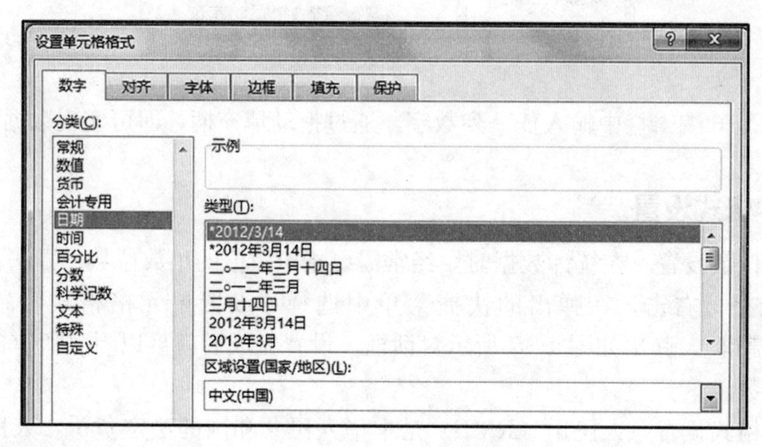

图 4-9 日期格式设置

（4）分数格式设置。在 Excel 2016 工作表中，用户可以将被选中单元格中的小数设置为分数，在分数类别中，用户可以选择分母分别为 2、4、8、16、10 和 100 的分数，并且可以设置分母的位数（包括 1 位分母、2 位分母和 3 位分母）。

① 打开 Excel 2016 工作簿窗口，选中需要设置分数类型的单元格（数字格式），右击被选中的单元格，在弹出的快捷菜单中选择“设置单元格格式”命令。

② 在打开的“设置单元格格式”对话框中切换到“数字”选项卡，并在“分类”列表中选中“分数”选项，然后在分数类型列表中选择分数类型。例如将小数 0.5567 设置为分数，选择“分母为一位数”时值为 5/9，选择“分母为两位数”时值为 54/97，选择“分母为三位数”时值同样为 54/97，这与计算结果有关；选择“以 2 为分母”时值为 1/2，选择“以 4 为分母”时值为 2/4，选择“以 8 为分母”时值为 4/8，选择“以 16 为分母”时值为 9/16，选择“以 10 为分母”时值为 6/10，选择“以 100 为分母”时值为 56/100。用户可以根据实际需要选择合适的分数类型，单击“确定”按钮，如图 4-10 所示。

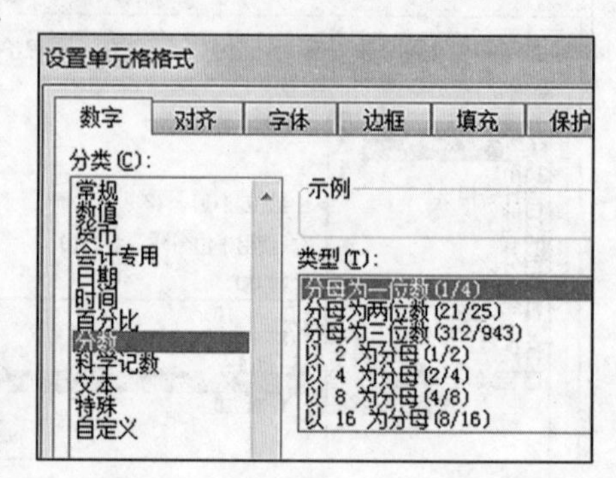

图 4-10 分数格式设置

（5）百分比格式设置。百分比在工农业生产、科学技术研究等领域有着十分广泛的应用。特别在进行调查统计、分析比较时，经常要用到百分数。百分比在 Microsoft Excel 数据处理工作中十分常用，可以将小数或分数格式的数值设置为百分比数字格式，使数据处理结果更实用。操作步骤如下：

① 打开Excel 2016工作簿窗口，选中需要设置百分比数字格式的单元格，右击被选中的单元格，在打开的快捷菜单中选择“设置单元格格式”命令。

② 在打开的“设置单元格格式”对话框中，切换到“数字”选项卡。在“分类”列表中选择“百分比”选项，并在右侧的“小数位数”微调框中设置保留的小数位数，单击“确定”按钮，如图4－11所示。

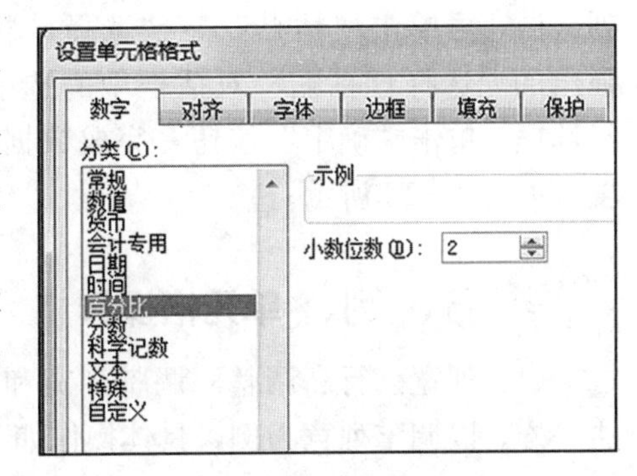

图4－11 百分比格式设置

上述数字格式的快速应用操作方法：先单击要设置数字格式的单元格，然后在“开始”选项卡中的“数字”功能组中，单击“常规”旁的下拉按钮，从下拉列表中选择要使用的格式。

4. 数据格式设置

（1）自动调整显示设置。

① 单元格中数据自动换行：选择要设置格式的单元格，然后在“开始”选项卡“对齐方式”功能组中单击“自动换行”按钮。

② 列宽和行高设置为根据单元格中的内容自动调整：选中要更改的列或行，然后在“开始”选项卡的“单元格”功能组中单击“格式”按钮，如图4－12所示，在下拉列表的“单元格大小”区域选择“自动调整列宽”或“自动调整行高”选项。

（2）格式复制设置（格式刷）。使用“格式刷”功能可以将Excel 2016工作表中选中区域的格式快速复制到其他区域，既可将被选中区域的格式复制到连续的目标区域，也可将被选中区域的格式复制到不连续的多个目标区域。

① 把格式复制到连续的目标区域：选中含有格式的单元格区域，单击“开始”选项卡的“剪贴板”功能组中的“格式刷”按钮，如图4－13所示。当鼠标指针呈现✚🖌形状时，按住鼠标左键并拖动鼠标选择目标区域。松开鼠标左键后，格式将被复制到选中的目标区域。

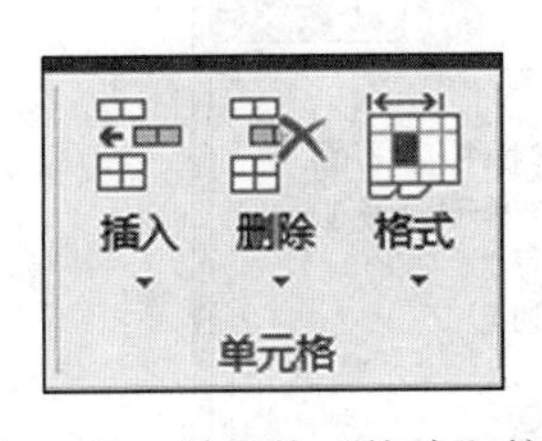

图4－12 单元格“格式”按钮

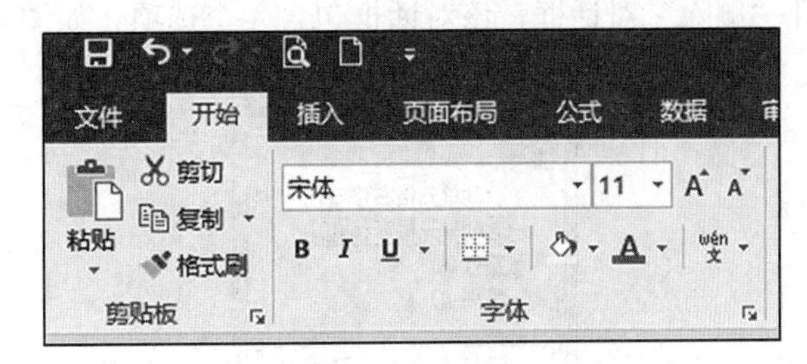

图4－13 格式刷

② 把格式复制到不连续的目标区域：选中含有格式的单元格区域，双击“开始”选项卡的“剪贴板”功能组中的“格式刷”按钮。当鼠标指针呈现✚🖌形状时，分别单击并拖动鼠标选择不连续的目标区域。完成复制后，按键盘上的【Esc】键或再次单击“格式刷”

按钮即可取消格式刷。

(3) 行列转置。选择需要转为列的行单元格区域，复制选中的行内容，在工作区选择相应的列区域，再单击“粘贴”→“选择性粘贴”，在弹出的“选择性粘贴”对话框中的选中“转置”复选框，单击“确定”按钮，完成数据的行列转置，如图 4－14 所示。

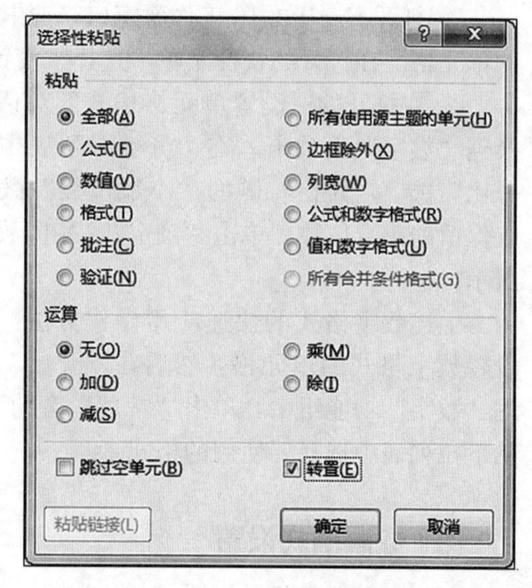

图 4－14　行列转置设置

5. 行、列、单元格操作

(1) 列宽、行高调整。调整列宽和行高的方法一样。以调整列宽为例，具体操作如下：

① 选中需要调整列宽的单元格，选择“开始”选项卡，单击“单元格”功能组中的“格式”按钮，如图 4－12 所示，在弹出的对话框中单击“自动调整列宽”选项或“列宽”命令设置具体列宽。

② 单击需要调整列宽的列标签，将鼠标指针移到这一列的右上角，当指针变成左右带箭头的十字状时，双击即可完成列宽自动调整或在右键菜单中选择“列宽”命令设置具体列宽。

(2) 单元格操作。

① 插入操作：右击需要插入数据的单元格，在弹出的快捷菜单中选择“插入”命令，弹出“插入”对话框，该对话框包含 4 个选项，如图 4－15 所示。

a. 活动单元格右移：表示在选中单元格的左侧插入一个单元格。

b. 活动单元格下移：表示在选中单元格的上方插入一个单元格。

c. 整行：表示在选中单元格的上方插入一行。

d. 整列：表示在选中单元格的左侧插入一列。

② 删除操作：右击需要删除数据的单元格，在弹出的快捷菜单中选中“删除”命令，打开“删除”对话框，该对话框包含 4 个选项，如图 4－16 所示。

图 4－15　“插入”对话框

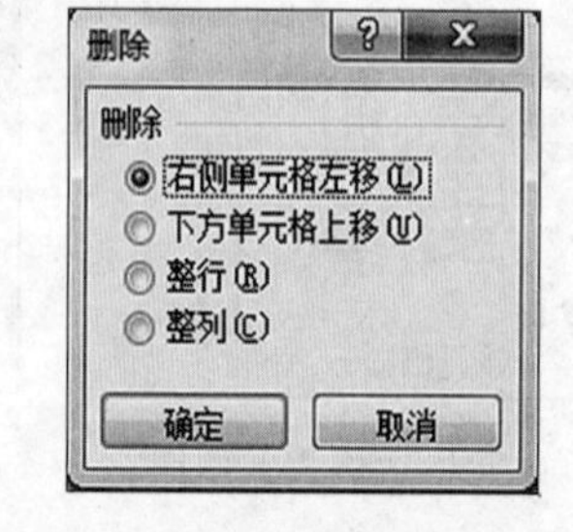

图 4－16　“删除”对话框

a. 右侧单元格左移：表示删除选中单元格后，该单元格右侧的整行向左移动一格。

b. 下方单元格上移：表示删除选中单元格后，该单元格下方的整列向上移动一格。

c. 整行：表示删除该单元格所在的一整行。

d. 整列：表示删除该单元格所在的一整列。

注意：单元格的插入、删除还可以采用图 4 - 12 所示的“插入”和“删除”按钮实现。行列的插入和删除也可以通过行标（列标）的右键菜单中的“插入”和“删除”命令实现。

三 实训内容

打开“Excel1. xlsx”文件，请认真观察图 4 - 17 中的数字格式，完成下列操作，完成操作后，保存文件并关闭 Excel。

21级学生成绩表

姓名	邮政编码	出生年月	年龄	班级	开考时间	准考证号	笔试成绩	机试成绩	平时成绩
李振立	030000	2003/1/2	18	一班	8:30:00 AM	200205250800EE0044	32.0	22.0	20.0
李新平	031400	2001/11/22	20	三班	8:30:01 AM	200205250800EE0045	22.0	26.0	27.0
霍红星	033000	2002/12/25	19	二班	8:30:02 AM	200205250800EE0046	30.0	30.0	32.0
卢国清	030100	2003/4/24	18	二班	8:30:03 AM	200205250800EE0047	17.0	19.0	20.0
未俊香	031500	2002/10/10	19	三班	8:30:04 AM	200205250800EE0048	30.0	20.0	30.0
张保国	033100	2002/9/12	19	一班	8:30:05 AM	200205250800EE0049	26.0	30.0	20.0
肖振朝	030800	2003/7/12	18	二班	8:30:06 AM	200205250800EE0050	15.0	30.0	20.0
王靖明	030200	2003/6/13	18	三班	8:30:07 AM	200205250800EE0051	22.0	22.0	12.0
许合庆	031600	2003/5/24	18	一班	8:30:08 AM	200205250800EE0052	19.0	30.0	21.0
马延凤	033200	2002/11/15	19	二班	8:30:09 AM	200205250800EE0053	19.0	2.0	7.0
牛春海	035500	2003/8/16	18	三班	8:30:10 AM	200205250800EE0054	21.0	26.0	27.0
付志兴	030300	2003/3/17	18	三班	8:30:11 AM	200205250800EE0055	33.0	32.0	30.0
未俊香	031700	2002/10/28	19	一班	8:30:12 AM	200205250800EE0056	27.0	22.0	19.0
张保国	033300	2003/2/19	18	一班	8:30:13 AM	200205250800EE0057	22.0	18.0	22.0
阎思军	036100	2003/1/25	18	二班	8:30:14 AM	200205250800EE0058	17.0	23.0	20.0
董文生	030500	2003/7/21	18	二班	8:30:15 AM	200205250800EE0059	20.0	21.0	12.0
陆利广	032100	2003/8/20	18	一班	8:30:16 AM	200205250800EE0060	18.0	30.0	20.0
薛红亮	036200	2002/10/23	19	三班	8:30:17 AM	200205250800EE0061	20.0	25.0	19.0
牛春海	034000	2003/7/24	18	二班	8:30:18 AM	200205250800EE0062	26.0	28.0	20.0

图 4 - 17 Excel1 样表

四 实训要求

（1）删除 Sheet1 工作表中第 I 列。

（2）将表中数据按相应格式输入。I2:I20（笔试成绩）、J2:J20（机试成绩）、K2:K20（平时成绩）数据保留 1 位小数；“开考时间”数据使用自动填充（填充柄）完成；设置 E2:E20（年龄）的数据验证，有效性条件为“允许整数，数值为 16～20”；出错警告为“停止”，标题为“请修改”，错误信息为“年龄不能低于 16，高于 20”。

（3）在第一行上面插入一行；在 B1 单元格中输入内容为“21 级学生成绩表”，字体设置为幼圆，字号为 22 号，字体颜色为“深蓝，文字 2，淡色 40%”，加粗。

（4）将B1:K1区域合并单元格，水平对齐方式为“居中”，垂直对齐方式为“靠下”。

（5）设置B2:K2单元格区域填充色为“茶色，背景2”，水平、垂直居中。

（6）将姓名列B3:B21区域水平对齐方式设置为“分散对齐（缩进）”。

（7）在Sheet1工作表中设置自动调整列宽；设置标题行（第一行）行高为35，G列列宽为15。

（8）设置B2:K21外边框为双线，内框线为最细的单线，颜色均为“黑色，文字1”。

（9）利用条件格式设置K3:K21（平时成绩）为32分的单元格为“浅红填充色深红色文本”（32用单元格引用）。

（10）将Sheet1工作表中B1:K21区域的数据复制到Sheet2中A1单元格起始处。

（11）在工作表Sheet2中，将A2:J21区域格式设置为自动套用格式第三行第七列（浅橙色，表样式浅色21）。

（12）修改Sheet1名称为“学生成绩表”，标签颜色改为“标准色-红色”；将该工作表复制到Sheet3之前。

（13）插入一个新的工作表，并将该工作表移动到“学生成绩表”之前。

（14）删除Sheet3工作表。

（15）为“学生成绩表（2）”工作表设置居中页眉“学生成绩表”。

五 实训步骤

（1）删除Sheet1工作表中第I列。将鼠标指针放于第I列标签上，当出现向下的黑色实心箭头“⬇”时右击，在弹出的快捷菜单中选择“删除”命令，即可将其删除，如图4-18所示。删除行的方法与此类似。

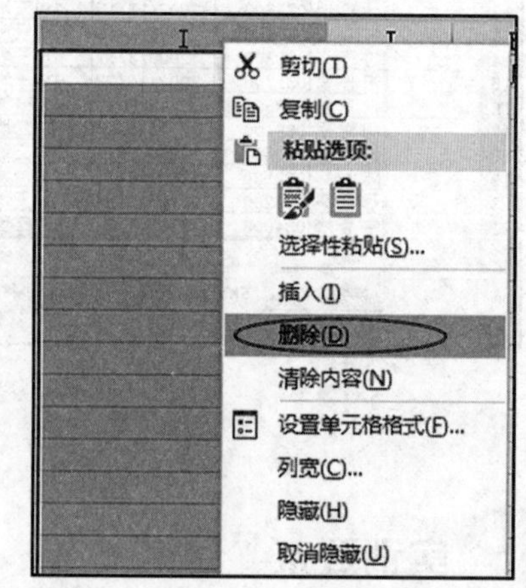

图4-18　列“删除”命令

操作步骤（1）

（2）将表中数据按相应格式输入。I2:I20（笔试成绩）、J2:J20（机试成绩）、K2:K20（平时成绩）数据保留1位小数；“开考时间”数据使用自动填充（填充柄）完成；设置E2:E20（年龄）的数据验证，有效性条件为“允许整数，数值为16～20”，出错警告为“停止”，标题为“请修改”，错误信息为“年龄不能低于16，高于20”。

① 数值数据的设置：选中I2:K20区域，单击右键打开右键快捷菜单，选择“设置单元格格式”命令（或按【Ctrl+1】键），如图4-19所示，弹出如图4-7所示的“设置单元格格式”对话框，选择“数字”选项卡，在“分类”列表框中选择“数值”选项，设置“小数位数”为“1”即可。

② 时间数据的设置：选中G2:G20区域，在“设置单元格格式”对话框中，选择“数字”选项卡中的“时间”，在“类型”选项中选中要求格式即可，如图4-20所示。

其他格式数据的输入方法同上。

③ 数据的自动填充：在G2单元格中输入“8:30”，在G3单元格中输入“8:30:01”，选中两个单元格，将鼠标移到G3单元格右下角，鼠标变成黑色实心十字时，按下鼠标左键

图 4-19 “设置单元格格式”命令

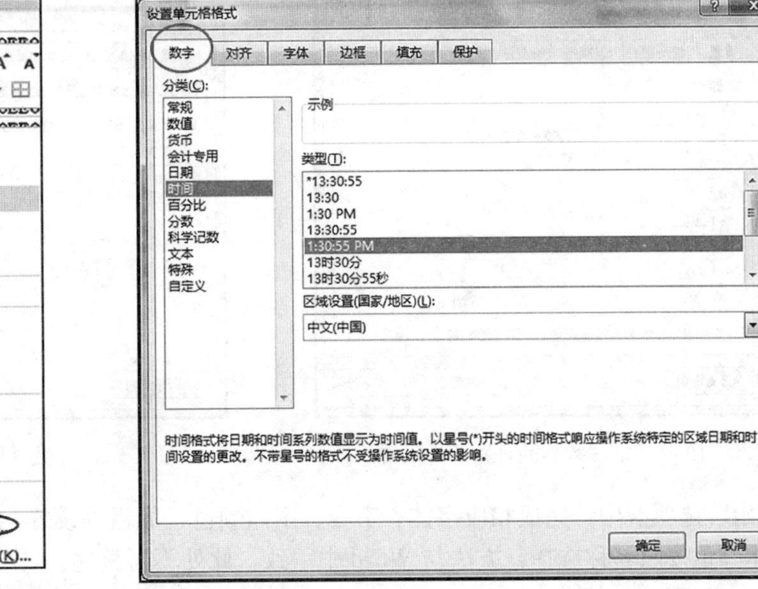

图 4-20 “时间”格式设置

不放拖动到 G20 单元格，放开鼠标左键即可完成序列填充。

④ 数据验证的设置：选中 E2:E20 区域，单击“数据”选项卡，在“数据工具”功能组中选择“数据验证”按钮，如图 4-21 所示。

图 4-21 “数据验证”按钮

在弹出的对话框中，选择“设置”，在“验证条件”栏的“允许”框中选择“整数”，在“数据”下拉列表框中选择“介于”，在“最小值”输入框中输入“16”，在“最大值”输入框中输入“20”，如图 4-22 所示。

在弹出的对话框中，选择“出错警告”选项卡，在“样式”下拉列表框中选择“停止”，在“标题”输入框中输入“请修改”，在“错误信息”输入框中输入“年龄不能低于 16，高于 20”，如图 4-23 所示。

（3）在第一行上面插入一行；在 B1 单元格中输入内容“21 级学生成绩表”，字体设置为幼圆，字号为 22 号，字体颜色为“深蓝，文字 2，淡色 40%”，加粗。

① 行插入：将鼠标指针放于第一行标签上，当出现向右的黑色实心箭头时右击，在弹出的快捷菜单中选择“插入”命令，即可在该行之前插入一行，如图 4-24 所示。插入列的方法与此类似。

② 标题格式设置：选中 B1 单元格，输入内容“21 级学生成绩表”，选中该单元格，在

图 4 - 22 “数据验证”条件设置

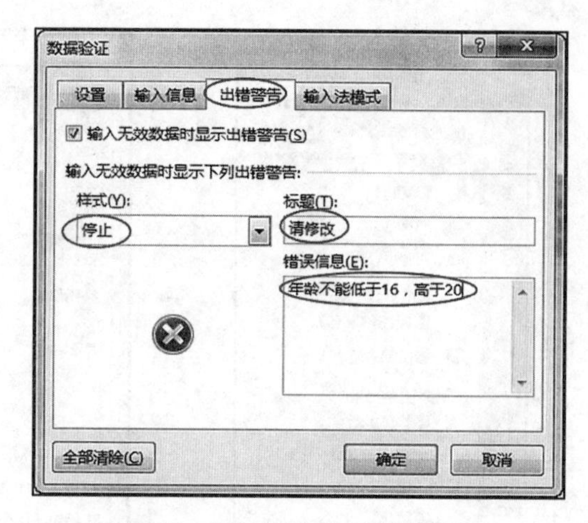

图 4 - 23 “数据验证”出错警告设置

“开始”选项卡中，完成相应字体、字号、字体颜色、加粗等设置，如图 4 - 25 所示。提示：字体颜色按照名称选择，方法与 Word 中一致，此处不再赘述。

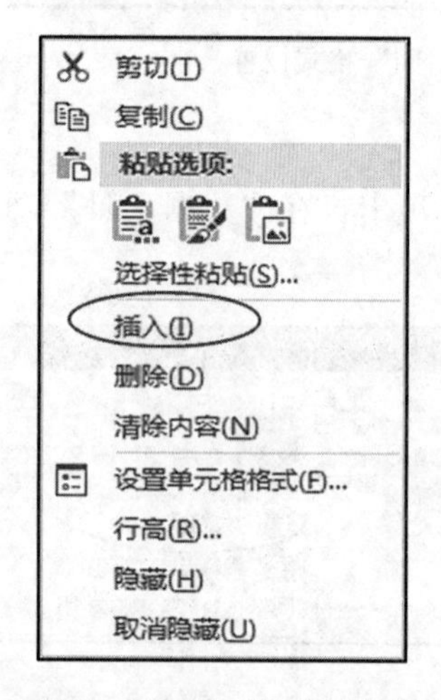

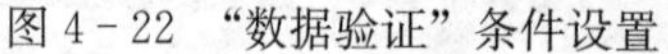

图 4 - 24 行“插入”命令

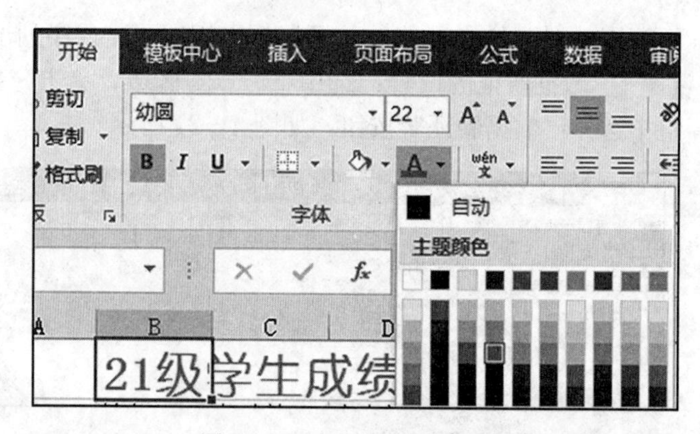

图 4 - 25 标题文字格式设置

(4) 将 B1:K1 区域合并单元格，水平对齐方式为“居中”，垂直对齐方式为“靠下”。

选中 B1:K1 单元格区域，在“开始”选项卡“对齐方式”功能组中单击“合并后居中”按钮，如图 4 - 26 所示。

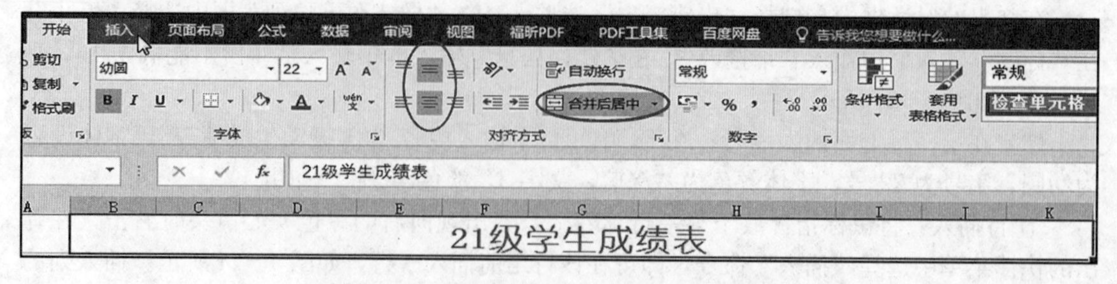

图 4 - 26 标题单元格“合并后居中”设置

(5) 设置 B2:K2 单元格区域填充色为"茶色，背景 2"，水平、垂直居中。

① 方法一：选中 B2:K2 单元格区域，在"开始"选项卡"字体"功能组中单击"填充颜色"右侧的下拉按钮，在弹出的调色板中按名称选择需要的颜色即可，如图 4-27 所示。

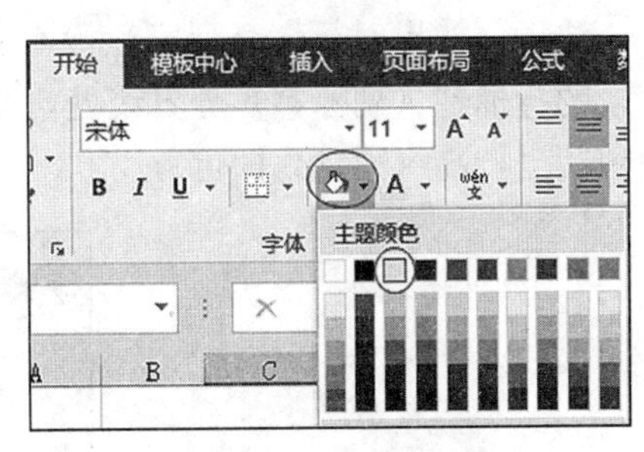

图 4-27 单元格背景颜色设置

② 方法二：选中 B2:K2 单元格区域，在"设置单元格格式"对话框中，选择"填充"选项卡中的"背景色"，按照需要进行颜色的选取即可。

③ 水平、垂直居中的设置方法同 (4) 中所述。

注意：底纹填充效果（双色渐变色）、图案颜色等功能请自行练习。

(6) 将姓名列 B3:B21 区域水平对齐方式设置为"分散对齐（缩进）"。

选中 B3:B21 区域，在"设置单元格格式"对话框中，单击"对齐"选项卡中的"水平对齐"下拉按钮，选择"分散对齐（缩进）"选项即可，如图 4-28 所示。

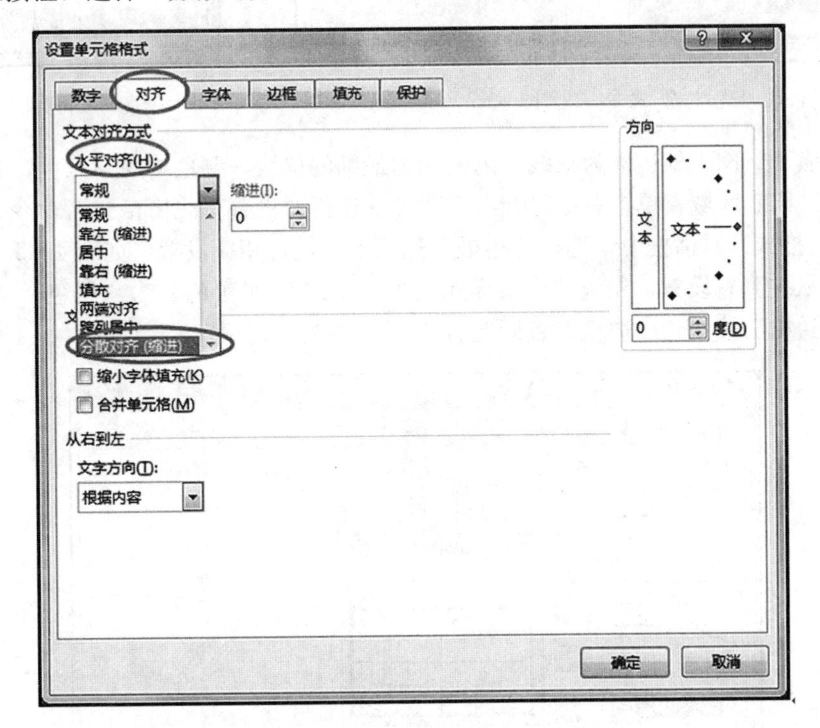

图 4-28 文字"水平对齐方式"设置

(7) 在 Sheet1 工作表中设置自动调整列宽；设置标题行（第一行）行高为 35，G 列列宽为 15。

① 选中 B2:K21 区域，在"开始"选项卡"单元格"功能组中单击"格式"按钮下面的下拉按钮，在弹出的下拉菜单中选择"自动调整列宽"即可，如图 4-29 所示。

② 将鼠标指针放于第一行标签上右击，在弹出的快捷菜单中选择"行高"命令，在弹出的"行高"对话框中输入"35"，如图 4-30、图 4-31 所示。

③ 列宽设置方法同行高设置类似。

注意：如果对行高（列宽）没有具体值的设置，可以将鼠标放置到需要设置行高（列宽）的行标签（列标签）分界线处，当鼠标变成双向箭头形状的时候，按下鼠标左键不放拖动到适当行高（列宽）即可。

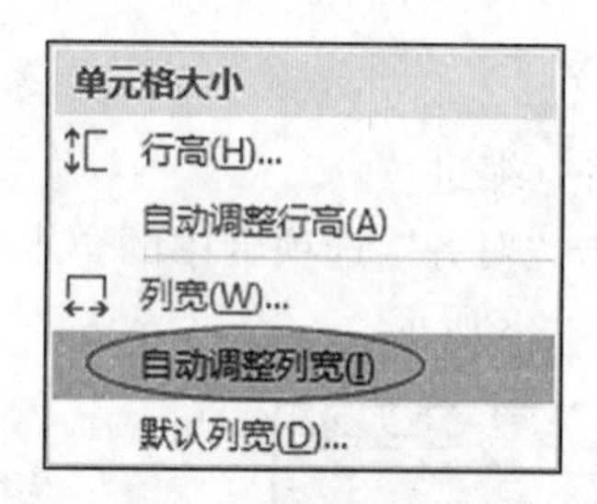

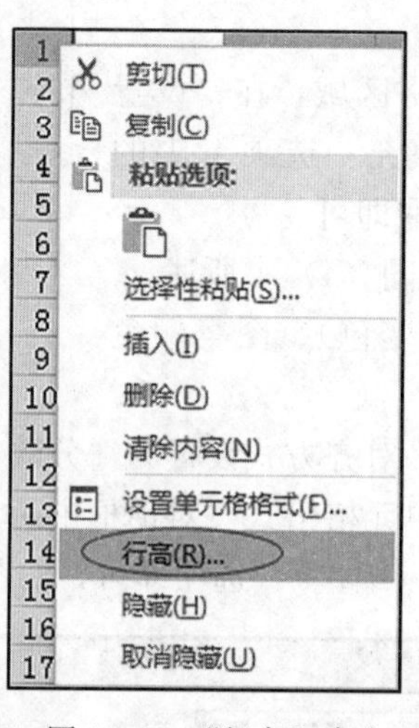

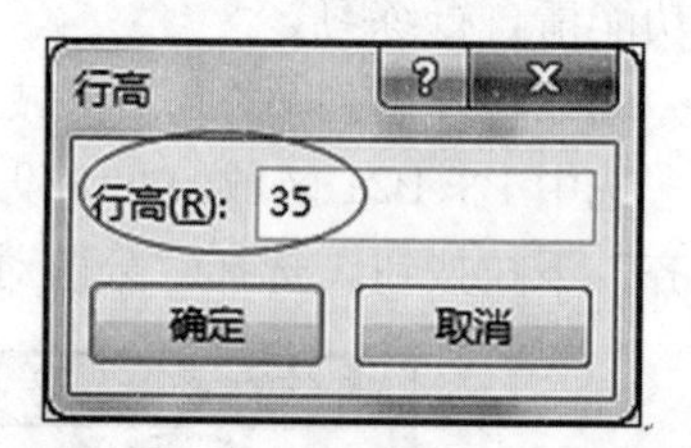

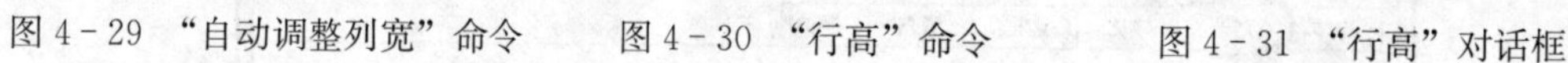

图 4－29 “自动调整列宽”命令　　图 4－30 “行高”命令　　图 4－31 “行高”对话框

(8) 设置 B2:K21 外边框为双线，内框线为最细的单线，颜色均为“黑色，文字 1”。

选中 B2:K21 区域，单击右键打开右键菜单，选择“设置单元格格式”命令，在弹出的“设置单元格格式”对话框中，选择“边框”选项卡，进行相应设置，如图 4－32 所示。

注意：从左到右设置，先选“线条样式”为“双线”，“颜色”为“黑色，文字 1”，然后单击“外边框”按钮，内边框设置同此方法。

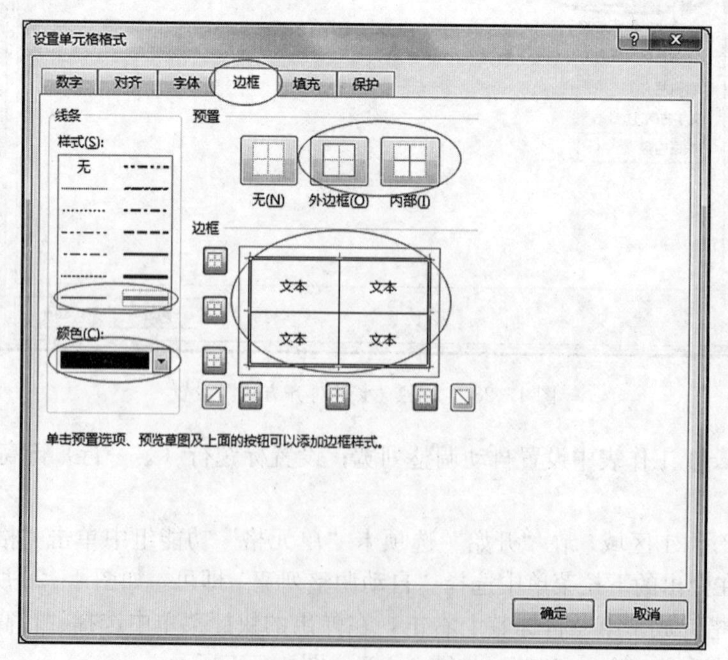

图 4－32 “边框”选项卡

（9）利用条件格式设置 K3:K21（平时成绩）为 32 分的单元格为“浅红填充色深红色文本”（32 用单元格引用）。

条件格式的使用：选中 K3:K21 区域，选择“开始”选项卡“样式”功能组中的“条件格式”按钮，在下拉菜单中选择“突出显示单元格规则”，在二级菜单中选择“等于”命令，如图 4-33 所示。

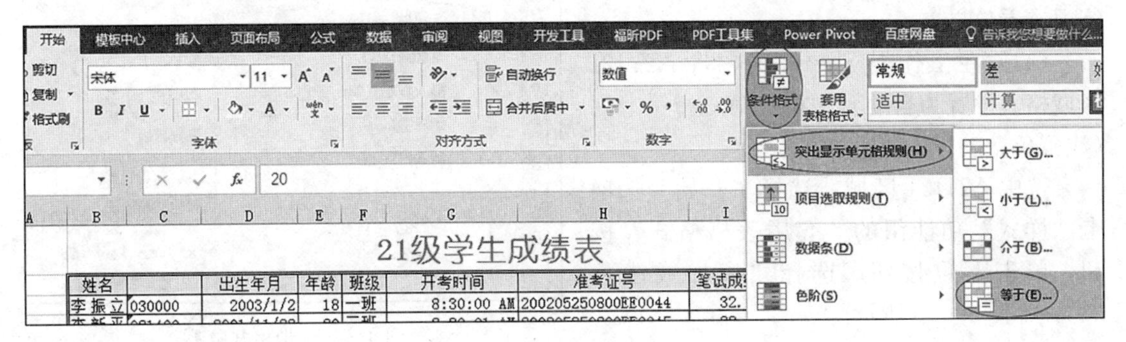

图 4-33 “条件格式”按钮

在打开的“等于”对话框中进行相应的设置，如图 4-34 所示。

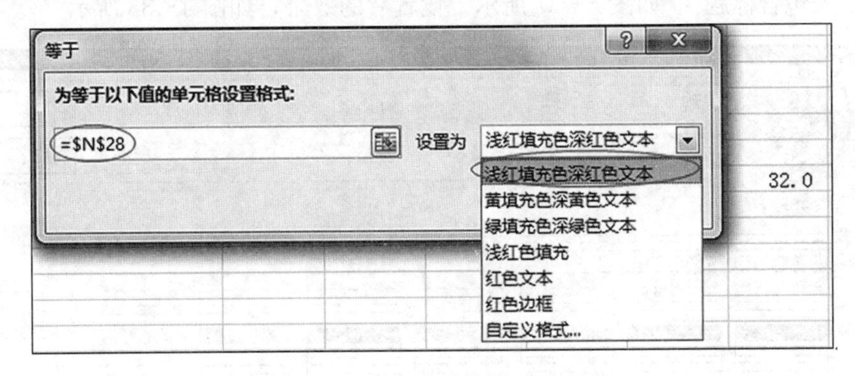

图 4-34 “等于”对话框内容设置

注意：

①“32”值的选取方式为 32 数值所在单元格的引用。

② 若下拉列表中没有所要求的格式，选择“自定义格式”设置。

③ 条件格式的设置还包括：对符合要求的数据设置下划线、加粗效果、单元格底纹、数据条渐变填充、数据条实心填充、色阶修饰、排名前几位设置字体颜色等操作，请自行练习。

（10）将 Sheet1 工作表中 B1:K21 区域的数据复制到 Sheet2 中 A1 单元格起始处。这里的复制要求包含源格式。

操作步骤(2)

① 包含源格式复制：选中 B1:K21 区域，利用【Ctrl+C】键进行复制操作；打开 Sheet2 工作表，选中 A1 单元格，在 A1 单元格中单击右键打开右键快捷菜单，选择“选择性粘贴”二级菜单中“粘贴”分组中的“保留源列宽”命令，如图 4-35 所示。

注意：利用【Ctrl+V】键进行粘贴操作等同于选择“保留源格式”，此时复制的表格列宽会发生改变。

② 不包含源格式复制：在右键快捷菜单中，选择“选择性粘贴”二级菜单中“粘贴数值”分组中的“值”命令。

其他的复制方式（如转置等），请自行练习查看效果。

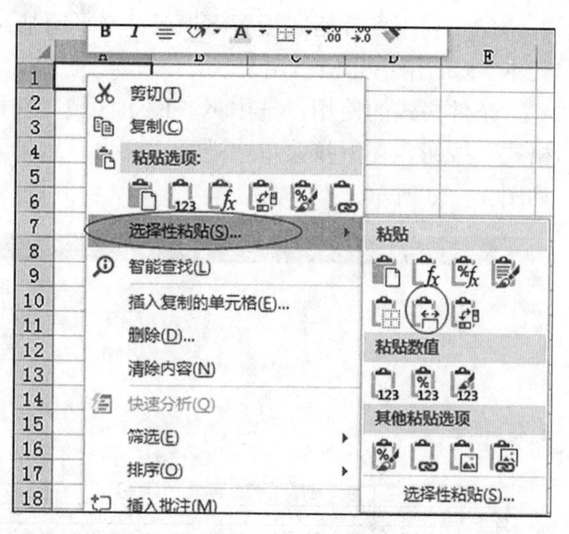

图 4-35　带格式复制

(11) 在工作表 Sheet2 中，将 A2:J21 区域格式设置为自动套用格式第三行第七列（浅橙色，表样式浅色 21）。

选中 A2:J21 区域，选择“开始”选项卡“样式”功能组的“套用表格格式”按钮，单击下拉按钮，选择“表样式浅色 21”，如图 4-36 所示。

在“套用表格式”对话框中，将“表数据的来源”设为“=＄A＄2:＄J＄21”（若提前选中过要设置的区域，这里可以略过），选中复选框“表包含标题”，如图 4-37 所示。设置后的效果，如图 4-38 所示。

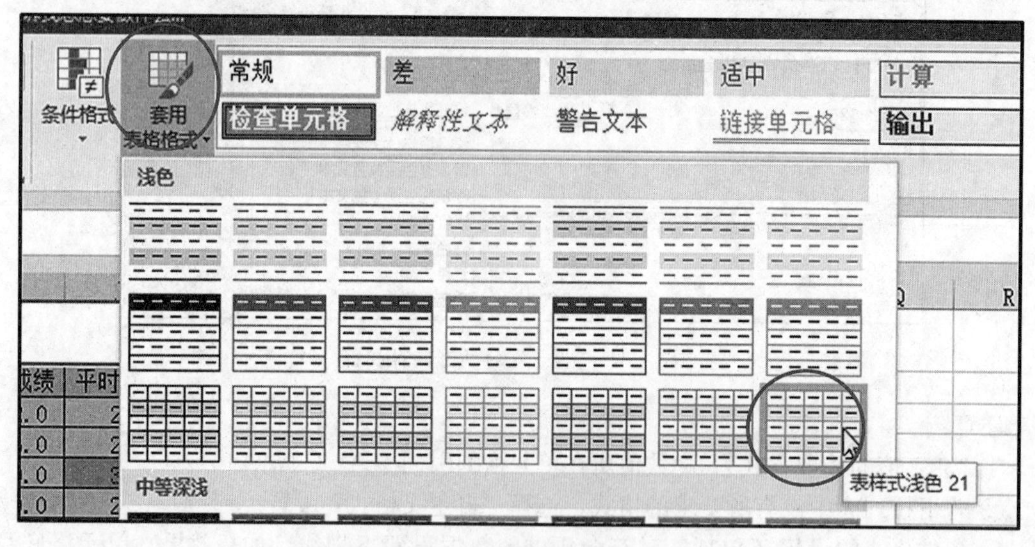

图 4-36　“套用表格格式”按钮

图 4-37　“套用表格式”对话框

	A	B	C	D	E	F	G	H	I	J
1	21级学生成绩表									
2	姓名	邮政编码	出生年月	年龄	班级	开考时间	准考证号	笔试成绩	机试成绩	平时成绩
3	李振立	030000	2003/1/2	18	一班	8:30:00 AM	200205250800EE0044	32.0	22.0	20.0
4	李新平	031400	2001/11/22	20	三班	8:30:01 AM	200205250800EE0045	22.0	26.0	27.0
5	霍红星	033000	2002/12/25	19	二班	8:30:02 AM	200205250800EE0046	30.0	30.0	32.0
6	卢国清	030100	2003/4/24	18	二班	8:30:03 AM	200205250800EE0047	17.0	19.0	20.0
7	未俊香	031500	2002/10/10	19	三班	8:30:04 AM	200205250800EE0048	30.0	20.0	30.0
8	张保国	033100	2002/9/12	19	一班	8:30:05 AM	200205250800EE0049	26.0	30.0	20.0
9	肖振朝	030800	2003/7/12	18	二班	8:30:06 AM	200205250800EE0050	15.0	30.0	20.0
10	王靖明	030200	2003/6/13	18	三班	8:30:07 AM	200205250800EE0051	22.0	22.0	12.0
11	许合庆	031600	2003/5/24	18	一班	8:30:08 AM	200205250800EE0052	19.0	30.0	21.0
12	马延凤	033200	2002/11/15	19	二班	8:30:09 AM	200205250800EE0053	19.0	2.0	7.0
13	牛春海	035500	2003/8/16	18	三班	8:30:10 AM	200205250800EE0054	21.0	26.0	27.0
14	付志兴	030300	2003/3/17	18	三班	8:30:11 AM	200205250800EE0055	33.0	32.0	30.0
15	未俊香	031700	2002/10/28	19	一班	8:30:12 AM	200205250800EE0056	27.0	22.0	19.0
16	张保国	033300	2003/2/19	18	一班	8:30:13 AM	200205250800EE0057	22.0	18.0	22.0
17	阎思军	036100	2003/1/25	18	二班	8:30:14 AM	200205250800EE0058	17.0	23.0	20.0
18	董文生	030500	2003/7/21	18	二班	8:30:15 AM	200205250800EE0059	20.0	21.0	12.0
19	陆利广	032100	2003/8/20	18	一班	8:30:16 AM	200205250800EE0060	18.0	30.0	20.0
20	薛红亮	036200	2002/10/23	19	三班	8:30:17 AM	200205250800EE0061	20.0	25.0	19.0
21	牛春海	034000	2003/7/24	18	二班	8:30:18 AM	200205250800EE0062	26.0	28.0	20.0

图 4－38 “浅橙色，表样式浅色 21”效果图

（12）修改 Sheet1 名称为“学生成绩表”，标签颜色改为“标准色-红色”；将该工作表复制到 Sheet3 之前。

① 工作表重命名：选中 Sheet1 工作表，单击右键（或双击左键，反白显示，修改名称），在右键菜单中选择“重命名”命令，输入“学生成绩表”之后，在工作表任意位置单击鼠标左键，如图 4－39、图 4－40 所示。

② 工作表标签颜色设置：选中“学生成绩表”标签，单击右键，在弹出的右键快捷菜单中选择“工作表标签颜色”命令，在弹出的调色板中按名称选择需要的颜色即可，如图 4－41 所示。

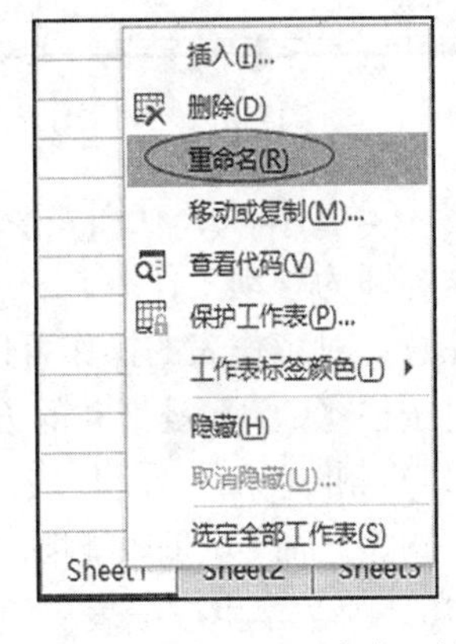

图 4－39 工作表“重命名”按钮

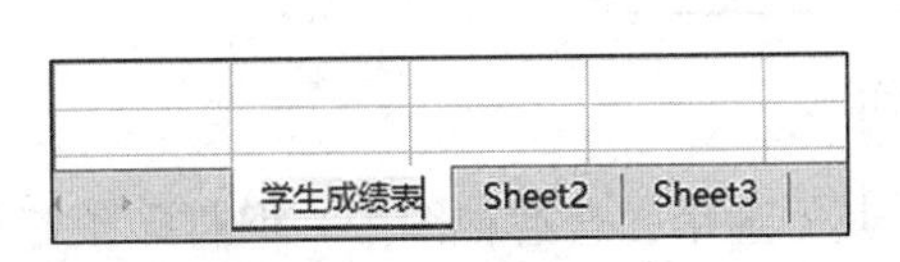

图 4－40 工作表名称输入

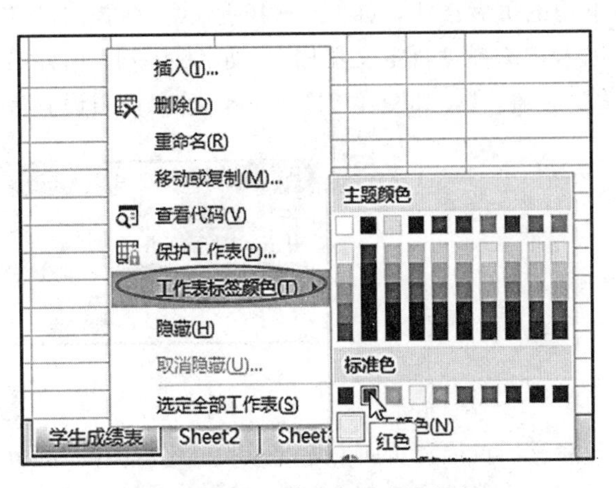

图 4－41 工作表标签颜色设置

③ 工作表复制：选中“学生成绩表”工作表，单击右键，选择“移动或复制”命令，在“移动或复制工作表”对话框的“下列选定工作表之前”选项中选择“Sheet3”，选中复选框“建立副本”，单击“确定”，如图 4－42、图 4－43 所示。

（13）插入一个新的工作表，并将该工作表移动到“学生成绩表”之前。

① 插入工作表：单击工作表右侧的“新工作表”按钮，即可插入新工作表“Sheet1”，如图 4－44、图 4－45 所示。

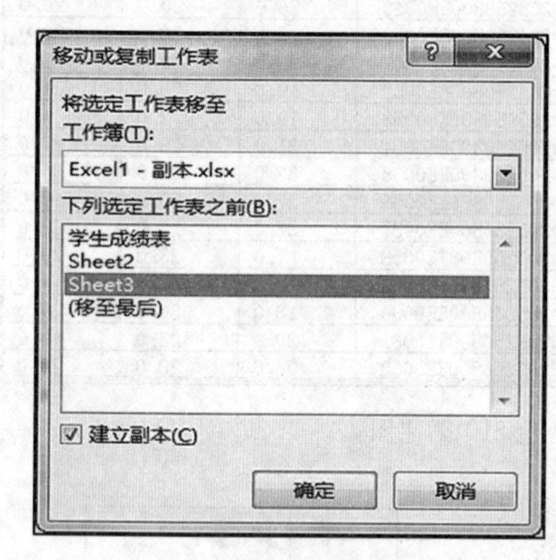

图 4－42 “移动或复制工作表”对话框

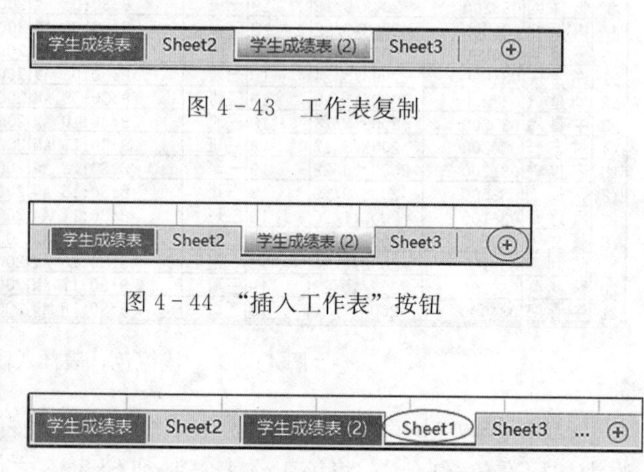

图 4－43 工作表复制

图 4－44 “插入工作表”按钮

图 4－45 插入工作表后的效果

② 移动工作表：在图 4－42 所示对话框中，按要求设置好相关内容，不选“建立副本”复选框，即为移动工作表。

注意：对工作表的操作可以参考对文件的操作。移动可以通过拖动的方式实现，复制可以通过按住【Ctrl】键拖动的方式实现。

（14）删除 Sheet3 工作表。选中“Sheet3”工作表，在图 4－41 所示的右键快捷菜单中选择“删除”命令，即可删除选中的工作表。

（15）为“学生成绩表（2）”工作表设置居中页眉“学生成绩表”。

选中“学生成绩表（2）”工作表，在“页面布局”选项卡中，单击“页面设置”功能组右下角的扩展按钮，如图 4－46 所示。在弹出的“页面设置”对话框中，选择“页眉/页脚”选项卡，选择“自定义页眉”，如图 4－47 所示。在弹出的“页眉”对话框相应位置输入“学生成绩表”，如图 4－48 所示，居中页眉设置完成。

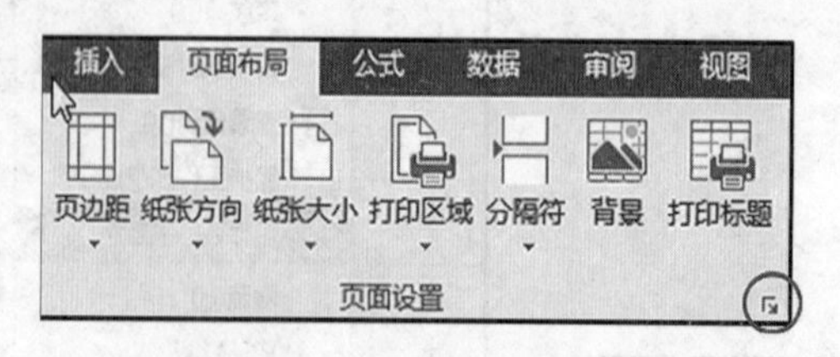

图 4－46 扩展按钮

注意：页眉和页脚并不是实际工作表的一部分，其不显示在普通视图中，但打印预览可以看到，或者在“页面布局”视图下也可以看到，如图 4－49 所示。更详细的设置请大家参考相关书籍，这里不再赘述。

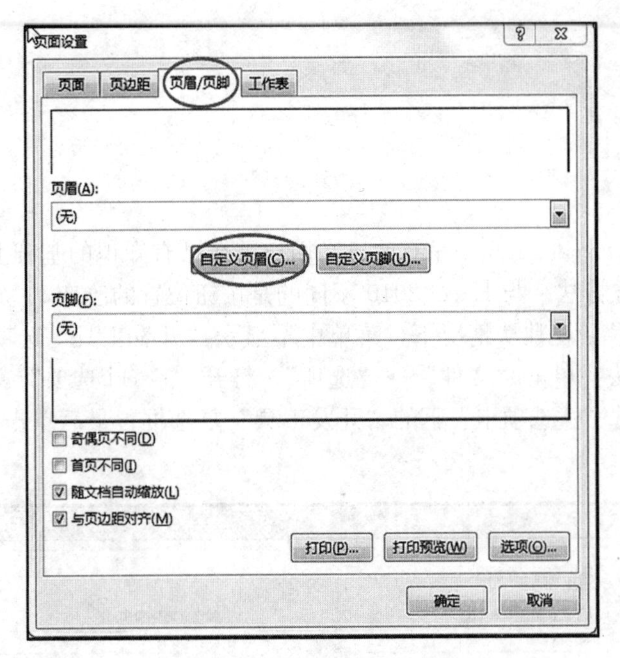

图 4-47 “页面设置”对话框

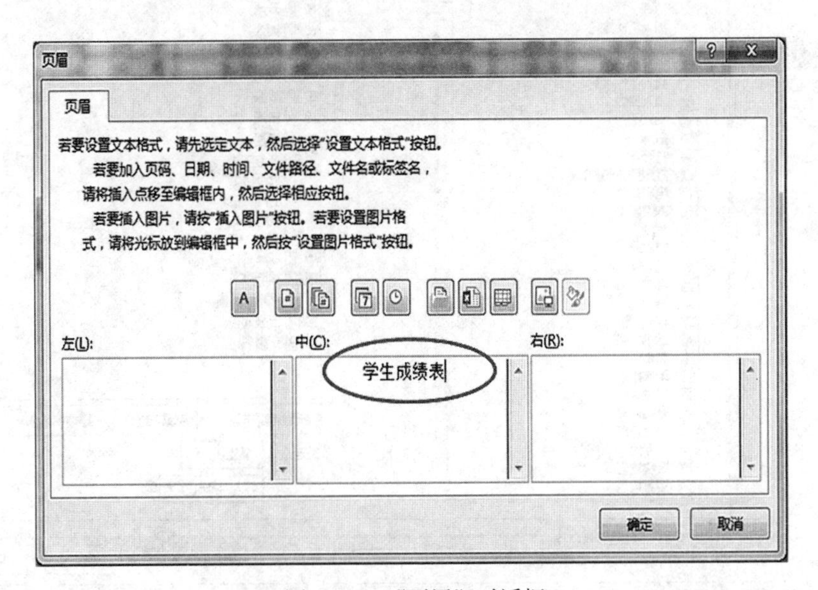

图 4-48 “页眉”对话框

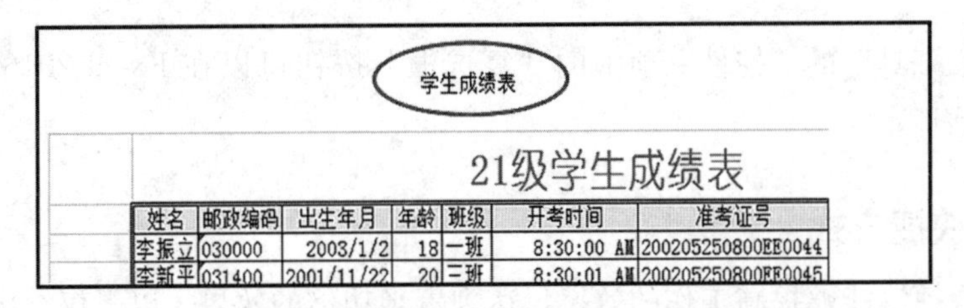

图 4-49 “页面布局”视图效果

六 实训延伸

1. 开发工具

“开发工具”在 Excel 2016 中稍有改进，用户需在已有知识的基础上分析、研究，寻求解决类似问题的最佳方法。与 Excel 2010 不同的是按钮位置的改变，“加载项”功能组中增加了“Excel 加载项”。在默认情况下，菜单中不显示“开发工具”选项卡，这个需要用户自行设置。设置方法：单击“文件”→“选项”，打开“Excel 选项”窗口，在“自定义功能区”选项中，勾选“主选项卡”下的“开发工具”复选框，最后单击“确定”按钮即可，如图 4－50 所示。

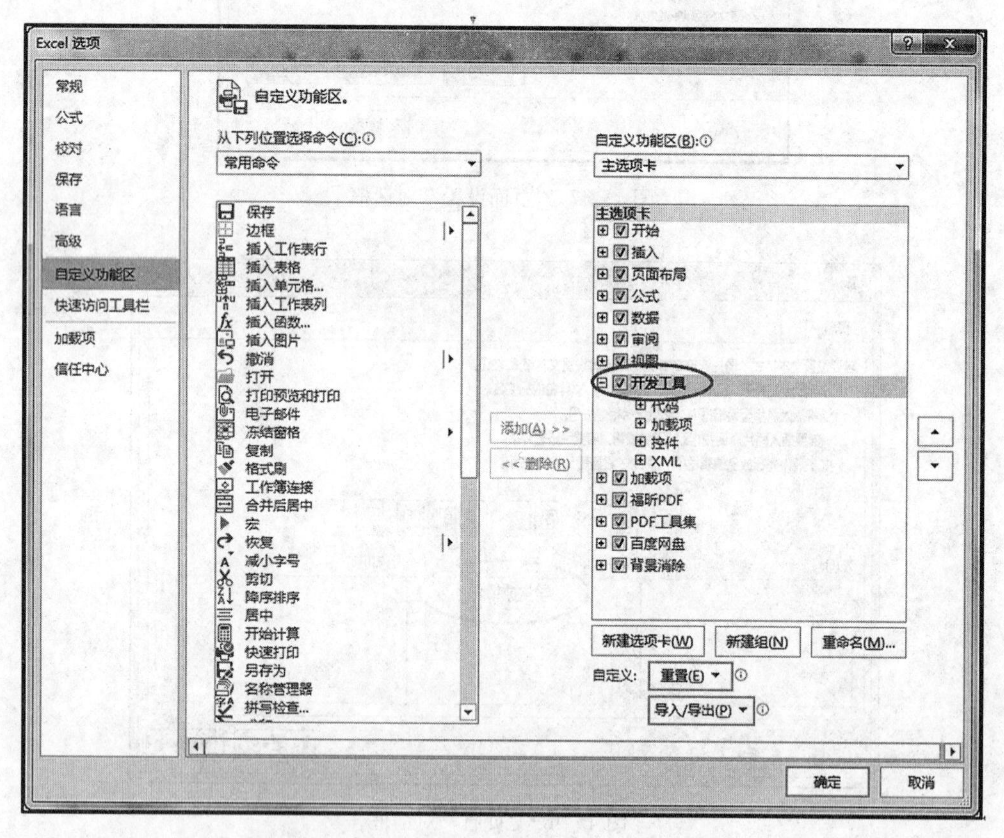

图 4－50　开发工具设定

使用“开发工具”的“控件”项中的“复选框”按钮可以在 Excel 2016 工作表中插入经常使用的复选框。

2. 常用快捷方式

熟练使用快捷键能够提高工作的效率，达到事半功倍的效果。以下仅给出几个常用快捷键，其他快捷键的使用方法还需在学习中积累。

(1)【Ctrl＋E】组合键。从 Excel 2013 开始新增的一个功能——快速填充（快捷键【Ctrl＋E】)。通常的处理方法是，先给它一个规则，然后按下【Ctrl＋E】即可完成快速填充。例如，快速拆分学号和姓名，先在 B1 和 C1 单元格中分别输入第一个人的学号与姓名，如图 4－51 所示。选择学号下方第一个单元格 B2，按【Ctrl＋E】组合键即可实现学号的快速填充。姓名列的填充方法同学号列，如图 4－52 所示。同样也可以使用【Ctrl＋E】实现合并后填充。

	A	B	C
1	20170012001张三	20170012001	张三
2	20170012002李四		
3	20170012003王刚		
4	20170012004张为		
5	20170012005赵辉		
6	20170012006周州		

图 4－51 数据输入

	A	B	C
1	20170012001张三	20170012001	张三
2	20170012002李四	20170012002	李四
3	20170012003王刚	20170012003	王刚
4	20170012004张为	20170012004	张为
5	20170012005赵辉	20170012005	赵辉
6	20170012006周州	20170012006	周州

图 4－52 快速填充

(2)【Ctrl＋Enter】组合键。在 Excel 工作表多个不相邻的单元格中输入相同的数据或采用相同的公式时，可以同时选中所有不相邻单元格，在活动单元格中输入数据或公式，然后按【Ctrl＋Enter】键。

(3)【Ctrl＋Shift＋↓】组合键。选择当前单元格区域，使用该快捷键可实现选中从当前位置到最后一行。

(4)【Alt＋Enter】组合键。该快捷键实现不连续单元格求和，选中求和的所有单元格，按下【Alt＋Enter】键实现对所选单元格全部求和。

3. Excel 2016 的内置插件

Excel 2016 增加了 Power Map、Power Query 等插件，无须另行下载。

Power Map 插件，能够以三维地图的形式编辑和播放数据演示。使用三维地图，可以绘制地理和临时数据的三维地球或自定义的映射，创建可以与其他人共享的直观漫游。

“数据”选项卡增加了 Power Query 工具，即“获取和转换”功能组，通过此工具，用户可以跨多种源查找和连接数据，从多个日志文件导入数据等。

习题

一、单选题

1. 在 Excel 某列单元格中，快速填充 2011—2013 年每月最后一天日期的最优操作方法是（　　）。

   A. 在第一个单元格中输入“2011－1－31”，然后使用 MONTH 函数填充其余 35 个单元格

   B. 在第一个单元格中输入“2011－1－31”，然后执行“开始”选项卡中的“填充”命令

   C. 在第一个单元格中输入“2011－1－31”，拖动填充柄，然后使用智能标记自动填充其余 35 个单元格

D. 在第一个单元格中输入“2011－1－31”，然后使用格式刷直接填充其余35个单元格

2. 在2017年的某一天，使用Excel 2016输入日期，并显示为“2017年2月1日”，最快捷的操作方法是（　　）。

A. 输入“2017/2/1”，并设置格式　　B. 输入“2/1”，并设置格式

C. 输入“17/2/1”，并设置格式　　D. 直接输入“17/2/1”即可

3. 在Excel 2016中，若将D列中数值数据保留0位小数，最简单的做法是（　　）。

A. 输入的时候注意四舍五入

B. 选择D列，在“设置单元格格式”对话框中，将“数字”选项卡中的“数值”小数位数设为0

C. 使用相关函数实现

D. 选择D列，在“设置单元格格式”对话框中，通过“数字”选项卡中的“自定义”选择相应格式

4. 小李在Excel中整理职工档案，希望“性别”一列只能从“男”“女”两个值中进行选择，否则系统提示错误信息，最优的操作方法是（　　）。

A. 设置数据有效性，控制“性别”列的输入内容

B. 请同事帮忙进行检查，错误内容用红色标记

C. 设置条件格式，标记不符合要求的数据

D. 通过IF函数进行判断，控制“性别”列的输入内容

5. 在Excel 2016中，将单元格B5中显示为“#”号的数据完整显示出来的最快捷的方法是（　　）。

A. 双击B列列标的右边框　　B. 将单元格B5与右侧的单元格C5合并

C. 设置单元格B5自动换行　　D. 将单元格B5的字号减小

6. 快速打开“设置单元格格式”对话框的方法是（　　）。

A. 【Ctrl＋E】　　B. 【Alt＋Enter】　　C. 【Ctrl＋1】　　D. 【Ctrl＋C】

7. 在Excel工作表多个不相邻的单元格中输入相同的数据，最优的操作方法是（　　）。

A. 在其中一个位置输入数据，将其复制后，利用【Ctrl】键选择其他全部输入区域，再粘贴内容

B. 在输入区域最左上方的单元格中输入数据，双击填充柄，将其填充到其他单元格

C. 同时选中所有不相邻单元格，在活动单元格中输入数据，然后按【Ctrl＋Enter】键

D. 在其中一个位置输入数据，然后逐次将其复制到其他单元格

8. 在Excel 2016中，若希望在一个单元格输入两行数据，则最优的操作方法是（　　）。

A. 在第一行数据后按【Shift＋Enter】组合键

B. 在第一行数据后直接按【Enter】键

C. 设置单元格自动换行后适当调整列宽

D. 在第一行数据后按【Alt＋Enter】组合键

9. 在Excel 2016中，将工作表B1:K1区域合并并居中的最优方式是（　　）。

A. 通过“开始”选项卡“对齐方式”功能组中的“合并后居中”

B. 在“设置单元格格式”对话框的“文本控制”中设置

C. 在“设置单元格格式”对话框的“水平”“垂直”中设置

D. 在其他工作表中找相同格式，用格式刷刷一下

10. 小曾希望对 Excel 工作表的 D、E、F 三列设置相同的格式，同时选中这三列的最快捷的操作方法是（　　）。

A. 按住【Ctrl】键不放，依次单击 D、E、F 三列的列标

B. 用鼠标直接在 D、E、F 三列的列标上拖动完成选择

C. 在名称框中输入地址“D，E，F”，按回车键完成选择

D. 在名称框中输入地址“D:F”，按回车键完成选择

11. 能实现为工作表中 A 列设置自动调整列宽的最快捷的方式是（　　）。

A. 将鼠标放到列标题处，右键单击设置

B. 通过“开始”选项卡“单元格”功能组中的“格式”按钮进行设置

C. 将鼠标放置到两列中间，通过拖动实现

D. 将鼠标放置到 A、B 两列中间双击

12. 小荆在 Excel 2016 中制作一份学生档案，他希望将该工作表“学号”列中的数据在保留源列宽的前提下，复制到一个新的工作表中，最优的操作方法是（　　）。

A. 选中数据区域，通过“复制/粘贴/格式”功能进行复制

B. 选中数据区域，通过“复制/粘贴/保留源列宽”功能进行复制

C. 选中数据区域，通过“复制/粘贴/保留源格式”功能进行复制

D. 选中数据区域，通过【Ctrl+C】或【Ctrl+V】组合键进行复制

13. 初二年级各班的成绩单分别保存在独立的 Excel 工作簿文件中，李老师需要将这些成绩单合并到一个工作簿文件中进行管理，最优的操作方法是（　　）。

A. 打开一个班的成绩单，将其他班级的数据录入同一个工作簿的不同工作表中

B. 通过插入对象功能，将各班成绩单整合到一个工作簿中

C. 通过移动或复制工作表功能，将各班成绩单整合到一个工作簿中

D. 将各班成绩单中的数据分别通过复制、粘贴的命令整合到一个工作簿中

14. 在 Excel 中希望为若干个同类型的工作表标签设置相同的颜色，最优的操作方法是（　　）。

A. 按下【Ctrl】键依次选择多个工作表，然后通过右键菜单中的“设置工作表标签颜色”命令统一 指定颜色

B. 先为一个工作表标签设置颜色，然后复制多个工作表即可

C. 在后台视图中，通过 Excel 常规选项设置默认的工作表标签颜色后即可统一 应用到所有工作表中

D. 依次在每个工作表标签中单击右键，通过“设置工作表标签颜色”命令为其分别指定相同的颜色

15. 在 Excel 2016 中，要为工作表添加“第 1 页，共？页”样式的页眉，最快捷的操作方法是（　　）。

A. 在“页面设置”对话框中，为页眉应用“第 1 页，共？页”的预设样式

B. 在页面布局视图中，在页眉区域输入“第 &［页码］页，共 &［总页数］页”

C. 在页面布局视图中，在页眉区域输入“第 & \ 页码 \ 页，共 & 总页数 \ 页”

D. 在页面布局视图中，在页眉区域输入“第［页码］页，共［总页数］页”

二、操作题

1. 打开 Excel2. xlsx 文件，在此基础上按照以下要求补充完成数据统计分析，完成效果如图 4－53、图 4－54 所示。

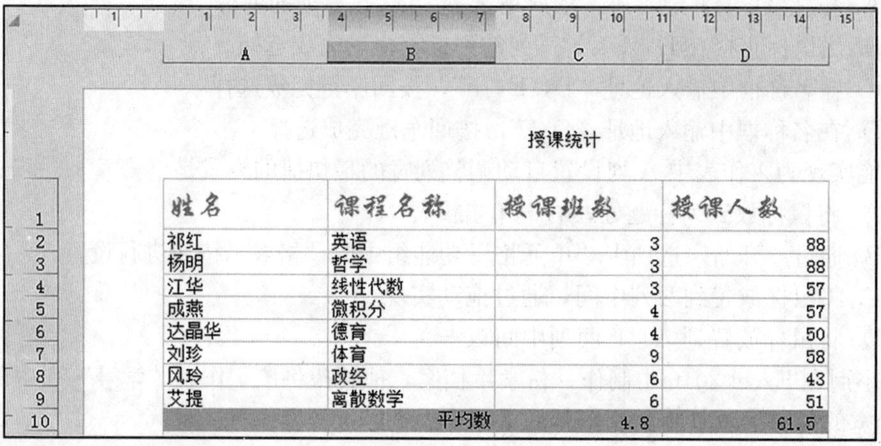

授课统计

	A	B	C	D
1	姓名	课程名称	授课班数	授课人数
2	祁红	英语	3	88
3	杨明	哲学	3	88
4	江华	线性代数	3	57
5	成燕	微积分	4	57
6	达晶华	德育	4	50
7	刘珍	体育	9	58
8	风玲	政经	6	43
9	艾提	离散数学	6	51
10		平均数	4.8	61.5

图 4－53　Excel 2 结果图（1）

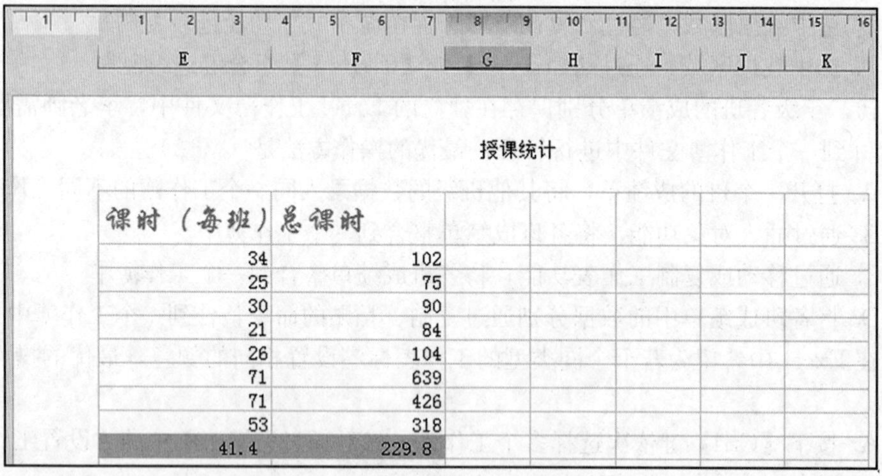

授课统计

E	F	G	H	I	J	K
课时（每班）	总课时					
34	102					
25	75					
30	90					
21	84					
26	104					
71	639					
71	426					
53	318					
41.4	229.8					

图 4－54　Excel 2 结果图（2）

（1）将 Sheet1 重命名为“授课统计表”，删除 Sheet2、Sheet3 工作表。

（2）设置 A1:F1 区域字体为华文行楷，18 号，标准色-绿色，行高 30，列宽 18；A10:B10 合并单元格，右对齐；A10:F10 填充为“标准色-浅绿”。

（3）用公式计算总课时，总课时＝授课班数×课时（每班）；用函数计算授课班数、授课人数、课时（每班）、总课时每列的平均数，结果保留 1 位小数。

（4）设置 D2:D9 数据验证为：只允许输入大于或等于 10 的整数，出错警告标题为“人数出错”，错误信息为“班级人数不少于 10 人”。

（5）设置居中页眉“授课统计”。

注意：只能在原有工作表基础上完成题目，请不要删除、增加工作表或调整工作表的位置。

2. 打开工作簿文件 Excel 3. xlsx，如图 4－55 所示。执行下列操作后结果如图 4－56、图 4－57、图 4－58 所示。

	A	B	C	D	E
1	某书店图书销售情况表				
2	图书名称	数量	单价	销售额	销售额排名
3	计算机导论	2090	21.5		
4	程序设计基础	1978	26.3		
5	数据结构	876	25.8		
6	多媒体技术	657	19.2		
7	操作系统原理	790	30.3		
8					

图 4－55　Excel 3 源工作表内容

	A	B	C	D	E
1	某书店图书销售情况表				
2	图书名称	数量	单价	销售额	销售额排名
3	计算机导论	2090	21.5	44935.0	2
4	程序设计基础	1978	26.3	52021.4	1
5	数据结构	876	25.8	22600.8	4
6	多媒体技术	657	19.2	12614.4	5
7	操作系统原理	790	30.3	23937.0	3

图 4－56　Excel 3 结果图（1）

	A	B	C	D	E
1	某书店图书销售情况表				
2	图书名称	数量	单价	销售额	销售额排名
3	计算机导i	2090	21.5	44935.0	2
4	程序设计基	1978	26.3	52021.4	1
5	数据结构	876	25.8	22600.8	4
6	多媒体技术	657	19.2	12614.4	5
7	操作系统原	790	30.3	23937.0	3
8					

图 4－57　Excel 3 结果图（2）

	A	B	C	D	E
1	某书店图书销售情况表				
2	图书名称	数量	单价	销售额	销售额排名
3	计算机导论	2090	21.5	44935.0	2
4	程序设计基	1978	26.3	52021.4	1
5	数据结构	876	25.8	22600.8	4
6	多媒体技术	657	19.2	12614.4	5
7	操作系统原	790	30.3	23937.0	3

图 4－58　Excel 3 结果图（3）

（1）将 Sheet1 工作表命名为“销售统计表”。

（2）将 A1:E1 单元格合并后居中，字体设置为隶书，字号为 22 号，字体颜色为“标准色-绿色”，垂直对齐方式为居中。

（3）使用公式计算“销售额”列（D3:D7），销售额＝单价×数量，结果为数值型，保留一位小数；使用 RANK 函数按销售额的递减顺序给出“销售额排名”列的内容，结果放在 E3:E7 区域。

（4）A1:E7 区域设置内外边框线颜色为“标准色-浅蓝色”，样式为细实线。

（5）将销售统计表中 A1:E7 区域复制到 Sheet2 中 A1 单元格起始处，然后利用条件格式将 D3:D7 单元格区域内数值小于 40000 的单元格设置为“浅红填充色深红色文本”。

（6）将销售统计表中 A1:E7 区域复制到 Sheet3 中 A1 单元格起始处，然后将 A2:E7 区域格式设置为自动套用格式“浅橙色，表样式浅色 21”。

参考答案

实训五 Excel 2016 数据处理与分析

一 实训目的

(1) 熟悉公式和函数的使用方法。

(2) 熟悉数据列表的排序与筛选。

(3) 熟悉数据列表的分类汇总。

(4) 掌握图表的创建与编辑。

(5) 掌握数据透视表的使用。

PPT

知识

- 公式和函数的使用
- 排序、筛选、分类汇总操作
- 图表的创建与编辑操作
- 数据透视表的使用

能力

- 逻辑思维能力
- 分析问题、解决问题的能力
- 归纳总结能力

素质

- 培养学生严谨的做事态度，以及大国工匠精神
- 培养学生树立正确的价值观
- 提高学生多角度探究问题的意识

二 实训准备

Excel 2016 具有强大的数据处理与分析功能。学习者可以使用 Excel 2016 跟踪数据，生成数据分析模型，应用 Excel 2016 中大量的公式和函数对数据进行计算，以多种方式透视数据，并以各种具有专业外观的图表来显示数据。Excel 2016 制作的工作表、图表、工作簿均可以对象的方式插入 Word 文档和 PowerPoint 演示文稿中编辑使用。

1. 单元格引用

单元格的引用分为相对引用、绝对引用和混合引用 3 类。使用时，用户需在理解相对、绝对含义的基础上，保持严谨的工作作风，根据所给问题认真分析，确定引用的使用方式。

(1) 相对引用。公式中的相对单元格引用（如 A1）基于包含公式和单元格引用的单元格的相对位置。如果公式所在单元格的位置改变，所引用的单元格位置也随之改变。默认情况下，新公式使用相对引用。例如，若单元格 B2 中的公式引用单元格 A1，将该公式复制到 B3，则 B3 中的公式将自动引用单元格 A2。

(2) 绝对引用。单元格中的绝对单元格引用（例如 $A$1）总是引用指定位置的单元格。若公式所在单元格的位置改变，绝对引用保持不变。

(3) 混合引用。混合引用是绝对列和相对行，或是绝对行和相对列。绝对列引用采用

“$A1”“$B1”形式，绝对行引用采用“A$1”“B$1”形式。若公式所在单元格的位置改变，则相对引用改变，而绝对引用不变。

2. 公式的使用

公式的使用需要用户手动输入，用户需理解问题、分析问题，并提出解决问题的方法（公式），时刻保持认真的工作态度，确保公式输入的正确性。

输入公式必须以等号“＝”开始，例如“＝ B2＋C2”，此时 Excel 2016 将其当作公式处理。如图 5－1 所示，在 Excel 2016 工作表 A1:C3 区域输入了两名学生的成绩。

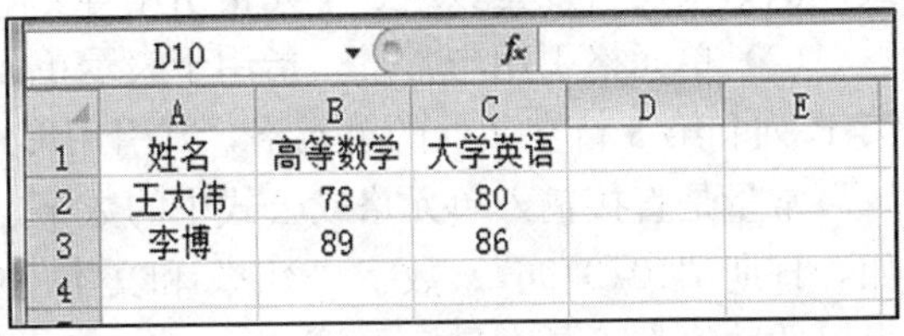

D10 | fx

	A	B	C	D	E
1	姓名	高等数学	大学英语		
2	王大伟	78	80		
3	李博	89	86		
4					

图 5－1　数据的输入

若在 D2 单元格中存放王大伟的高等数学、大学英语成绩的总和，就要将王大伟的两门课程分数求和，然后放到 D2 单元格中，因此在 D2 单元格中输入“＝ B2＋C2”，具体方法如下：

选定要输入公式的 D2 单元格，输入等号“＝”，如图 5－2 所示。

接着输入“＝”之后的内容，单击 B2 单元格，Excel 便会将 B2 输入公式中，如图 5－3 所示。

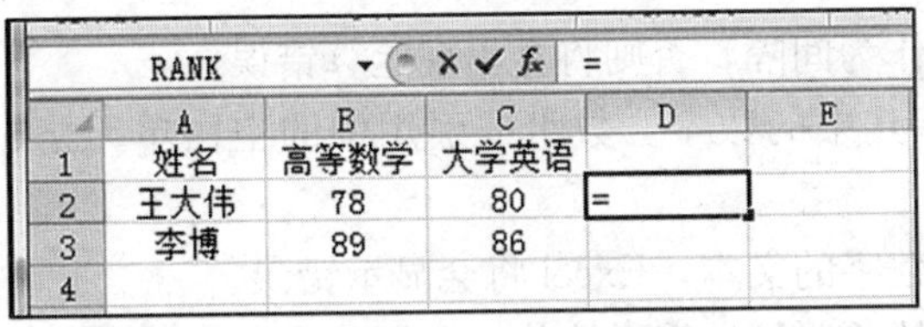

RANK | × ✓ fx | =

	A	B	C	D	E
1	姓名	高等数学	大学英语		
2	王大伟	78	80	=	
3	李博	89	86		
4					

图 5－2　公式“＝”输入

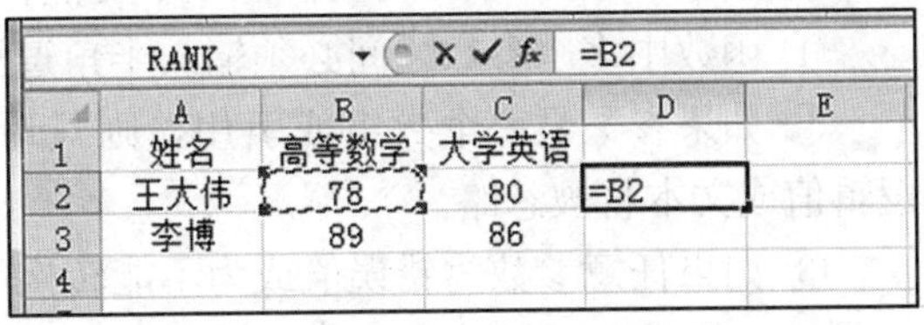

RANK | × ✓ fx | =B2

	A	B	C	D	E
1	姓名	高等数学	大学英语		
2	王大伟	78	80	=B2	
3	李博	89	86		
4					

图 5－3　公式单元格选取

输入“＋”，然后选取 C2 单元格，此时公式的内容便输入完成，如图 5－4 所示。

最后单击“编辑栏”左边的确认按钮√或按【Enter】键，公式计算的结果立即显示在 D2 单元格中，如图 5－5 所示。

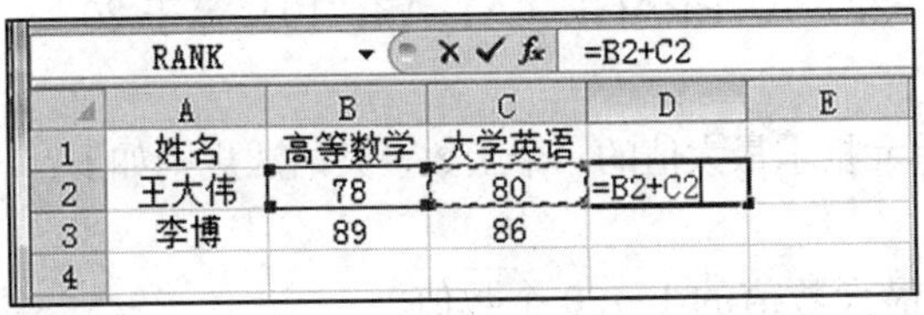

RANK | × ✓ fx | =B2+C2

	A	B	C	D	E
1	姓名	高等数学	大学英语		
2	王大伟	78	80	=B2+C2	
3	李博	89	86		
4					

图 5－4　输入公式其他内容

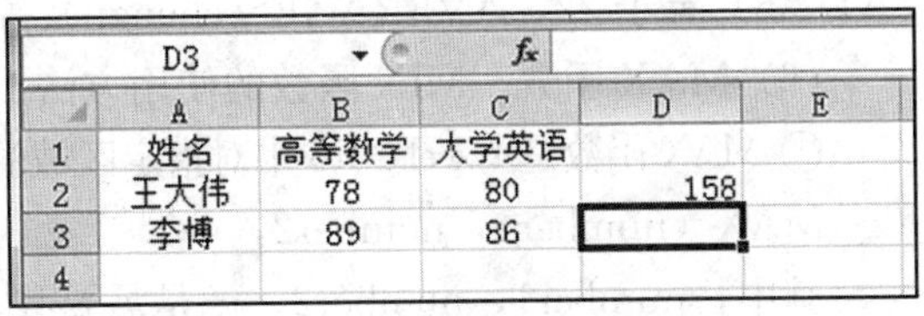

D3 | fx

	A	B	C	D	E
1	姓名	高等数学	大学英语		
2	王大伟	78	80	158	
3	李博	89	86		
4					

图 5－5　公式计算结果

3. 函数的使用

函数的使用要求根据具体的问题进行分析，最终得到解决问题所使用的函数及函数的嵌套方式。还需要清楚了解函数的功能及使用方法，从函数的客观规律中，领悟使用方法。要注意使用英文状态数学符号。

（1）函数的基本概念。Excel 2016 中所提的函数其实是一些预定义的公式，一般使用参数按特定的顺序或结构进行计算，得出所需结果。Excel 函数一共有 13 类，分别是数据库函数、日期与时间函数、工程函数、财务函数、信息函数、逻辑函数、查询与引用函数、数学与三角函数、统计函数、文本函数、多维数据集函数、兼容性函数以及 Web 函数。

（2）函数参数。参数可以是数字、文本、形如 TRUE 或 FALSE 的逻辑值、数组、形如 ＃N/A 的错误值或单元格引用。给定的参数必须能产生有效的值。参数不仅仅是常量、公式或函数，还可以是数组、单元格引用等。

（3）单元格引用与常量。指用于表示单元格在工作表所处位置的坐标值。例如，显示在第 B 列和第 3 行交叉处的单元格，其引用形式为“B3”。

常量是直接输入单元格或公式中的数字、文本值，或由名称所代表的数字、文本值。例如，日期“10/9/96”、数字“210”和文本“Quarterly Earnings”都是常量。公式或由公式得出的数值都不是常量。

（4）SUM 函数使用方法。SUM 函数的表达式为：

SUM（number1，number2，…）

其中，参数 number1，number2，…为需要求和的数值（包括逻辑值及文本表达式）、区域或引用。参数表中的数字、逻辑值及数字的文本表达式可以参与计算，逻辑值被转换为 1 或 0，文本被转换为数字。

在使用 SUM 函数时需要注意以下几点：

① 函数中多个参数之间必须输入半角逗号作为间隔，否则将会出现运算错误。

② 如果参数是一个数组或引用，则只计算其中的数字。数组或引用中的空白单元格、逻辑值或文本将被忽略。

③ 如果任意参数为错误值或为不能转换为数字的文本，Excel 将会显示错误。

（5）AVERAGE 函数的使用方法。该函数的功能是计算平均值，返回的参数为平均值。其函数的语法规则如下：

AVERAGE（number1，number2，…）

其中，number1，number2，…是要计算平均值的 1～30 个参数。

若 A1:A5 命名为 chengji，其中的数值分别为 20、14、18、54 和 4，则 AVERAGE（A1:A5）等于 22，AVERAGE（chengji）等于 22，AVERAGE（A1:A5，10）等于 20。

（6）MAX 函数、MIN 函数的使用方法。

① MAX 函数是 Excel 2016 中对指定区域的单元格求最大值的一个函数，其语法规则如下：

MAX（number1，number2，…）

其中，number1，number2，…是需要找出最大数值的 1～30 个数值。

若 A1:A5 包含数字 20、14、18、54 和 4，则 MAX（A1:A5）等于 54，MAX（A1:A5，60）等于 60；若 A1＝70、A2＝80、A3＝72、A4＝40、A5＝90、A6＝83、A7＝99，则公式“＝ Max（A1:A7）”值为 99。

② MIN 函数是 Excel 2016 中对指定区域中的单元格求最小值的一个函数。其语法规则如下：

MIN（number1，number2，…）

其中，number1，number2，…是要从中找出最小值的 1～30 个数字参数。

若 A1:A5 中依次包含数值 20、14、18、54 和 4，则 MIN（A1:A5）等于 4，MIN

(A1:A5，0）等于 0。

(7) IF 函数的使用方法。IF 函数的表达式为：

IF（logical_test，[value_if_true]，[value_if_false]）

其中，logical_test 参数是测试表达式；若测试表达式成立则 IF 函数的值为参数 value_if_true 的值，若测试表达式不成立则 IF 函数的值为参数 value_if_false 的值。参考图 5-6 学习 IF 函数。

B1 =IF(A1>0,"正数","负数")

	A	B	C	D	E	F
1	5	正数				
2	6	正数				
3	-2	负数				

图 5-6 IF 函数示例（1）

如图 5-6 所示，在 B2 单元格内输入"=IF(A2>0," 正数"," 负数")"即可。

注意：最多可用 64 个 IF 函数作为 value_if_true 和 value_if_false 参数进行嵌套。参数嵌套示例如图 5-7 所示。

B2 =IF(A2>90,"A",IF(A2>80,"B",IF(A2>70,"C",IF(A2>60,"D","E"))))

	A	B	C	D	E	F	G	H	I	J
1										
2	96	A								
3	86	B								
4	75	C								
5	63	D								
6	59	E								

图 5-7 IF 函数示例（2）

在 B2 单元格内输入"=IF（A2>90," A"，IF（A2>80," B"，IF（A2>70," C"，IF（A2>60," D"," E"))))"即可。

(8) COUNT 函数的使用方法。COUNT 函数的功能是计算参数列表中的数字项的个数，其语法规则如下：

COUNT（value1，value2，…）

其中，value1，value2，…是各种类型数据（1～30 个），但只有数字类型的数据才被计数。

若在单元格内输入"=COUNT（B1，D1)"，则计算 B1 和 D1 两个单元格中有几个数字；若输入"=COUNT(B1:D1)"，则计算 B1 单元格到 D1 单元格中数字的个数；若输入"=COUNT（" B1"," D1"," 123"," hello")"，则结果为 1，因为只有 123 一个数字，B1 和 D1 加了引号，是字符串不作为数字计数。

(9) COUNTIF 函数的使用方法。COUNTIF 函数是 Excel 2016 中对指定区域中符合指定条件的单元格计数的一个函数，该函数的语法规则如下：

COUNTIF（range，criteria）

其中，range 为计算非空单元格数目的区域；criteria 为以数字、表达式或文本形式定义的条件。

(10) RANK 函数的使用方法。RANK 函数是 Excel 2016 中的一个统计函数，其功能是求某一个数值在某一区域内的排名。其语法规则如下：

RANK（number，ref，order）

其中，number 是一个数字值；ref 是 number 参加排序的范围；order 可以省略，若为零或省略则按降序排序，若输入一个非零的数值则按升序排序。

若 A 列从 A1 单元格起，依次有数据 82、99、62、78、62。若在 B1 中输入"＝RANK（A1，$A$1：$A$5，0)"，回车确认后，复制公式到 B5 单元格，则从 B1 到 B5 依次为 2、1、4、3、4；若在 C1 中输入"＝RANK（A1，$A$1：$A$5，1)"，回车确认后，复制公式到 B5 单元格，则从 C1 到 C5 依次为 4、5、1、3、1。也就是说，此时 A 列中数据是按从小到大排列的，最小的数值排在第一位，最大的数值排在最末位。

三 实训内容

打开实训四中建立的"Excel1. xlsx"工作簿，以"Excel4 结果 . xlsx"文件名另存该工作簿。认真观察结果图中的各操作结果，按照要求完成下列操作。操作结果如图 5－8 至图 5－12 所示。

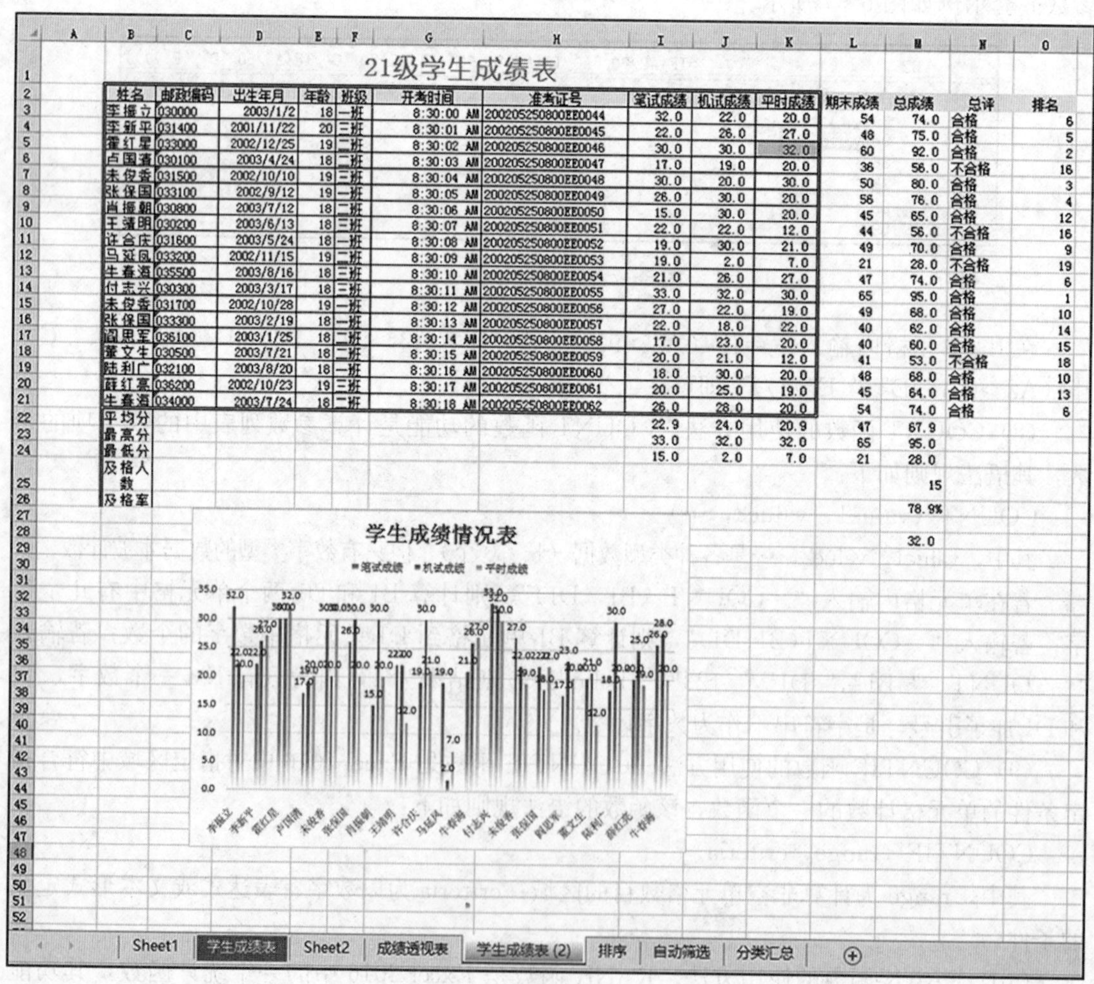

21级学生成绩表

姓名	邮政编码	出生年月	年龄	班级	开考时间	准考证号	笔试成绩	机试成绩	平时成绩	期末成绩	总成绩	总评	排名
李振立	030000	2003/1/2	18	一班	8:30:00 AM	200205250800EE0044	32.0	22.0	20.0	54	74.0	合格	6
李新平	031400	2001/11/22	20	三班	8:30:01 AM	200205250800EE0045	22.0	26.0	27.0	48	75.0	合格	5
霍红星	033000	2002/12/25	19	二班	8:30:02 AM	200205250800EE0046	30.0	30.0	32.0	60	92.0	合格	2
卢国春	030100	2003/4/24	18	二班	8:30:03 AM	200205250800EE0047	17.0	19.0	20.0	36	56.0	不合格	16
未俊香	031500	2002/10/10	19	三班	8:30:04 AM	200205250800EE0048	30.0	20.0	30.0	50	80.0	合格	3
张保国	033100	2002/9/12	19	一班	8:30:05 AM	200205250800EE0049	26.0	30.0	20.0	56	76.0	合格	4
肖振朝	030800	2003/7/12	18	二班	8:30:06 AM	200205250800EE0050	15.0	30.0	20.0	45	65.0	合格	12
王靖明	030200	2003/6/13	18	三班	8:30:07 AM	200205250800EE0051	22.0	22.0	12.0	44	56.0	不合格	16
许合庆	031600	2003/5/24	18	一班	8:30:08 AM	200205250800EE0052	19.0	30.0	21.0	49	70.0	合格	9
马延凤	033200	2002/11/15	19	二班	8:30:09 AM	200205250800EE0053	19.0	2.0	7.0	21	28.0	不合格	19
牛春海	035500	2003/8/16	18	三班	8:30:10 AM	200205250800EE0054	21.0	26.0	27.0	47	74.0	合格	6
付志兴	030300	2003/3/17	18	三班	8:30:11 AM	200205250800EE0055	33.0	32.0	30.0	65	95.0	合格	1
未俊香	031700	2002/10/28	19	一班	8:30:12 AM	200205250800EE0056	27.0	22.0	19.0	49	68.0	合格	10
张保国	033300	2003/2/19	18	一班	8:30:13 AM	200205250800EE0057	22.0	18.0	22.0	40	62.0	合格	14
阎思军	036100	2003/1/25	18	二班	8:30:14 AM	200205250800EE0058	17.0	23.0	20.0	40	60.0	合格	15
董文生	030500	2003/7/21	18	二班	8:30:15 AM	200205250800EE0059	20.0	21.0	12.0	41	53.0	不合格	18
陆利广	032100	2003/8/20	18	一班	8:30:16 AM	200205250800EE0060	18.0	30.0	20.0	48	68.0	合格	10
薛红亮	036200	2002/10/23	19	三班	8:30:17 AM	200205250800EE0061	20.0	25.0	19.0	45	64.0	合格	13
牛春海	034000	2003/7/24	18	二班	8:30:18 AM	200205250800EE0062	26.0	28.0	20.0	54	74.0	合格	6
平均分							22.9	24.0	20.9	47	67.9		
最高分							33.0	32.0	32.0	65	95.0		
最低分							15.0	2.0	7.0	21	28.0		
及格人数											15		
及格率											78.9%		
											32.0		

图 5－8　公式、函数与图表结果图（1）

	B	C	D	E	F	G	H	I	J	K	L
1	21级学生成绩表										
2	邮政编码	出生年月	年龄	班级	开考时间	准考证号	笔试成绩	机试成绩	平时成绩	期末成绩	总成绩
3	030300	2003/3/17	18	三班	8:30:11 AM	200205250800EE0055	33.0	32.0	30.0	65	95.0
4	033000	2002/12/25	19	二班	8:30:02 AM	200205250800EE0046	30.0	30.0	32.0	60	92.0
5	031500	2002/10/10	19	三班	8:30:04 AM	200205250800EE0048	30.0	20.0	30.0	50	80.0
6	033100	2002/9/12	19	一班	8:30:05 AM	200205250800EE0049	26.0	30.0	20.0	56	76.0
7	031400	2001/11/22	20	三班	8:30:01 AM	200205250800EE0045	22.0	26.0	27.0	48	75.0
8	035500	2003/8/16	18	三班	8:30:10 AM	200205250800EE0054	21.0	26.0	27.0	47	74.0
9	030000	2003/1/2	18	一班	8:30:00 AM	200205250800EE0044	32.0	22.0	20.0	54	74.0
10	034000	2003/7/24	18	二班	8:30:18 AM	200205250800EE0062	26.0	28.0	20.0	54	74.0
11	031600	2003/5/24	18	一班	8:30:08 AM	200205250800EE0052	19.0	30.0	21.0	49	70.0
12	032100	2003/8/20	18	一班	8:30:16 AM	200205250800EE0060	18.0	30.0	20.0	48	68.0
13	031700	2002/10/28	19	一班	8:30:12 AM	200205250800EE0056	27.0	22.0	19.0	49	68.0
14	030800	2003/7/12	18	二班	8:30:06 AM	200205250800EE0050	15.0	30.0	20.0	45	65.0
15	036200	2002/10/23	19	三班	8:30:17 AM	200205250800EE0061	20.0	25.0	19.0	45	64.0
16	033300	2003/2/19	18	一班	8:30:13 AM	200205250800EE0057	22.0	18.0	22.0	40	62.0
17	036100	2003/1/25	18	二班	8:30:14 AM	200205250800EE0058	17.0	23.0	20.0	40	60.0
18	030100	2003/4/24	18	二班	8:30:03 AM	200205250800EE0047	17.0	19.0	20.0	36	56.0
19	030200	2003/6/13	18	三班	8:30:07 AM	200205250800EE0051	22.0	22.0	12.0	44	56.0
20	030500	2003/7/21	18	二班	8:30:15 AM	200205250800EE0059	20.0	21.0	12.0	41	53.0
21	033200	2002/11/15	19	二班	8:30:09 AM	200205250800EE0053	19.0	2.0	7.0	21	28.0

图 5-9 排序结果图（2）

	A	B	C	D	E	F	G	H	I	J	K	L
1	21级学生成绩表											
2	姓名	邮政编	出生年月	年	班	开考时间	准考证号	笔试成	机试成	平时成	期末成	总成绩
5	霍红星	033000	2002/12/25	19	二班	8:30:02 AM	200205250800EE0046	30.0	30.0	32.0	60	92.0
14	付志兴	030300	2003/3/17	18	三班	8:30:11 AM	200205250800EE0055	33.0	32.0	30.0	65	95.0

图 5-10 自动筛选结果图（3）

	A	B	C	D	E	F	G	H	I	J	K	L
1	21级学生成绩表											
2	姓名	邮政编码	出生年月	年龄	班级	开考时间	准考证号	笔试成绩	机试成绩	平时成绩	期末成绩	总成绩
3	霍红星	033000	2002/12/25	19	二班	8:30:02 AM	200205250800EE0046	30.0	30.0	32.0	60	92.0
4	卢国清	030100	2003/4/24	18	二班	8:30:03 AM	200205250800EE0047	17.0	19.0	20.0	36	56.0
5	肖振朝	030800	2003/7/12	18	二班	8:30:06 AM	200205250800EE0050	15.0	30.0	20.0	45	65.0
6	马延凤	033200	2002/11/15	19	二班	8:30:09 AM	200205250800EE0053	19.0	2.0	7.0	21	28.0
7	阎思军	036100	2003/1/25	18	二班	8:30:14 AM	200205250800EE0058	17.0	23.0	20.0	40	60.0
8	董文生	030500	2003/7/21	18	二班	8:30:15 AM	200205250800EE0059	20.0	21.0	12.0	41	53.0
9	牛春海	034000	2003/7/24	18	二班	8:30:18 AM	200205250800EE0062	26.0	28.0	20.0	54	74.0
10					二班 平均值							61.1
11	李新平	031400	2001/11/22	20	三班	8:30:01 AM	200205250800EE0045	22.0	26.0	27.0	48	75.0
12	未俊香	031500	2002/10/10	19	三班	8:30:04 AM	200205250800EE0048	30.0	20.0	30.0	50	80.0
13	王靖明	030200	2003/6/13	18	三班	8:30:07 AM	200205250800EE0051	22.0	22.0	12.0	44	56.0
14	牛春海	035500	2003/8/16	18	三班	8:30:10 AM	200205250800EE0054	21.0	26.0	27.0	47	74.0
15	付志兴	030300	2003/3/17	18	三班	8:30:11 AM	200205250800EE0055	33.0	32.0	30.0	65	95.0
16	薛红亮	036200	2002/10/23	19	三班	8:30:17 AM	200205250800EE0061	20.0	25.0	19.0	45	64.0
17					三班 平均值							74.0
18	李振立	030000	2003/1/2	18	一班	8:30:00 AM	200205250800EE0044	32.0	22.0	20.0	54	74.0
19	张保国	033100	2002/9/12	19	一班	8:30:05 AM	200205250800EE0049	26.0	30.0	20.0	56	76.0
20	许合庆	031600	2003/5/24	18	一班	8:30:08 AM	200205250800EE0052	19.0	30.0	21.0	49	70.0
21	未俊香	031700	2002/10/28	19	一班	8:30:12 AM	200205250800EE0056	27.0	22.0	19.0	49	68.0
22	张保国	033300	2003/2/19	18	一班	8:30:13 AM	200205250800EE0057	22.0	18.0	22.0	40	62.0
23	陆利广	032100	2003/8/20	18	一班	8:30:16 AM	200205250800EE0060	18.0	30.0	20.0	48	68.0
24					一班 平均值							69.7
25					总计平均值							67.9

图 5-11 分类汇总结果图（4）

	A	B	C
1			
2			
3	行标签	计数项:姓名	平均值项:总成绩
4	不合格	4	48.25
5	合格	15	73.13333333
6	总计	19	67.89473684

图 5-12 数据透视表结果图（5）

四 实训要求

在所给文档基础上按照以下要求完成数据统计分析。

(1) 以下内容用公式实现。在“学生成绩表 (2)”工作表中，利用公式计算每位学生的期末成绩（期末成绩=笔试成绩+机试成绩），要求“期末成绩”列的数字的小数位数为0位（放置在L3:L21区域)。

(2) 以下内容用函数实现。在“学生成绩表 (2)”工作表中，计算每位学生的总成绩（总成绩=笔试成绩+机试成绩+平时成绩)；计算学生笔试成绩、机试成绩、平时成绩、期末成绩、总成绩各项的平均分、最高分、最低分（分别放置在I22:M22区域、I23:M23区域、I24:M24区域)。

(3) 用函数计算每个学生的总评。总成绩高于（>=）60时，总评为“合格”，否则总评为“不合格”。在M25单元格中统计总成绩合格的人数（利用函数COUNTIF)；在M26单元格中统计总成绩的合格率，其中合格率=合格人数/19，百分比样式，结果保留1位小数。统计出每位学生“总成绩”的排名，结果输出到“排名”列O3:O21区域（提示：按总成绩由高到低统计，利用RANK函数，注意单元格的绝对引用)。

(4) 将“学生成绩表 (2)”工作表中B1:M21区域中的数据复制到三个新工作表的以A1开始的单元格区域中，工作表分别命名为“排序”“自动筛选”“分类汇总”。

(5) 在排序工作表中，按每位员工的“总成绩”降序排序，“总成绩”相同的按“期末成绩”升序排序。

(6) 在自动筛选工作表中，进行自动筛选，条件：总成绩大于等于85分的学生数据。

(7) 在分类汇总工作表中，统计各班级总成绩的平均分（提示：分类汇总前先按“班级”字段升序排序)，分类字段为“班级”，汇总方式为“平均值”，汇总项为“总成绩”。

(8) 在“学生成绩表 (2)”工作表中根据学生的姓名、笔试成绩、机试成绩和平时成绩列生成簇状柱形图。图表高度10厘米，宽度15厘米；图表标题为“学生成绩情况表”，字体为华文楷体，24号；图例显示在顶部；图表添加数据标签，要求标签位置为“数据标签外”，标签包括“值”；图表样式为“样式9”。

(9) 将 (8) 中创建的图表复制到“学生成绩表”工作表中的B30:I45单元格区域内。

(10) 以“学生成绩表 (2)”工作表中的B2:N21区域为数据源在新工作表中建立数据透视表，将新工作表改名为“成绩透视表”。行标签字段为“总评”，数值字段为“姓名的计数”和“总成绩”的平均值。

注意：只能按要求在原工作表基础上完成题目，请不要随意删除、增加工作表或调整工作表的位置。

操作步骤

五 实训步骤

打开文件“Excel1. xlsx”，选择“文件”菜单下的“另存为”命令，在“另存为”对话框中输入文件名“Excel4结果 . xlsx”，如图5-13所示。

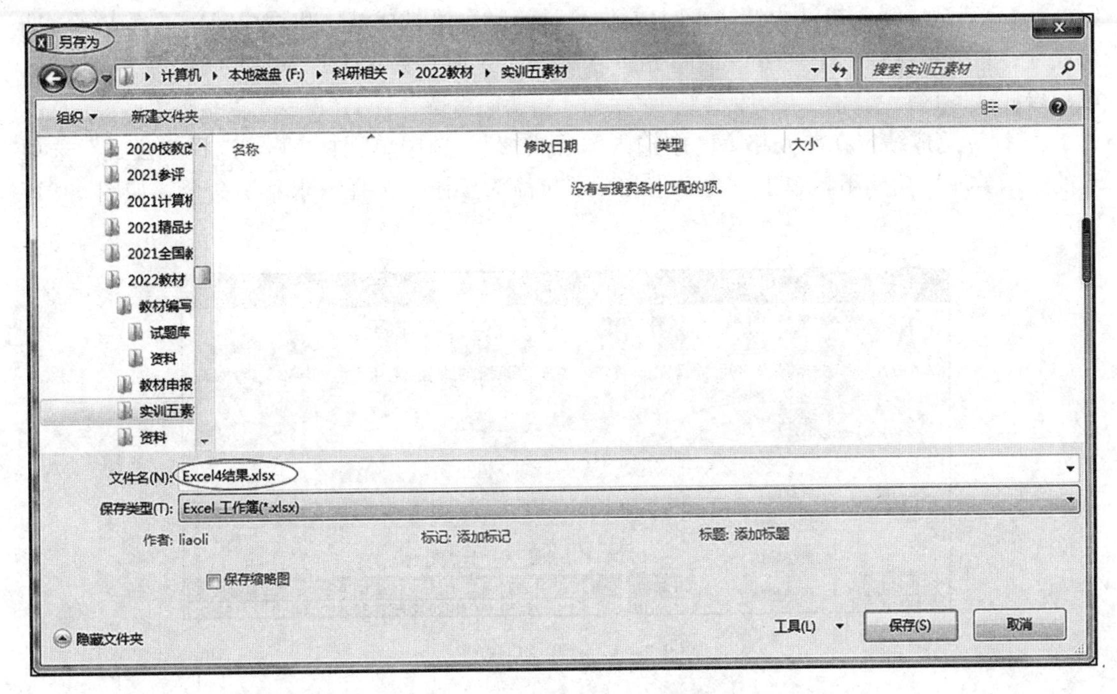

图 5 - 13 “另存为”对话框

在“Excel4 结果 . xlsx”文件中进行如下操作：

(1) 以下内容用公式实现。在“学生成绩表 (2)”工作表中，利用公式计算每位学生的期末成绩（期末成绩=笔试成绩+机试成绩），要求“期末成绩”列的数字的小数位数为 0 位（放置在 L3:L21 区域）。

计算期末成绩：选中 L2 单元格，输入“期末成绩”；用实训四中讲述的方法，按要求设置 L3:L21 区域单元格数据格式；选中 L3 单元格，通过键盘输入公式“=I3+J3”，按【Enter】键确认。其他学生的期末成绩通过“填充柄”方式实现公式复制，如图 5 - 14、图 5 - 15、图 5 - 16 所示。

图 5 - 14　输入公式　　图 5 - 15　公式计算结果　　图 5 - 16　公式复制结果

注意：公式中用到的单元格名称的输入可以通过单击单元格实现，“=、+、-”通过键盘输入。

(2) 以下内容用函数实现。在“学生成绩表 (2)”工作表中，计算每位学生的总成绩

（总成绩＝笔试成绩＋机试成绩＋平时成绩）；计算学生笔试成绩、机试成绩、平时成绩、期末成绩、总成绩各项的平均分、最高分、最低分（分别放置在 I22:M22 区域、I23:M23 区域、I24:M24 区域）。

① 计算总成绩：在单元格 M2 中输入“总成绩”，选中单元格 M3，选择“公式”选项卡的“函数库”功能组，单击“自动求和”下拉箭头按钮，选择“求和”命令，如图 5－17 所示。

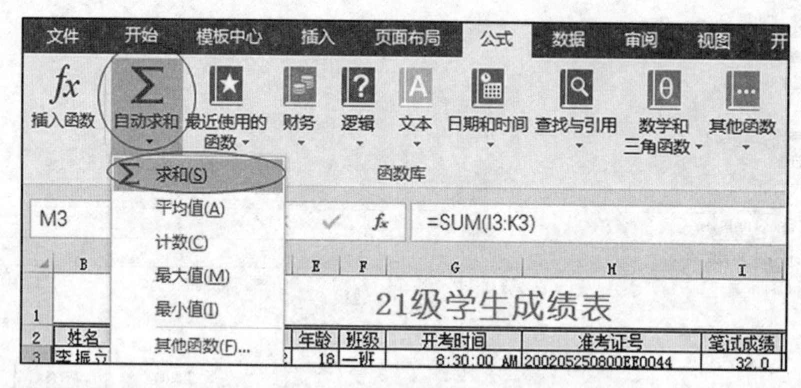

图 5－17 “求和”命令

单元格 M3 的内容如图 5－18 所示，通过鼠标拖动选取正确的计算区域 I3:K3。

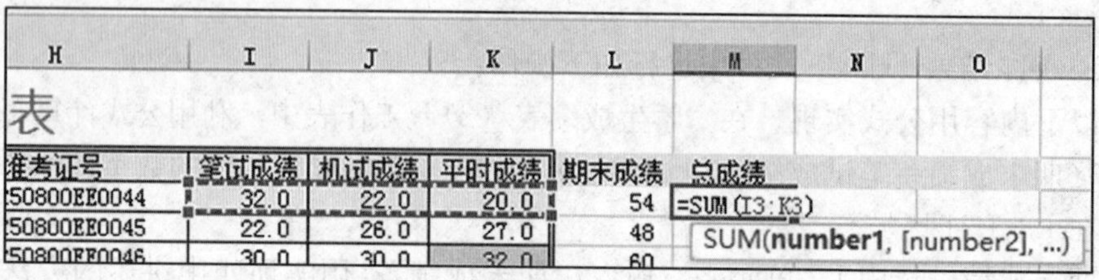

图 5－18 “求和”函数参数区域选取

按【Enter】键确认，如图 5－19 所示结果。

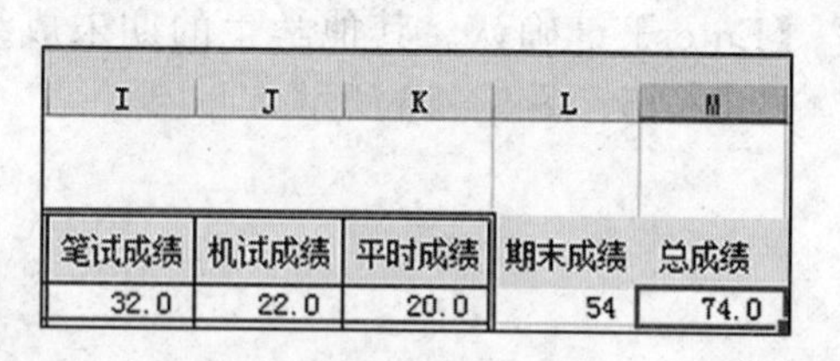

笔试成绩	机试成绩	平时成绩	期末成绩	总成绩
32.0	22.0	20.0	54	74.0

图 5－19 求和结果

其他学生总成绩通过“填充柄”方式实现计算。

② 计算学生笔试成绩、机试成绩、平时成绩、期末成绩、总成绩各项的平均分、最高分、最低分：方法同求总成绩。在图 5－17 所示下拉列表中，分别选择平均值、最大值、最小值。同样需要注意计算区域的正确选取，结果如图 5－20 所示。

（3）用函数计算每个学生的总评。总成绩高于（＞＝）60 时，总评为“合格”，否则总评为“不合格”。在 M25 单元格中统计总成绩合格的人数（利用函数 COUNTIF）；在 M26 单元格中统计总成绩的合格率，其中合格率＝合格人数/19，百分比样式，结果保留 1 位小数。统计出每位学生“总成绩”的排名，结果输出到“排名”列 O3:O21 区域（提示：按总成绩由高到低统计，利用 RANK 函数，注意单元格的绝对引用）。

① 统计学生总评：在单元格 N2 中输入“总评”，选中单元格 N3，选择“公式”选项卡的“函数库”功能组，单击“插入函数”按钮，如图 5－21 所示。打开“插入函数”对话

	B	C	D	E	F	G	H	I	J	K	L	M
1	21级学生成绩表											
2	姓名	邮政编码	出生年月	年龄	班级	开考时间	准考证号	笔试成绩	机试成绩	平时成绩	期末成绩	总成绩
3	李振立	030000	2003/1/2	18	一班	8:30:00 AM	200205250800EE0044	32.0	22.0	20.0	54	74.0
4	李新平	031400	2001/11/22	20	三班	8:30:01 AM	200205250800EE0045	22.0	26.0	27.0	48	75.0
5	霍红星	033000	2002/12/25	19	二班	8:30:02 AM	200205250800EE0046	30.0	30.0	32.0	60	92.0
6	卢国清	030100	2003/4/24	18	二班	8:30:03 AM	200205250800EE0047	17.0	19.0	20.0	36	56.0
7	未俊香	031500	2002/10/10	19	三班	8:30:04 AM	200205250800EE0048	30.0	20.0	30.0	50	80.0
8	张保国	033100	2002/9/12	19	一班	8:30:05 AM	200205250800EE0049	26.0	30.0	20.0	56	76.0
9	肖振朝	030800	2003/7/12	18	二班	8:30:06 AM	200205250800EE0050	15.0	30.0	20.0	45	65.0
10	王靖明	030200	2003/6/13	18	三班	8:30:07 AM	200205250800EE0051	22.0	22.0	12.0	44	56.0
11	许合庆	031600	2003/5/24	18	一班	8:30:08 AM	200205250800EE0052	19.0	30.0	21.0	49	70.0
12	马延凤	033200	2002/11/15	19	二班	8:30:09 AM	200205250800EE0053	19.0	2.0	7.0	21	28.0
13	牛春海	035500	2003/8/16	18	三班	8:30:10 AM	200205250800EE0054	21.0	26.0	27.0	47	74.0
14	付志兴	030300	2003/3/17	18	三班	8:30:11 AM	200205250800EE0055	33.0	32.0	30.0	65	95.0
15	未俊香	031700	2002/10/28	19	一班	8:30:12 AM	200205250800EE0056	27.0	22.0	19.0	49	68.0
16	张保国	033300	2003/2/19	18	一班	8:30:13 AM	200205250800EE0057	22.0	18.0	22.0	40	62.0
17	阎思军	036100	2003/1/25	18	二班	8:30:14 AM	200205250800EE0058	17.0	23.0	20.0	40	60.0
18	董文生	030500	2003/7/21	18	二班	8:30:15 AM	200205250800EE0059	20.0	21.0	12.0	41	53.0
19	陆利广	032100	2003/8/20	18	一班	8:30:16 AM	200205250800EE0060	18.0	30.0	20.0	48	68.0
20	薛红亮	036200	2002/10/23	19	三班	8:30:17 AM	200205250800EE0061	20.0	25.0	19.0	45	64.0
21	牛春海	034000	2003/7/24	18	二班	8:30:18 AM	200205250800EE0062	26.0	28.0	20.0	54	74.0
22	平均分							22.9	24.0	20.9	47	67.9
23	最高分							33.0	32.0	32.0	65	95.0
24	最低分							15.0	2.0	7.0	21	28.0

图 5-20　其他函数计算结果

框，选择“或选择类别”中的“全部”，按首字母顺序，选择 IF 函数，如图 5-22 所示。

图 5-21　“插入函数”按钮

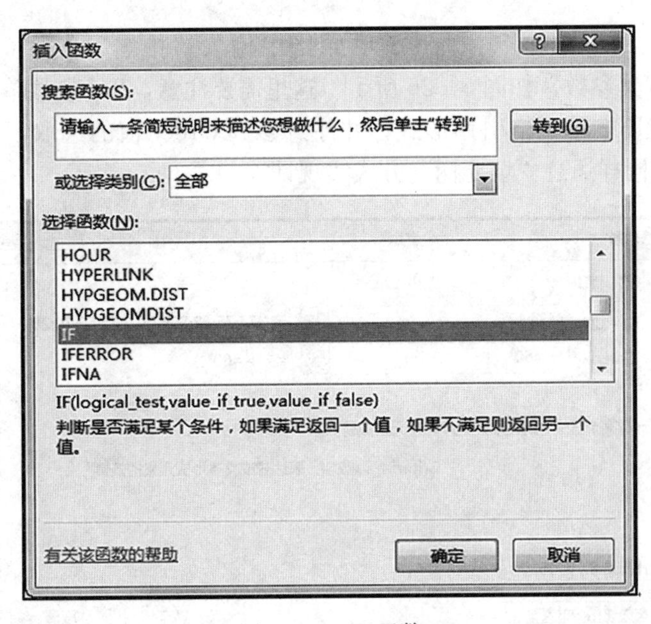

图 5-22　IF 函数

在 IF 函数对话框中，设置其“Logical_test”参数为“M3>=60”，“Value_if_true”

参数为“合格”，“Value_if_false”参数为“不合格”，单击“确定”，即可得到正确结果，如图 5-23、图 5-24 所示。其他学生的总评同样通过“填充柄”方式实现计算。

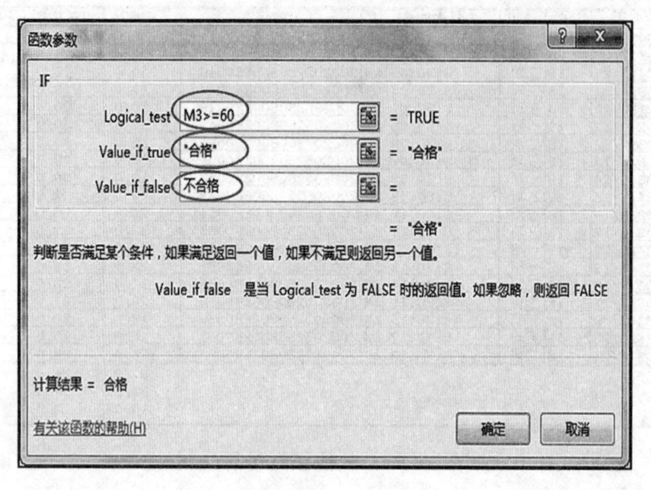

图 5-23 参数设置

② 统计总成绩合格人数：在 B25 单元格中输入“合格人数”，选中 M25 单元格，插入 COUNTIF 函数，设置其参数，如图 5-25 所示。

③ 统计总成绩的“合格率”：在 B26 单元格中输入“合格率”，选中 M26 单元格，通过实训四中的方法设置单元格格式为“百分比”，输入公式“=M25/19”，按【Enter】键确认即可。

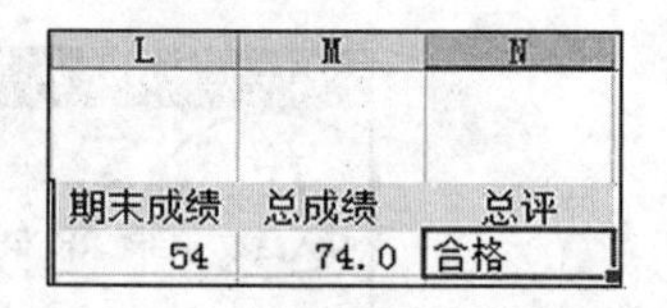

图 5-24 IF 函数计算结果

④ 学生“总成绩”的排名：在 O2 单元格中输入“排名”，选中 O3 单元格，插入 RANK 函数，设置其参数，如图 5-26 所示。这里需要注意，Ref 参数单元格的引用为绝对引用，由【F4】键切换单元格引用形式；并注意参数 Order 值的选取，这里不设置。其他学生的总成绩排名同样通过“填充柄”方式实现计算。

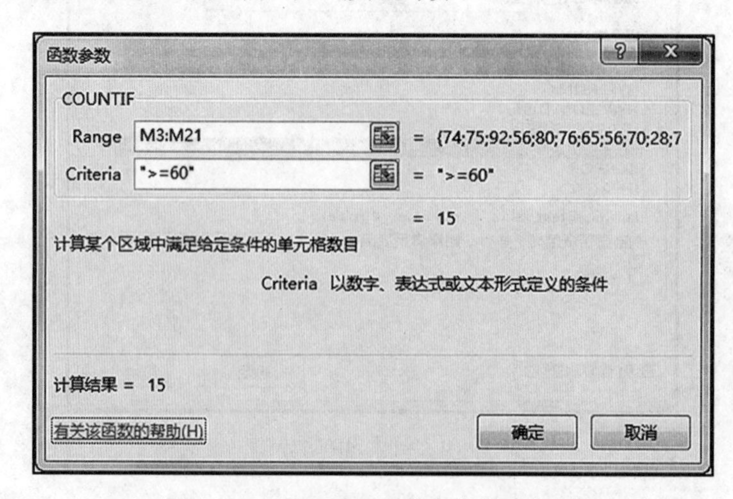

图 5-25 COUNTIF 函数参数设置对话框

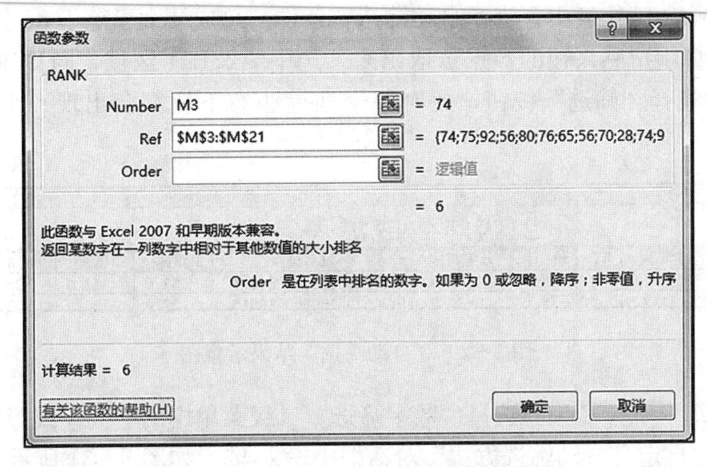

图 5－26　RANK 函数参数设置对话框

（4）将“学生成绩表（2）”工作表中的 B1:M21 区域中的数据复制到三个新工作表的以 A1 开始的单元格区域中，工作表分别命名为“排序”“自动筛选”“分类汇总”。

选中相应单元格，使用【Ctrl＋C】键和“保留源列宽”粘贴实现数据的复制。其他操作实训四中已有讲解，这里不再细述。

（5）在排序工作表中，按每位员工的“总成绩”降序排序，“总成绩”相同的按“期末成绩”升序排序。

选中排序区域 A2:L21，选择“数据”选项卡，“排序和筛选”功能组的“排序”按钮，如图 5－27 所示。

图 5－27　“排序”按钮

在“排序”对话框中，单击“添加条件”按钮，注意将“数据包含标题”复选框选中，在“主要关键字”和“次要关键字”一栏中按题目要求设置内容，如图 5－28 所示。

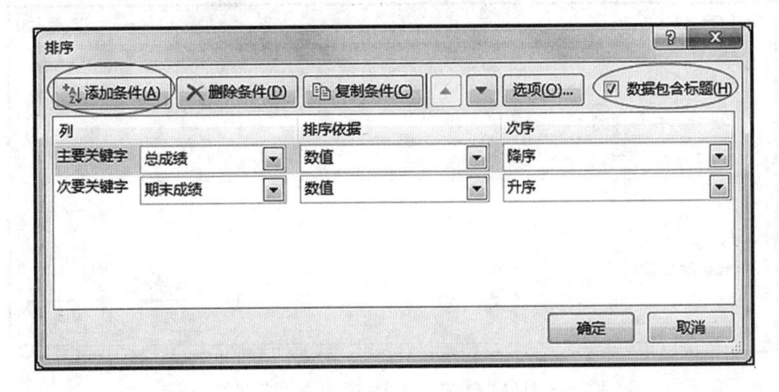

图 5－28　“排序”对话框

（6）在自动筛选工作表中，进行自动筛选，条件：总成绩大于等于 85 分的学生数据。

筛选功能：将用户感兴趣的数据选取出来。选中 A2:L21 区域，同排序方法，在图 5-27 所示功能组中选择“筛选”按钮，此时每个列标题右下侧都会出现一个下拉箭头按钮，如图 5-29 所示。

	A	B	C	D	E	F	G	H	I	J	K	L
1	21级学生成绩表											
2	姓名	邮政编	出生年月	年	班	开考时间	准考证号	笔试成	机试成	平时成	期末成	总成绩
3	李振立	030000	2003/1/2	18	一班	8:30:00 AM	200205250800EE0044	32.0	22.0	20.0	54	74.0
4	李新平	031400	2001/11/22	20	三班	8:30:01 AM	200205250800EE0045	22.0	26.0	27.0	48	75.0

图 5-29 “自动筛选”结果示意图

单击“总成绩”下拉箭头，选择“数字筛选”二级菜单中的“大于或等于”命令，如图 5-30 所示。在“自定义自动筛选方式”对话框中输入 85，如图 5-31 所示。筛选结果如图 5-32 所示。

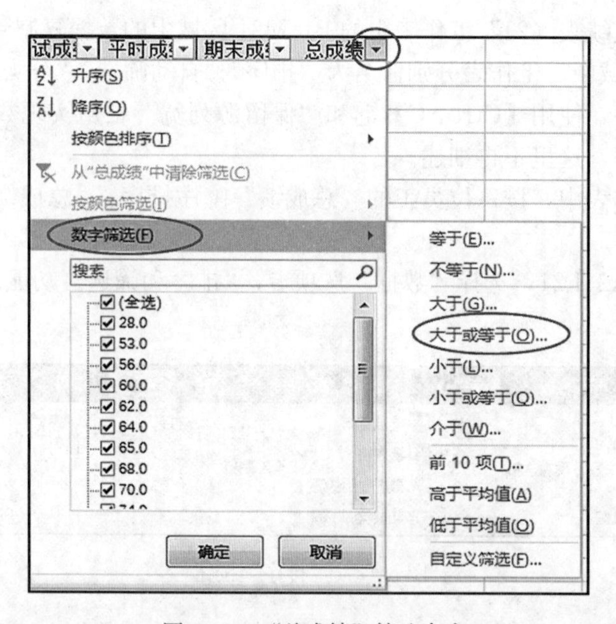

图 5-30 “总成绩”筛选命令

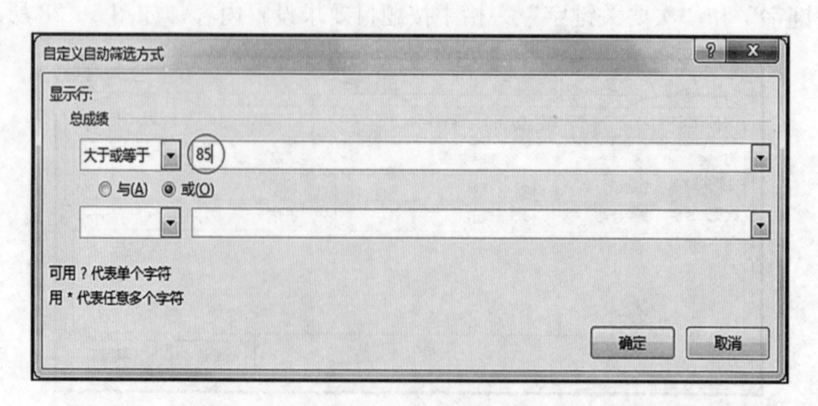

图 5-31 “自定义自动筛选方式”对话框

	A	B	C	D	E	F	G	H	I	J	K	L
1	21级学生成绩表											
2	姓名	邮政编	出生年月	年	班	开考时间	准考证号	笔试成	机试成	平时成	期末成	总成绩
5	霍红星	033000	2002/12/25	19	二班	8:30:02 AM	20020525080OEE0046	30.0	30.0	32.0	60	92.0
14	付志兴	030300	2003/3/17	18	三班	8:30:11 AM	20020525080OEE0055	33.0	32.0	30.0	65	95.0

图 5-32 “总成绩”自动筛选结果

（7）在分类汇总工作表中，统计各班级总成绩的平均分（提示：分类汇总前先按“班级”字段升序排序），分类字段为“班级”，汇总方式为“平均值”，汇总项为“总成绩”。

分类汇总是将杂乱无章的数据进行整理，便于用户查看的一种方法。用户需时刻保持思考、分析与总结的学习态度，力求找到解决问题的方法。分类汇总的操作步骤如下：

选中 A2:L21 区域，按“班级”字段升序排序，方法同（5），然后选择“数据”选项卡，在“分级显示”功能组中，选择“分类汇总”按钮，如图 5-33 所示。

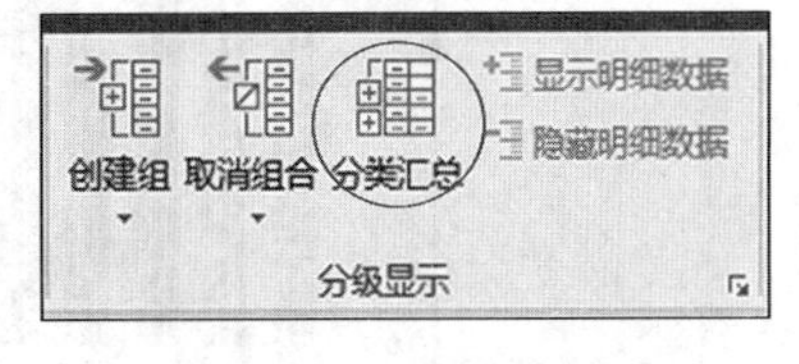

图 5-33 “分类汇总”按钮

在“分类汇总”对话框中，分类字段为“班级”；汇总方式为“平均值”；选定汇总项为“总成绩”，如图 5-34 所示。

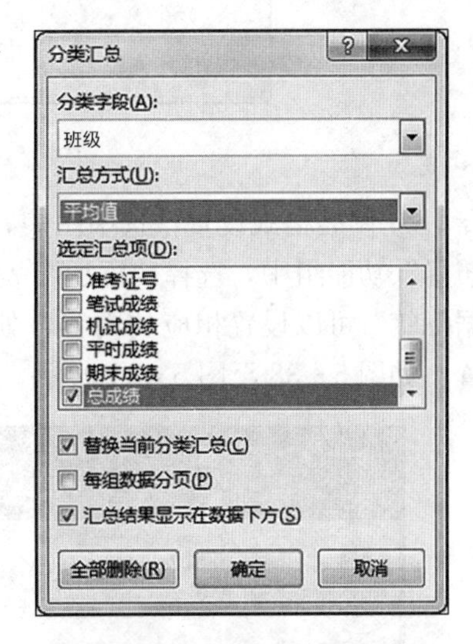

图 5-34 “分类汇总”对话框

（8）在“学生成绩表（2）”工作表中根据学生的姓名、笔试成绩、机试成绩和平时成绩列生成簇状柱形图。图表高度 10 厘米，宽度 15 厘米；图表标题为“学生成绩情况表”，字体为华文楷体，24 号；图例显示在顶部；图表添加数据标签，要求标签位置为“数据标签外”，标签包括“值”；图表样式为“样式 9”。

① 图表的插入：选中“姓名”列（B2:B21），按下键盘的【Ctrl】键，选择“笔试成绩”列（I2:I21）、机试成绩列（J2:J21）和平时成绩列（K2:K21），单击“插入”选项卡，在“图表”功能组中单击“插入柱形图或条形图”下拉箭头按钮，如图 5-35、图 5-36 所示。

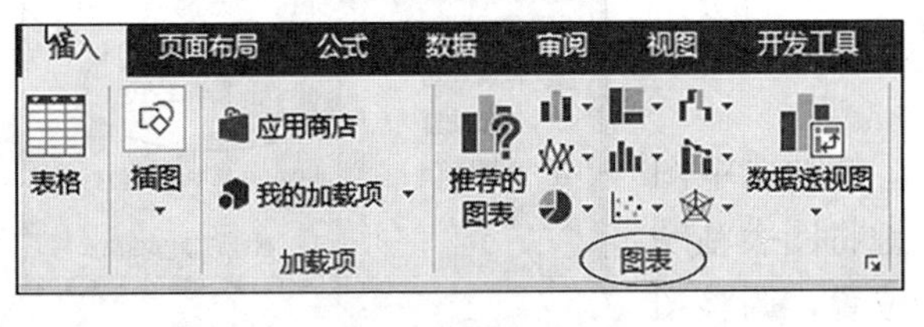

图 5-35 “图表”功能区

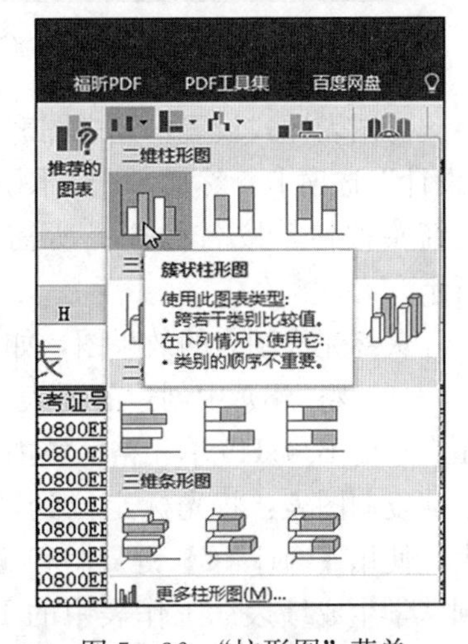

图 5-36 “柱形图”菜单

选择“二维柱形图”中第一项“簇状柱形图”，建立相应图表。然后将鼠标放到该图表空白区域，单击选中图表，在出现的“图表工具”中选择“格式”选项卡，在“大小”功能组中按照要求设置图表高度及宽度值（方法同图片大小调整），如图 5－37 所示。

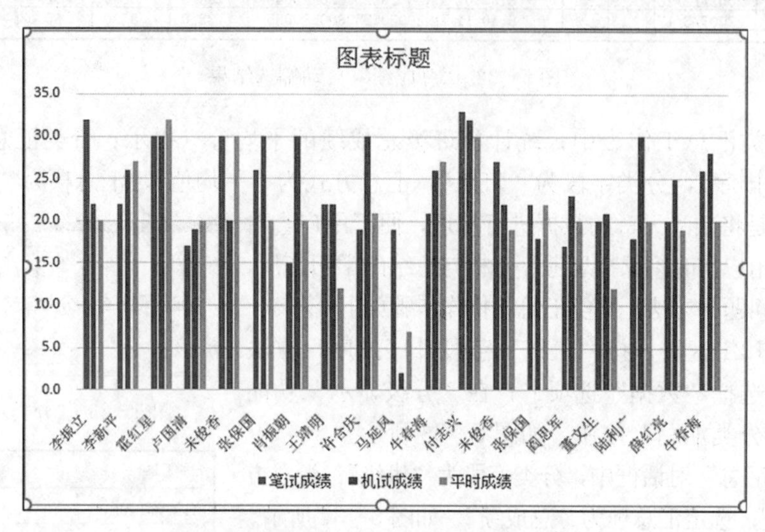

图 5－37　调整大小之后的簇状柱形图表

② 图表格式设置：选中图表，则会有相应的“图表工具”，在“设计”选项卡的“图表布局”功能组中，选择“添加图表元素”下拉箭头按钮，然后选择“图表标题”“图例”“数据标签”可以设置相应的内容，如有更详细的设置，则单击“其他数据标签选项”进行设置，如图 5－38 至图 5－41 所示。

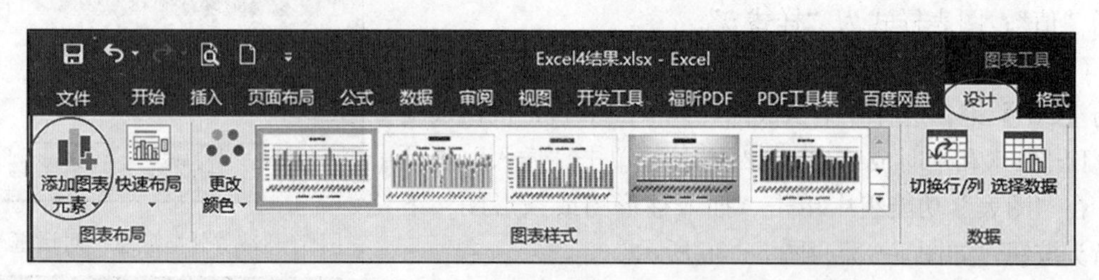

图 5－38　“添加图表元素”按钮

③图表样式设置：选中图表，选择“图表工具”中的“设计”选项卡，然后单击“图表样式”功能组右侧的下拉箭头按钮，按名称选择所需“样式 9”，如图 5－42 所示。

最终完成图表的效果图，如图 5－43 所示。

（9）将（8）中创建的图表复制到“学生成绩表”工作表中的 B30:I45 单元格区域内。

复制图表：将光标定位到图表空白处，单击选中图表，使用【Ctrl＋C】键复制和【Ctrl＋V】键将图表粘贴到“学生成绩表”工作表中的 B30 单元格位置，调整图

图 5－39　图表标题设置

表大小（方法同图片大小调整）至占满 B30:I45 区域。

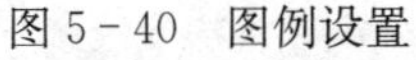
图 5-40　图例设置

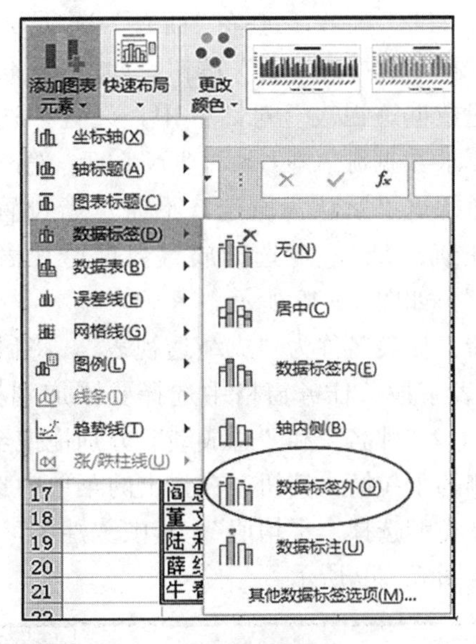

图 5-41　数据标签设置

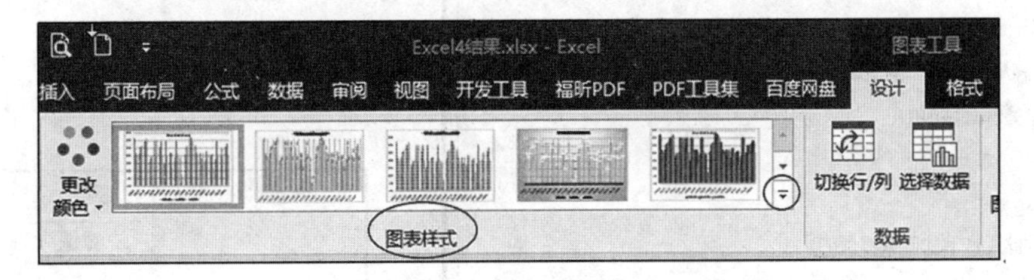

图 5-42　图表样式

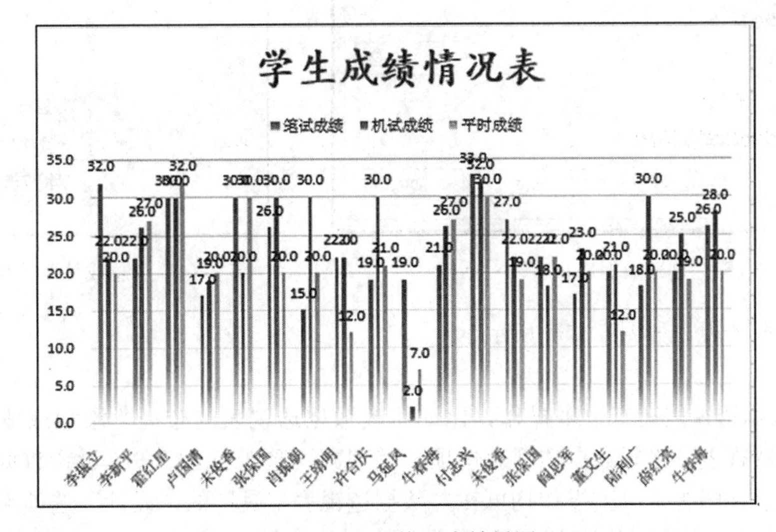

图 5-43　最终图表效果图

（10）以“学生成绩表（2）”工作表中的B2:N21区域为数据源在新工作表中建立数据透视表，将新工作表改名为“成绩透视表”。行标签字段为“总评”，数值字段为“姓名的计数”和“总成绩”的平均值。

选中B2:N21区域，选择“插入”选项卡，在“表格”功能组中选择“数据透视表”按钮，如图5-44所示。在弹出的“创建数据透视表”对话框中，设置“选择一个表或区域”为要求数据源（$B$2:$N$21，第一步选择数据区域后，通常这里默认为所选，不需重新设置，否则需要重新选择正确区域），“选择放置数据透视表的位置”为“新工作表”，如图5-45所示。

图5-44 “数据透视表”按钮

修改新工作表名称为“成绩透视表”，将鼠标定位于“数据透视表1”区域，在右侧的“数据透视表字段”任务窗格中选择要添加到报表的字段，将“总评”字段拖拽到下方的“行”区域中，“姓名”和“总成绩”分别拖拽至“Σ值”区域中。单击“Σ值”区域中“总成绩”右侧的下拉箭头按钮，在弹出的菜单中选择“值字段设置”，在“值字段设置”对话框中，计算类型选择“平均值”。其中“姓名”字段默认设置为“计数”，不需额外设置，如图5-46至图5-49所示。

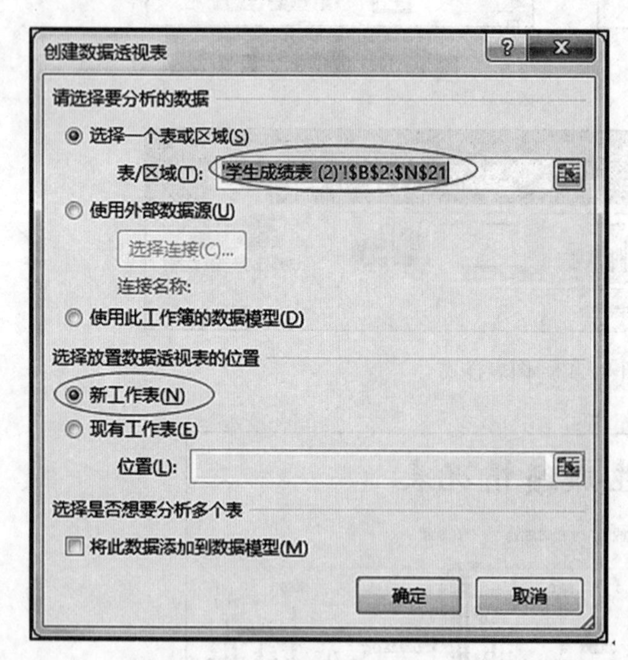

图5-45 “创建数据透视表”对话框

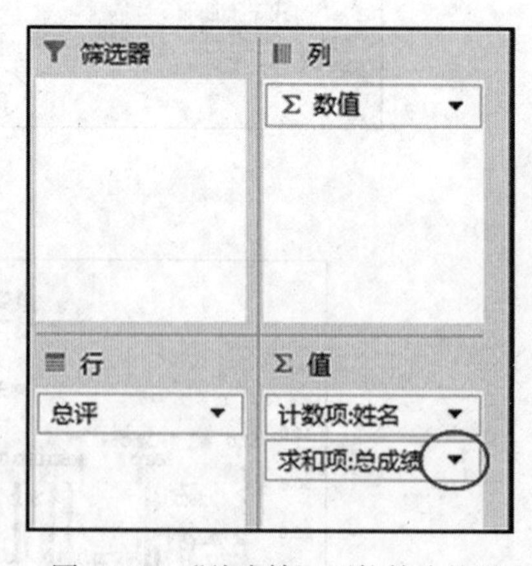

图5-46 “总成绩”下拉箭头按钮

完成的数据透视表如图5-50所示。

注意：

① 关于数据透视表还有很多操作，比如修改数据透视表的布局、添加或删除字段、移动和复制数据透视表、设置数据透视表选项、整理数据透视表的字段、设置数据透视表的格式、插入数据透视图等，以上操作均可在“数据透视表工具”的“设计”选项卡中完成。

另外，如果“数据透视表字段”任务窗格未能显示，则可以通过单击“数据透视表工具”的

“分析”选项卡下“显示”功能组中的“字段列表”按钮实现其显示与隐藏，如图 5－51 所示。

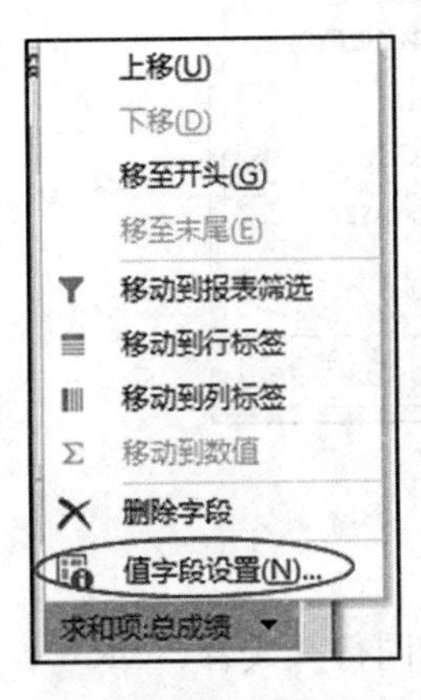

图 5－47 “字段设置”快捷菜单

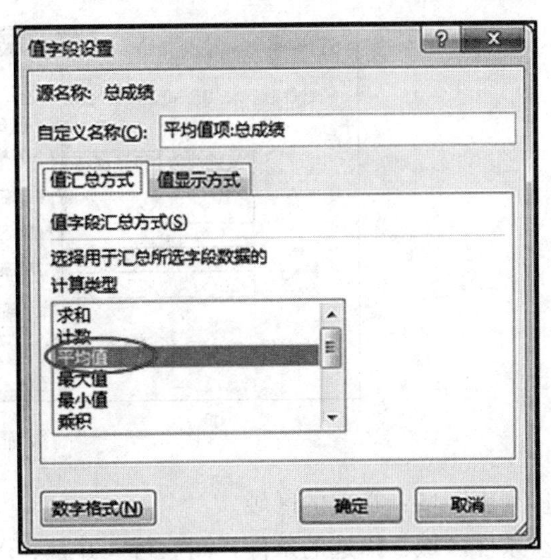

图 5－48 “值字段设置”对话框

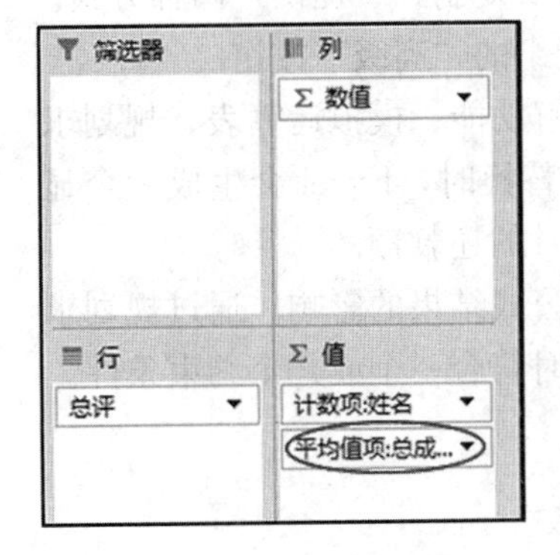

图 5－49 值字段设置效果图

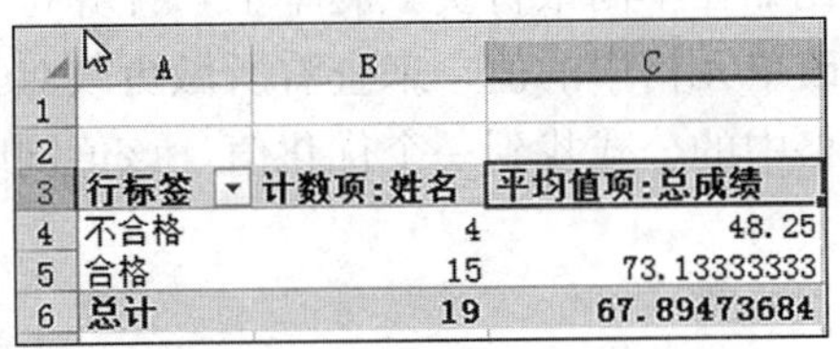

	A	B	C
1			
2			
3	行标签	计数项:姓名	平均值项:总成绩
4	不合格	4	48.25
5	合格	15	73.13333333
6	总计	19	67.89473684

图 5－50 数据透视表效果图

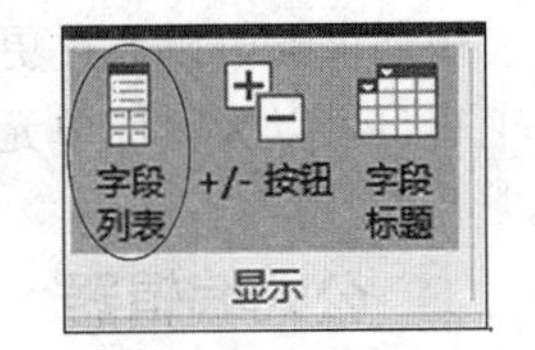

图 5－51 “字段列表”按钮

创建数据透视表时，当引用的数据源为 Excel 数据列表时，数据列表的标题行不得有空白单元格或者合并单元格。

② 关于图表类型还有很多，比如三维簇状柱形图、饼图（二维饼图）、带数据标志的折线图等。关于图表的一些设置，比如图表背景墙图案区域颜色设置、图表坐标轴设置、网格线设置、使用图片填充图表、添加趋势线、形状样式设置、更改或删除图表系列、更改图表类型等操作，还需要读者课后多加熟悉与练习。

六 实训延伸

1. 数据分析功能

（1）高级筛选。在数据繁多的表格里，怎样在其中准确地看到想要看到的信息呢？即如何进行多条件筛选呢？Excel 2016 提供了高级筛选功能，如图 5－52 所示。

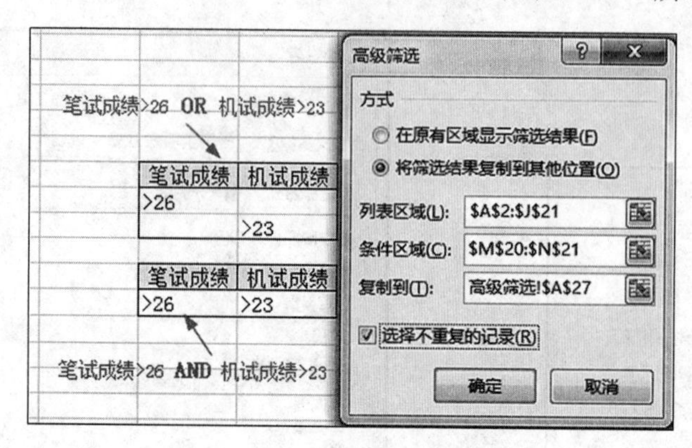

图 5－52 “高级筛选”操作

① 列表区域：筛选的区域。

② 条件区域：筛选的条件，同一行（并且、AND），不同行（或者、OR）。

③ 复制到：筛选结果显示的单元格区域。

④ 方式：分为在原数据区域显示或者显示到其他位置（由“复制到”提供）两种方式。

⑤ 操作步骤：选择“数据”选项卡中“排序和筛选”功能组的“高级”按钮。

（2）Excel 2016 提供了很多数据分析工具，包括单变量求解功能、模拟运算表、规划求解等。使用模拟运算表可以解决当公式中的一个变量以不同值替换时，Excel 会生成一个显示其不同结果的数据表，比如在不同银行贷款利率下，计算每月的还款额。

规划求解可以通过更改单元格中的值，来查看所做更改对公式结果的影响。通过规划求解工具，可以为目标单元格中的公式找到一个优化值，该值同时符合一个或几个约束条件。

2. 公式编辑器

Excel 2016 保留了 Excel 2010 的数学公式编辑功能，在“插入”选项卡中可以看到“公式”图标，单击后 Excel 2016 便会进入一个公式编辑页面，如图 5－53 所示。在这里包括二项式定理、傅里叶级数等专业的数学公式，同时还提供了包括积分、矩阵、大型运算符等在内的单项数学符号，完全能够满足专业用户的录入需要。

图 5－53 公式编辑器

3. 迷你图的应用

Excel 2016 具有“迷你图”功能。迷你图作为一个将数据形象化呈现的制图小工具，使用方法很简单。这种小的图表可以嵌入 Excel 的单元格内，让用户获得快速可视化的数据表示，对于股票信息，这种数据表示形式非常适用。

一、单选题

1. 小李在整理学生成绩表时，希望将工作表中第 K 列的学生成绩等于 60 分的设置为“浅红填充色深红色文本”，使用下述（　　）功能可以实现。

A. 条件格式　　B. 填充颜色　　C. 套用表格格式　　D. 单元格样式

2. 小王在整理学生成绩表时，希望统计各班级总成绩的平均分，合理的做法是（　　）。

A. 使用分类汇总功能，分类字段为“班级”，汇总项为“总成绩”，汇总方式为“平均值”

B. 先按照“班级”列排序，然后使用 AVERAGE() 函数分别求各班级平均分

C. 先自动筛选出各班级总成绩，然后使用 AVERAGE() 函数分别求其平均分

D. 使用 AVERAGE() 函数求其平均分时，通过按住【Ctrl】键，依次选择相同班级的学生总成绩

3. 在 Excel 工作表单元格中输入公式时，F＄2 的单元格引用方式称为（　　）。

A. 混合地址引用　　B. 交叉地址引用

C. 绝对地址引用　　D. 相对地址引用

4. 在同一个 Excel 工作簿中，如需区分不同工作表的单元格，则要在引用地址前面增加（　　）。

A. 工作簿名称　　B. 公式

C. 工作表名称　　D. 单元格地址

5. 以下错误的 Excel 公式形式是（　　）。

A. ＝SUM(B3:E3) *＄F＄3　　B. ＝SUM(B3:3E) *F3

C. ＝SUM(B3:E3) F＄3　　D. ＝SUM(B3:＄E3) *F3

6. 在 Excel 2016 中，输入函数时，分隔函数参数的符号是（　　）。

A. ；　　B. .　　C. 。　　D. ,

7. 将 Excel 工作表 A1 单元格中的公式 SUM(B＄2:C＄4) 复制到 B18 单元格后，原公式将变为（　　）。

A. SUM(B＄2:C＄4)　　B. SUM(C＄2:D＄4)

C. SUM(C＄19:D＄19)　　D. SUM(B＄19:C＄19)

8. 小王在整理学生成绩表时，需要将 C 列中总成绩高于 60 分的标记为“合格”否则为“不合格”，下列函数书写正确的是（　　）。

A. IF(C2＞＝60，合格，不合格)　　B. IF(C＄2＞＝60，合格，不合格)

C. IF(C＄2＞＝60,"合格","不合格")　　D. IF(C2＞＝60,"合格","不合格")

9. 在 Excel 成绩单工作表中包含了 20 个同学的成绩，C 列为成绩值，第一行为标题行，在不改变行列顺序的情况下，在 D 列统计成绩排名，最优的操作方法是（　　）。

A. 在 D2 单元格中输入“＝RANK(C2,C＄2:C＄21)”，然后向下拖动该单元格的填充柄到 D21 单元格

B. 在 D2 单元格中输入“=RANK(C2,C$2:C$21)”，然后双击该单元格的填充柄

C. 在 D2 单元格中输入“=RANK(C2,$C2:$C21)”，然后向下拖动该单元格的填充柄到 D21 单元格

D. 在 D2 单元格中输入“=RANK(C2,$C2:$C21)”，然后双击该单元格的填充柄

10. 小王在整理学生成绩表时，D3:D21 区域为学生的总成绩，小王想统计一下总成绩为合格的人数，能实现该要求的函数是（　　）。

A. COUNTIF()　　B. COUNT()　　C. SUM()　　D. RANK()

11. 在 Excel 2016 中，COUNTIF() 函数属于的函数类别是（　　）。

A. 逻辑类函数　　B. 财务类函数　　C. 统计类函数　　D. 数学和三角函数

12. 小陈在 Excel 中对产品销售情况进行分析，他需要选择不连续的数据区域作为创建分析图表的数据源，最优的操作方法是（　　）。

A. 在名称框中分别输入单元格区域地址，中间用西文半角逗号分隔

B. 按下【Ctrl】键不放，拖动鼠标依次选择相关的数据区域

C. 按下【Shift】键不放，拖动鼠标依次选择相关的数据区域

D. 直接拖动鼠标选择相关的数据区域

13. 在 Excel 2016 中，要想使用图表绘制一元二次函数图像，应当选择的图表类型是（　　）。

A. 曲面图　　B. 散点图　　C. 折线图　　D. 雷达图

14. 小王在整理学生成绩表时，D 列为学生总成绩的评价，评价分为“合格”与“不合格”两类，小王想查看一下评价为“合格”的人数、“不合格”的人数和评价为“合格”的所有同学的总成绩平均分、评价为“不合格”的所有同学的总成绩平均分，下列正确的做法是（　　）。

A. 使用数据透视表功能，“总评”拖放到列区域，“姓名”“总成绩”拖放到值区域，分别进行“计数”“平均值”设置

B. 使用数据透视表功能，“总评”拖放到筛选器区域，“姓名”“总成绩”拖放到值区域，分别进行“计数”“平均值”设置

C. 使用数据透视表功能，“总评”拖放到行区域，“姓名”“总成绩”拖放到值区域，分别进行“计数”“平均值”设置

D. 使用数据透视表功能，“姓名”拖放到行区域，“总评”“总成绩”拖放到值区域，分别进行“计数”“平均值”设置

15. 在学生成绩表中，C～L 列为该班学生 10 次的计算机实验基础课程的成绩，小王希望了解学生的 10 次总成绩走势，最为合适的图表是（　　）。

A. 柱形图　　B. 折线图　　C. 饼图　　D. 散点图

二、操作题

1. 打开 Excel5.xlsx 文件，如图 5-54 所示。试在此基础上按照以下要求补充完成数据统计分析，如图 5-55 所示。

（1）将 Sheet1 工作表重命名为“销售情况表”。

（2）将销售情况表中 A1:I1 单元格合并为一个单元格，然后输入表格标题“某企业销售额情况表（单位：万元）”。字体设置为隶书，字号为 22，字体颜色为“标准色-深红”，

水平对齐方式为居中，垂直对齐方式为居中。

（3）使用函数计算各部门一月至六月的销售额合计，结果放在 H3:H8 单元格区域，保留一位小数。

（4）使用函数求出各部门的备注列值：如果合计值大于 220.0，在“备注”列内填上“良好”，否则填上“合格”。

（5）将 A1:I8 区域内外边框线颜色设置为“标准色-浅蓝”，样式为最细实线。

（6）将 A2:I8 区域格式设置为自动套用格式“蓝色，表样式浅色 9”。

（7）选取 A2:G8 单元格区域的内容建立带数据标记的折线图，在图表上方添加图表标题“销售情况图”，字体为华文楷体，24 号。图例在右侧，图表样式为“样式 11”。将图表放在表的 A10:G25 单元格区域。

注意：只能在原有工作表基础上完成题目，请不要删除、增加工作表或调整工作表的位置。

	A	B	C	D	E	F	G	H	I
1									
2	部门代码	一月	二月	三月	四月	五月	六月	合计	备注
3	P01	28.9	32.4	43.2	26.8	23.4	36.7		
4	P02	35.7	41.6	38.2	37.6	39.6	36.2		
5	P03	32.9	25.9	45.2	28.9	31.9	41.2		
6	P04	45.6	32.4	48.9	45.8	43.9	39.5		
7	P05	35.9	43.9	45.2	41.5	51.2	56.6		
8	P06	24.4	34.7	43.1	36.9	38.5	32.6		

图 5－54　源工作表

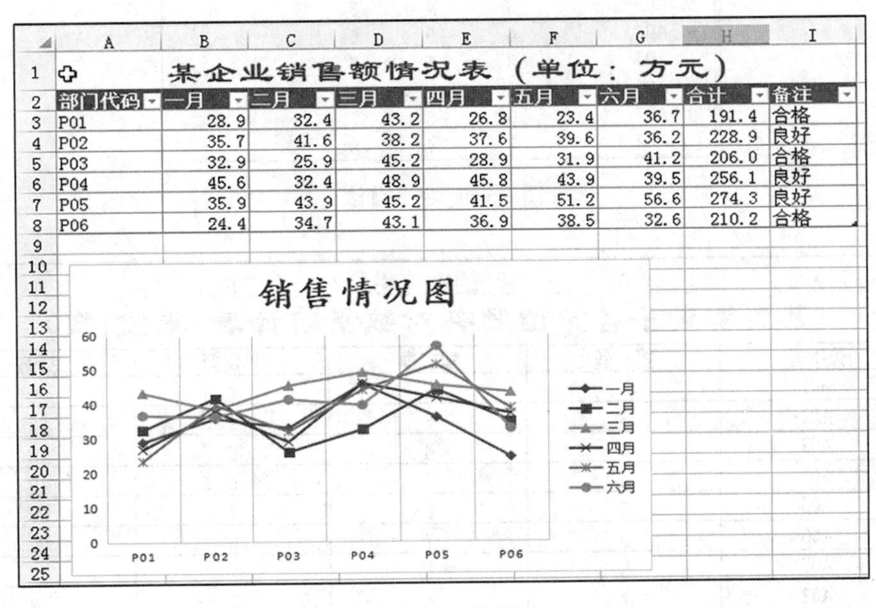

	A	B	C	D	E	F	G	H	I
1	某企业销售额情况表（单位：万元）								
2	部门代码	一月	二月	三月	四月	五月	六月	合计	备注
3	P01	28.9	32.4	43.2	26.8	23.4	36.7	191.4	合格
4	P02	35.7	41.6	38.2	37.6	39.6	36.2	228.9	良好
5	P03	32.9	25.9	45.2	28.9	31.9	41.2	206.0	合格
6	P04	45.6	32.4	48.9	45.8	43.9	39.5	256.1	良好
7	P05	35.9	43.9	45.2	41.5	51.2	56.6	274.3	良好
8	P06	24.4	34.7	43.1	36.9	38.5	32.6	210.2	合格

图 5－55　结果图

2. 打开 Excel6. xlsx 文件，内容如图 5－56 所示，执行以下操作后，结果如图 5－57、图 5－58 所示。

（1）将 Sheet1 工作表命名为“成绩统计”，添加选手数据：

A09　8　7　4

A10　9　7　2

（2）删除“积分排名”列，使用 SUM 函数计算每位选手的总积分，结果放置在 E3:E12 单元格中；在 A13 单元格中输入文本“平均值”，分别使用 AVERAGE 函数计算 B 列到 E 列数据的平均值，保留两位小数。

（3）将 A1:E1 单元格合并，字体为隶书、24 号字，标准色“深红”，水平居中；A 列到 E 列的列宽为 20；A2:E13 所有内容均水平居中，添加所有框线，为偶数号选手所在行添加底纹“橙色 个性色 6 淡色 80%”。

（4）复制工作表“成绩统计”，得到新表重命名为“数据分析”，删除工作表 Sheet2、Sheet3。

以下操作在工作表“数据分析”中完成：

（5）竞赛选手排名。A2:E12 数据区域首先按总积分降序排列，总积分相同的按扩展题得分降序排列。

（6）选取选手号和总积分两列数据（A2:A12 和 E2:E12）；插入图表，图表类型为“饼图”，图表标题为“成绩统计”；添加数据标签，居中，在顶部显示图例，将图表放置在 A15:D33 单元格区域。

	A	B	C	D	E	F
1	某竞赛选手各分值题答对数量统计表(单位:道)					
2	选手号	第一题	第二题	扩展题	总积分	积分排名
3	A01	7	5	8		
4	A02	5	6	9		
5	A03	6	4	8		
6	A04	4	9	6		
7	A05	8	5	7		
8	A06	9	7	6		
9	A07	5	5	7		
10	A08	7	4	8		

图 5-56　源工作表

	A	B	C	D	E
1	某竞赛选手各分值题答对数量统计表(单位:道)				
2	选手号	第一题	第二题	扩展题	总积分
3	A01	7	5	8	20
4	A02	5	6	9	20
5	A03	6	4	8	18
6	A04	4	9	6	19
7	A05	8	5	7	20
8	A06	9	7	6	22
9	A07	5	5	7	17
10	A08	7	4	8	19
11	A09	8	7	4	19
12	A10	9	7	2	18
13	平均值	6.80	5.90	6.50	19.20

图 5-57　“成绩统计”工作表结果图（1）

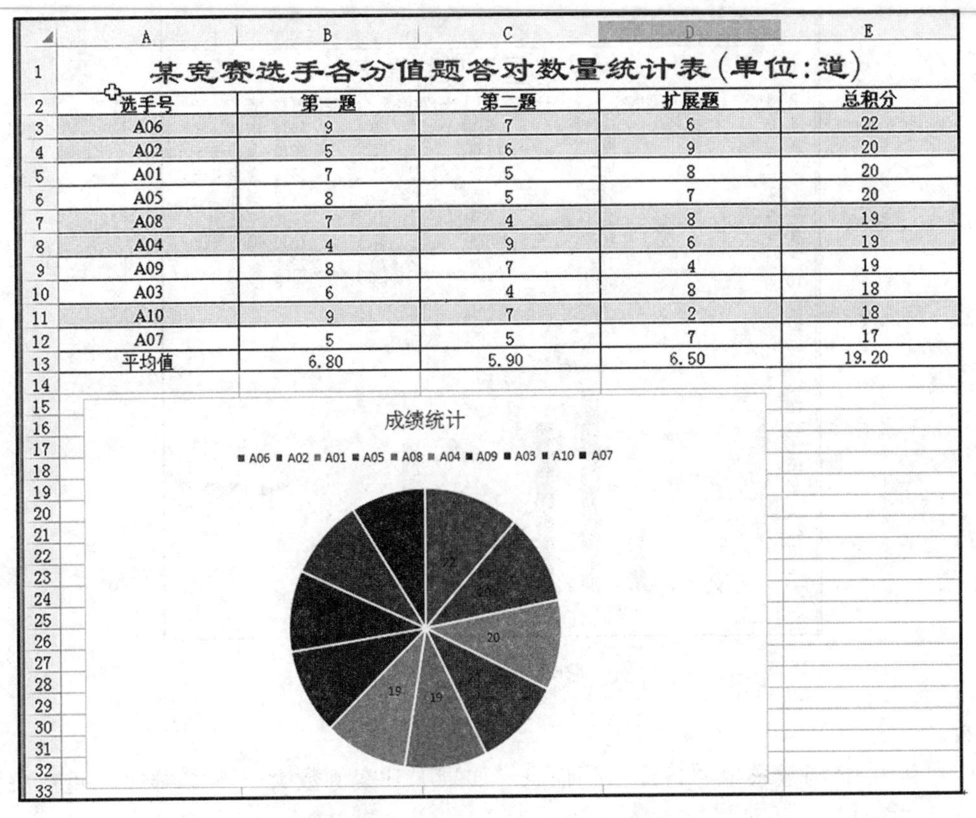

某竞赛选手各分值题答对数量统计表(单位:道)				
选手号	第一题	第二题	扩展题	总积分
A06	9	7	6	22
A02	5	6	9	20
A01	7	5	8	20
A05	8	5	7	20
A08	7	4	8	19
A04	4	9	6	19
A09	8	7	4	19
A03	6	4	8	18
A10	9	7	2	18
A07	5	5	7	17
平均值	6.80	5.90	6.50	19.20

图 5-58 “数据分析”工作表结果图（2）

3. 打开 Excel7. xlsx 文件，内容如图 5-59 所示，执行以下操作后，结果如图 5-60 所示。

	A	B	C	D	E	F
1	某地区案例情况表					
2	地区	去年案例数	上升比率	上升案例数	今年案例数	备注
3	A	5607	0.51%			
4	B	8187	1.12%			
5	C	3536	2.17%			
6	D	6178	0.39%			
7	E	3675	0.63%			
8	F	7862	0.87%			
9	G	2793	0.73%			
10	H	3952	0.57%			

图 5-59 源工作表

（1）将 Sheet1 工作表命名为“上升案例数统计表”。

（2）将 A1:F1 区域合并后居中，字体设置为方正姚体，字号为 22 号，字体颜色为“茶色，背景 2，深色 75%”，行高 30。

（3）将 A1:F10 区域设置内外边框线颜色为“标准色-绿色”，样式为双实线。

（4）利用公式计算“上升案例数”列（D3:D10）和“今年案例数”列（E3:E10），上升案例数＝去年案例数×上升比率，今年案例数＝去年案例数＋上升案例数，结果均保留 0

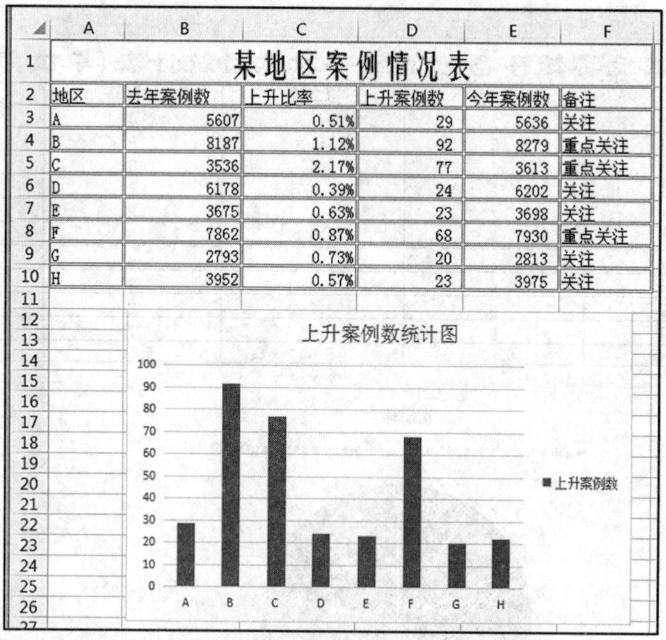

	A	B	C	D	E	F
1	某地区案例情况表					
2	地区	去年案例数	上升比率	上升案例数	今年案例数	备注
3	A	5607	0.51%	29	5636	关注
4	B	8187	1.12%	92	8279	重点关注
5	C	3536	2.17%	77	3613	重点关注
6	D	6178	0.39%	24	6202	关注
7	E	3675	0.63%	23	3698	关注
8	F	7862	0.87%	68	7930	重点关注
9	G	2793	0.73%	20	2813	关注
10	H	3952	0.57%	23	3975	关注

图 5-60 结果图

位小数。

(5) 利用 IF 函数求出“备注”列信息。如果上升案例数大于 50，显示“重点关注”，否则显示“关注”。

(6) 选择“地区”和“上升案例数”两列数据区域（A2:A10，D2:D10）的内容建立“三维簇状柱形图”，图表标题为“上升案例数统计图”。

参考答案

实训六 PowerPoint 2016 演示文稿的设计与制作

一 实训目的

PPT

（1）掌握 PowerPoint 2016 的基本操作，学会在演示文稿的各种视图模式下进行操作。

（2）掌握幻灯片版式、主题及背景的设置，学会母版的制作与使用。

（3）掌握在幻灯片中进行各种对象的插入方法，包括文字、图片、艺术字、SmartArt 图形、表格、页眉页脚、音频、视频等的插入。

（4）熟练掌握幻灯片中对象动画设置、顺序调整、幻灯片切换效果设置、超链接设置等。

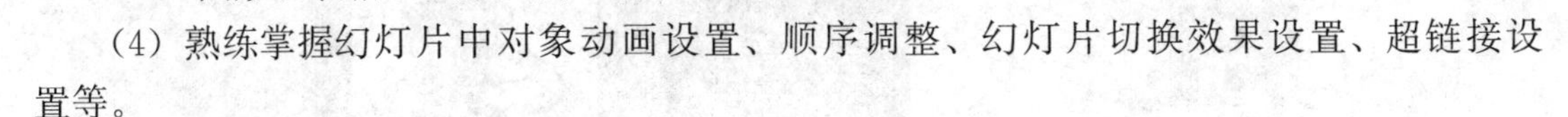

（5）掌握幻灯片放映设置。

（6）了解幻灯片的其他高级功能。

知识

- PPT中视图的使用
- PPT页面版式及色彩搭配
- PPT中各种对象的插入
- 多页PPT的管理（节、复制、移动、删除）
- PPT动画的设置及动画窗格的使用
- PPT的播放设置

能力

- 通过项目、文档等获取信息的能力
- 信息的整体归纳能力
- 使用各种对象进行信息表达的能力
- 学习使用工具的能力

素质

- 通过信息技术的使用提高学生的业务素质
- 将思政融入信息技术，提高学生的道德素质

二 实训准备

PowerPoint 2016 是微软公司推出的办公自动化软件 Office 2016 的组件之一，专门用于设计、制作各种电子演示文稿，如教学课件、报告、产品展示、商业演示等。较之于旧版，该版本带来了全新的幻灯片切换效果，放映起来更加美观大气；并且还对动画任务窗口进行更完善的优化，让用户体验升级。最为突出的是该版本不仅可以创建演示文稿，还可以在互联网上召开远程会议或在线展示演示文稿。此外，该软件操作简便，用户只需通过操作鼠标就能制作演示文稿。

由 PowerPoint 2016 创建的文档称为演示文稿，扩展名为 . pptx，每个演示文稿由若干

张幻灯片组成。

1. PowerPoint 2016 窗口界面与视图方式

（1）PowerPoint 2016 窗口界面。打开 PowerPoint 2016 后，工作界面如图 6－1 所示。幻灯片的编辑在工作区进行，通过功能组中的命令进行相应的设置，制作精美的演示文稿。

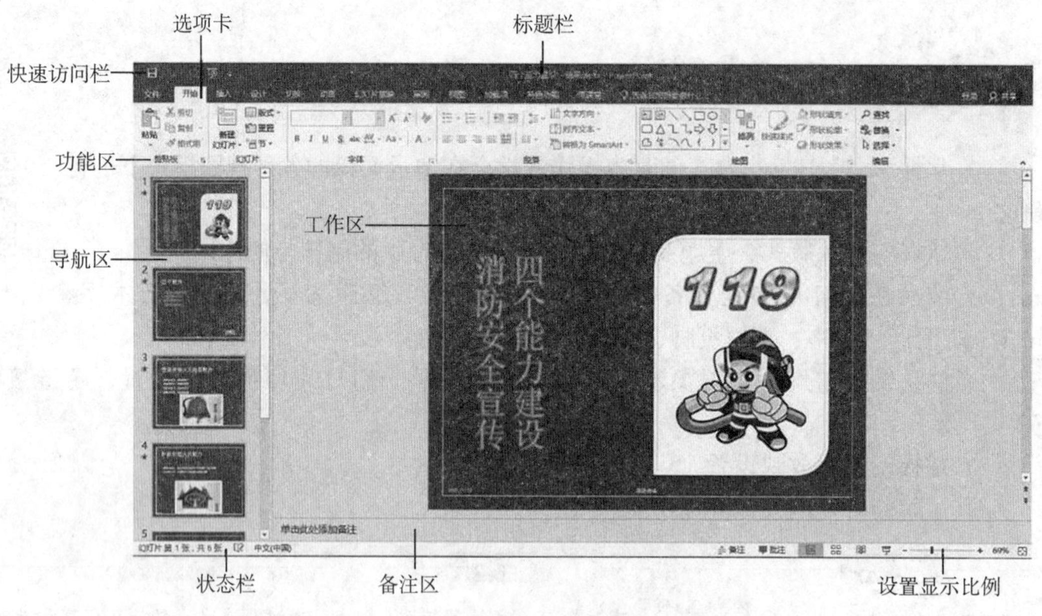

图 6－1　PowerPoint 2016 工作界面

（2）PowerPoint 2016 视图方式。PowerPoint 2016“视图”选项卡下提供了 2 大类视图方式，演示文稿视图和母版视图。演示文稿视图又提供了 5 种视图选择：普通视图、大纲视图、幻灯片浏览视图、备注页视图、阅读视图。母版视图分为幻灯片母版、讲义母版和备注母版 3 种模式。幻灯片在编辑状态下，可通过“视图”选项卡进行视图切换，或单击状态栏右侧的视图切换按钮进行视图的切换，分别如图 6－2 和图 6－3 所示。

下面就常用的 3 种视图方式做一个简单的介绍。

① 普通视图：打开 PowerPoint 2016 后，默认显示的是普通视图，如图 6－1 所示。它是主要的编辑视图，可用于编辑和设计演示文稿。普通视图有 3 个工作区域：左侧为幻灯片导航区，右侧为幻灯片编辑区/工作区和备注区。

② 幻灯片浏览视图：幻灯片浏览视图以缩略图的形式显示所有幻灯片，方便对幻灯片进行排序，以及添加、删除、复制和移动幻灯片。如果对幻灯片进行了分节，幻灯片浏览视图将分节显示所有幻灯片，如图 6－4 所示。

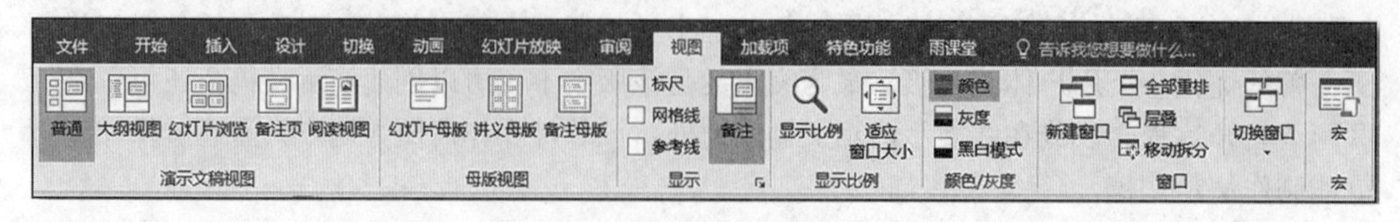

图 6－2　“视图”选项卡

图 6 - 3　视图切换按钮

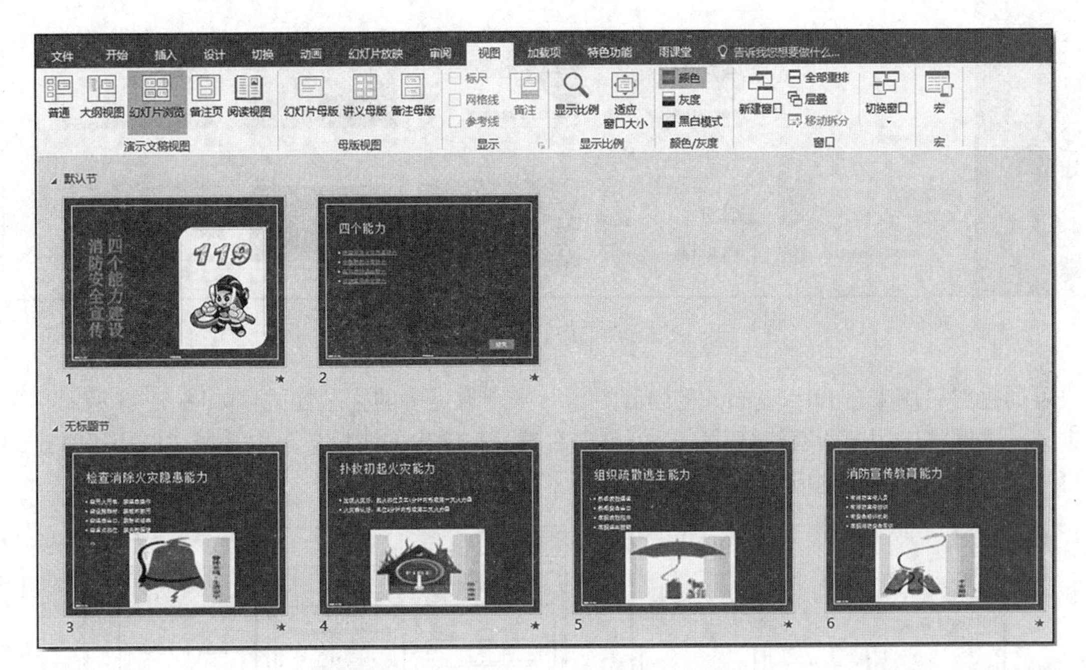

图 6 - 4　设置了分节的幻灯片浏览视图

③ 母版视图：母版视图包括幻灯片母版、讲义母版和备注母版。可在幻灯片母版中对幻灯片进行统一的格式和动画设置，还可统一插入相同的对象。幻灯片母版中的页面不可随意设置和删减，否则可能造成显示出错。

2. 演示文稿的设计与编辑

（1）新建演示文稿。选择“文件”选项卡中的“新建”命令，将打开“新建”演示文稿窗口，可通过单击“空白演示文稿”按钮，新建空白演示文稿，也可使用 PowerPoint 2016 中的内置模板或主题，或者“登录”，获取更多联机模板或主题，如图 6 - 5 所示。

（2）幻灯片版式设置。

① 插入新幻灯片：单击“开始”选项卡“幻灯片”功能组中的“新建幻灯片”旁的下拉小三角，可根据需要新建一张相应主题版式的幻灯片，如图 6 - 6 所示。

② 修改已有幻灯片的版式：单击“开始”选项卡“幻灯片”功能组中的“版式”下拉按钮，可修改已经创建的幻灯片版式，如图 6 - 7 所示。

（3）设置主题。在 PowerPoint 2016 中，主题由颜色、字体、效果和背景样式组成，将某个主题应用于演示文稿时，该演示文稿中所涉及的字体、颜色、背景、效果等都会自动发生变化，也可人为设置需要的“变体”。

单击“设计”选项卡，在“主题”功能组中显示了 PowerPoint 2016 内置的主题样式，

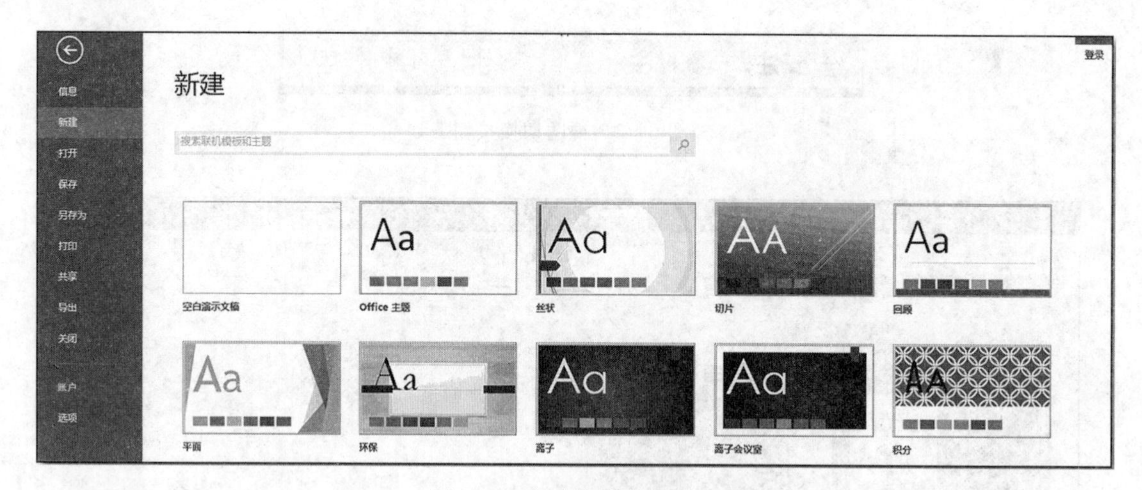

图 6－5　新建演示文稿窗口

也可通过“启用来自 Office. com 的内容更新”来查看更多的主题样式，如图 6－8 所示。单击某一主题将应用于所有幻灯片，也可单击右键，在弹出的快捷菜单中选择“应用于选定幻灯片”命令，可将主题应用于选定的一张或多张幻灯片。

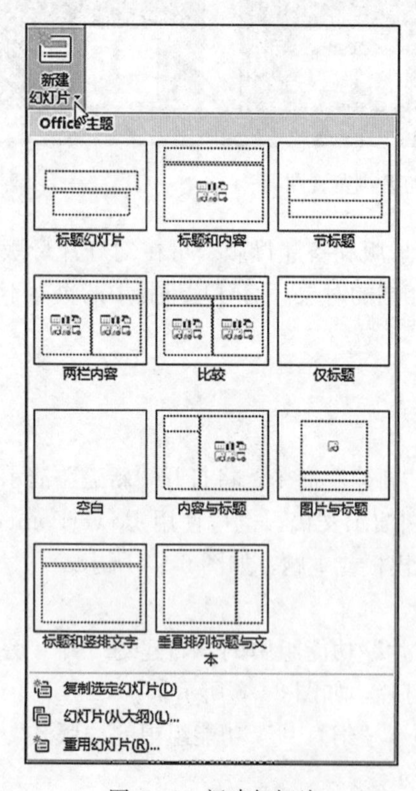

图 6－6　新建幻灯片

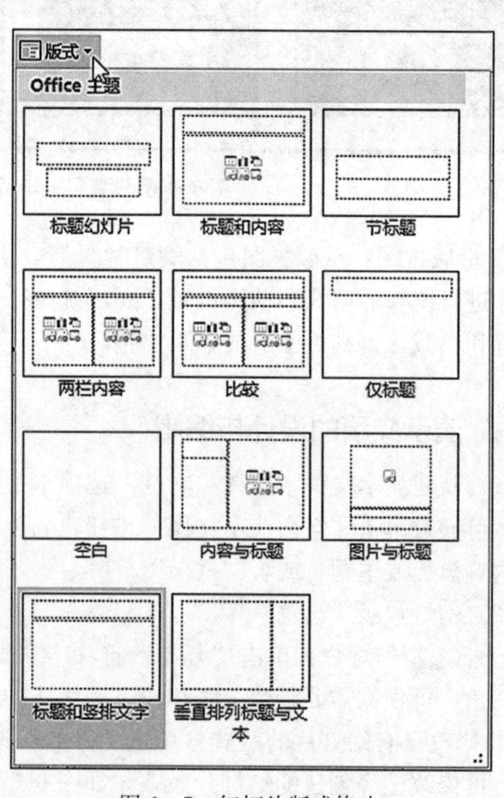

图 6－7　幻灯片版式修改

（4）设置背景。应用主题后如果需要更换背景，可通过“变体”功能组中的“背景样式”来调整某一张或所有幻灯片的背景。或者直接单击“设计”选项卡“自定义”功能组的“设置背景格式”按钮，将弹出如图 6－9 所示的设置区域，可选择某一个背景样式，单击该

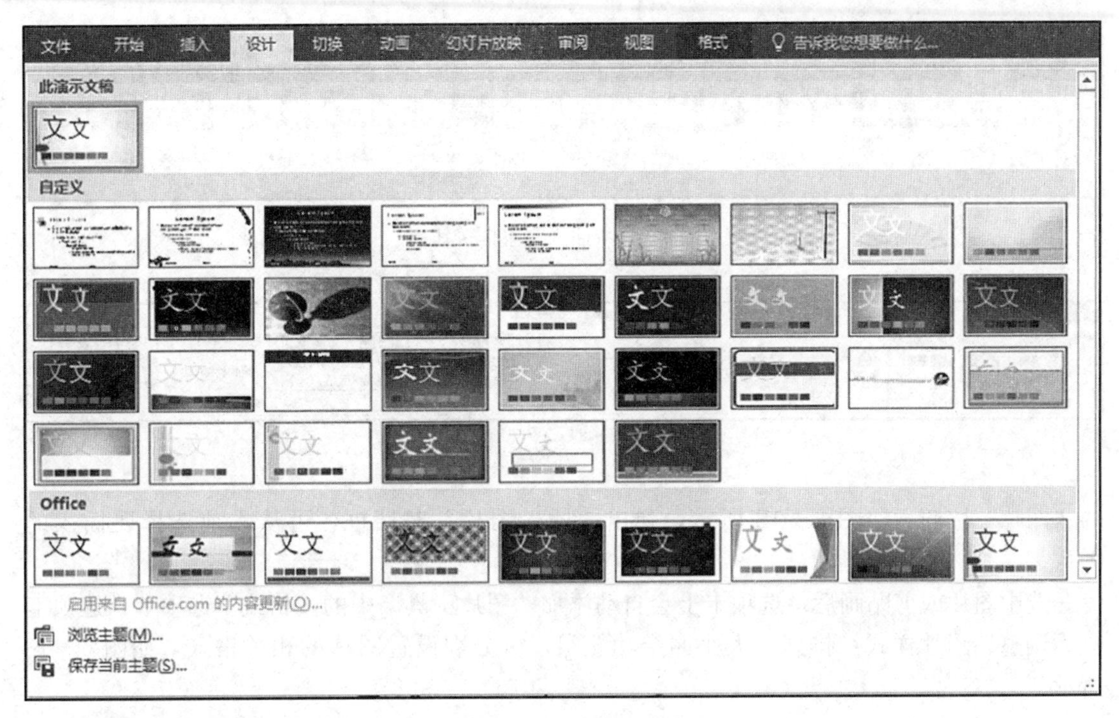

图 6－8 主题样式

样式将应用于同一主题中的所有幻灯片，还可以单击下方的“设置背景格式”命令，也会弹出如图 6－9 所示的设置区域，可填充纯色、渐变色、图片、纹理或图案作为背景。也可在某一主题样式上右击，在弹出的快捷菜单中选择“应用于选定幻灯片”命令，将选定幻灯片的背景进行单独设置。

(5) 幻灯片中常用对象的插入及格式设置。

① 插入文本：选择“插入”选项卡下的“文本”功能组，可选择性插入文本框、页眉和页脚、艺术字、日期和时间、幻灯片编号及文本对象。

常用文本的插入方法：

方法一：插入文本占位符（选择包含标题或文本的版式后，文本插入位置以虚线框显示）中。

方法二：无文本占位符时，插入文本框可输入文字。

单击“插入”选项卡“文本”功能组中“文本框”下的小三角，可根据需要选择横排或竖排文本框，如图 6－10 所示。

文本的格式化：可选择“开始”选项卡中“字体”和“段落”功能组的相关按钮进行格式化设置，与 Word 2016 操作类似，如图 6－11 所示。

② 插入图片：单击“插入”选项卡“图像”功能组中

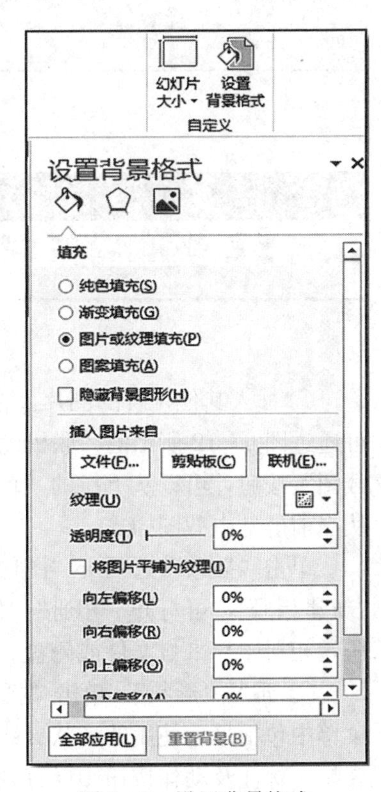

图 6－9 设置背景格式

图 6-10　插入文本框按钮

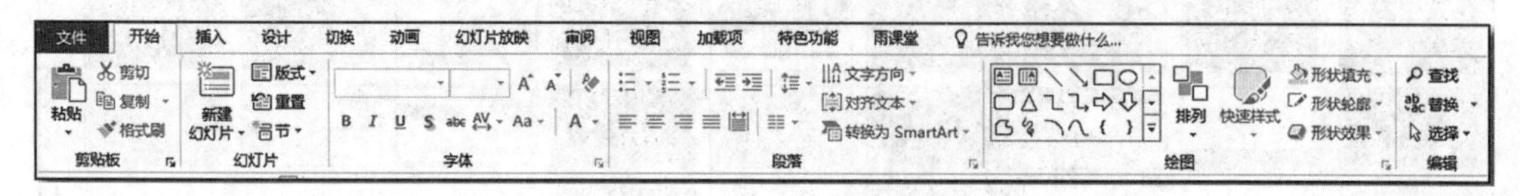

图 6-11　“开始”选项卡

的“图片”按钮，如图 6-12 所示，弹出“插入图片”对话框，可从本地选择要插入的图片。

选中图片或剪贴画后，选项卡上会自动添加“图片工具”中的“格式”选项卡，选项卡分为调整、图片样式、排列、大小四个功能组，可分别设置图片的相关格式，如图 6-13 所示。

图 6-12　插入图片按钮

图 6-13　“图片工具格式”选项卡

③ 插入其他位置的图片：在 PowerPoint 2016 中，不仅可以选择本地图片进行插入，还可通过图 6-12 所示的“联机图片”按钮，从各种联机来源中选择和插入图片。单击“屏幕截图”按钮，可以从下拉的“可用的视窗”中截取图形，还可通过单击“屏幕剪辑”按钮，从当前屏幕中截图插入。

单击“插入”选项卡“图像”功能组中“相册”下的小三角，在弹出的下拉菜单中选择“新建相册”，可打开“相册”对话框，如图 6-14 所示。通过该对话框可创建带有文本的相册，相册图片来自文件或磁盘。相册作为单独的演示文稿对象进行展示。

④ 插入“形状”：单击“插入”选项卡下“插图”功能组中的“形状”，弹出下拉菜单，菜单中包括最近使用的形状、线条、矩形、基本形状、箭头总汇、公式形状、流程图、星与旗帜、标注及动作按钮 10 组形状图形，每组又有若干按钮，参看实训二中图 2-18，单击相应按钮可在当前幻灯片中通过拖拽形成指定形状图形。

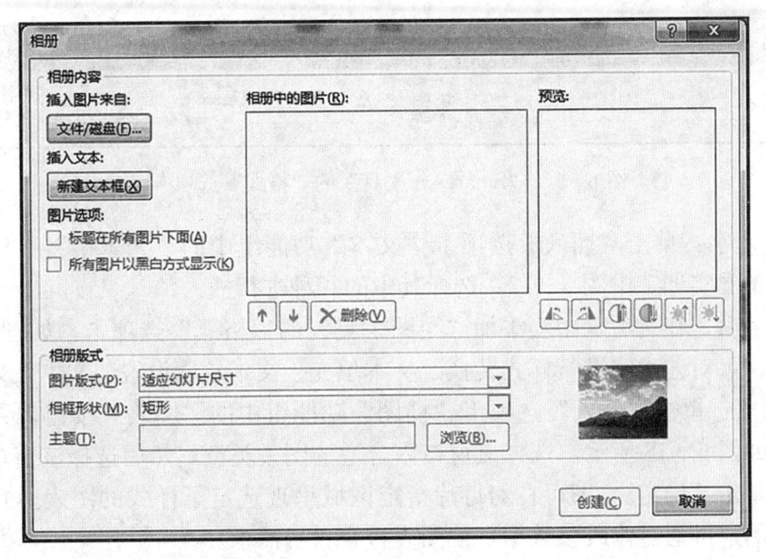

图 6-14 “相册”对话框

双击插入的形状，进入“绘图工具”的“格式”选项卡，如图 6-15 所示。在该选项卡下，可对形状图形进行多样化设置。

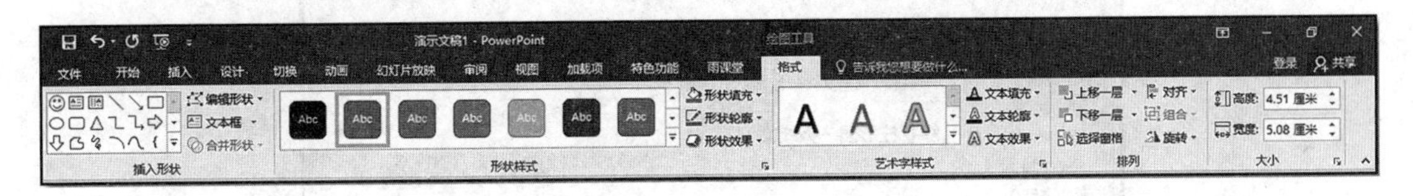

图 6-15 “绘图工具”的“格式”选项卡

⑤ 插入 SmartArt 图形。

方法一：单击“插入”选项卡“插图”功能组中的“SmartArt”按钮，弹出“选择 SmartArt 图形”对话框，参看实训三中图 3-9，可从该对话框中选择合适的 SmartArt 图形进行插入。

方法二：单击幻灯片版式中内容框的“插入 SmartArt 图形”按钮。

选中插入的 SmartArt 图形，选项卡上会添加“SmartArt 工具”下的“设计”和“格式”两个选项卡，其中“SmartArt 工具”下的“设计”选项卡如图 6-16 所示，其可进行 SmartArt 图形的颜色、版式等的设置。“SmartArt 工具”下的“格式”选项卡如图 6-17 所示，其可对 SmartArt 图形的形状进行再次编辑，为形状填充颜色、编辑形状轮廓、设置形状效果，还可对该形状中的大小进行调节，对组成图形的元素进行重新排列、组合、旋转，设置其对齐方式等。

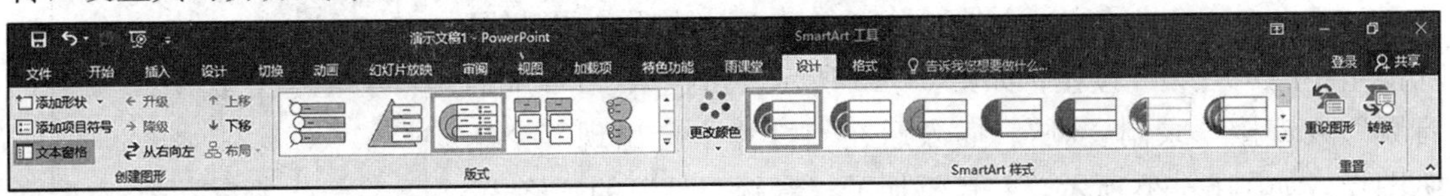

图 6-16 “SmartArt 工具”的“设计”选项卡

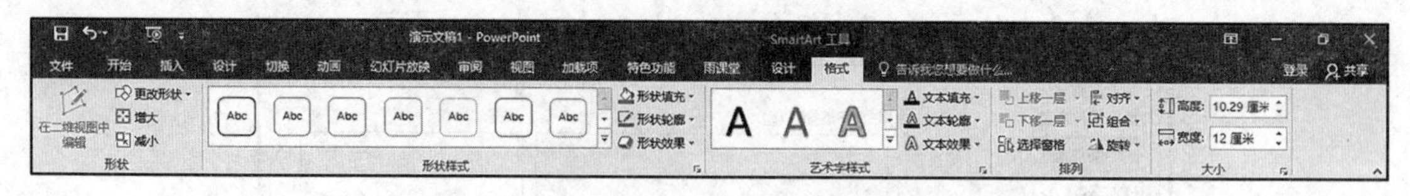

图 6-17 “SmartArt 工具”的“格式”选项卡

⑥ 插入艺术字：单击“插入”选项卡“文本”功能组中的“艺术字”按钮，可弹出艺术字样式库，参看实训三中图 3-12，选择其中的一种进行插入。

选中艺术字后，在选项卡中会添加“绘图工具”的“格式”选项卡，如图 6-15 所示。在该选项卡下，可对艺术字进行样式转换、文本填充、文本轮廓设置、文本效果选择。

⑦ 插入图表：单击“插入”选项卡“插图”功能组中的“图表”按钮，弹出“插入图表”对话框，如图 6-18 所示。选择该窗口内合适的图表类型，然后选择该窗口右上侧的具体样式类型，单击“确定”，即可在幻灯片指定区域呈现选定了样式的图表，且附带形成图表的数据表。用户可通过修改该数据，使图表符合自身需求。

单击选中图表，在选项卡中会增加“图表工具”的“设计”和“格式”选项卡，使用这两个选项卡，尤其是“图表工具”的“设计”选项卡，可实现对图表的重新编辑。

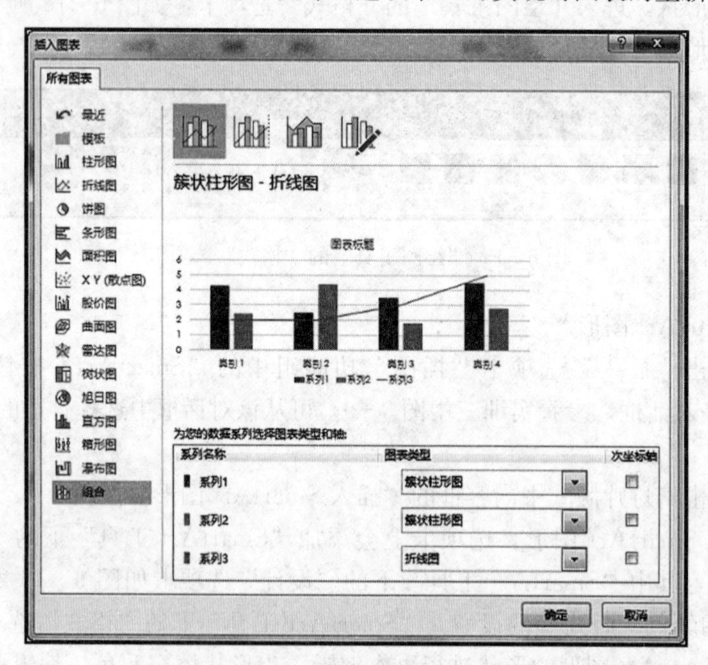

图 6-18 “插入图表”对话框

⑧ 插入音频：在 PowerPoint 2016 中，可插入 .mp3、.midi、.wav 等格式的音频文件。单击“插入”选项卡“媒体”功能组中的“音频”按钮，如图 6-19 所示，可插入“PC 上的音频”或直接“录制音频”。插入后在幻灯片中会出现一个喇叭图形，如图 6-20 所示，并且添加了“音频工具”的“格式”和“播放”选项卡，如图 6-21 所示。

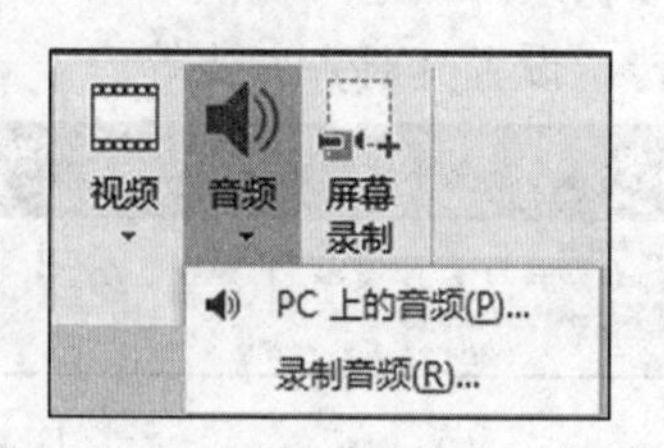

图 6-19 音频插入

图 6 - 20　插入音频后的图标

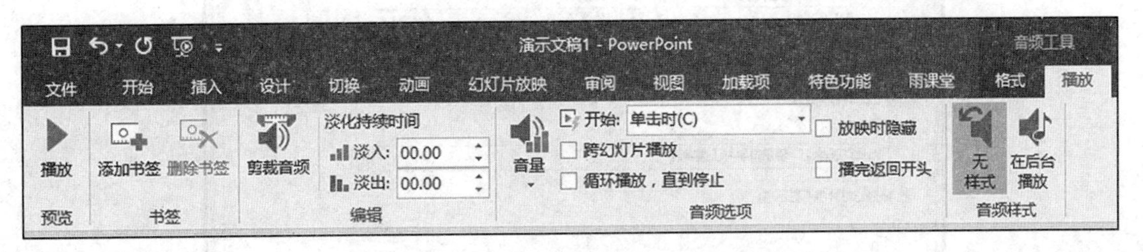

图 6 - 21　“音频工具”的“播放”选项卡

在“音频工具”的“播放”选项卡中可预览音频、编辑音频，还可设置音频选项和音频样式，另外还有“跨幻灯片播放”“循环播放，直到停止”“播完返回开头”三个复选框进行音频选项的设置。单击“剪裁音频”按钮，弹出如图 6 - 22 所示对话框。

图 6 - 22　“剪裁音频”对话框

⑨ 插入视频：单击“插入”选项卡“媒体”功能组中的“视频”按钮，如图 6 - 23 所示，可插入联机视频、PC 上的视频。PowerPoint 2016 可插入 .mp4、.mpeg、.wmv 等主流格式的视频文件，如果安装了 Flash 播放器也可直接插入 Flash 动画进行播放。

单击“屏幕录制”按钮，可弹出一个屏幕录制工具，如图 6 - 24 所示。单击红色“录制”按钮，即可开始屏幕录制。

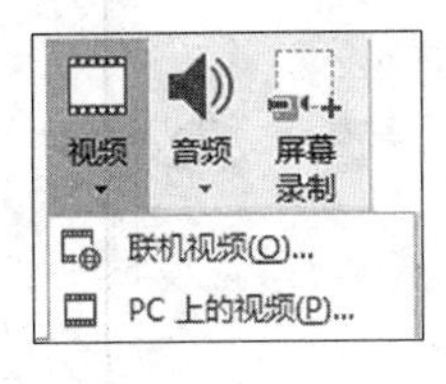

图 6 - 23　视频插入

图 6 - 24　屏幕录制工具

⑩ 插入幻灯片编号、日期和时间、页眉和页脚：单击“插入”选项卡“文本”功能组中的“日期和时间”或“幻灯片编号”按钮，或单击“页眉和页脚”按钮，都将弹出“页眉和页脚”对话框，如图 6 - 25 所示。勾选相应的复选框可插入日期和时间、幻灯片编号、页脚。

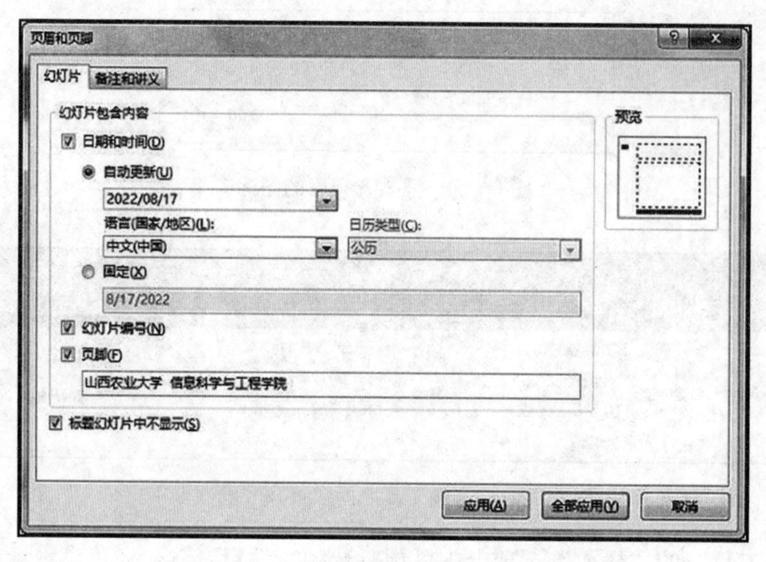

图 6-25 “页眉和页脚”对话框

3. 动画效果和超链接的设置

(1) 幻灯片动画设置。选中幻灯片中要设置动画的对象，初次添加动画效果可单击“动画”选项卡，“动画”功能组中显示了进入、强调、退出、动作路径的部分动画，如图 6-26 所示，还可单击下方的“更多进入效果”选择其他动画效果。

一个对象同时设置多个动画时，从第二个动画开始，选择“动画”选项卡，“高级动画”功能组中的“添加动画”，会出现和图 6-26 类似的界面，从该位置进行第二个及之后的动画设置。

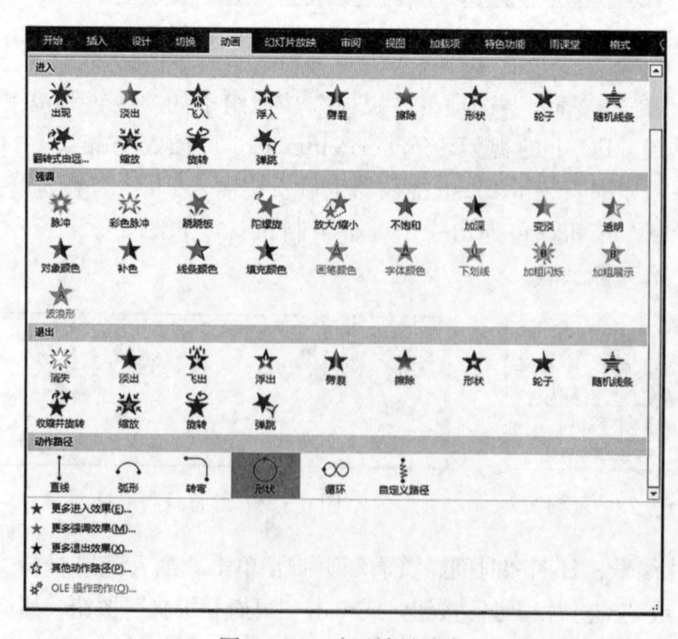

图 6-26 动画效果分类

单击“高级动画”功能组中的“动画窗格”，会在“工作区”右边弹出“动画窗格”区域，用户可通过在该区域的设置，改变动画播放次序、动画持续时间等。

添加动画后，“动画”功能组中的“效果选项”按钮可以对动画的方向、序列等进行调整。“计时”功能组中的“开始”下拉菜单可以设置动画的开始时间，“持续时间”用于调整动画的快慢，“延迟”用于设置在多长时间后开始播放动画。

(2) 幻灯片切换效果。在幻灯片之间添加切换效果，单击“切换”选项卡，即可设置。切换效果分三组：细微型、华丽型和动态内容，如图 6 - 27 所示。选中一个切换效果，单击“效果选项”按钮可以选择相应的切换方向，如图 6 - 28 所示。“计时”功能区中有“声音”“持续时间”“换片方式”等选项，可分别用于添加切换声音、调整切换速度、设置单击鼠标时换片还是自动换片。根据所选切换方式的不同，切换效果选项也会有所不同。

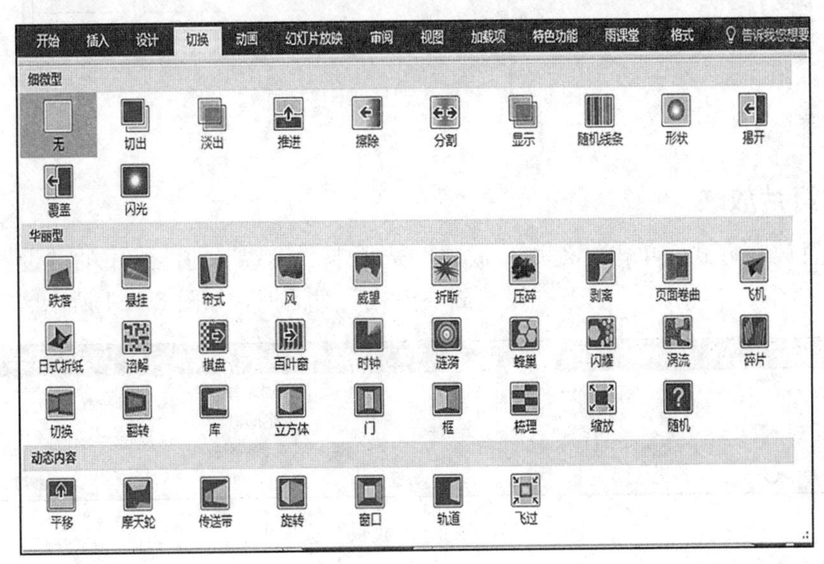

图 6 - 27　切换效果

(3) 插入超链接。播放幻灯片时，希望实现幻灯片间的跳转，或从幻灯片跳转到其他文件或网页上，这些可以通过插入超链接来实现。

方法一：选中要添加超链接的对象，单击“插入”选项卡“链接”功能组的“超链接”按钮，弹出“插入超链接”对话框，如图 6 - 29 所示。

方法二：选中对象，然后右击对象，在弹出的快捷菜单中选择“超链接”命令。

图 6 - 28　效果选项

“插入超链接”对话框中有四种链接位置，包括现有文件或网页、本文档中的位置、新建文档和电子邮件地址。插入超链接的对象下方会出现下划线，当鼠标指针移过时，会变成“手”形指针。如果是为文字对象插入超链接，插入超链接前后字体的颜色会发生变化。

插入超链接后，右击对象，在弹出的快捷菜单中可选择“编辑超链接”或“取消超链接”命令来修改或删除超链接。

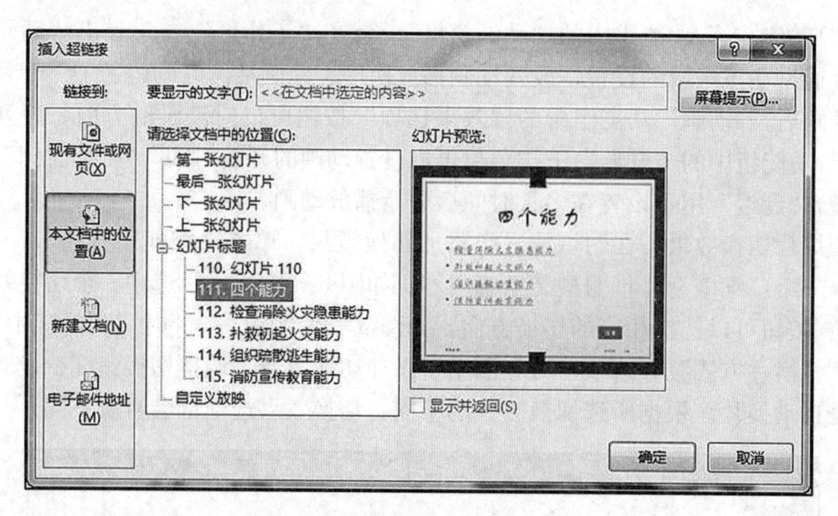

图 6-29 “插入超链接”对话框

4 幻灯片放映

(1) 设置放映方式。单击“幻灯片放映”选项卡“设置”功能组中的“设置幻灯片放映”选项，如图 6-30 所示，打开“设置放映方式”对话框，如图 6-31 所示。

图 6-30 “幻灯片放映”选项卡

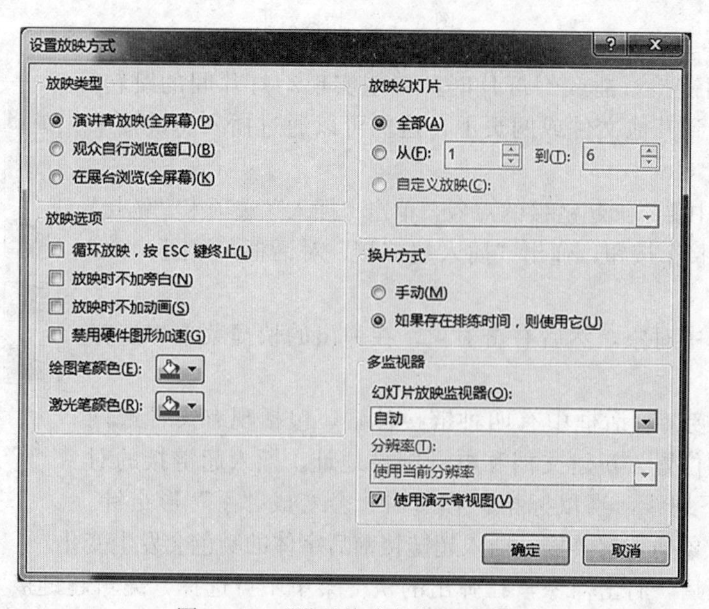

图 6-31 “设置放映方式”对话框

在“设置放映方式”对话框中可以设置演讲者放映、观众自行浏览、在展台浏览三种放映类型，还可设置是否循环放映、放映范围以及换片方式。

（2）排练计时。单击“幻灯片放映”选项卡“设置”功能组中的“排练计时”按钮，如图 6－30 所示，按需要的放映速度将幻灯片放映一遍，最后保存排练时间。

存在排练计时的演示文稿在放映时，不用单击鼠标，幻灯片会按保存的排练时间自行播放。

（3）放映幻灯片。幻灯片的放映有三种方法：

方法一：单击“幻灯片放映”选项卡“开始放映幻灯片”功能组中的“从头开始”按钮，如图 6－30 所示，播放时会从第一张幻灯片开始播放；单击“从当前幻灯片开始”按钮，会从当前所选的幻灯片开始播放。

方法二：单击状态栏右侧的幻灯片放映按钮，将从当前幻灯片开始放映，参见图 6－3。

方法三：按【F5】功能键，将从第一张幻灯片开始放映。

三 实训内容

打开文件夹“实训六素材”，使用其中的图片、音乐等文件，按照下列实训要求完成操作，并以文件名“山西农业大学.pptx”保存文档，最终样张如图 6－32 所示。

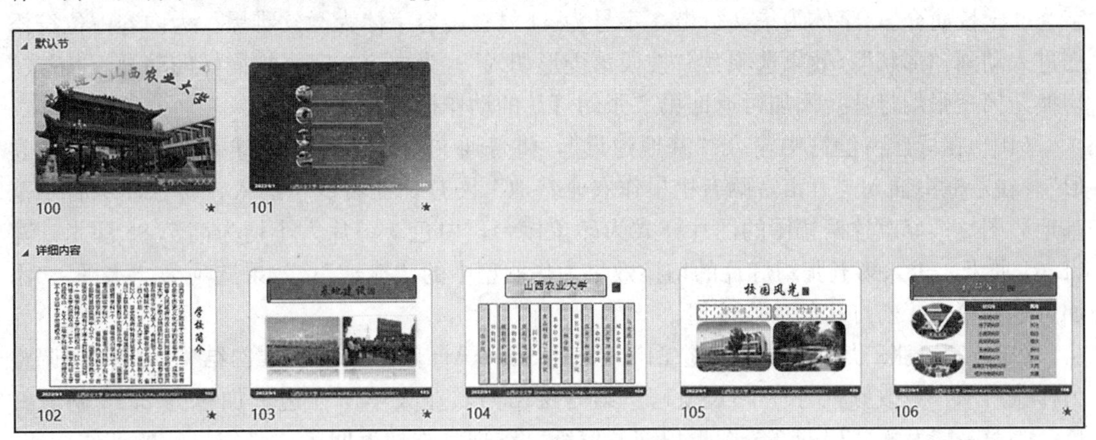

图 6－32 实训六样张

四 实训要求

以下操作所需资料均在文件夹“实训六素材”中。

（1）新建第一张幻灯片，版式为“标题幻灯片”。设置幻灯片大小为“自定义”，高度 20 厘米、宽度 29 厘米；幻灯片编号起始值为 100。

（2）设置标题幻灯片背景格式。用图片“校门 1.jpg”填充。

（3）输入标题文本“欢迎进入山西农业大学”；字体为华文行楷，88 号字；文本效果为“转换，跟随路径，上弯弧”；文本用渐变填充。为标题选择进入动画“挥鞭式”。副标题文本为“制作人：XXX（本人姓名）”；字体为华文行楷（中文），Arial（英文），40 号，橙色。

（4）插入名为“春野.mp3”的音频。设置从头开始播放，在7张幻灯片后停止播放，与上一动画同时开始计时。

（5）新建第二张幻灯片，版式为“标题和内容”；幻灯片主题为“回顾”，第二种变体；幻灯片背景样式为“样式9”，应用于所选幻灯片。

（6）在幻灯片母版中设置添加页眉页脚，显示固定的日期和时间，勾选“幻灯片编号”，页脚为“山西农业大学　SHANXI AGRICULTURAL UNIVERSITY”，标题幻灯片中不显示。日期、页脚、编号统一字号为20，中文字体为微软雅黑，英文、数字字体为Arial Black。

（7）修改第二张幻灯片版式为“空白”；插入SmartArt图形中的“垂直图片重点列表”；SmartArt样式为“三维，优雅”；增加一个基本图形，选择合适的图形填入左侧，并按照样张填好右侧文字。为该图形设置动画为“劈裂”，在效果选项中将方向设置为“中央向左右展开”，序列为“逐个”。

（8）为第二张幻灯片设置渐变填充背景，隐藏背景图形。在第二张幻灯片下新增节，之后新建四张新幻灯片；为第二张幻灯片中的四行文本分别设置超链接，学校简介链接到第三张幻灯片，基地建设链接到第四张幻灯片，院系设置链接到第五张幻灯片，校园风光链接到第六张幻灯片。

（9）第三张幻灯片版式为“竖排标题与文本”。学校简介文字在给定文件夹内。标题文字为“学校简介”，字体为华文行楷，字号为54号；内容字体为微软雅黑。为内容占位符添加进入动画“形状”；效果选项为“按段落菱形切入”；为内容文字添加同样的动画。“帘式”切换至第三张幻灯片。添加可返回第二张幻灯片的动作按钮。

（10）在标题占位符中输入“基地建设”，将普通文本框标题占位符更改形状为“横卷形”。在左框中插入“万亩富硒有机旱作农业基地”图片，在右框中插入“贾家庄综合示范基地”图片；修改这两幅图的图片样式为印象棱台，白色。图片大小均为高7.83厘米，宽11.61厘米。进入第五张幻灯片的切换效果为华丽型中的“梳理”；效果选项为“水平”。添加可返回第二张幻灯片的动作按钮。

（11）第五张幻灯片版式为“空白”。插入SmartArt图形中的表层次结构，将图形调整为样张所示，更改颜色为“个性色1”。第一层山西农业大学所在边框加粗为2.25磅深红色。为第一层及第二层的部分图形填充“信纸”纹理。添加返回第二张幻灯片的动作按钮。以华丽型“立方体”向右的效果切换至第六张幻灯片。

（12）第六张幻灯片版式为“比较”。按照样张添加文本及对应图片。修改两幅图样式为棱台矩形，大小为高7.71厘米，宽11.74厘米；精确定位两图：距离左上角垂直位置均为8.41厘米。文本“图书馆”和“思想湖”均为华文行楷，40号，橙色，这些文本占位符均使用“草皮”图案填充，边框使用深红色，1磅，实线，形状效果为“橙色，5pt发光，个性色1”。添加返回目录页（第二页）的动作按钮。

（13）复制第四张幻灯片，形成第七张幻灯片。修改标题为艺术字“科研院所”，艺术字样式为“填充-白色，轮廓-着色1，发光-着色1”。删除原有图片，在左侧插入“小麦所和谷子研究所”图片，调整其大小、位置、颜色；在右侧插入2行2列表格，调整表格样式为“中度样式2，强调2”，并调整表格内字体为微软雅黑，20号，垂直居中对齐。通过“动态内容，窗口”切换到此幻灯片。

（14）为表格设置动画“轮子”，为照片依次设置动画“向上浮入”，再为表格添加动画“陀螺旋”，每个动画都在上个动画之后触发。

（15）设置“幻灯片放映”为“演讲者放映（全屏幕）”“循环放映，按 Esc 键终止”。

五 实训步骤

打开“实训六素材”文件夹，在指定路径下新建演示文稿“山西农业大学.pptx”：

（1）新建第一张幻灯片，版式为“标题幻灯片”。设置幻灯片大小为“自定义”，高度 20 厘米、宽度 29 厘米；幻灯片编号起始值为 100。

双击新建的幻灯片图标，打开如图 6－33 所示的界面，单击“文件”选项卡“幻灯片”功能组中的“新建幻灯片”，弹出如图 6－6 所示的“Office 主题”下的版式选区，选择“Office 主题”下的“标题幻灯片”，在“工作区”出现仅有标题和副标题版式的空白演示文稿，从导航区可见，该演示文稿位于第一张幻灯的位置。

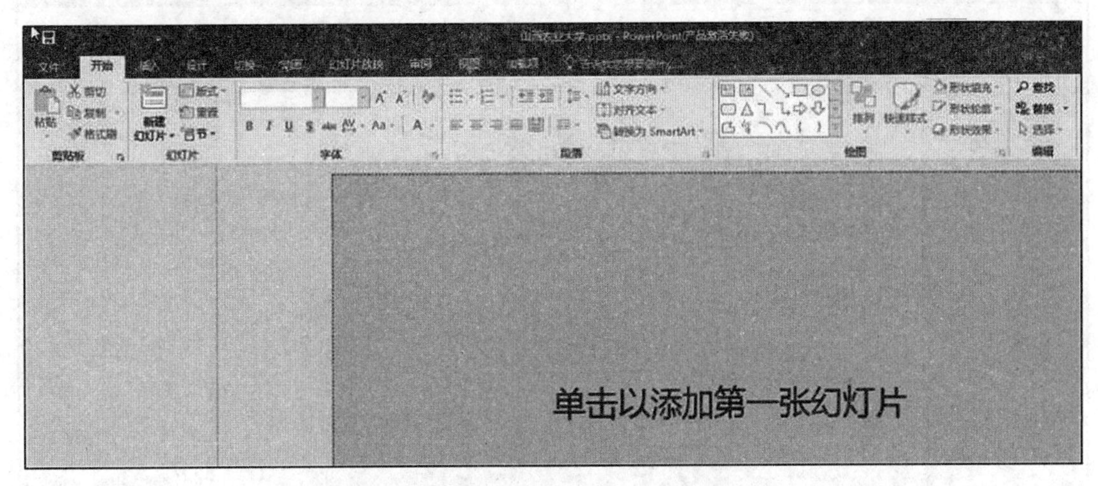

图 6－33　新建第一张幻灯片界面

单击“设计”选项卡“自定义”功能组中的“幻灯片大小”，在弹出的菜单中选择“自定义幻灯片大小”，如图 6－34 所示。在弹出的“幻灯片大小”窗口中设置幻灯片宽度为 29 厘米，高度为 20 厘米，幻灯片编号起始值为 100，如图 6－35 所示。单击“确定”，出现如图 6－36 所示对话框，单击“确保适合”，幻灯片大小设置完成。

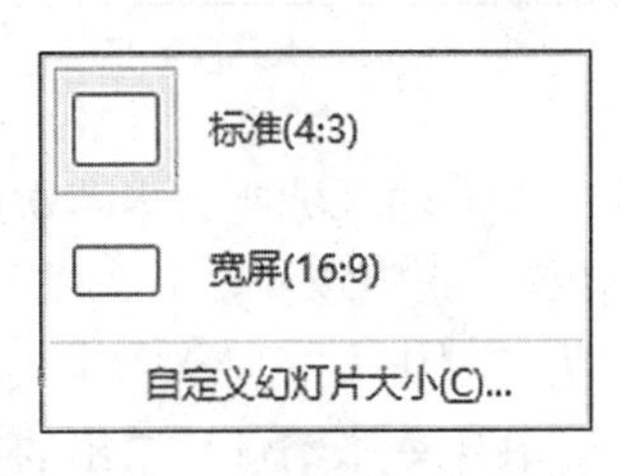

图 6－34　“自定义幻灯片大小”命令按钮

（2）设置标题幻灯片背景格式：用图片“校门 1.jpg”填充。

在新建幻灯片的空白部位右击，并在弹出的快捷菜单中选择“设置背景格式”，或者单击“设计”选项卡“自定义”功能组中的“设置背景格式”按钮，均可弹出“设置背景格式”区域，如图 6－9 所示。选择“填充”中的“图片或纹理填充”，然后单击下方“插入图片来自”中的“文件”按钮，弹出“插入图片”窗口，选择指定路径下的图片“校门 1.jpg”，该图即可作为第一张幻灯片的背景图。

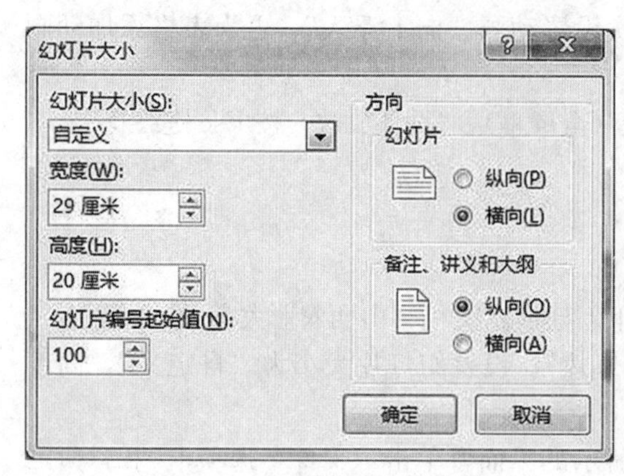

图 6－35　设置“幻灯片大小”

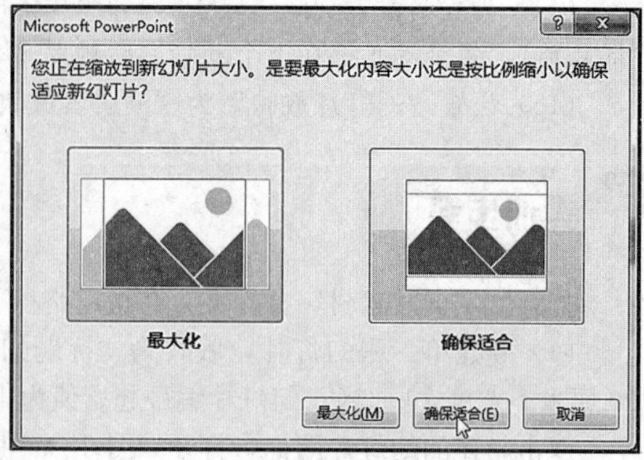

图 6－36　幻灯片缩放处理提示

图 6－37　标题上弯弧设置截图

（3）输入标题文本“欢迎进入山西农业大学”；字体为华文行楷，88 号字；文本效果为“转换，跟随路径，上弯弧”；文本用渐变填充。为标题选择进入动画“挥鞭式”。副标题文本为“制作人：XXX（本人姓名）”；字体为华文行楷（中文），Arial（英文），40 号，橙色。

在第一张幻灯片给出的标题虚线框中输入“欢迎进入山西农业大学”，设置字体为华文行楷，字号为 88 号。选中文字，窗口右侧出现“设置形状格式”区域。选择“格式”选项卡“艺术字样式”功能组中的“文本效果”，选择“转换”下“跟随路径”中的“上弯弧”，如图 6－37 所示。保待设置文本处于选定状态，选择“设置形状格式”下“文本填充”中的“渐变填充”，设置“类型”为射线，调整“渐变光圈”及“颜色”，把文字调成自己喜欢的颜色配置，如图 6－38 所示（注意：只需选中需要设置的那几个字，可以分步设置）。选择标题正文，在“动画”选项卡“动画”功能组中选择“更多进入效果”，在弹出的“更改进入效果”对话框中选择“华丽型”“挥鞭式”。使用动画窗格设置动画开始“在上一动画之后”，期间“中速”。在副标题中输入“制作人：XXX（交作业时把 XXX 改为本人姓名）”，橙色，40 号，中文字体华文行楷，英文字体 Arial（注意两种字体的设置顺序，先中文后英文），拖动文本，放至幻灯片右下角。

选择“视图”选项卡的“母版视图”，在幻灯片母版中选择“标题幻灯片”版式，去掉正副标题之间的分隔横线。

图 6 - 38　标题渐变颜色设置

（4）插入名为“春野 . mp3”的音频。设置从头开始播放，在 7 张幻灯片后停止播放，与上一动画同时开始计时。

单击“插入”选项卡“媒体”功能组中的“音频”，选择“PC 上的音频”，如图 6 - 19 所示，弹出“插入音频”窗口，选择合适的音乐文件插入，音频文件就被植入幻灯片中。但仍需进行设置，才能按照用户需求进行播放。按照个人需求调整如图 6 - 21 所示的“音频选项”功能组，或调出“动画窗格”，进行如图 6 - 39、图 6 - 40 所示的设置。勾选“音频选项”中的“放映时隐藏”，即可在播放幻灯片全程听到喜欢的音乐。

（5）新建第二张幻灯片，版式为“标题和内容”；幻灯片主题为“回顾”，第二种变体；幻灯片背景样式为“样式 9”，应用于所选幻灯片。

单击“开始”选项卡“幻灯片”功能组中的“新建幻灯片”，选择“标题和内容”版式，新的一张幻灯片自动列于第一张幻灯后，且幻灯片编号自动增加。选择“设计”选项卡下“主题”功能组中的“回顾”主题，选择“变体”中的第二种。打开“变体”功能组，找到“背景样式”中的“样式 9”，单击右键，选择“应用于所选幻灯片”，第二张幻灯片背景设置完毕。

（6）在幻灯片母版中添加页眉页脚，显示固定的日期和时间，勾选“幻灯片编号”，页脚为“山西农业大学　SHANXI AGRICULTURAL UNIVERSITY”，标题幻灯片中不显示。日期、页脚、编号统一字号为 20，中文字体为微软雅黑，英文、数字字体为 Arial Black。

在“视图”选项卡下“母版视图”功能组中选择“幻灯片母版”，工作区变成母版视图

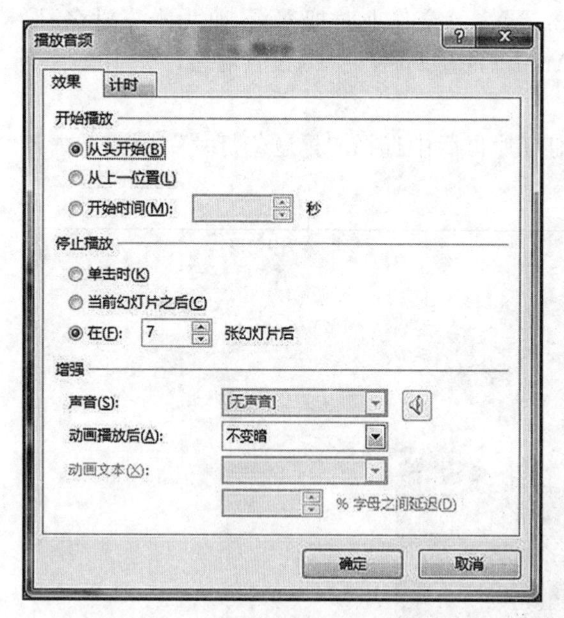

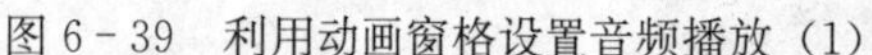
图 6-39　利用动画窗格设置音频播放（1）

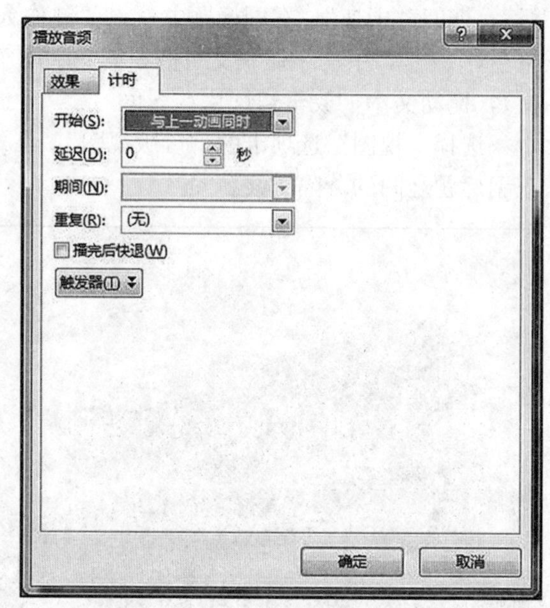

图 6-40　利用动画窗格设置音频播放（2）

下的样式，选择第一张幻灯片，单击“插入”选项卡下“文本”功能组的“页眉和页脚”，弹出如图 6-25 所示对话框。勾选“日期和时间”，选择其中的“固定”，在其下方文本框中输入“2022/9/1”，勾选“幻灯片编号”，勾选“页脚”，在其下方文本框中输入“山西农业大学　SHANXI AGRICULTURAL UNIVERSITY”，最后再勾选“标题幻灯片中不显示”，单击“全部应用”按钮。调整日期和编号文本框，使其靠近左右两个拐角，拉长页脚文本框，使其占满中间空间。全选此三个文本框，先设置字号为 20 号，再设置中文字体为微软雅黑，然后设置英文、数字字体为 Arial Black。页脚设置完毕，返回普通视图模式（可通过“幻灯片母版”选项卡“关闭”功能组中的“关闭母版视图”，或通过在“视图”选项卡“演示文稿视图”功能组中单击“普通”返回普通视图）。

（7）修改第二张幻灯片版式为“空白”；插入 SmartArt 图形中的“垂直图片重点列表”；SmartArt 样式为“三维，优雅”；增加一个基本图形，选择合适的图形填入左侧，并按照样张填好右侧文字。为该图形设置动画为“劈裂”，在效果选项中将方向设置为“中央向左右展开”，序列为“逐个”。

单击“开始”选项卡“幻灯片”功能组中“版式”旁的下拉小三角，弹出如图 6-7 所示窗口，选择修改后的版式为“空白”。单击“插入”选项卡“插图”功能组中的“插入 SmartArt 图形”，选择“垂直图片重点列表”，将默认图形插入工作区。选择该图形外框，单击“设计”选项卡“SmartArt 样式”功能组中的“三维，优雅”，如图 6-41 所示。选择其中一个基本形状，右击，在弹出的快捷菜单中选择“添加形状”，然后选择“在后面添加形状”，则基础图形变成了 4 个，如图 6-42

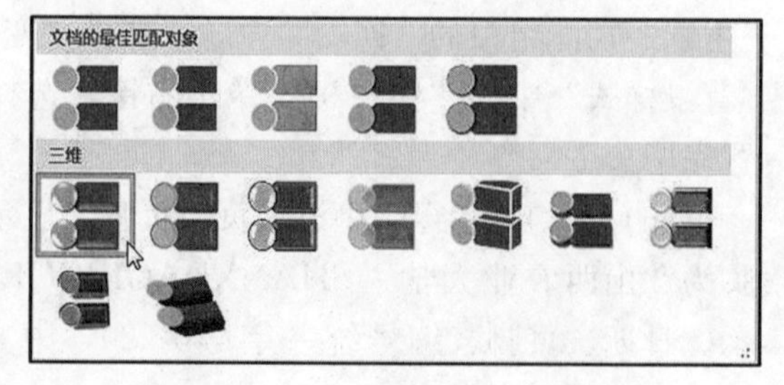

图 6-41　SmartArt 图形样式选取

所示。在基本图形左侧的圆形中选择自己喜欢的图形填充，在右侧的框中从上到下分别输入“学校简介”“建设基地”“院系设置”和“校园风光”，将这些文本设置字体为华文彩云，字号为 48 号。

选择图形外框，单击“动画”选项卡“动画”功能组中的“劈裂”，在效果选项中选择“中央向左右展开”，序列选择“逐个”（注意观察出现在图形左上角的方块从 1 个变成了 4 个，如图 6－43 所示，方块的个数表明了当前对象可以触发动画的个数，方块中的数字表明动画发生的先后次序）。

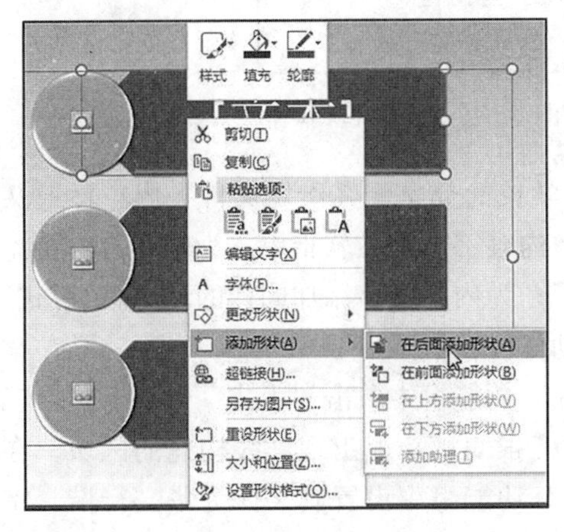

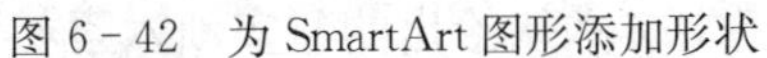
图 6－42　为 SmartArt 图形添加形状

图 6－43　动画设置后的改变

（8）为第二张幻灯片设置渐变填充背景，隐藏背景图形。在第二张幻灯片下新增节，之后新建四张新幻灯片；为第二张幻灯片中的四行文本分别设置超链接，“学校简介”链接到第三张幻灯片，“基地建设”链接到第四张幻灯片，“院系设置”链接到第五张幻灯片，“校园风光”链接到第六张幻灯片。

将光标放到幻灯片空白处右击，在弹出的快捷菜单中选择“设置背景格式”，在“设置背景格式”区域勾选“隐藏背景图形”，调节“渐变光圈”，使图形和文字清晰显示。在导航区第二张幻灯片下单击右键，在弹出的快捷菜单中选择“新增节”，如图 6－44 所示，并重命名节为“详细内容”。可以对新增的节进行删除、移动等操作，如图 6－45 所示。新增节后，可方便对篇幅较多的幻灯片进行有效的管理，节可以被收起或展开，可以被当作整体删除或移动。播放幻灯片时，数字＋【Enter】键可以方便地在指定的幻灯片间切换，前提是记住每张幻灯片的序号。

在导航区新增节下新建四张幻灯片。选择第二张幻灯片的文本“学校简介”，单击“插入”选项卡“链接”功能组中的“超链接”，弹出如图 6－29 所示窗口，选择链接到“本文档中的位置”，在“请选择文档中的位置”中选择想要定位跳转的目标幻灯片，此时选择编号为 102 的幻灯片，单击“确定”按钮，一个超级链接设置完成。同理，将“基地建设”链接到幻灯片 103，“院系设置”链接到幻灯片 104，“校园风光”链接到幻灯片 105。

超链接设置完毕后要进行验证，确保单击对应的点，能跳转到预期的目的地。断链、错链都要尽量避免。根据样张，在第三至第六张幻灯片的合适位置设置“返回”动作按钮，方法与插入“形状”相同，动作按钮位于形状区域的最下端。每个动作按钮默认都有对应的功能。可以自行调节，满足个人需要。

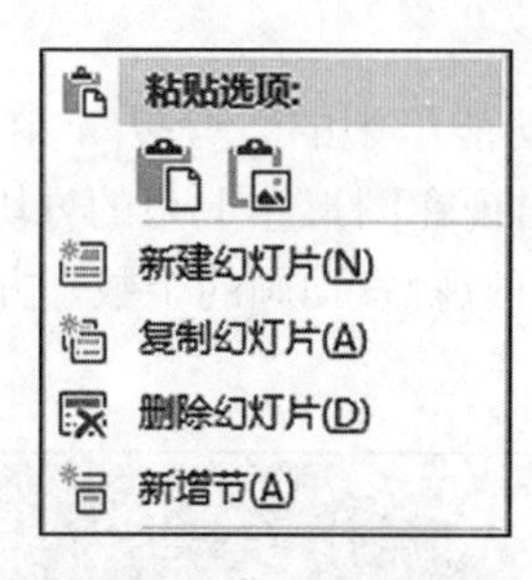

图 6-44 新增节操作

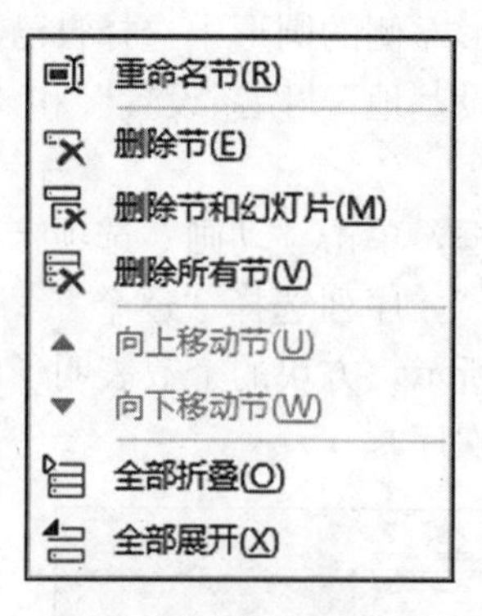

图 6-45 节的相关操作

(9) 第三张幻灯片版式为“竖排标题与文本”。学校简介文字在给定文件夹内。标题文字为“学校简介”，字体为华文行楷，字号为 54 号；内容字体为微软雅黑。为内容占位符添加进入动画“形状”；效果选项为“按段落菱形切入”；为内容文字添加同样的动画。“帘式”切换至第三张幻灯片。添加可返回第二张幻灯片的动作按钮。

选择第三张幻灯片，在“开始”选项卡“幻灯片”功能组中单击“版式”旁的下拉小三角按钮，找到并选择“竖排标题与文本”，此时，第三张幻灯片上出现虚线构建的区域。在标题中输入“学校简介”，从“开始”选项卡“字体”功能组中设置其字体为华文行楷，字号为 50 号，距标题文本框左边距 0.5 厘米。竖排介绍正文文本从给出的“实训六素材”文件夹中找到并复制，粘贴到幻灯片中时“选用目标主题”。选择该文本所在的虚框，从右侧出现的“设置形状格式”下的“文本选项”中设置文本框垂直对齐方式为“居中”，距离该边框的上下边距均调整为 0.3 厘米，左右边距调整为 0 厘米。在“格式”选项卡“形状样式”中选择“主题样式”为“彩色轮廓，深红，强调颜色 2”，边框设置完毕。

单击正文区域，选择“动画”选项卡“动画”功能组中的“形状”，在效果选项中选择“切入”，形状为“菱形”，序列为“按段落”。此时，内容占位符和内容文字的动画同时设置完成。在动画窗格中设置内容文字的动画在上一动画之后触发。在“切换”选项卡“切换到此幻灯片”功能组中选择“华丽型”中的“帘式”，从第二张幻灯片到第三张幻灯片的切换设置完成。在幻灯片上选择合适位置插入动作按钮“后退或前一项”并将其链接到第二张幻灯片。

(10) 在标题占位符中输入“基地建设”，将普通文本框标题占位符更改形状为“横卷形”。在左框中插入“万亩富硒有机旱作农业基地”图片，在右框中插入“贾家庄综合示范基地”图片；修改这两幅图的图片样式为印象棱台，白色。图片大小均为高 7.83 厘米，宽 11.61 厘米。进入第五张幻灯片的切换效果为华丽型中的“梳理”；效果选项为“水平”。添加可返回第二张幻灯片的动作按钮。

选择第四张幻灯片，在“开始”选项卡“幻灯片”功能组中设置版式为“两栏内容”。在标题占位符中输入“卓越校友”。然后选择“绘图工具”的“格式”选项卡，在“形状样式”功能组的“形状轮廓”里选择主题颜色“深红，个性色 2”，标题占位符显现出来，在“形状填充”中选择“深红，个性色 2，淡色 40%”，再在“插入形状”功能组中单击“编辑形状”旁的小三角下拉按钮，从中选择“更改形状”下“星与旗帜”中的“横卷形”。选择标题文本，设置字体为华文行楷，字号 54，居中对齐。在其下方左框中单击“图片”，插入图片“万亩富硒有机旱作农业基地”，同理，在右框中插入图片“贾家庄综合示范基地”。在“图片工具”的“格式”选项卡的“图片样式”功能组中为这两幅图设置样式“印象棱台，白色”。在“大小”功能组中设置两幅图片的高度为 7.83 厘米宽度为 11.61 厘米（单击“大小”功能组右下角的按钮，在“设置图片格式区域”中取消“锁定纵横比”选项的勾选）。在“切换”选项卡“切换到此幻灯片”功能组中选择华丽型中的“梳理”，设置其效果选项为“水平”。在幻灯片上选择合适位置插入动作按钮“后退或前一项”，并将其链接到第二张幻灯片。

（11）第五张幻灯片版式为“空白”。插入 SmartArt 图形中的表层次结构，将图形调整为样张所示，更改颜色为“个性色 1”。第一层山西农业大学所在边框加粗为 2.25 磅深红色。为第一层及第二层的部分图形填充“信纸”纹理。添加返回第二张幻灯片的动作按钮。以华丽型“立方体”向右的效果切换至第六张幻灯片。

选择第五张幻灯片，并设置其版式为“空白”。单击“插入”选项卡“插图”功能组中的 SmartArt，在弹出的“选择 SmartArt 图形”窗口中选取“表层次结构”，去掉最下面的一层，或者把最下面一层的基本图块升级到上一层，如图 6－46 所示。将图形调整成样张所示结构，将院所填入相应文本框（鉴于页面篇幅，只选填了部分学院），在“SmartArt 工具”下的“设计”选项卡的“SmartArt 样式”功能组中选择“更改颜色”中的“个性色 1”，在“图片工具”中的“格式”选项卡下的“图片样式”功能组中，在“图片边框”下为“山西农业大学”加 2.25 磅深红色边框。

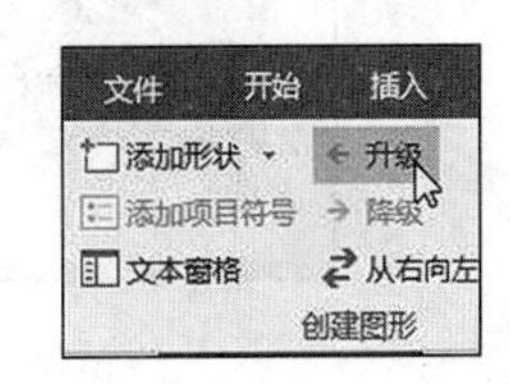

图 6－46　基本图块升级操作

按【Ctrl】键，选取第一层图块及第二层间隔的图块，在“SmartArt 工具”下的“格式”选项卡中选择“设置图片格式”，然后选择“形状选项”中的“填充”“图片或纹理填充”，选择纹理中的“信纸”，幻灯片设置初具模型。为该幻灯片设置返回目录的动作按钮。在“切换”选项卡下，选择华丽型中“立方体”向右的效果进入第六张幻灯片。

（12）第六张幻灯片版式为“比较”。按照样张添加文本及对应图片。修改两幅图样式为棱台矩形，大小为高 7.71 厘米，宽 11.74 厘米；精确定位两图：距离左上角垂直位置均为 8.41 厘米。文本“图书馆”和“思想湖”均为华文行楷，40 号，橙色，这些文本占位符均使用“草皮”图案填充，边框使用深红色，1 磅，实线，形状效果为“橙色，5pt 发光，个性色 1”。添加返回第二页的动作按钮。

选择第六张幻灯片。在“开始”选项卡“幻灯片”功能组中修改版式为“比较”。在标题中输入“校园风光”，设置字体为华文行楷，66 号字，深红色。在两个小标题处分别输入“图书馆”和“思想湖”，设置字体为华文行楷，字号 40，橙色。在“设置形状格式”中用草皮图案填充两块小标题占位符，并为其加上实线边框。边框使用深红色、1 磅、实线，形状效果：发光中的“橙色，5pt 发光，个性色 1”，如图 6－47 所示。

添加自己喜欢的图书馆和思想湖图片，调整两图大小为高度 7.71 厘米，宽度 11.74 厘米。双击图片，进入“图片工具”的“格式”选项卡，选择“图片样式”中的棱台矩形，为这两幅图设置样式。单击图片，右侧出现“设置图片格式”区域，选择“大小与属性”中的“位置”下的垂直位置，设置两图距离左上角垂直位置均为 8.41 厘米。在“校园风光”旁添

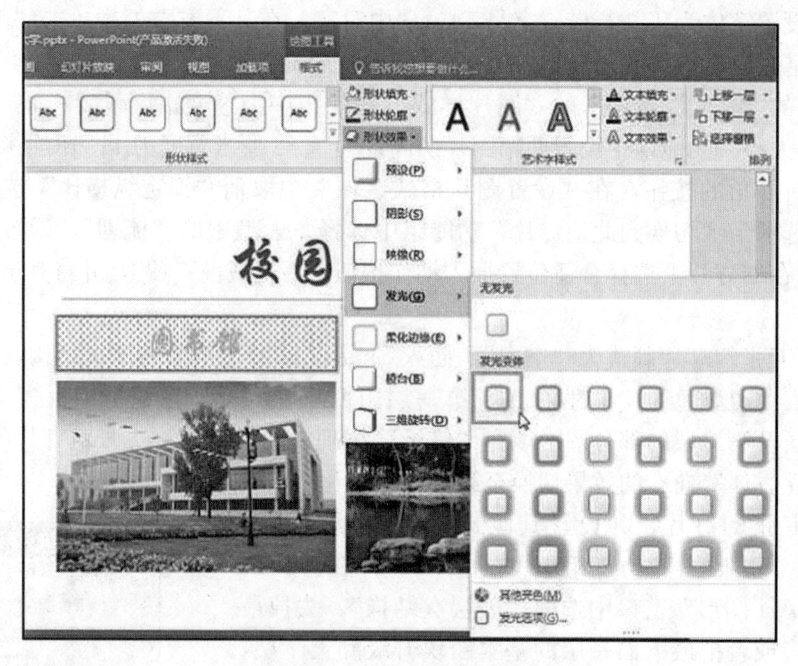

图 6-47　边框发光效果操作

加返回第二张幻灯片的动作按钮。

(13) 复制第四张幻灯片，形成第七张幻灯片。修改标题为艺术字“科研院所”，艺术字样式“填充-白色，轮廓-着色 1，发光-着色 1”。删除原有图片，在左侧插入“小麦所和谷子研究所”图片，调整其大小、位置、颜色；在右侧插入 2 行 2 列表格，调整表格样式为“中度样式 2-强调 2”，并调整表格内字体为微软雅黑，20 号，垂直居中对齐。通过“动态内容，窗口”切换到此幻灯片。

在导航区第四张幻灯片上单击右键，在弹出的快捷菜单中选择“复制幻灯片”，则复制好的幻灯片出现在其下方位置，拖动该幻灯片至导航区末尾，幻灯片编号自动发生对应变化。修改标题为“科研院所”；选中文本，调整其艺术字样式为“填充-白色，轮廓-着色 1，发光-着色 1”。双击左侧图片，打开“图片工具”下的“格式”选项卡，单击“调整”功能组的“更改图片”，插入“小麦所和谷子研究所”图片，更改图片样式为“柔化边缘椭圆”；调整“颜色”下的“颜色饱和度”为“饱和度：200%”；删除右侧图片，单击“插入表格”，插入 2 行 2 列表格，在表格中输入与样张一致的文本，调整表格样式为“中度样式 2，强调 2”，并调整表格内字体为微软雅黑，20 号，垂直居中对齐。通过“动态内容，窗口”切换到此幻灯片，持续时间为 2.5 秒。

(14) 为表格设置动画“轮子”，为照片依次设置动画“向上浮入”，再为表格添加动画“陀螺旋”，每个动画都在上个动画之后触发。

选中表格，单击“动画”选项卡下“动画”功能组中的“轮子”，在效果选项中选择 4 轮辐图案；从上到下，依次选中照片，为其设置进入动画“浮入”，在效果选项中选择向上；再次选中表格，通过单击“高级动画”功能组中“添加动画”下的小三角，为表格添加动画“陀螺旋”；至此，表格有 2 个动画，照片有 2 个动画，且顺序为表格→照片上→照片下→表格。利用动画窗格设置每个动画都在上个动画之后自动触发。

(15) 设置“幻灯片放映”为“演讲者放映（全屏幕）”“循环放映，按【Esc】键终止”。

单击“幻灯片放映”选项卡“设置”功能组中的“设置幻灯片放映”，在弹出的“设置放映方式”对话框中设定“放映类型”为“演讲者放映（全屏幕）”，在“放映选项”中勾选“循环放映，按【Esc】键终止”，单击“确定”，放映方式设置完成。

六 实训延伸

使用 PowerPoint 2016 可以制作出生动活泼、富有感染力的幻灯片。幻灯片可以用于报告、总结、演讲、授课等各种场合。借助声音、图片、视频和文字的创意搭配，用户可以明确而简洁地表达自己的观点。

PowerPoint 2016 的使用技巧，不仅仅局限于前面五部分内容，还有若干细节未详细讲述，下面就前面未详细讲述的内容做一补充。

1. 幻灯片顺序调整、隐藏

在制作完多张幻灯片之后，若想调整其先后次序，既可以在普通视图模式左侧的幻灯片大纲窗格/导航区中通过拖动的方式进行调整，也可以在幻灯片浏览视图中通过拖动的方式进行修改。幻灯片不仅可以新建、复制、删除，还可以进行隐藏。选择“幻灯片放映”选项卡，在“设置”功能组中为选中的幻灯片设置“隐藏幻灯片”，则这些被设置了隐藏的幻灯片在放映时不会出现。

2. 动画顺序调整

幻灯片的一个重要特色就是动画的设置。一个对象可以设置多个动画，一张幻灯片内可以有多个动画。对于已经设置好顺序的动画，若想调整其顺序，必须通过“动画”选项卡“高级动画”功能组中的“动画窗格”进行，可以通过拖动的方式改变原有动画的顺序，还可以删除已经设置的动画，也可以通过“计时”功能组中的“向前移动”或“向后移动”调整动画的播放顺序。

3. 截图及图片背景处理

PowerPoint 2016 中有“屏幕截图”功能，可以通过选择“插入”选项卡“图像”功能组中的“屏幕截图”实现。单击该图标下的下拉小三角，选取“屏幕剪辑”，会自动最小化当前编辑窗口，用户可以自由剪辑其余打开的文档界面或者桌面。在“图片工具”中的“格式”选项卡下，在“调整”功能组中有“删除背景”图标，选中图片后单击该图标，自动打开“背景消除”选项卡，可以标记选定图片中要保留的区域或者是要删除的区域。通过设置，使得图片更加符合需求。

4. 激光笔的使用

幻灯片放映时，为了指出正在讲授的内容，可以使鼠标变成激光笔。只需在幻灯片放映时按下键盘上的【Ctrl】键，同时按下鼠标左键，则激光笔形态即可变换成功。

5 特色功能简介

在 PowerPoint 2016 的“特色功能”选项卡下，可以创建 PDF，还可进行 PDF 与各种常用文件格式的转换，甚至提供了文档翻译、论文查重等个性化的服务，方便了用户的使用。幻灯片中不仅可以插入文本框、图片、图形、音频、视频，还可以插入表格以及基于 Excel 表格的图表。表格及图表的设置，参见实训五。

6 幻灯片的设计原则

（1）每张幻灯片上不要超过 7 行文字。

（2）标题文字要凝练，少而精。

（3）幻灯片上字体要大，能加粗的尽量加粗。

（4）背景不能过于繁杂。

（5）文字多而图形少时可用色块提高对比度，降低枯燥感。

（6）可通过插入音频、视频等多媒体文件来丰富幻灯片。

7 幻灯片在不同计算机上的排版错乱解决方案

为防止做好的 PPT 在不同的计算机上出现排版变动，可以这样处理：做好的 PPT 在保存时，先单击保存按钮旁边的“工具”按钮，在下拉列表中选择“保存选项”，在弹出的“PowerPoint 选项”窗口“保存”页框中勾选“将字体嵌入文件”及其下的“嵌入所有字符”，单击“确定”，最后单击“保存”，这样即可在任何人的计算机上都可以看到做好的效果了。

精心的准备，熟练的技巧，用心的设计，才能做出精彩的 PPT 演示文稿。

习题

一、单选题

1. 如需将 PowerPoint 演示文稿中的 SmartArt 图形列表内容通过动画效果一次性展现出来，最优的操作方法是（　　）。

A. 将 SmartArt 动画效果设置为“一次按级别”

B. 将 SmartArt 动画效果设置为“整批发送”

C. 将 SmartArt 动画效果设置为“逐个按分支”

D. 将 SmartArt 动画效果设置为“逐个按级别”

2. 在 PowerPoint 演示文稿中通过分节组织幻灯片，如果要选中某一节内的所有幻灯片，最优的操作方法是（　　）。

A. 选中该节的第一张幻灯片，然后按住【Shift】键，单击该节的最后一张幻灯片

B. 按【Ctrl+A】组合键

C. 单击节标题

D. 选中该节的一张幻灯片，然后按住【Ctrl】键，逐个选中该节的其他幻灯片

3. 如果需要在一个演示文稿每页幻灯片左下角的相同位置插入学校的校徽图片，最优的操作方法是（　　）。

A. 打开幻灯片浏览视图，将校徽图片插入幻灯片中

B. 打开幻灯片放映视图，将校徽图片插入幻灯片中

C. 打开幻灯片母版视图，将校徽图片插入母版中

D. 打开幻灯片普通视图，将校徽图片插入幻灯片中

4. 在 PowerPoint 演示文稿中，不可以使用的对象是（　　）。

A. 图片　　B. 超链接　　C. 书签　　D. 视频

5. 小姚负责新员工的入职培训，在培训演示文稿中需要制作公司的组织结构图，在 PowerPoint 中最优的操作方法是（　　）。

A. 先在幻灯片中分级输入组织结构图的文字内容，然后将文字转换为 SmartArt 组织结构图

B. 通过插入 SmartArt 图形制作组织结构图

C. 直接在幻灯片的适当位置通过绘图工具绘制出组织结构图

D. 通过插入图片或对象的方式，插入在其他程序中制作好的组织结构图

6. 在 PowerPoint 中，幻灯片浏览视图主要用于（　　）。

A. 对所有幻灯片进行整理编排或次序调整

B. 对幻灯片的内容进行编辑修改及格式调整

C. 观看幻灯片的播放效果

D. 对幻灯片的内容进行动画设计

7. 在 PowerPoint 中，旋转图片最快捷的方法是（　　）。

A. 设置图片格式　　B. 设置图片效果

C. 拖动图片四个角的任一控制点　　D. 拖动图片上方的绿色控制点

8. PowerPoint 演示文稿包含了 20 张幻灯片，如需要放映奇数页幻灯片，最优的操作方法是（　　）。

A. 将演示文稿的偶数张幻灯片设置为隐藏后再放映

B. 将演示文稿的偶数张幻灯片删除后再放映

C. 设置演示文稿的偶数张幻灯片的换片持续时间为 0.01 秒，自动换片时间为 0 秒，然后再放映

D. 将演示文稿的所有奇数张幻灯片添加到自定义放映方案中，然后再放映

9. 李老师制作完成了一个带有动画效果的 PowerPoint 教案，她希望在课堂上可以按照自己讲课的节奏自动播放，最优的操作方法是（　　）。

A. 为每张幻灯片设置特定的切换持续时间，并将演示文稿设置为自动播放

B. 将 PowerPoint 教案另存为视频文件

C. 在练习过程中，利用“排练计时”功能记录合适的幻灯片切换时间，然后播放即可

D. 根据讲课节奏，设置幻灯片中每一个对象的动画时间，以及每张幻灯片的自动换片时间

10. 小江在制作公司产品介绍的 PowerPoint 演示文稿时，希望每类产品可以通过不同

的演示主题进行展示，最优的操作方法是（　　）。

A. 为每类产品分别制作演示文稿，每份演示文稿均应用不同的主题，然后将这些演示文稿合并为一个

B. 为每类产品分别制作演示文稿，每份演示文稿均应用不同的主题

C. 在演示文稿中选中每类产品所包含的所有幻灯片，分别为其应用不同的主题

D. 通过 PowerPoint 中“主题分布”功能，直接应用不同的主题

11. 可以在 PowerPoint 同一窗口显示多张幻灯片，并在幻灯片下方显示编号的视图是（　　）。

A. 幻灯片浏览视图　　B. 备注页视图

C. 普通视图　　D. 阅读视图

12. 在 PowerPoint 中关于表格的叙述，错误的是（　　）。

A. 可以为表格设置图片背景

B. 只要将光标定位到幻灯片中的表格，立即出现“表格工具”选项卡

C. 不能在表格单元格中插入斜线

D. 在幻灯片浏览视图模式下，不可以向幻灯片中插入表格

13. 在 PowerPoint 中可以通过多种方法创建一张新幻灯片，下列操作方法错误的是（　　）。

A. 在普通视图的幻灯片缩略图窗格中定位光标，从“开始”选项卡中单击“新建幻灯片”按钮

B. 在普通视图的幻灯片缩略图窗格中单击右键，从快捷菜单中选择“新建幻灯片”命令

C. 在普通视图的幻灯片缩略图窗格中定位光标，从“插入”选项卡上单击“幻灯片”按钮

D. 在普通视图的幻灯片缩略图窗格中定位光标，然后按【Enter】键

14. 在 PowerPoint 普通视图中编辑幻灯片时，需将文本框中的文本级别由第二级调整为第三级，最优的操作方法是（　　）。

A. 当光标位于文本最右边时按【Tab】键

B. 当光标位于文本中时，单击“开始”选项卡上的“提高列表级别”按钮

C. 在文本最右边添加空格形成缩进效果

D. 在段落格式中设置文本之前的缩进距离

15. 小李利用 PowerPoint 制作一份学校简介的演示文稿，他希望将学校外景图片铺满每张幻灯片，最优的操作方法是（　　）。

A. 在幻灯片母版中插入该图片，并调整大小及排列方式

B. 将该图片作为背景插入并应用到全部幻灯片中

C. 将该图片文件作为对象插入全部幻灯片中

D. 在一张幻灯片中插入该图片，调整大小及排列方式，然后复制到其他幻灯片

16. 若需制作一份主要由图片构成的、介绍本地风景名胜的 PowerPoint 演示文稿，组织和管理大量图片的最有效的方法是（　　）。

A. 通过分节功能来组织和管理包含大量图片的幻灯片

B. 先在幻灯片母版中排列好图片占位符，然后在幻灯片中逐个插入图片

C. 通过插入相册功能制作包含大量图片的演示文稿

D. 直接在幻灯片中依次插入图片并进行适当排列和修饰

17. 在使用 PowerPoint 2016 放映演示文稿过程中，要使已经单击访问过的超链接的字体颜色自动变为红色，正确的方法是（　　）。

A. 新建主题颜色，将已访问的超链接的颜色设置为红色

B. 设置名为“主题事件”的主题效果

C. 新建主题字体，将已访问的超链接颜色设置为红色

D. 设置名为“主题事件”的主题颜色

18. PowerPoint 2016 演示文稿的首张幻灯片为标题版式，要从第二张幻灯片开始插入编号，并使编号值从 1 开始，正确的方法是（　　）。

A. 首先在“页面设置”对话框中，将幻灯片编号的起始值设置为 0，然后插入幻灯片编号

B. 直接插入幻灯片编号，并勾选“标题幻灯片中不显示”复选框

C. 首先在“页面设置”对话框中，将幻灯片编号的起始值设置为 0，然后插入幻灯片编号，并勾选“标题幻灯片中不显示”复选框

D. 从第二张幻灯片开始，依次插入文本框，并在其中输入正确的幻灯片编号

19. 小沈已经在 PowerPoint 演示文稿的标题幻灯片中输入了标题文字，他希望将标题文字转换为艺术字，最快捷的操作方法是（　　）。

A. 选中标题文本框，在“绘图工具”中“格式”选项卡的“艺术字样式”库中选择一个艺术字样式即可

B. 选中标题文字，执行“插入”选项卡中的“艺术字”命令并选择一个艺术字样式，然后删除原标题文本框

C. 在标题文本框中单击鼠标右键，在右键菜单中执行“转换为艺术字”命令

D. 将光标定位在该幻灯片的空白处，执行“插入”选项卡中的“艺术字”命令并选择一个艺术字样式，然后将原标题文字移动到艺术字文本框中

20. 小金在 PowerPoint 演示文稿中绘制了一个包含多个图形的流程图，他希望该流程图中的所有图形可以作为一个整体移动，最优的操作方法是（　　）。

A. 选择流程图中的所有图形，通过剪切、粘贴为“图片”功能将其转换为图片后再移动

B. 插入一幅绘图画布，将流程图中所有图形复制到绘图画布中后再整体移动绘图画布

C. 每次移动流程图时，先选中全部图形，然后再用鼠标拖动即可

D. 选择流程图中的所有图形，通过“绘图工具”的“格式”选项卡上的“组合”功能将其组合为一个整体之后再移动

21. 小马在 PowerPoint 演示文稿中插入了一幅人像图片，现需要将该图片中的浓重背景删除，最优的操作方法是（　　）。

A. 先在 Photoshop 等图形图像软件中进行处理后，再将该图片插入幻灯片中

B. 在 PowerPoint 中，通过“图片工具”的“格式”选项卡上的“删除背景”工具删除图片背景

C. 在 PowerPoint 中，通过“图片工具”的“格式”选项卡上的“剪裁”工具删除图片背景

D. 在 PowerPoint 中，通过“图片工具”的“格式”选项卡上的“颜色”工具设置图片背景为透明色

22. 在 PowerPoint 2016 中，要插入一张本机上大小为 5MB 的图片，但希望尽量不使演示文稿所占空间变大，最优的操作方法是（　　）。

A. 对插入的图片进行裁剪　　B. 对插入的图片进行压缩

C. 将插入的图片尺寸调小　　D. 以“链接到文件”的方式插入图片

23. 在 PowerPoint 2016 的下列视图模式中，无法查看动画效果的是（　　）。

A. 幻灯片浏览视图　　B. 阅读视图

C. 普通视图　　D. 备注页视图

24. 在 PowerPoint 2016 中，将一个高为 2 厘米，宽为 4 厘米的矩形高度调整为 3 厘米，在默认状态下，其宽度将变为（　　）。

A. 6 厘米　　B. 5 厘米

C. 保持 4 厘米不变　　D. 3 厘米

25. 小李希望对插入 PowerPoint 2016 演示文稿中的一幅图片应用多个动画效果，正确的操作方法是（　　）。

A. 先添加一个动画效果，然后通过“高级动画”选项卡中的“添加动画”功能在同一对象上增加新的动画

B. 复制两个相同的图片，分别应用不同的动画效果后，再将其完全重叠

C. 选中图片，在“动画”选项卡的动画列表中依次选择不同的动画效果即可

D. 不能对一幅图片添加多个不同的动画效果

二、操作题

1. 本题所用的资料全部放在“练习 1”文件夹中，请打开“练习 1. pptx”，按照要求进行操作，操作完成后保存操作结果，最终效果如图 6 - 48 所示。

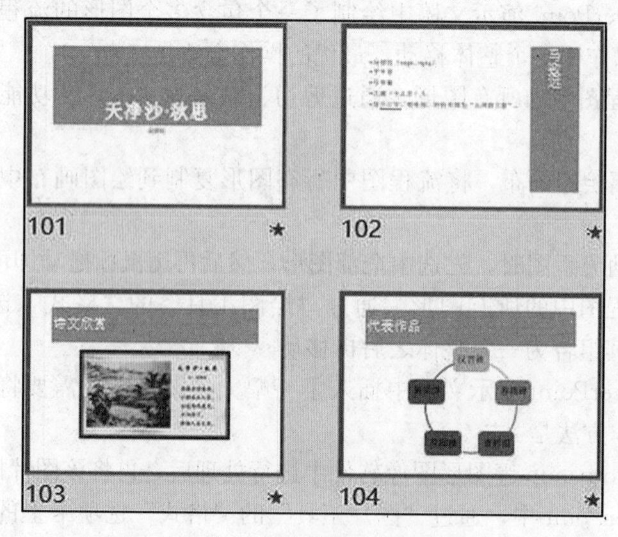

图 6 - 48　练习 1 样张

(1) 幻灯片大小为 A4，编号起始值为 101；应用“基础”主题，第三种变体；编辑主题幻灯片母版，标题占位符采用第三行第四列形状样式。

(2) 将第三张幻灯片移至第二张，文字“关汉卿”插入超链接，链接到网址 http://www.baidu.com。

(3) 将第三张幻灯片更改为“仅标题”版式，标题为“诗文欣赏”，插入图片“图1.jpg”，应用“复杂框架，黑色”图片样式。

(4) 将第四张幻灯片文本（5 段）转换成 SmartArt 图形，即循环类的不定项循环，应用“彩色范围，个性色 5 至 6”主题颜色和“细微效果”样式；整个图形添加进入类动画“飞入，自左下部，上一动画之后，快速 1 秒，逐个播放”。

(5) 为所有幻灯片设置切换效果“随机线条，水平，持续时间 0.5 秒”。

2. 本题所用的资料全部放在“练习 2”文件夹中，请打开“练习 2.pptx”，按照要求进行操作，操作完成后保存操作结果，最终效果如图 6-49 所示。

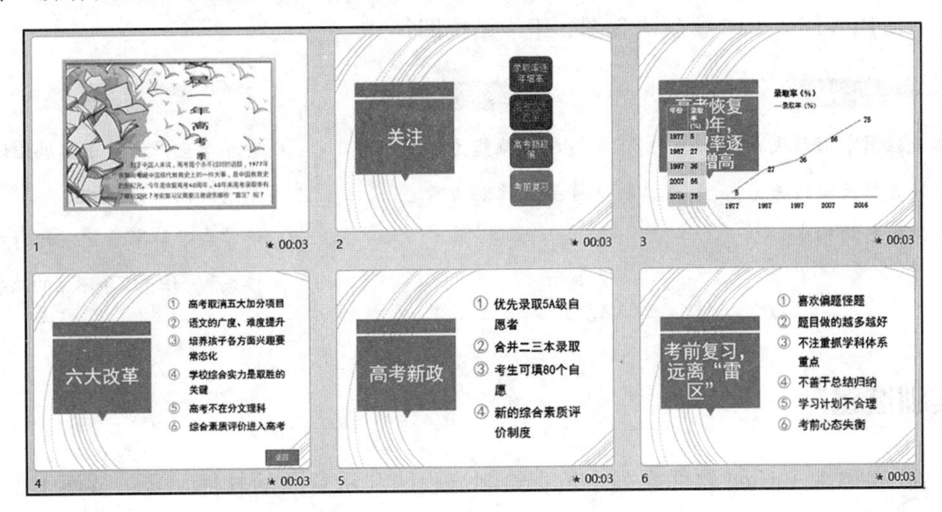

图 6-49　练习 2 样张

(1) 设置幻灯片主题为“地图集”，第四种变体；幻灯片大小为 A4；设置主题幻灯片母版格式，其中标题格式为黑体，54 号；第一级文本格式为黑体，38 号，1.5 倍行距，添加编号为“①，120%字高”。

(2) 新建“空白”版式幻灯片，作为第一张幻灯片。插入图片“封面.jpg”，应用“金属框架”图片样式；为该图片添加两个动画，第一个是“进入：螺旋飞入”，慢速（3 秒）；第二个是“强调：跷跷板”，上一动画之后开始、延迟 3 秒。

(3) 在第二张幻灯片中，将文本转换为 SmartArt 图形“垂直块列表”，更改颜色为第一种彩色；将“高考六大改革”文字超链接到第四张幻灯片。

(4) 在第四张幻灯片中，在右下角添加“动作按钮：空白”，链接到第二张幻灯片，显示文字“返回”。

(5) 所有幻灯片切换效果均为“华丽：立方体”，设置自动换片时间为 3 秒。

参考答案

实训七 Visio 2016 图形绘制

一 实训目的

（1）熟悉 Visio 2016 的操作环境。

（2）掌握运用 Visio 2016 进行图形绘制的基本方法，结合事物处理流程，建立相应的 Visio 图形。

（3）应用 Visio 2016 绘制流程图、组织结构图等。

知识	能力	素质
▸ 基本流程图常用形状表示 ▸ 跨职能流程图的画法 ▸ 组织结构图的构建	▸ 逻辑思维能力 ▸ 事务处理能力	▸ 培养学生严谨的逻辑思维能力，塑造大国工匠精神 ▸ 使学生了解事物处理时的先后衔接关系，培养有条不紊的做事风格

二 实训准备

Visio 2016 是 Office 软件系列中负责绘制流程图和示意图的软件，是一款便于 IT 和商务人员对复杂信息、系统和流程进行可视化处理、分析与交流的软件。与前一个实训中讲述的 PPT 相比，Visio 的优势在于其有动态连接线，并且能把下一组直接拖到上一组，可自动连线，每个图形也可以自由地生成相关的下一级图形。另外，Visio 中图形种类多，流程图模板多，这些功能是 PPT 所欠缺的。下一个实训中讲述的 Access 数据库中的数据也可以导入 Visio 2016 中生成数据透视图等。

1. 流程图

流程图是将解决问题的详细步骤，分别用特殊的图形符号表示，图形符号之间用带箭头的线条连接以表示处理的流程。

2. 基本流程图结构

基本流程图包括顺序结构、选择结构和循环结构。

① 顺序结构：顺序结构是最简单的流程结构，表示处理程序按顺序进行，其画法如图 7－1所示。

② 选择结构：又称条件结构，表示流程依据某个判断条件，根据结果“是”或“否”分别进行不同的程序处理，其画法如图 7－2 和图 7－3 所示。

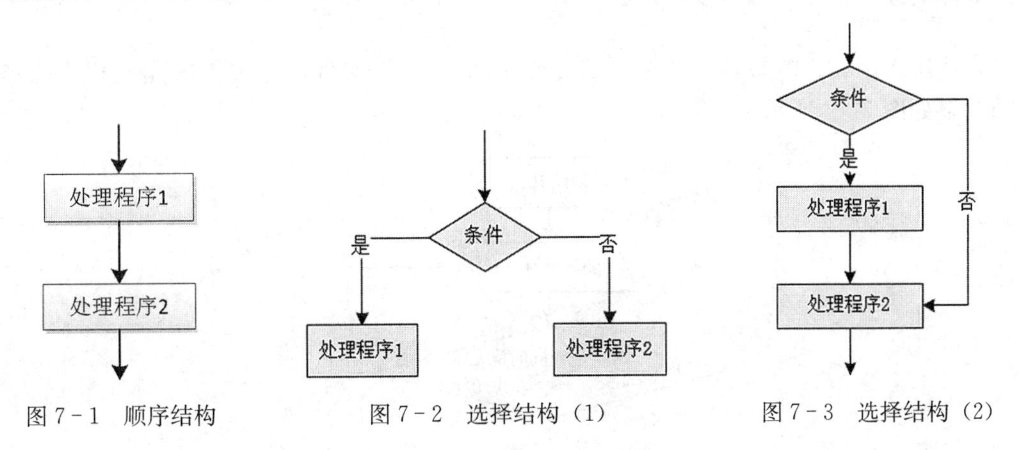

图 7－1　顺序结构　　图 7－2　选择结构（1）　　图 7－3　选择结构（2）

③ 循环结构：包含一个条件语句和程序执行语句，表示程序处理按某条件循环执行。该结构分为当型、直到型两种，其画法如图 7－4 和图 7－5 所示。

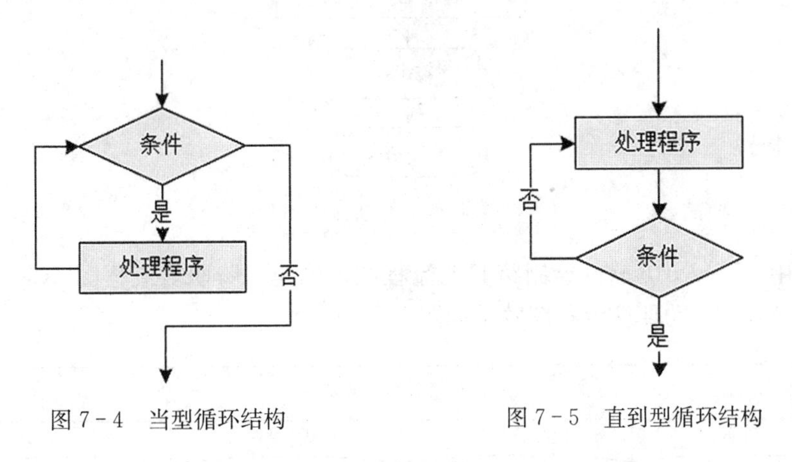

图 7－4　当型循环结构　　图 7－5　直到型循环结构

在实际应用中，顺序结构、选择结构和循环结构并不是彼此孤立的，根据实际需求可以相互嵌套。

3. 形状

Visio 2016 中的所有图标元素都称为形状，形状是 Visio 2016 中最基本的绘图单元，形状包括形状窗格提供的图形，绘制的各种文本框、线条，以及插入的图片、图表等。

流程图使用一些标准形状代表某些特定的操作或处理，下面是一些常用的流程图形状：

① 圆角矩形：表示“开始”或“结束”。

② 矩形：表示行动方案、普通工作环节。

③ 菱形：表示问题判断或判定环节。

④ 平行四边形：表示输入输出。

⑤ 箭头↓：表示工作流方向。

三 实训内容

（1）使用 Visio 2016 软件，创建“算法流程图 . vsd”文件，并按要求完成相应操作，流程图效果如图 7 - 6 所示。

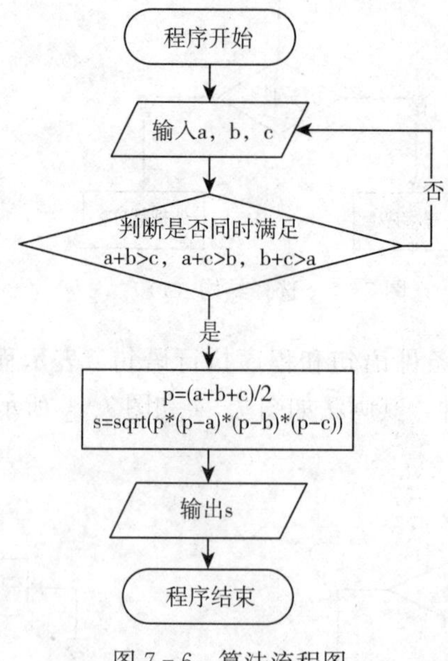

图 7 - 6　算法流程图

（2）使用 Visio 2016 软件绘制跨职能流程图，创建“跨职能流程图 . vsd”文件，并按要求完成相应操作，跨职能流程图效果如图 7 - 7 所示。

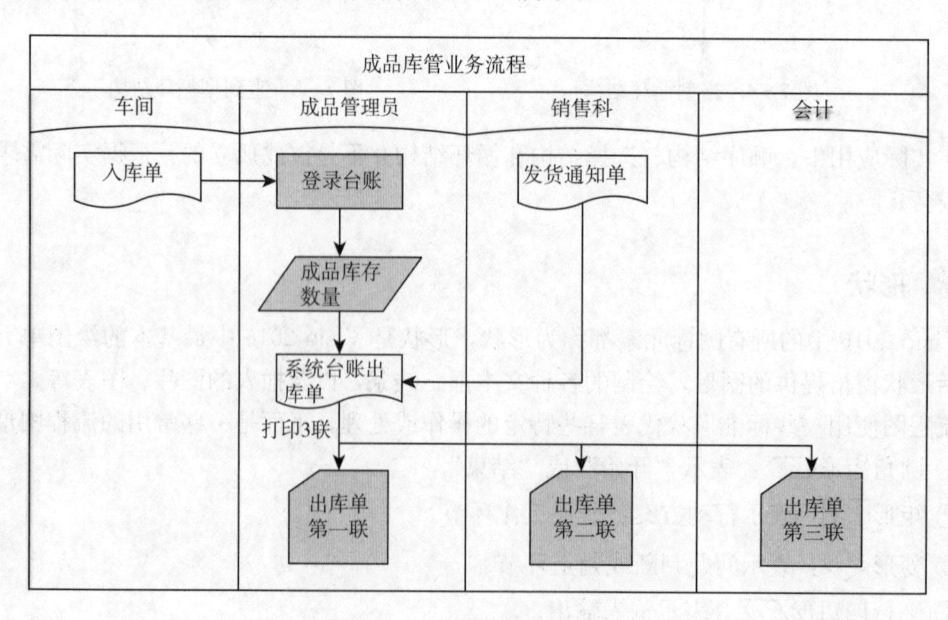

图 7 - 7　跨职能流程图

(3) 使用 Visio 2016 软件绘制某个单位的组织结构图，创建“组织结构图 . vsd”文件，并按要求完成相应操作，效果如图 7－8 所示。

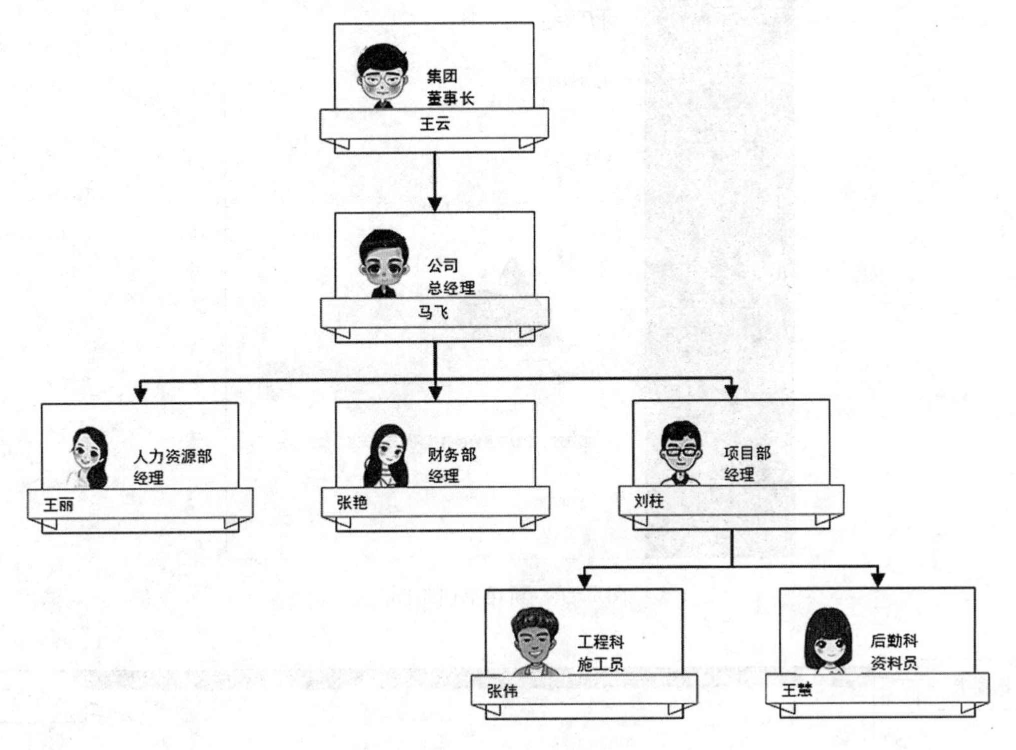

图 7－8 组织结构图

四 实训要求

(1) 在 Visio 2016 软件环境中，使用 Visio 2016 提供的模板，绘制模拟计算机程序计算三角形面积过程的基本流程图。

(2) 在 Visio 2016 软件环境中，完成跨职能流程图的绘制。

(3) 在 Visio 2016 软件环境中，使用模板和向导绘制组织结构图，并进行组织结构图和 Excel 数据表的互相转化。

五 实训步骤

(1) 在 Visio 2016 软件环境中，使用 Visio 2016 提供的模板，绘制模拟计算机程序计算三角形面积过程的基本流程图。

① 使用“基本流程图”模板：单击“文件”菜单中的“新建”命令，选择“空白绘图”，如图 7－9 所示；弹出“创建”对话框，单击“创建”选项，弹出编辑界面，如图 7－10 所示。单击形状窗格中的“更多形状”，选择“流程图”中的“基本流程图形状”，如图 7－11 所示。

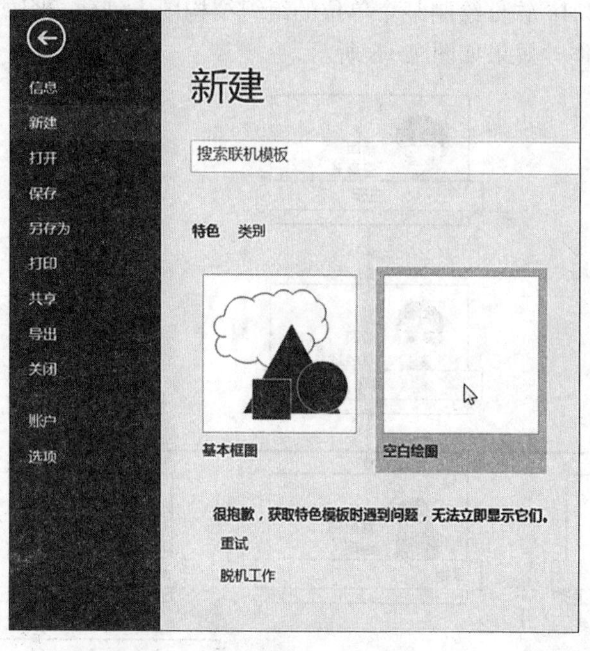

图 7-9　新建空白绘图

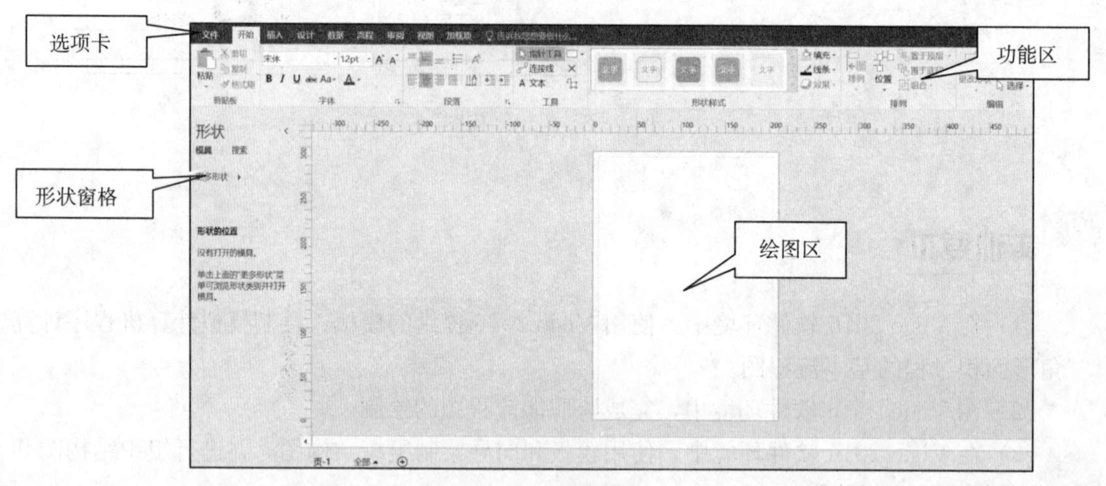

图 7-10　编辑界面

② 在绘图区创建第一个形状：将左侧形状窗格中的“开始/结束”形状拖到绘图区的合适位置，单击已经创建的形状，形状周围出现 8 个白色矩形“选择手柄”，通过“选择手柄”可调整形状的大小；通过形状顶端的圆形“旋转手柄”可调整形状的角度，如图 7-12 所示。双击当前形状，在出现的文本编辑框中输入“程序开始”，设置适当的文本字体格式及字号，第一个形状创建完成。

③ 其他形状的创建：将窗格中“数据”形状拖到绘图区“程序开始”形状下方，适当调整其形状，并双击输入文本“输入 a，b，c”。

④ 连接线的使用：在“开始”选项卡“工具”功能组中，单击“连接线”按钮，拖动

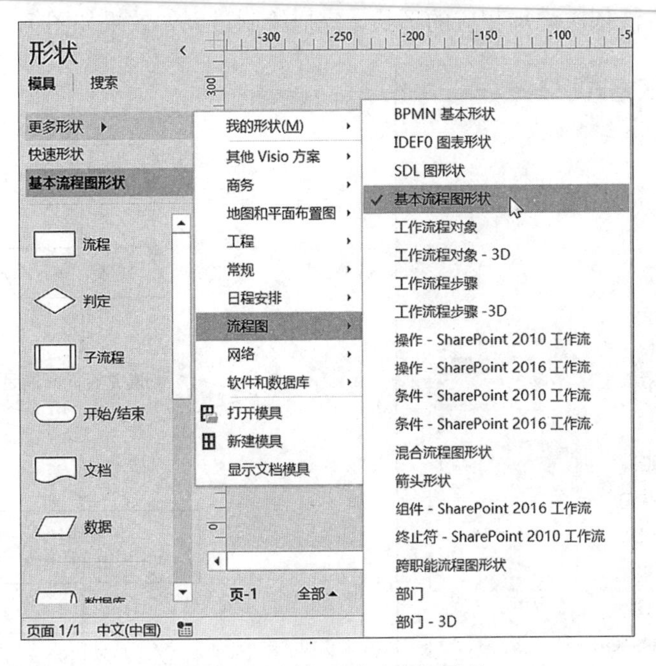

图 7－11　添加基本流程图形状

光标连接当前两个形状，如图 7－13 所示；敲击【Esc】键取消“连接线”功能。单击连接线，在“开始”选项卡“形状样式”功能组中，单击“线条”按钮，选择“线条选项”，如图 7－14 所示，窗口右侧弹出“设置形状格式”窗格，设置连接线格式，包括颜色、宽度、箭头类型等属性，如图 7－15所示。

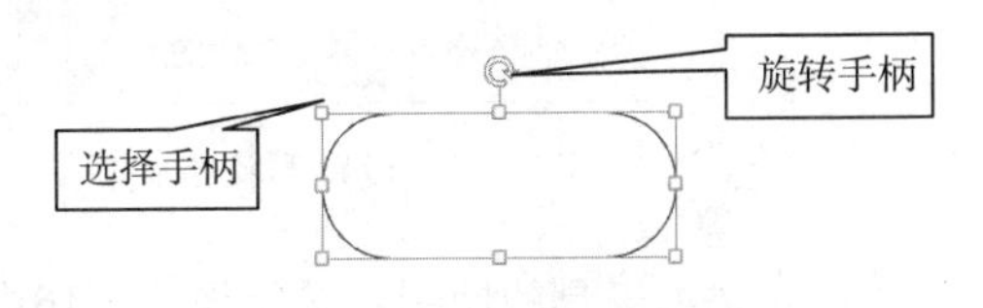

图 7－12　选择手柄和旋转手柄

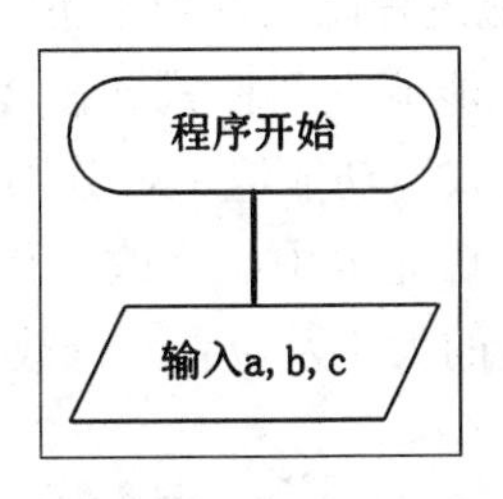

图7－13　使用连接线

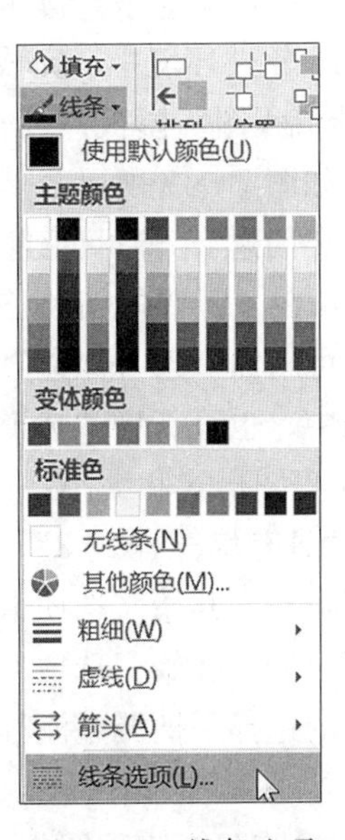

图 7－14　线条选项

⑤ 按照以上方法依次添加相应的形状，完成绘制过程，效果如图 7－16 所示。

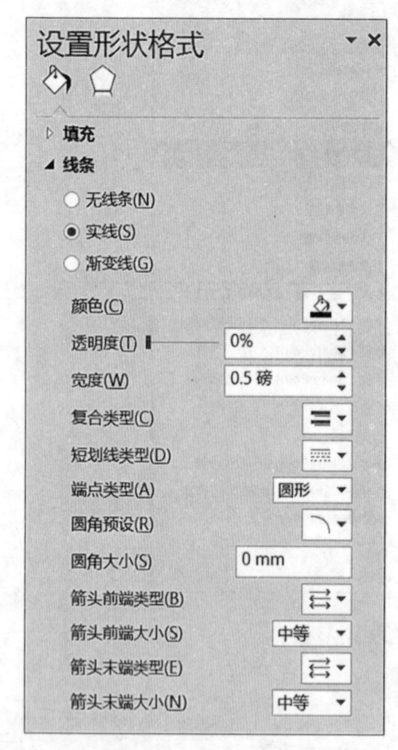

图 7－15　设置形状格式

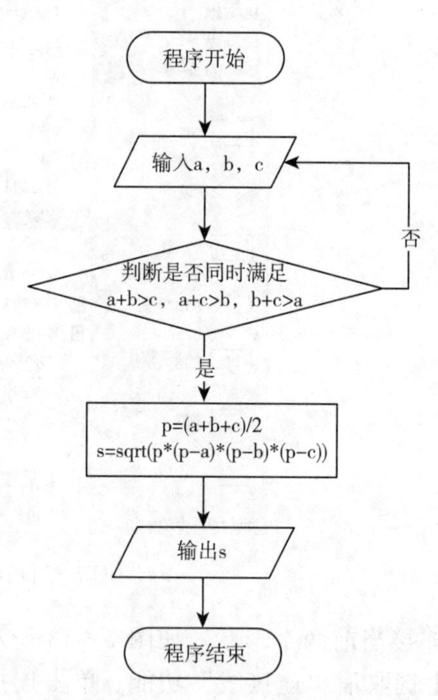

图 7－16　计算三角形面积算法流程图

⑥ 文本工具的使用：选定图 7－16 所示的连接线，单击“开始”选项卡“工具”功能组中的“文本”按钮，在出现的文本编辑框中输入相应的文本，或者双击连接线也可以出现文本编辑框。

至此，基本流程图已创建完成，读者可依此方法设计满足不同应用需求的流程图。

(2) 在 Visio 2016 软件环境中，完成跨职能流程图的绘制。

① 使用“跨职能流程图”模板：打开 Visio 2016，在“文件”菜单的“新建”命令中，单击“类别”选项，如图 7－17 所示。然后选择“流程图”模板中的“跨职能流程图”，如图 7－18 所示，单击“创建”，即可创建如图 7－19 所示的跨职能流程图。

② 新增“泳道”：在“跨职能流程图”选项卡下的“插入”功能组中，单击“泳道”，如图 7－20 所示，即可增加一条“泳道”。或将左侧“跨职能流程图形状”窗格中的“泳道”形状拖到当前流程图中，也可新增“泳道”。增加“泳道”后的流程图如图 7－21 所示。

③ 调整跨职能流程图样式和大小：在“跨职能流程图”选项卡下的“设计”功能组中，单击“样式”，选择“具有填充样式 3”，调整跨职能流程图样式。按【Ctrl＋A】快捷键全部选定跨职能流程图，在“开始”选项卡“形状样式”功能组中，分别修改填充色为“无填充”、线条为“黑色”。在“开始”选项卡“字体”功能组中，修改字体颜色为“黑色”，最后通过跨职能流程图的选择手柄调整流程图到适当的大小及位置。修改后的跨职能流程图如图 7－22 所示。

④ 编辑文本：双击跨职能流程图中的“标题”文本，在文本编辑框中将其改为“成品

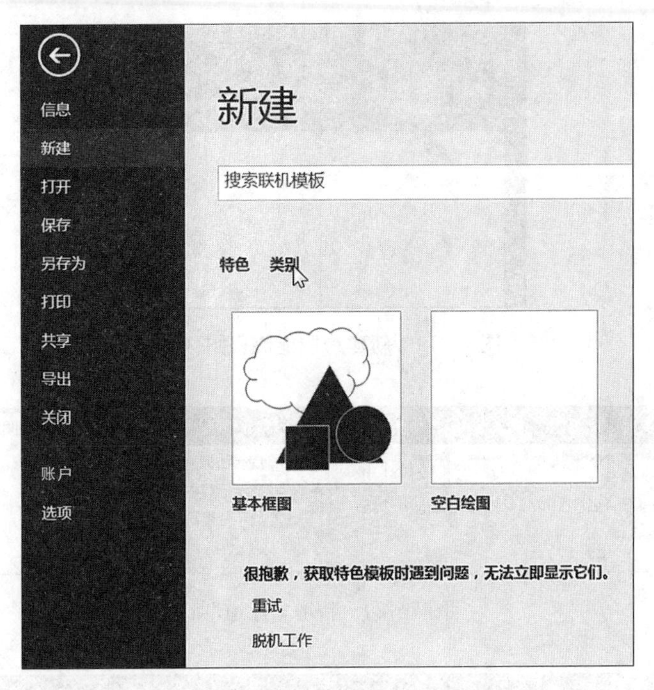

图 7－17　新建跨职能流程图（1）

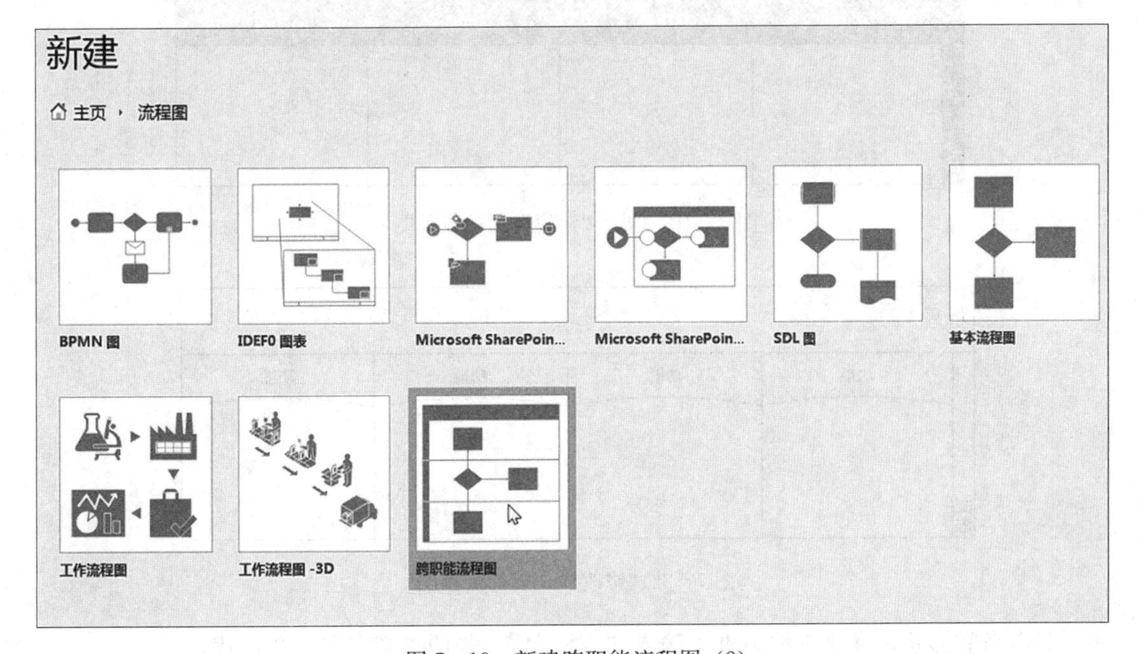

图 7－18　新建跨职能流程图（2）

库管业务流程”，将文字居中对齐。用同样的方法将“功能”分别改为“车间”“成品管理员”“销售科”“会计”，并设置文本的字体及格式，如图 7－23 所示。

⑤ 形状的添加与编辑：将形状窗格中的“文档”形状拖到绘图区的“车间”泳道下，拖动过程中 Visio 会将拖动的形状根据泳道左对齐、居中对齐或右对齐。

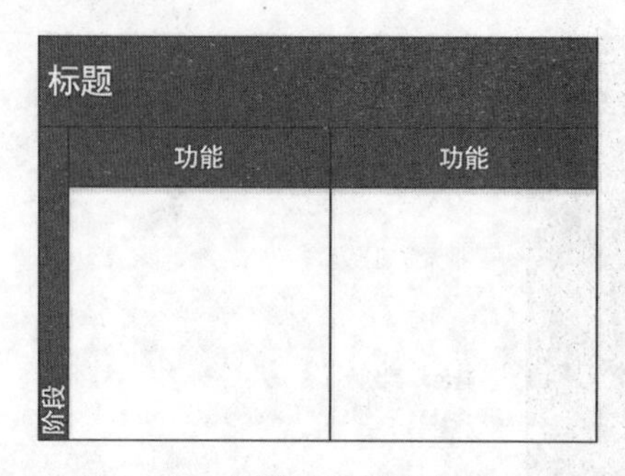

图 7-19　新建跨职能流程图（3）

图 7-20　新增“泳道”

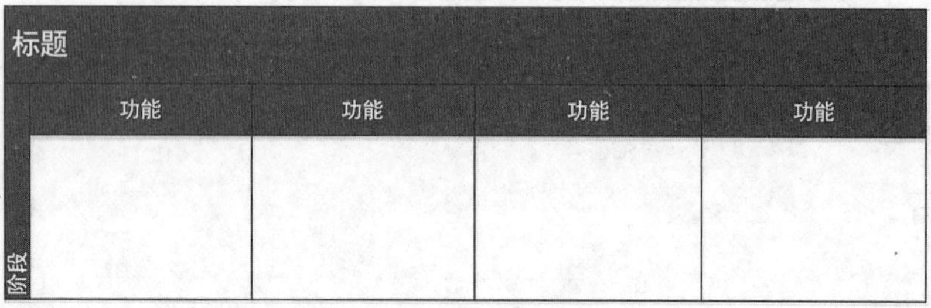

图 7-21　增加“泳道”后的流程图

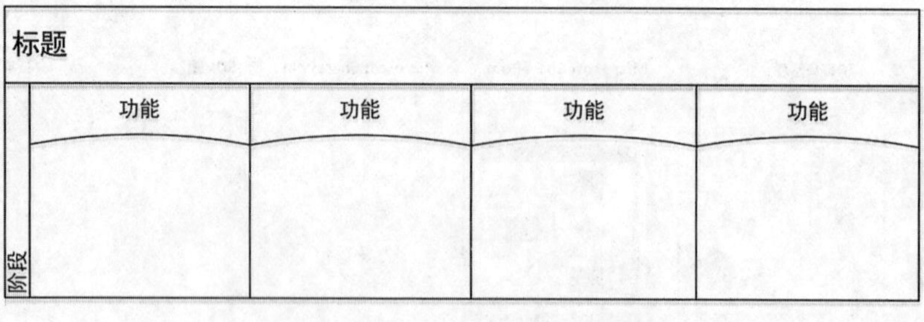

图 7-22　修改样式后的流程图

双击当前形状，在文本编辑框中输入“入库单”，并调整文本字体及格式。

通过浮动工具栏或拖动形状窗格中具体形状到绘图区的方式，参看图 7-7，创建跨职能流程图的其他形状，并分别调整各自大小、位置及格式，编辑文本内容。

⑥ 形状间距及位置的调整：单击“开始”选项卡“排列”功能组中的“位置”按钮，选择“自动对齐和自动调整间距”可以调整流程图的间距与对齐方式。对于多个形状位置的调整，首先选取欲调整位置的多个形状，然后选择“位置”按钮所包含的对齐方式即可。

成品库管业务流程			
车间	成品管理员	销售科	会计

图 7-23　编辑文本

⑦ 分隔线的显示/隐藏设置：对于有多个阶段绘图需求的流程图，可将形状窗格中的“分割线（垂直）”拖到绘图区，在垂直跨职能流程图内的两个阶段之间添加水平分隔符。本例只有一个阶段，在“跨职能流程图”选项卡“设计”功能组中，不勾选“显示分隔符”，即可隐藏流程图最左侧“阶段”所在的文本框。

至此，跨职能流程图绘制完成。

(3) 在 Visio 2016 软件环境中，使用模板和向导绘制组织结构图，并进行组织结构图和 Excel 数据表的互相转化。

① 使用“组织结构图”模板绘制组织结构图：在“文件”菜单下，选择“新建”命令，在弹出的对话框中单击“类别”，选择“商务”模板中的“组织结构图”，单击“创建”，在形状窗格中显示“带-组织结构图形状”，如图 7-24 所示。同样，在“更多形状”中也可以找到“带-组织结构图形状”，此外，除了“带-组织结构图形状”外还有“凹槽-组织结构图形状”“石头-组织结构图形状”等多种组织结构图形状模板。

图 7-24　带-组织结构图形状

将形状窗格中的“高管带”拖到绘图区合适的位置，当前形状显示字段为“姓名”和“职务”，如图 7-25 所示。

在“组织结构图”选项卡“形状”功能组中，单击右下角的“显示选项”按钮，在弹出的窗口中，通过“选项”属性修改形状的大小；在“字段”项中勾选“部门”，通过“上移”“下移”按钮将其移动到最上方，如图 7-26、图 7-27 所示。单击形状，在“开始”选项卡“字体”功能组中对每个字段的字体、大小及颜色分别进行适当的修改，双击形状，将当前形状的“部门”改为“集团”，“职务”改为“董事长”，“姓名”改为“王云”，如图 7-28所示。

图 7-25　绘制形状

将形状窗格中的“经理带”形状拖到绘图区，并覆盖已创建好的“高管带”形状，新添加的“经理带”形状会作为“高管带”形状的下属，调整相应的位置，将新绘制的二级形状中的文本按照图 7-8 所示的要求做相应的修改，如图 7-29 所示。

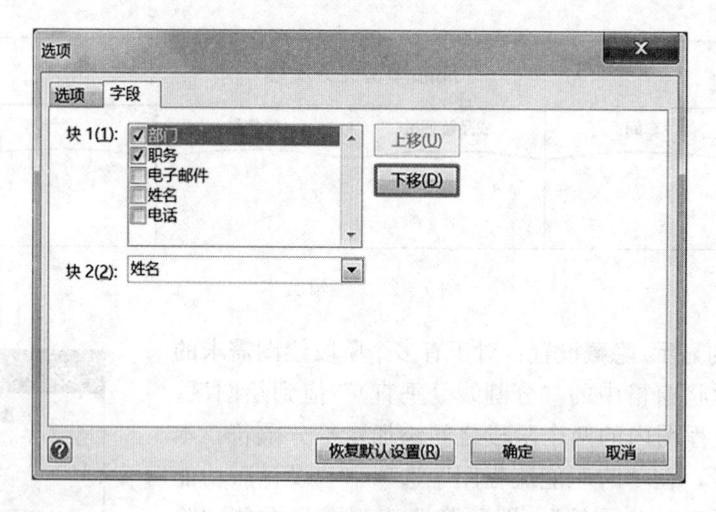

图 7－26　修改字段属性

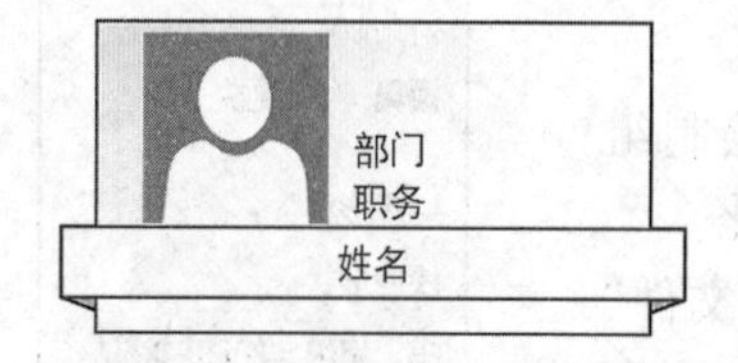

图 7－27　修改形状内容

图 7－28　修改字段后形状

参照图 7－8 所示样式，依据上述形状的绘制方法，将“职位带”形状拖到绘图区“经理带”形状上面，作为“经理带”级的下属，用相同方法再绘制 2 个“职位带”形状。选中新添加的 3 个“职位带”形状，在“组织结构图”选项卡下的“布局”功能组中，选择“水平居中”，将当前 3 个形状进行合理布局。

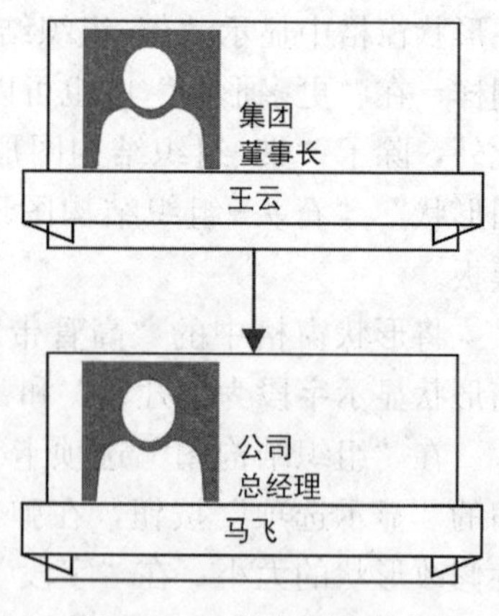

图 7－29　绘制经理形状

参照图 7－8 所示样式，分别将绘图区新添加形状中的字段做相应的修改。

在绘制的组织结构图中，选中第一级形状，在“组织结构图”选项卡下的“图片”功能组中，选择“插入”下方的三角形按钮，单击“图片”，在弹出的“插入图片”对话框中选定要插入的图片，单击“打开”，插入相应的图片，对插入的图片大小及位置进行适当的调整。以同样的方式为其他的形状添加图片，并做适当的调整。

至此，组织结构图绘制完成。

② 使用“组织结构图向导”绘制组织结构图：本例要求先在 Excel 2016 中创建如表 7－1 所示的“示例数据表”。创建数据表时，需注意每个人员的所属关系，所属关系决定其在组织结构图中的位置。除第一级形状对应的人员外，下一级形状对应人员的“所属部门”项都要对应上一级的“部门”项。

表 7-1　示例数据表

员工编号	部门	姓名	职务	所属部门
A001	集团	王云	董事长	
B001	公司	马飞	总经理	A001
C001	人力资源部	王丽	经理	B001
C002	财务部	张艳	经理	B001
C003	项目部	刘柱	经理	B001
D004	工程科	张伟	施工员	C003
D005	后勤科	王慧	资料员	C003

a. 在“新建”选项中，选择“类别”，单击“商务”模板中的“组织结构图向导”，如图 7-30 所示，单击“创建”。

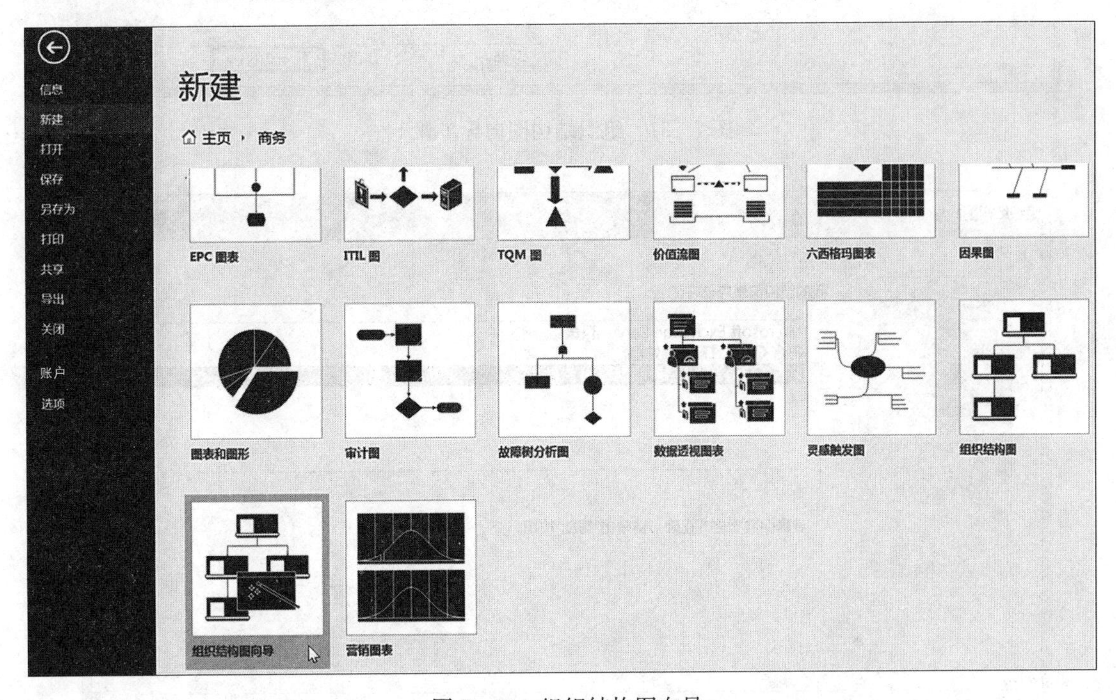

图 7-30　组织结构图向导

b. 在弹出的“组织结构图向导”对话框中，选择“已存储在文件或数据库中的信息”，单击“下一步”，如图 7-31 所示。

c. 在弹出的对话框中选择第三个选项，单击“下一步”，如图 7-32 所示。

d. 在弹出的对话框中，单击“浏览”，选择 Excel 数据表存储的路径及文件，单击“下一步”，如图 7-33 所示。

e. 在弹出的对话框中将“隶属于”选项改为“所属部门”，单击“下一步”，如图 7-34 所示。

f. 在弹出的对话框中将“部门”“姓名”“职务”添加到显示字段中，并调整显示顺序，单击“下一步”，如图 7-35 所示。

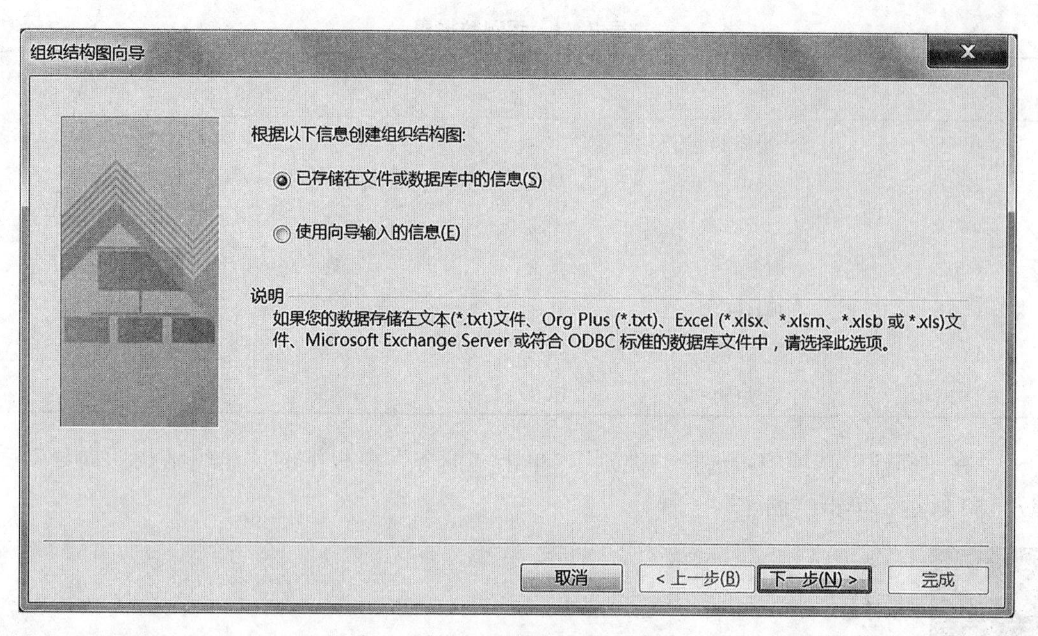

图 7-31　组织结构图向导步骤 1

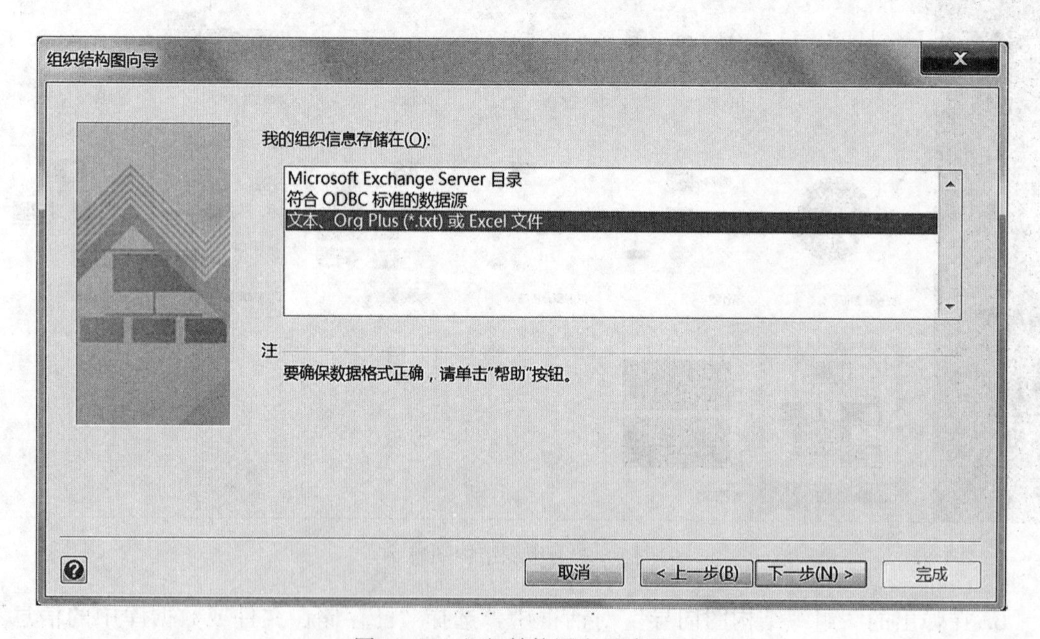

图 7-32　组织结构图向导步骤 2

g. 在弹出的对话框中分别将“所属部门”“部门”“姓名”“职务”字段添加到“形状数据字段”中，单击“下一步”，如图 7-36 所示。

h. 在弹出的对话框中选择“查找包含您的组织图片的文件夹”，单击“浏览”按钮，找到组织图片存储的路径。在“基于以下内容匹配图片”的下拉列表中选择“姓名”，单击“下一步”，如图 7-37 所示。注意：图片文件命名方式必须与导入的 Excel 中“姓名”字段相匹配，如图 7-38 所示。

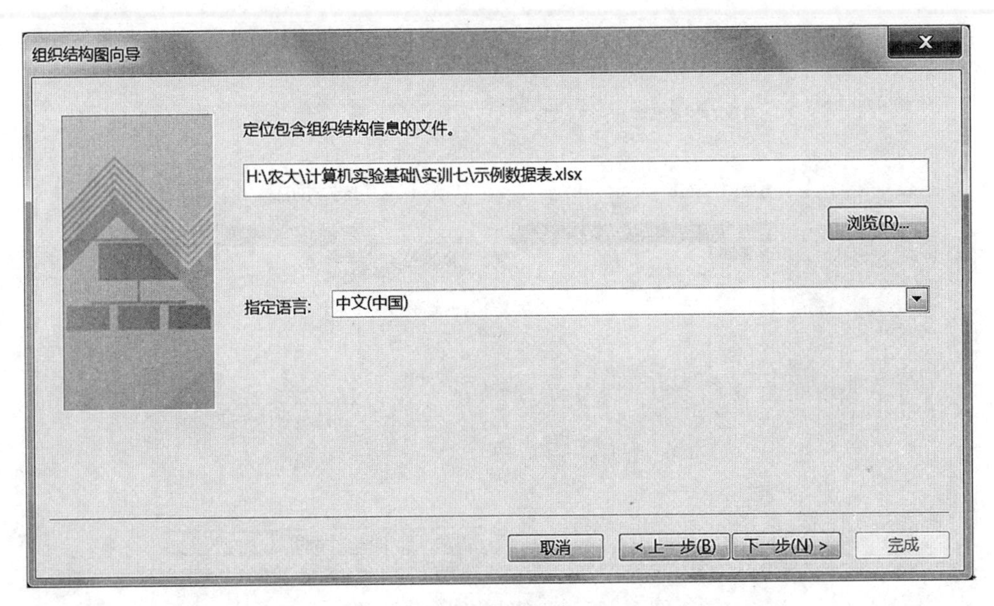

图 7-33　组织结构图向导步骤 3

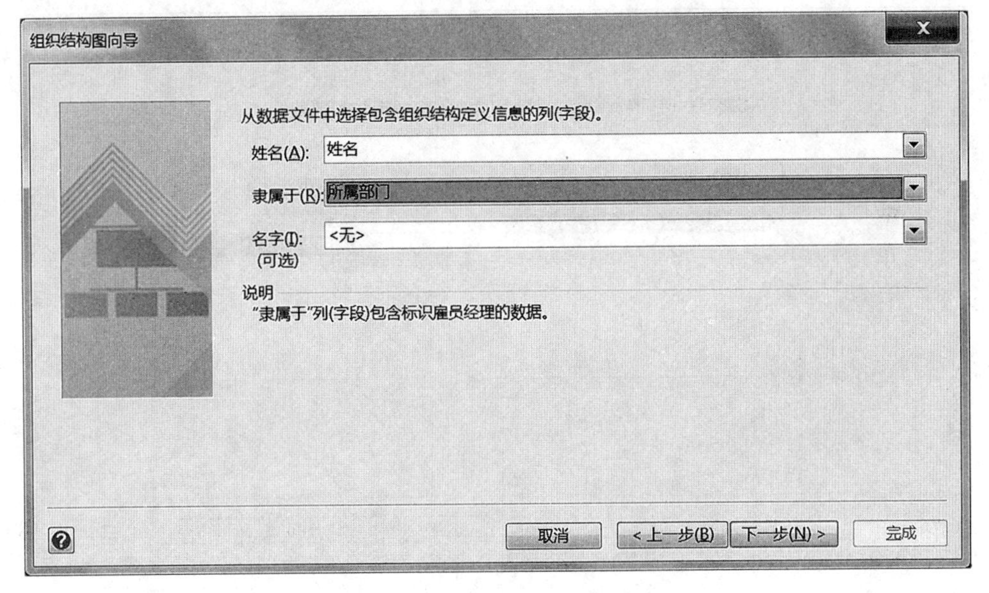

图 7-34　组织结构图向导步骤 4

i. 在弹出的对话框中选择“页面顶部的名称”的下拉列表中的“顶层总经理形状”，单击“完成”，如图 7-39 所示，至此完成组织结构图的绘制。按【Ctrl+A】组合键全选组织结构图，在“组织结构图”选项卡“布局”功能组中选择“水平居中”。

③ 通过导入 Excel 数据绘制组织结构图：通过导入 Excel 数据完成组织结构图的绘制，首先要求创建如表 7-1 所示样式的 Excel 数据表，表内容可自行添加。

打开 Visio 2016 软件，在“文件”菜单“新建”命令中，选择“商务”模板中的“组织结构图”，单击“创建”。

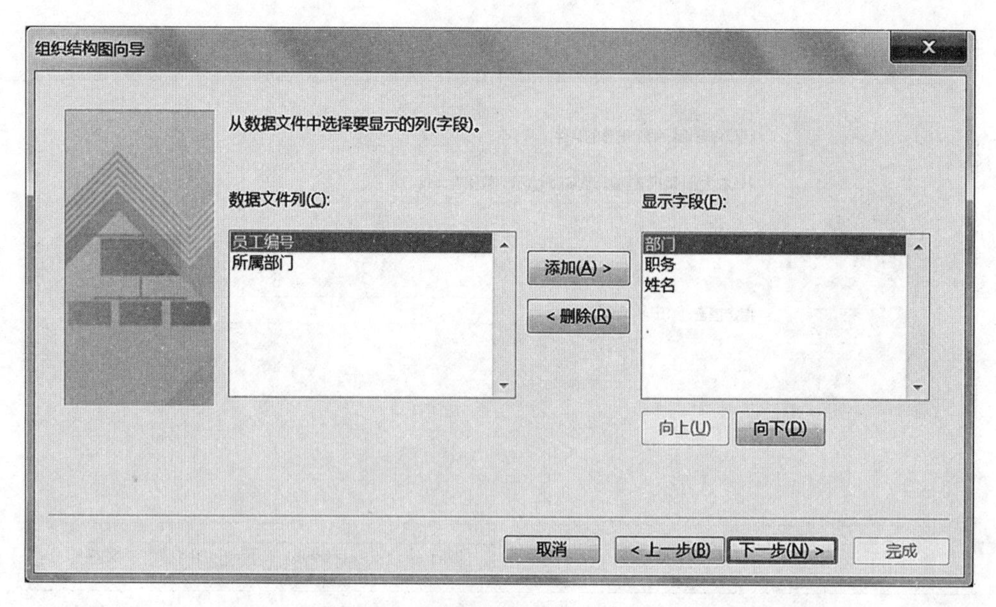

图 7-35　组织结构图向导步骤 5

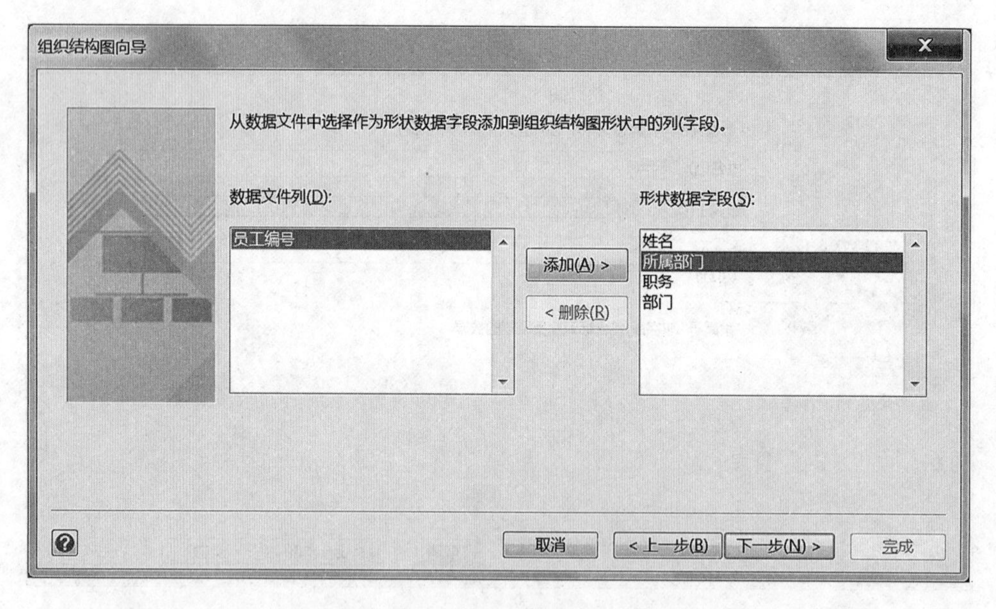

图 7-36　组织结构图向导步骤 6

在“组织结构图”选项卡“组织数据”功能组中，单击“导入”按钮，选择预先创建好的 Excel 数据表，后续操作与使用组织结构图向导方式绘制组织结构图类似，按前述步骤操作即可。

④ 利用已有的组织结构图导出 Excel 数据：在 Visio 2016 软件中打开如图 7-8 所示的 Visio 组织结构图。

在“组织结构图”选项卡“组织数据”功能组中，选择“导出”按钮，在弹出的“导出组织结构图数据”对话框中，选择要保存 Excel 数据表的路径和名称，单击“保存”，即可导出 Excel 数据表。

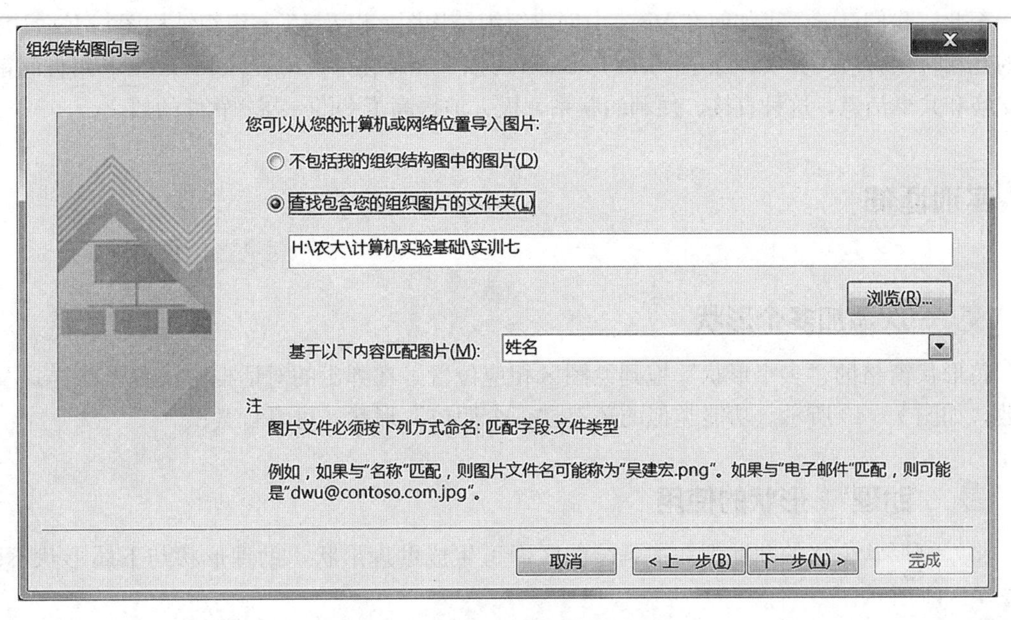

图 7 - 37　组织结构图向导步骤 7

图 7 - 38　图片命名

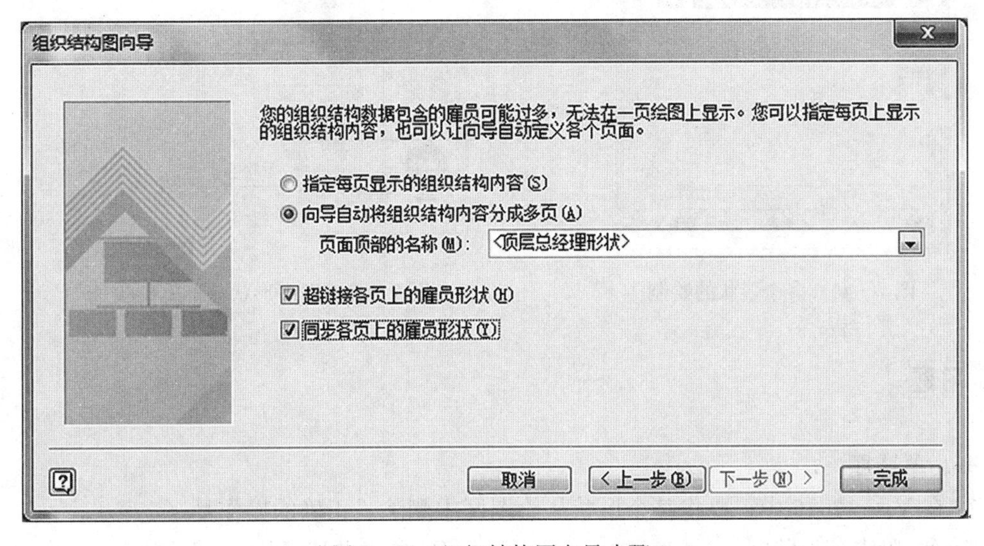

图 7 - 39　组织结构图向导步骤 8

至此，我们已学习了如何在Visio中创建组织结构图，以及Visio组织结构图与Excel数据表的互相转化方法。其实，除了Visio与Excel可以互相转化外，Microsoft Office各组件间都可以交换和共享信息，这种直接、便利的联系，极大地提高了Office办公软件的效率。

六 实训延伸

1. 一次添加多个形状

将形状窗格的“多个形状”拖到绘图区相应位置，在弹出的对话框中设置形状样式及其个数，如图7-40所示。功能类似的还有“三个职位”形状，可自行尝试。

2. “助理”形状的使用

将左侧形状窗格的“助理”拖到绘图区即可生成助理形状，助理形状与下属形状不同，如图7-41所示。

3. 图片的管理

在“组织结构图”选项卡“图片”功能组中，可对选中的形状进行图片的添加、删除、显示和隐藏管理。操作方法：先选中形状（非形状中的图片），再进行相应的添加、删除等操作。

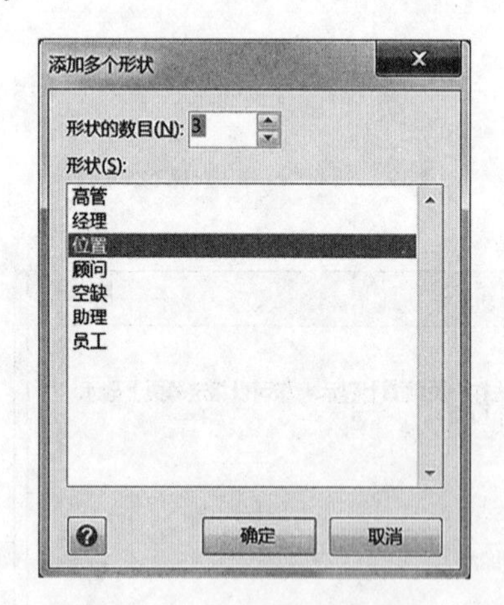

图7-40　多个形状的绘制

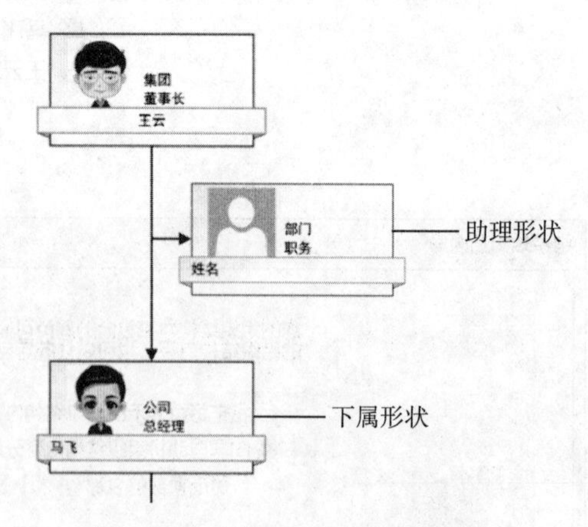

图7-41　助理形状与下属形状

习题

一、单选题

1. 在Visio 2016中，要将某个形状从绘图区中删除，正确的操作是（　　）。

A. 单击该形状　　B. 单击并按【Delete】键

C. 双击该形状　　D. 将形状拖出图表页

2. 在 Visio 2016 中，下面哪一种不是获得形状的方法？（　　）

A. 在“更多形状”菜单下选择“新建模具”

B. 在“形状”窗口中，选择模板或模具

C. 在文件“新建”中选择模板

D. 插入一张图片

3. 按下（　　）键即可选择当前绘图页内的所有形状。

A. 【Ctrl+A】　B. 【Ctrl+B】　C. 【Alt+A】　D. 【Alt+B】

4. 若想用 Visio 软件创建某单位的组织关系图，应该选择（　　）。

A. 基本流程图　B. 网络　C. 图表和图形　D. 组织结构图

5. 在 Visio 2016 中，形状与形状之间需要利用线条来连接，该线条被称作（　　）。

A. 连接线　B. 直线段　C. 箭头　D. 连线条

6. 在 Visio 2016 中，如右侧图所示形状模板的类别属于（　　）。

A. 基本流程图

B. 框图

C. 跨职能流程图

D. 组织结构图

7. 在 Visio 2016 中，在创建组织结构图的过程中，为提高效率可以使用软件提供的“布局”功能，以下哪种布局不会被使用到？（　　）

A. 布局中的右偏移量　B. 布局中的水平居中

C. 布局中的并排一侧　D. 布局中的垂直左对齐

8. 在 Visio 2016 中，可以与 Excel 数据表相互转化的是（　　）。

A. 基本流程图　B. 框图

C. 跨职能流程图　D. 组织结构图

9. 关于 Visio 2016 的说法错误的是（　　）。

A. 它是一种图形和绘图应用程序

B. 可创建与数据相连的动态图表信息，并且能够分析和传递这些信息

C. 可将复杂文本和表格转换为传达信息的 Visio 图表

D. 它提供许多形状和模板，可满足多种不同的绘图需求

10. 在 Visio 2016 中，要将某个形状（如“矩形”）从“形状”窗口中放入绘图区，正确的操作是（　　）。

A. 单击该形状　B. 右击该形状

C. 双击该形状　D. 单击并拖拽该形状

11. 如想让没有安装任何 Visio 组件而安装 Web 浏览器的用户观看并与人共享 Visio 图表和形状数据，应该将图表另存为（　　）。

A. AutoCAD 文件　B. 网页文件

C. 标准图像文件　D. PDF 文件

12. 在 Visio 2016 中，欲将图片添加到组织结构图中，正确的操作方法是（　　）。

A. 单击菜单栏中“插入”项，然后选择“剪贴画”

B. 单击菜单栏中“插入”项，然后选择“图片”

C. 右键单击图表页中的“形状”，然后选择“图片”→“更改图片”

D. 选中图表页中的“形状”，然后单击菜单栏中的“插入”项，最后选择“图片”

13. 在 Visio 2016 中，以下关于组织结构图的说法正确的是（　）。

（1）可方便地导入组织结构图中的数据

（2）组织结构图中的形状可以显示基本信息或详细信息

（3）可将图片添加到组织结构图形状中

（4）组织结构图是一种常用于显示成员、职务和组织之间关系的层次图

（5）复杂的组织结构图也可能是网状的，因此可以用网络模板中的形状代替

（6）使用“组织结构向导”建立的组织结构图只是示例，没有使用价值

A.（1）（2）（3）（4）（5）（6）　　B.（1）（2）（3）（4）（5）

C.（1）（2）（3）（4）　　D.（1）（2）（3）

14. 在 Visio 2016 中，如右图所示的形状模板的类别属于（　）。

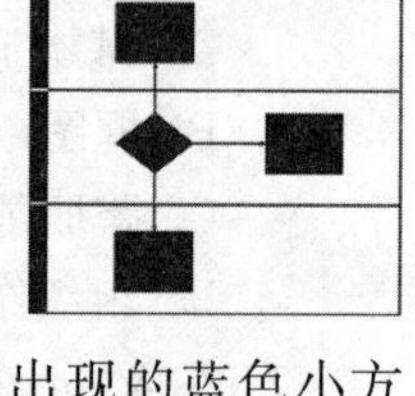

A. 组织结构图

B. 框图

C. 跨职能流程图

D. 组织结构图向导

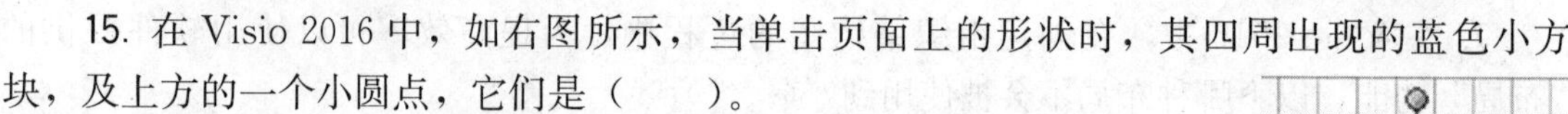

15. 在 Visio 2016 中，如右图所示，当单击页面上的形状时，其四周出现的蓝色小方块，及上方的一个小圆点，它们是（　）。

A. 自动连接点、控制手柄

B. 旋转手柄、自动连接点

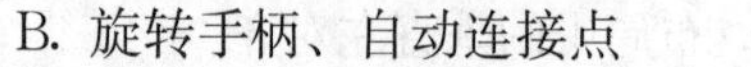

C. 控制手柄、旋转手柄

D. 改变形状手柄、控制手柄

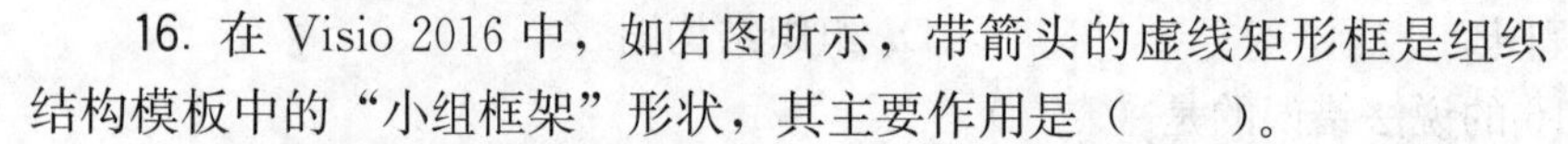

16. 在 Visio 2016 中，如右图所示，带箭头的虚线矩形框是组织结构模板中的“小组框架”形状，其主要作用是（　）。

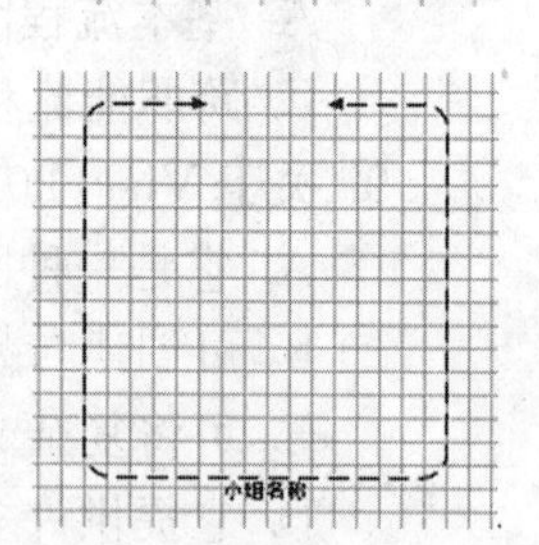

A. 增强美观度，引起关注

B. 表示明确的隶属关系

C. 突出显示小组关系

D. 表示辅助的隶属结构

17. 在 Visio 2016 中，如右图所示形状模板的类别属于（　）。

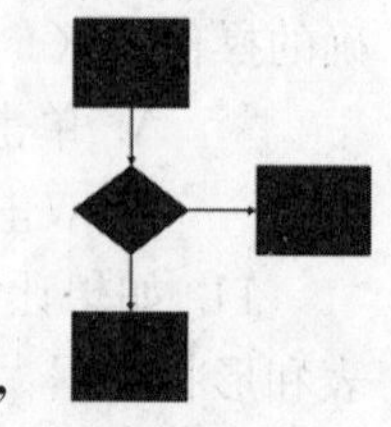

A. 基本流程图

B. 框图

C. 跨职能流程图

D. 组织结构图

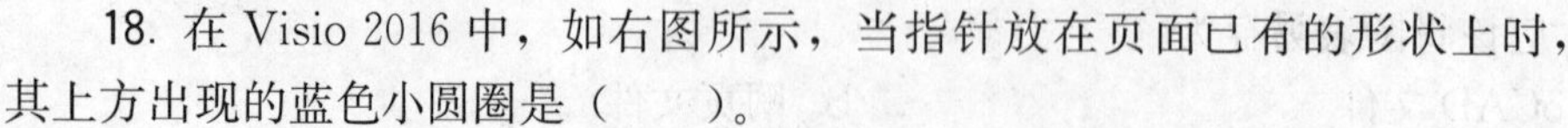

18. 在 Visio 2016 中，如右图所示，当指针放在页面已有的形状上时，其上方出现的蓝色小圆圈是（　）。

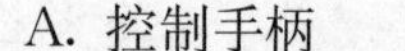

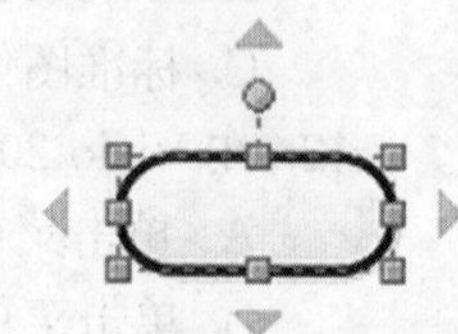

A. 控制手柄

B. 旋转手柄

C. 自动连接点

D. 改变形状手柄

19. 在 Visio 2016 中，如右图所示，要对形状中的文字进行自由旋转和移动，首先单击该形状，然后再使用（　　）。

A. 指针工具

B.

C.

D. 形状上的旋转手柄

20. 以下不属于基本流程图结构的是（　　）。

A. 顺序结构　　B. 条件结构　　C. 循环结构　　D. 并行结构

21. 在 Visio 2016 中，基本流程图中的圆角矩形一般用来表示（　　）。

A. 开始　　B. 结束　　C. 属性　　D. 开始或结束

22. 在 Visio 2016 中，对齐形状不可以使用的是（　　）。

A. 左对齐　　B. 右对齐　　C. 水平居中　　D. 分散对齐

23. 在 Visio 2016 中，不支持的插图类型是（　　）。

A. jpg 图片　　B. 图表　　C. CAD 绘图　　D. 影视片段

24. 在 Visio 2016 中，要设计家居规划图，其类别属于（　　）。

A. 常规　　B. 工程

C. 地图和平面布置图　　D. 平面布置图

25. 在 Visio 2016 中，“泳道图”指的是（　　）。

A. 流程图　　B. 基本流程图

C. 跨职能流程图　　D. 工作流程图

26. 通过“开始”选项卡“工具”功能组中的“矩形”工具与“椭圆”工具命令绘制形状时，按住（　　）键即可绘制正方形与圆形。

A.【Alt】　　B.【Shift】　　C.【Ctrl】　　D.【Enter】

27. 在 Visio 2016 中，要去除绘图区中的网格，正确的操作是（　　）。

A. 单击菜单栏中“开始”项，选择“填充”→“无填充”

B. 单击菜单栏中“设计”项，选择“主题颜色”→“无”

C. 单击菜单栏中“设计”项，选择“背景”→“无背景”

D. 单击菜单栏中“视图”项，选择“显示”，最后将“网格”勾选去掉

28. 在 Visio 2016 中，保存流程图的快捷键是（　　）。

A.【Ctrl+A】　　B.【Ctrl+C】　　C.【Ctrl+S】　　D.【Ctrl+B】

29. 在 Visio 2016 中，不属于连接线类别的是（　　）。

A. 直角　　B. 圆角　　C. 直线　　D. 曲线

30. 通过（　　）可将 Visio 2016 中的图片设置为不可见。

A. 图层属性　　B. 置于底层　　C. 组合图片　　D. 锁定图层

二、操作题

1. 参照图 7-42，绘制跨职能流程图。

2. 使用组织结构图向导，使用表 7-2 中的示例数据绘制组织结构图。

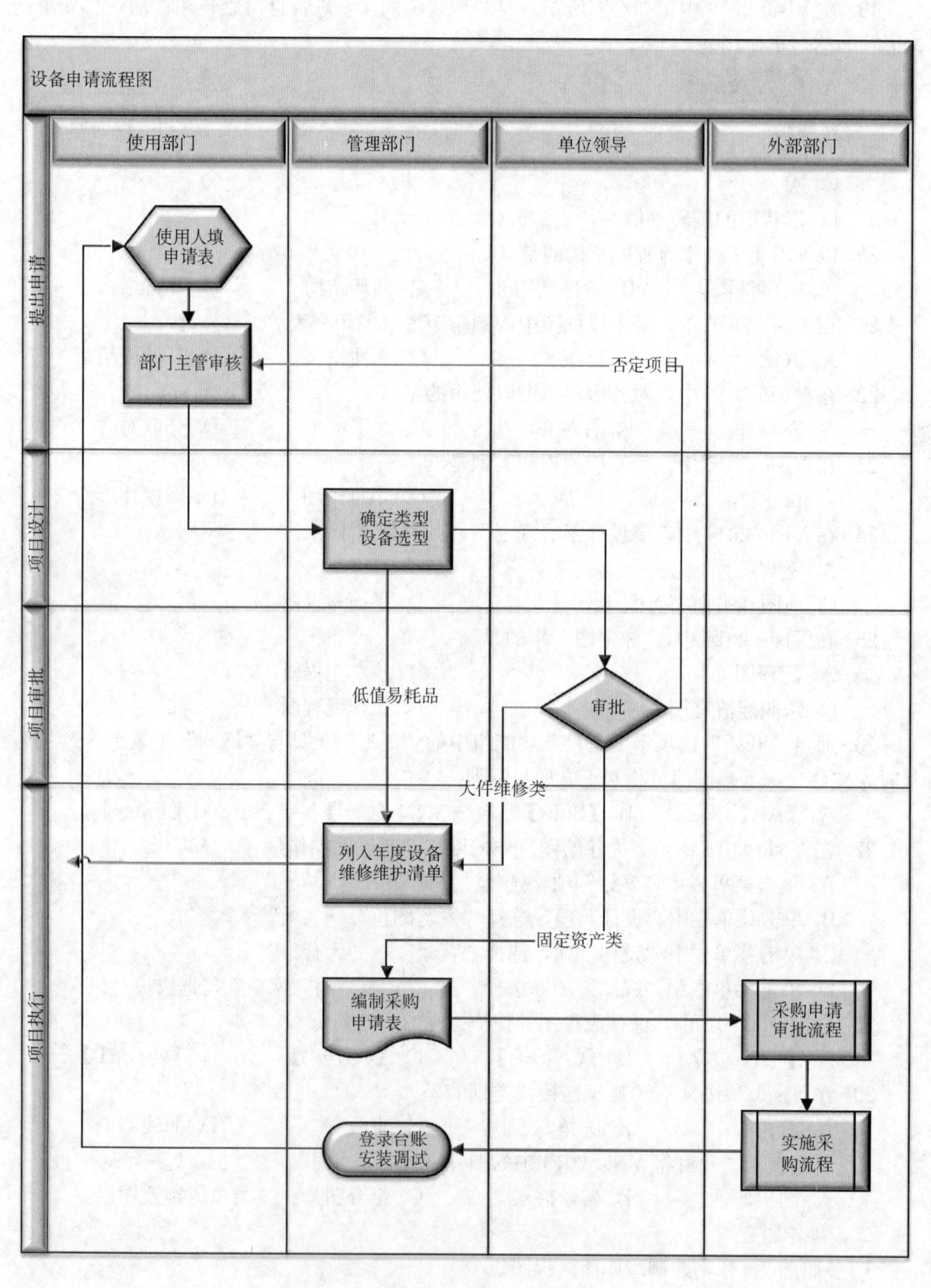
设备申请流程图
使用部门
管理部门
单位领导
外部部门
提出申请
项目设计
项目审批
项目执行
使用人填申请表
部门主管审核
否定项目
确定类型设备选型
低值易耗品
审批
大件维修类
列入年度设备维修维护清单
固定资产类
编制采购申请表
采购申请审批流程
登录台账安装调试
实施采购流程

图 7-42　习题 1 示例

表 7-2 示例数据表

部门编号	部门名称	负责人	职务	所属部门
001	学校	常天	校长	
002	院办	刘晓彤	主任	001
003	团委	隋飞飞	书记	001
004	教务处	赵德文	处长	001
005	政教处	吴文	处长	001
006	后勤处	刘大勇	处长	001
007	第一团支部	祁正	书记	003
008	第二团支部	刘卫东	书记	003
009	教学检查组	魏东东	组长	004
010	学风督导组	刘莉	组长	005
011	第一食堂	董伟	经理	006
012	第二食堂	王大军	经理	006

3. 使用组织结构图模板绘制第 2 题生成的组织结构图，并为每个形状添加图片。

4. 比较在 Visio 中绘制组织结构图和使用 PowerPoint 的 SmartArt 工具插入组织结构图两者的区别。

参考答案

实训八 Access 2016 数据库基础应用

一 实训目的

PPT

(1) 掌握 Access 2016 数据库中数据表的创建方法及数据表中记录的编辑。
(2) 掌握 Access 2016 数据库中窗体的创建方法及利用窗体实现记录的编辑。
(3) 掌握 Access 2016 数据库中查询的创建方法及利用查询实现记录的筛选。
(4) 掌握 Access 2016 数据库中报表的创建方法及利用报表实现记录的汇总和统计。

知识
- 数据库系统的基本概念及基本原理
- 数据表的建立及编辑
- 窗体、查询、报表的建立及使用

能力
- 抽象、逻辑思维能力
- 问题分析、解决能力

素质
- 培养学生严谨的逻辑思维能力，塑造大国工匠精神，重温社会主义核心价值观
- 培养学生勇于创新的精神和负责任、勇担当的态度

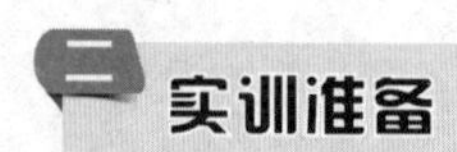

二 实训准备

Access 2016 是由微软发布的关系数据库管理系统。它结合了 Microsoft Jet 和图形用户界面两大特点，是 Microsoft Office 的组件之一。与前一个实训中学习的 Visio 相比，它具有存储方式简单，易于维护和管理；面向对象，简化应用系统开发；界面友好，操作简便，容易使用；集成环境，可处理多种数据信息；支持广泛，易于扩展的特点。一般用作小型网站的数据库，以及小型公司的数据库或应用软件的开发。此外，后续实训中 Photoshop 制作的图片也可以存储到 Access 2016 数据库中。

1. 常用 Access 2016 数据库对象

Access 2016 数据库包含 7 个对象：数据表、窗体、查询、报表、页、宏和模块，这里只介绍最常用的 4 个对象。

(1) 数据表。是数据库中用于存储数据的对象，是数据库系统的基础，是其他数据对象直接或间接的数据来源，是一组相关数据按行、列排列的二维表，类似于 Excel 电子表格。表中的每一行称为记录，表中的每一列称为字段。每个数据表都应设置一个主键，以区分表中的每一条记录。

(2) 窗体。用于显示或者输入数据的人机交互界面，用户可通过它实现记录的输入、显

示、编辑以及应用程序的执行控制。在窗体中可以运行宏和模块，以实现更加复杂的功能。

（3）查询。是数据库中应用最多的对象之一，可以从数据库中筛选满足条件的记录，并将这个结果集显示在一个虚拟的数据表窗口，用户可以进行浏览、查询、打印、修改等操作。

（4）报表。是可以进行计算、打印、分组、汇总数据的一种数据库对象，它的大多数功能与窗体的相似，主要区别在于输出的目的不同。窗体主要用于接收用户的输入或将数据显示在屏幕上；而报表主要用于查看数据并进行统计等操作，可以从屏幕上查看，也可将数据输出到打印机，还可在 Internet 上发布。

2. 常用 Access 2016 数据库对象的视图类型及用途

Access 2016 为每个数据库对象提供了不同的视图类型，常用数据库对象的视图类型及用途如表 8－1 所示。

表 8－1　常用数据库对象的视图类型及用途

数据库对象	视图类型	用途
数据表	设计视图	用于定义、设计、修改数据表的结构，包括字段名称和数据类型，并设置字段的属性
	数据表视图	用于数据表中记录的添加、删除、修改、查看，还可以进行字段的添加、删除与修改，是系统默认的视图
窗体	窗体视图	用于在窗体中显示表或查询中的数据，但不能进行窗体的编辑和属性的设置
	布局视图	可以对窗体进行修改和编辑，处于运行状态，可看到实际的数据效果
	设计视图	用于创建和修改窗体，包含窗体的页面页眉、主体和页面页脚，不会显示数据
查询	数据表视图	用于显示查询的结果，还可以浏览、添加、搜索、编辑或删除查询的结果
	设计视图	用于在查询设计窗格中创建和修改查询
	SQL 视图	通过编写 SQL 语句来创建查询
报表	报表视图	用于查看报表在屏幕端的显示效果
	打印预览	用于预览将报表打印到纸张的实际效果
	布局视图	用于修改设计报表，处于运行状态，可看到实际的报表数据
	设计视图	用于创建和修改报表，包含报表的页面页眉、主体和页面页脚，不会显示数据

注意：同一个数据库对象的不同类型视图，可通过状态栏右下角的“视图”按钮进行切换。

3. 主键

主键（又称主码），用于区分数据表中的每一条记录，由数据表中的一个或多个字段组成。主键不能取空值，也不能取重复值，一个数据表只能有一个主键。

4. 外键

外键（又称外码），它不是数据表的主键，但它是另一个数据表的主键。外键的值要么取空值，要么与另一个数据表中的主键值相等，具体取什么值由实际应用需求决定。一个数据表可以有多个外键。数据表之间通过主键、外键建立关联关系，进行相互引用。

5. 数据类型

数据类型，相当于一个容器，容器的大小决定了装的东西的多少。数据的数据类型决定了数据的存储方式和使用方式。Access 2016 的数据类型有 12 种，分别为短文本（默认）、长文本、数字（字节、整型、长整型、单精度型、双精度型、同步复制 ID、小数）、日期/时间、货币、自动编号、是/否、OLE 对象、超链接、附件、计算、查阅向导。

(1) 短文本类型。用于保存字符串的数据。一些只作为字符用途的数字数据也使用短文本类型，字段的大小最大为 255 个字符。这里的字符可以是一个英文字符或一个数字字符，也可以是一个汉字，采用可变长度进行存储。

(2) 长文本类型。一般用于保存较长（超过 255 个字符）的文本信息，最多可保存 1GB 字符。系统按照实际大小进行存储，故无须指定字段大小。

(3) 数字类型。用于保存需要进行数值计算的数据，根据字段大小将其分为以下 7 种：

① 字节：占 1 字节存储空间，保存 0～255 的整数。

② 整型：占 2 字节存储空间，保存－32768～32767 的整数。

③ 长整型：占 4 字节存储空间，保存－2147483648～2147483647 的整数。

④ 单精度型：占 4 字节存储空间，保存－3.4×1038～3.4×1038 的浮点数，有效数字最多可保留 7 位。

⑤ 双精度型：占 8 字节存储空间，保存－1.797×10308～1.797×10308 的浮点数，有效数字最多可保留 15 位。

⑥ 同步复制 ID：占 16 字节存储空间，用于存储同步复制所需的全局唯一标识符。

⑦ 小数：占 12 字节存储空间，保存小数。用“精度”指定包括小数点前后的所有数字的位数，用“数值范围”指定小数点后面可存储的最大位数。

(4) 日期/时间类型。字段大小固定为 8 字节，用于保存日期或时间，范围为 100 年 1 月 1 日至 9999 年 12 月 31 日。

(5) 货币类型。用于保存货币值或数值数据。字段大小固定为 8 字节，整数部分最多为 15 位，小数部分最多为 4 位，默认为 2 位。

(6) 自动编号类型。向数据表中添加记录时自动插入一个唯一编号（从 1 开始，每次递增 1）或随机编号。默认字段类型为长整型，字段大小为 4 字节；用于“同步复制 ID”时，字段大小为 16 字节。

(7) 是/否类型。用于表示只可能取两个值中的一个值，存储的值为－1（是）或 0（否），实际就是布尔类型。

(8) OLE 对象类型。用于存储其他应用程序所创建的文件（如 Word 文档、Excel 表格、Photoshop 图片等），只能存储一个文件，最大为 1GB。

(9) 超链接类型。用于存储链接到本地或网络上资源的地址，可以是文本或文本和数字的组合，以文本形式存储，用作超链接地址。一般格式为“显示文本＃地址＃子地址”。

(10) 附件类型。用于存储其他应用程序所创建的文件（如 Word 文档、Excel 表格等），类似于在邮件中添加附件，可将多个文件附加到一条记录上。

(11) 计算类型。用于存储根据同一表中的其他字段计算得出的结果值，计算不能引用其他表中的字段。字段大小为 8 字节。

（12）查阅向导类型。输入数据时，允许用户从列表中选择该字段的值，则可以创建“查阅向导”类型的字段。类型只能建立在“短文本”或“数字”数据类型的字段上，且字段大小与查阅字段列表的大小相同。

三 实训内容

（1）使用 Access 2016 软件，创建数据库“学生课程 . accdb”文件。

（2）使用 Access 2016 软件，采用数据表视图和设计视图两种方式，按要求完成在“学生课程”数据库中创建数据表“学生表”“课程表”“成绩表”。

（3）使用 Access 2016 软件，通过“窗体设计器”“空白窗体”“窗体向导”方法创建窗体对象，并按要求完成三个数据表记录的录入。

（4）使用 Access 2016 软件，通过“查询向导”方法创建查询对象，并按要求完成记录的筛选。

（5）使用 Access 2016 软件，通过“报表向导”方法创建报表对象，并按要求完成记录的汇总和统计。

四 实训要求

（1）在 Access 2016 软件环境中，创建数据库“学生课程 . accdb”文件。

（2）在 Access 2016 软件环境中，采用数据表视图和设计视图两种方式，按要求完成在“学生课程”数据库中创建数据表“学生表”“课程表”“成绩表”。

（3）在 Access 2016 软件环境中，使用“窗体设计器”创建“学生表记录录入”窗体，完成学生信息的录入。

（4）在 Access 2016 软件环境中，使用“空白窗体”创建“课程表记录录入”窗体，完成课程信息的录入。

（5）在 Access 2016 软件环境中，使用“窗体向导”创建“成绩表记录录入”窗体，完成成绩信息的录入。

（6）在 Access 2016 软件环境中，使用“查询向导”创建“成绩表查询”查询，和“学生总成绩与平均成绩查询”查询。

（7）在 Access 2016 软件环境中，使用“查询向导”创建“学生成绩综合查询”查询，完成学生选修课程成绩综合查询。

（8）在 Access 2016 软件环境中，使用“报表向导”创建“学生综合成绩报表”报表，完成学生选修课程成绩报表的统计。

五 实训步骤

（1）在 Access 2016 软件环境中，创建数据库“学生课程 . accdb”文件。

启动 Access 2016，在图 8－1 所示的窗口中单击“空白桌面数据库”选项，在弹出的“空白桌面数据库”窗口中，输入需要创建的数据库名称，这里输入“学生课程”，其扩展名为“. accdb”。再单击右侧文件夹 按钮，修改数据库的存储路径，如图 8－2 所示。最后单击“创建”按钮，完成“学生课程”数据库的创建，如图 8－3 所示。

操作步骤 (1)

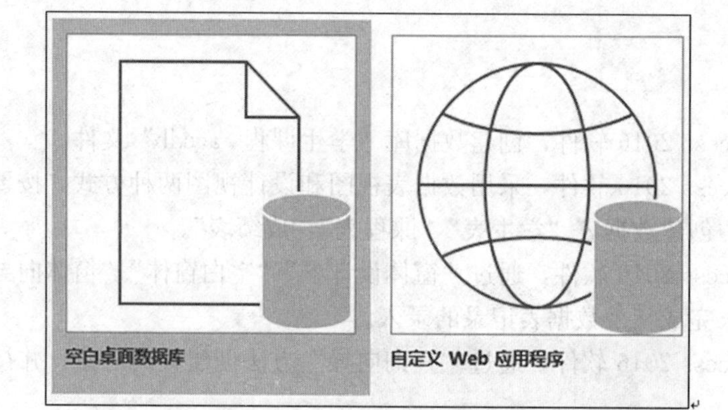

图 8－1　新建空白桌面数据库

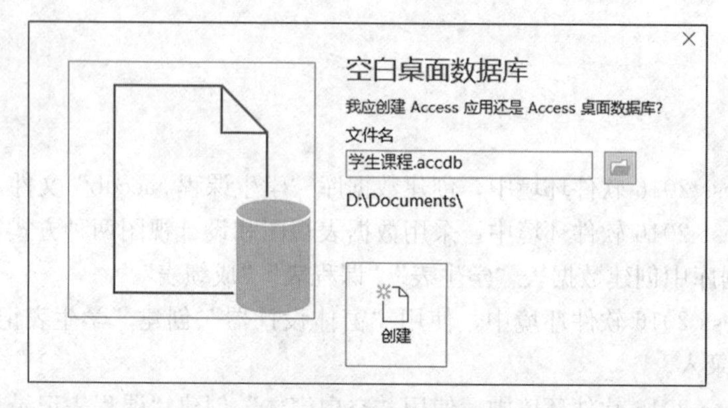

图 8－2　空白桌面数据库

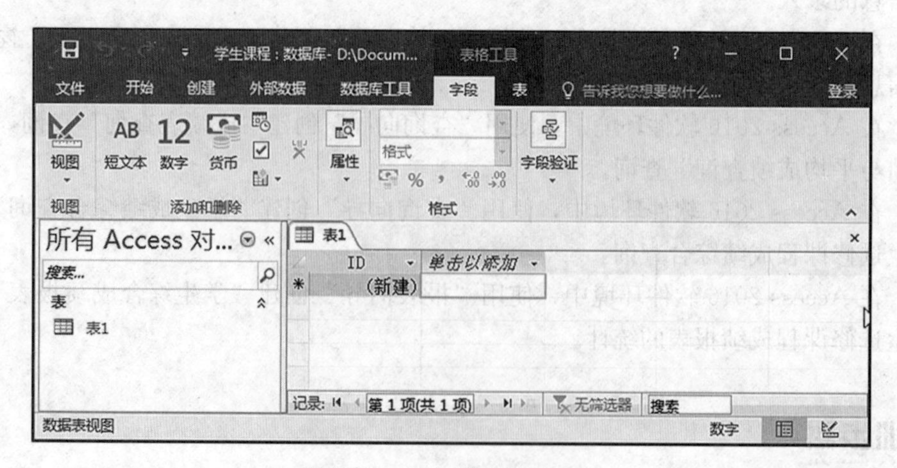

图 8－3　“学生课程”数据库

（2）在 Access 2016 软件环境中，采用数据表视图和设计视图两种方式，按要求完成在“学生课程”数据库中创建数据表“学生表”“课程表”“成绩表”。

① 通过数据表视图创建“学生表”：完成数据库的创建工作后，系统自动创建了一个名为“表 1”的数据表，如图 8－3 所示。

a. 单击“表 1”中 单击以添加 下拉按钮，在下拉列表中选择“短文本”数据类型，在“表 1”中添加一个字段名称为“字段 1”的字段，如图 8－4 所示。

b. 将“字段 1”名称改为“学号”，按【Enter】键确认，如图 8－5 所示。

c. 单击“学号”字段，在“字段”选项卡“属性”功能组中，将“字段大小”设为 11。

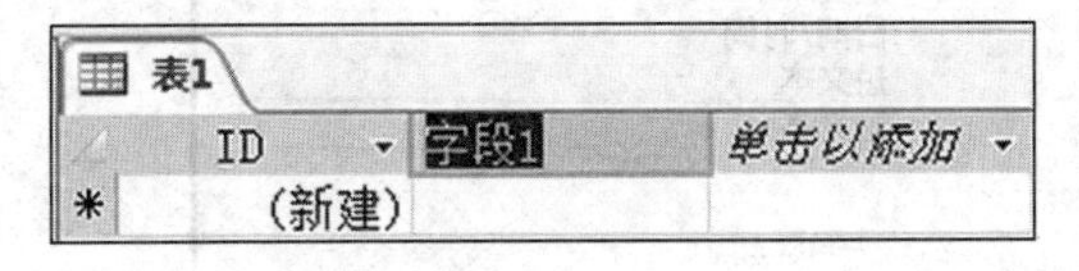

图 8－4　创建“表 1”

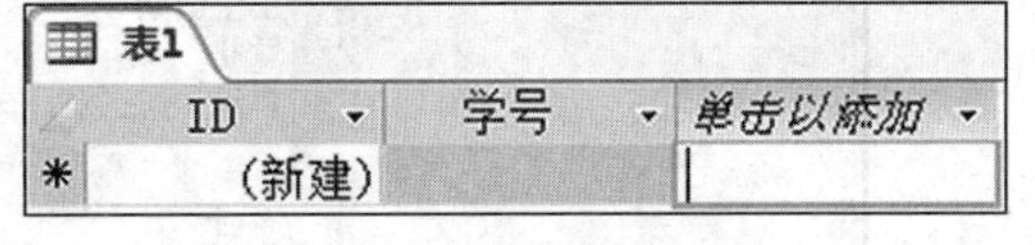

图 8－5　修改字段名称

重复上述步骤，在“表 1”中创建表 8－2 所示的“学生表”结构的其他字段。

表 8－2　“学生表”结构

字段名称	数据类型	字段大小	格式	备注
学号	短文本	11		主键
姓名	短文本	10		
性别	短文本	1		
出生日期	日期和时间	默认值	短日期	
专业	短文本	20		
班级	短文本	6		
政治面貌	查阅向导			
高考总分	数字	整型		
兴趣爱好	长文本	默认值		
照片	OLE 对象	默认值		

d. 单击标题栏“保存”按钮，在弹出的“另存为”对话框中输入“学生表”，单击“确定”按钮，如图 8－6 所示。使用数据表视图创建表后，会有一个 ID 字段，是系统自带的，其默认数据类型为自动编号。

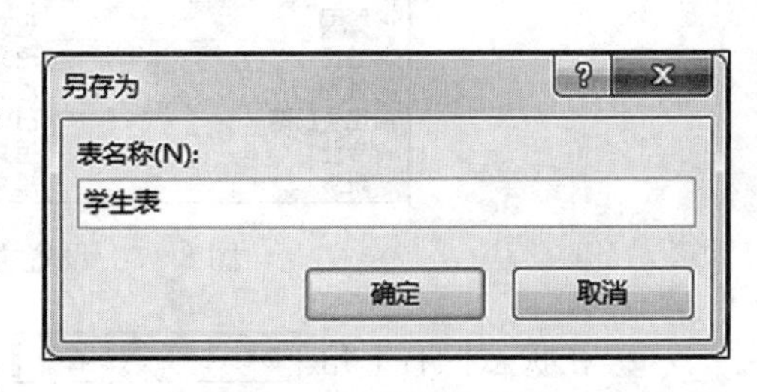

图 8－6　保存学生表

e. 在状态栏右下角 数字 中选择第三种视图——设计视图，“学生表”以设计视图的方式呈现出来，如图 8－7 所示。

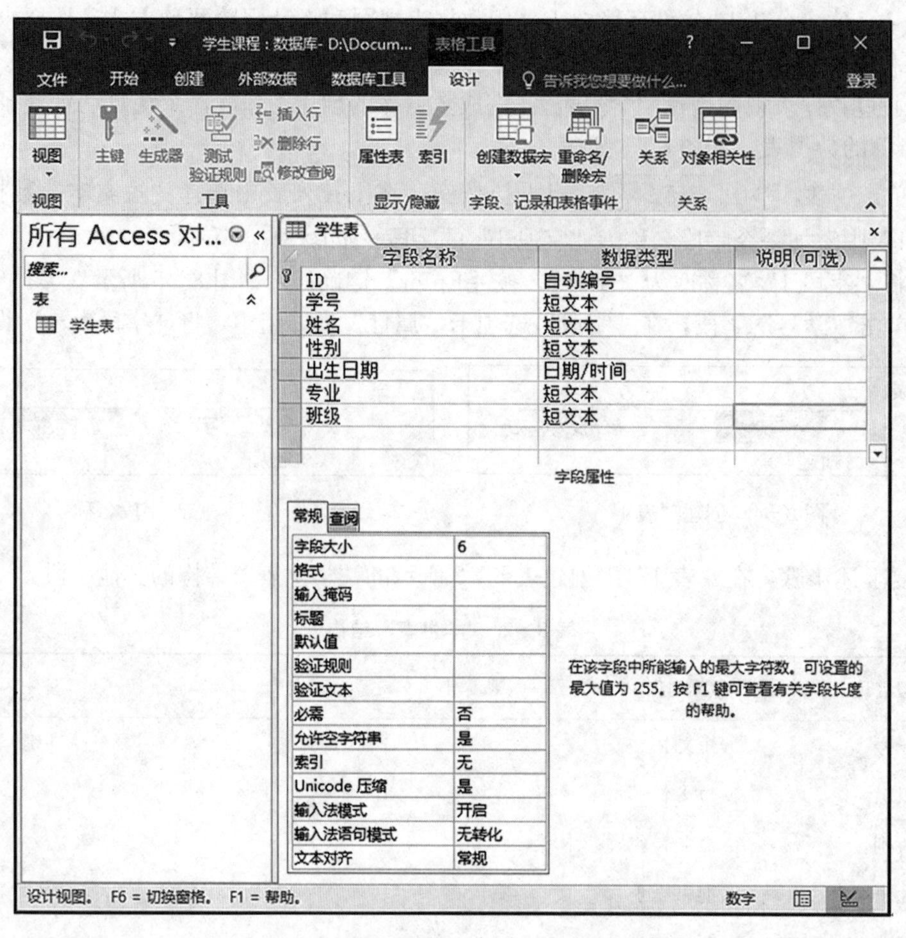

图 8-7 设计视图下的“学生表”结构

f. 选择“ID”字段，在“设计”选项卡“工具”功能组中单击“删除行”按钮，将“ID”字段删除。再选择“学号”字段，在“设计”选项卡“工具”功能组中单击“主键”按钮，将“学号”字段设置为“学生表”的主键。单击“保存”按钮，完成对“学生表”表结构的修改，如图 8-8 所示。

学生表

字段名称	数据类型	说明(可选)
学号	短文本	
姓名	短文本	
性别	短文本	
出生日期	日期/时间	
专业	短文本	
班级	短文本	

图 8-8 设置主键之后的“学生表”结构

g. 在状态栏右下角 数字 中选择第二种视图——数据表视图，可输入自己班级的 5 位同学的基本信息。“出生日期”字段的值可通过输入框右侧的日期选择控件输入，也可直接输入日期型数据，如“2003/02/02”。

重复此步骤，为“学生表”增加多条记录。

h. 记录的修改：单击需要修改的记录，呈现编辑状态即可修改。

i. 记录的删除：在需要删除记录的左侧选择单元格右击，在弹出的快捷菜单中选择“删除记录”命令，或在“记录”功能组中单击“删除”命令，在弹出的对话框中单击“是”按钮，即可删除当前记录，如图 8-9 所示。

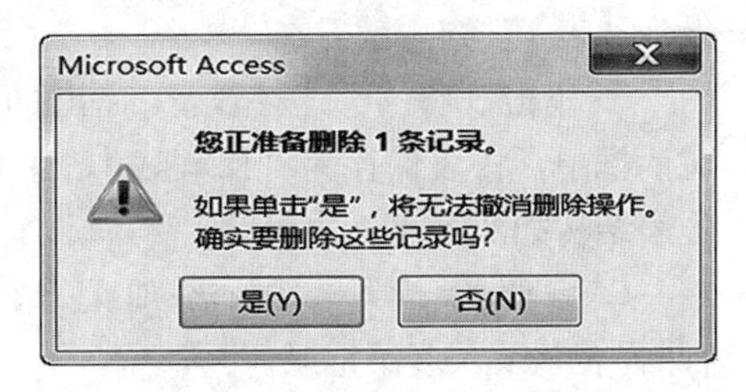

图 8-9　删除“学生表”记录

② 通过设计视图创建“课程表”：

a. 在“创建”选项卡“表格”功能组中，单击“表设计”按钮，即可打开数据表的设计界面。

b. 在字段名称中输入“课程号”，数据类型设为“短文本”，在字段属性的“常规”项中，将字段大小设为 8，如图 8-10 所示。

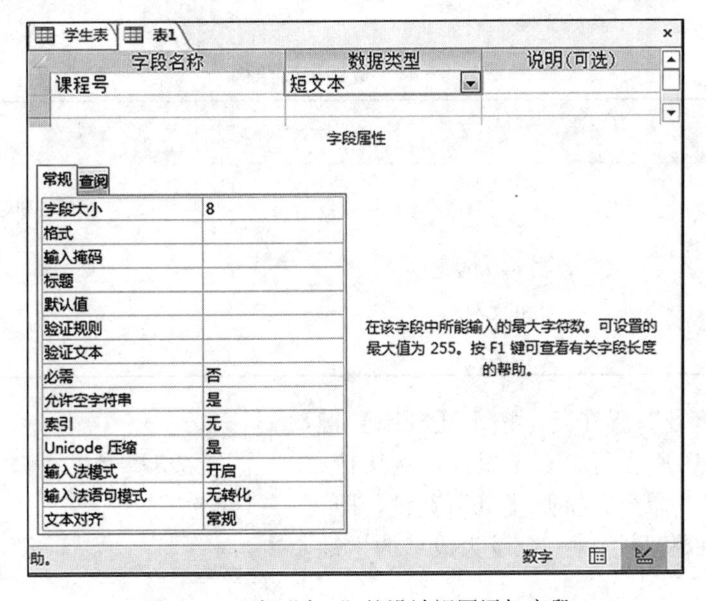

图 8-10　在“表 1”的设计视图添加字段

参照表 8-3 所示的“课程表”结构的字段要求，重复步骤 b，为数据表添加多个字段。

表 8-3　“课程表”结构

字段名称	数据类型	字段大小	备注
课程号	短文本	8	主键
课程名称	短文本	30	
周学时	数字（整型）		
开课周数	数字（整型）		
学时	计算		
学分	数字（单精度型）		
课程性质	短文本	10	
开课状态	是/否	默认值	
课程简介	长文本		

c. 选择“课程号”所在行，右击，从快捷菜单中选择“主键”命令，即可将“课程号”设为“表1”的主键。

d. 单击“保存”按钮，在弹出的“另存为”对话框中，将表保存为“课程表”，建立完成的课程表结构如图8-11所示。

课程表

字段名称	数据类型
课程号	短文本
课程名称	短文本
周学时	数字
开课周数	数字
学时	计算
学分	数字
开课性质	短文本
开课状态	是/否
课程简介	长文本

图8-11　建立完成的“课程表”结构

e. 参照给“学生表”添加记录的方法，为“课程表”录入多条记录。

③ 通过数据表视图或设计视图创建“成绩表”：

a. 参照“学生表”或“课程表”的创建步骤，参照表8-4所示的“成绩表”的结构，创建“成绩表”。

表8-4　“成绩表”结构

字段名称	数据类型	字段大小	备注
学号	短文本	11	学号和课程号的组合为主键
课程号	短文本	8	
成绩	数字（单精度型）		
学年	短文本	9	
学期	短文本	1	

b. 选定“学号”所在行，按下【Shift】键，再选定“课程号”所在行，右击鼠标，从快捷菜单中选择“主键”命令，松开【Shift】键，即可将“学号”和“课程号”的组合设为成绩的主键，如图8-12所示。

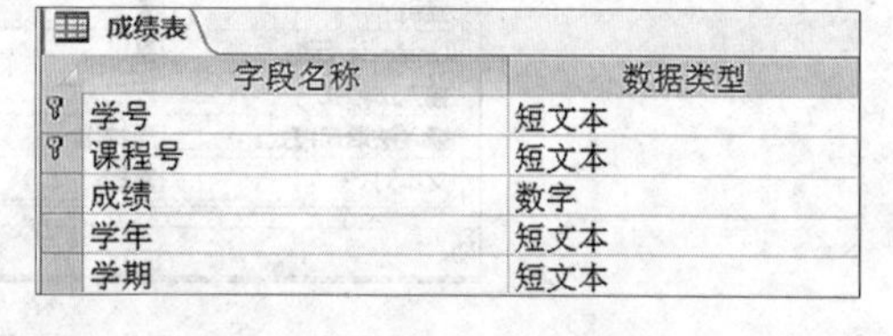
成绩表

字段名称	数据类型
学号	短文本
课程号	短文本
成绩	数字
学年	短文本
学期	短文本

图8-12　“成绩表”主键的设置

c. “成绩表”中有两个外码，分别为学号、课程号，学号的取值只能与“学生表”中学号的值相等，课程号的取值只能与“课程表”中课程号的值相等。

操作步骤（2）

（3）在Access 2016软件环境中，使用“窗体设计器”创建“学生表记录录入”窗体，完成学生信息的录入。

① 打开“学生表”。

② 在“创建”选项卡“窗体”功能组中，单击“窗体”按钮，即可以“学生表”为记录源自动创建窗体，如图8-13所示。

③ 双击标题“学生表”，在编辑框中将其修改为“学生表记录录入”。

④ 在“设计”选项卡下，单击“工具”功能组中的“属性表”，适当调整窗体中标签及文本框控件的大小和位置。

⑤ 单击标题栏“保存”按钮，在弹出的“另存为”对话框中输入“学生表记录录入”，单击“确定”按钮。

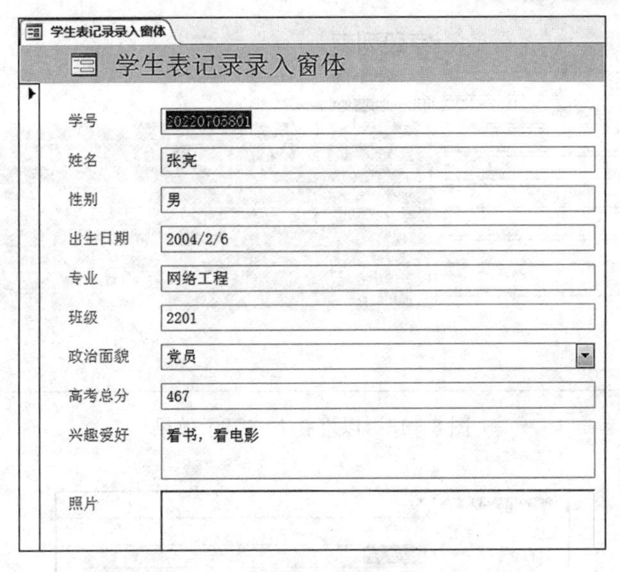

图 8－13　以“学生表”为数据源创建的窗体

⑥在状态栏的右下角 中选择第一种视图类型——窗体视图，通过窗体下面的 记录: 第1项(共1项) 进行学生表记录的浏览、编辑、添加等操作。

（4）在 Access 2016 软件环境中，使用“空白窗体”创建“课程表记录录入”窗体，完成课程信息的录入。

① 单击“创建”选项卡下“窗体”功能组中的“空白窗体”按钮，即可新建一个空白窗体。

② 在“设计”选项卡下，单击“工具”功能组中的“属性表”按钮，在打开的“属性表”列表框中，单击“数据”选项卡，在下拉列表中选择“课程表”，完成“记录源”的设置，如图 8－14 所示。

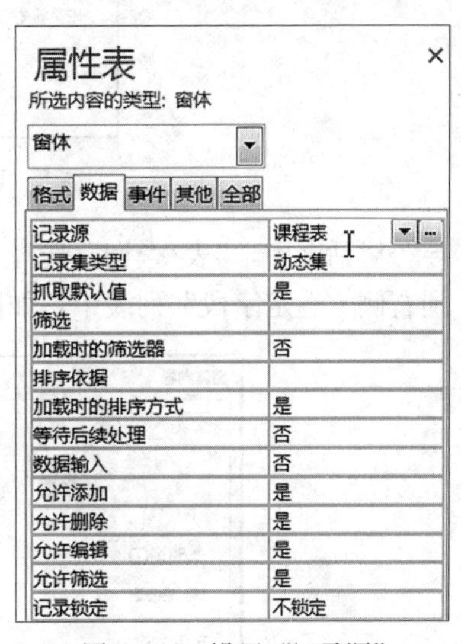

图 8－14　设置“记录源”

③ 在“设计”选项卡下，单击“工具”功能组中的“添加现有字段”按钮，按下【Ctrl】键将右侧“字段列表”中全部字段选中，并拖动到“窗体 1”中，调整控件的大小及位置到合适的状态。显示方式有两种：以堆叠方式显示和以表格布局方式显示，这里选择“以堆叠方式显示”，如图 8－15 所示。

④ 单击标题栏中的“保存”按钮，在弹出的“另存为”对话框中，将窗体名称修改为“课程表记录录入”，单击“确定”按钮。

⑤ 在状态栏的右下角 中，选择第一种视图类型——窗体视图，通过窗体下面的 记录: 第1项(共1项) 进行课程表记录的浏览、编辑、添加等操作，如图 8－16 所示。

（5）在 Access 2016 软件环境中，使用“窗体向导”创建“成绩表记录录入”窗体，完成成绩信息的录入。

① 在“创建”选项卡“窗体”功能组中，单击“窗体向导”按钮，在弹出的“窗体向

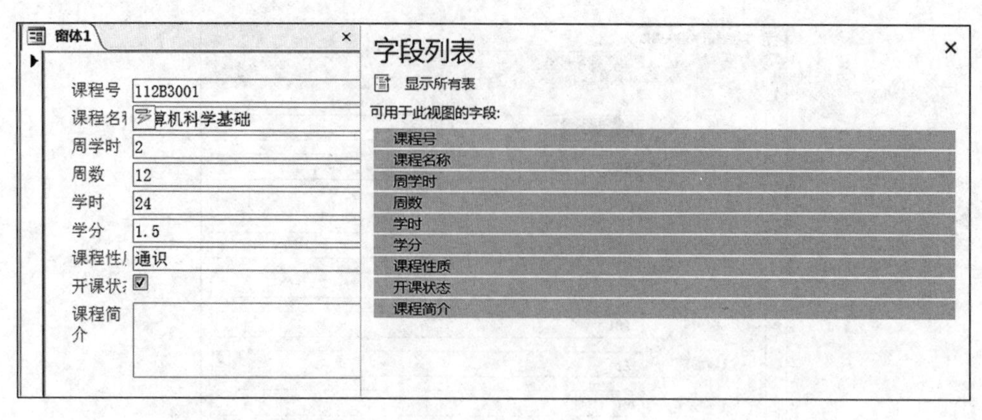

图 8－15　以堆叠方式显示效果

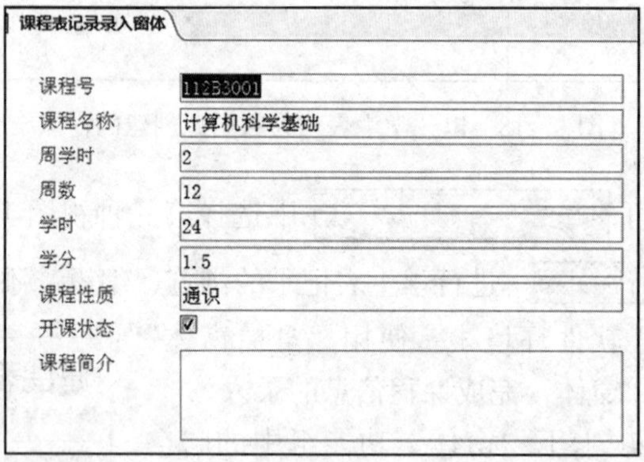

图 8－16　以“课程表”为数据源创建的窗体

导”对话框中，“表/查询”选择“成绩表”，将左侧“可用字段”列表中的全部字段都添加到右侧“选定字段”列表中，如图 8－17 所示，单击“下一步”按钮。

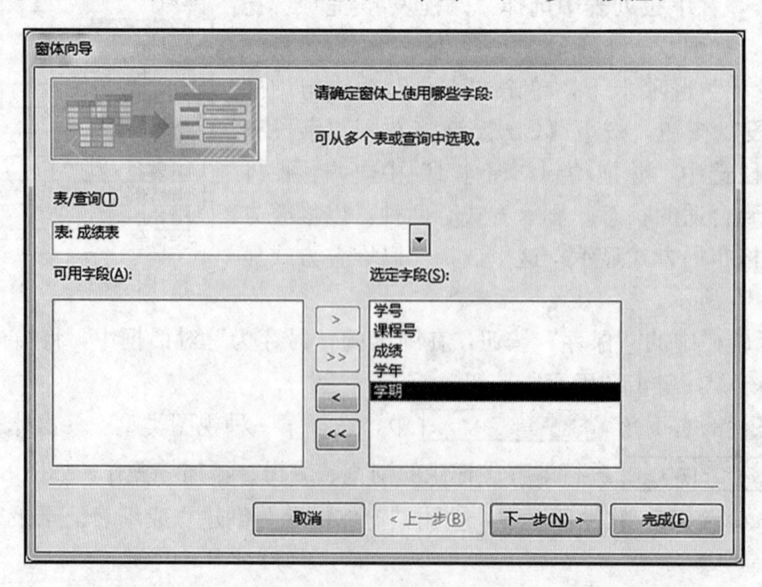

图 8－17　“窗体向导”步骤 1

② 在“窗体向导”对话框中选择“纵栏表”，单击“下一步”按钮，如图 8 - 18 所示。

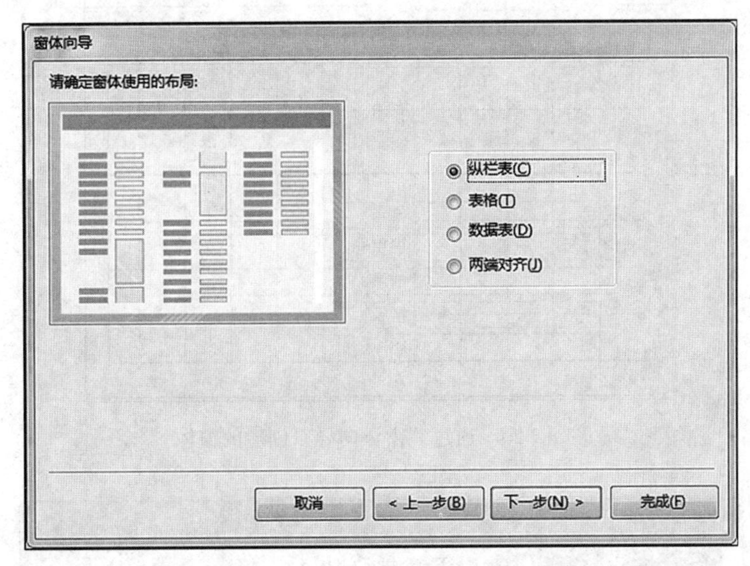

图 8 - 18 “窗体向导”步骤 2

③ 在“窗体向导”对话框中，将窗体标题修改为“成绩表记录录入”，选中“修改窗体设计”单选按钮，如图 8 - 19 所示，单击“完成”按钮。

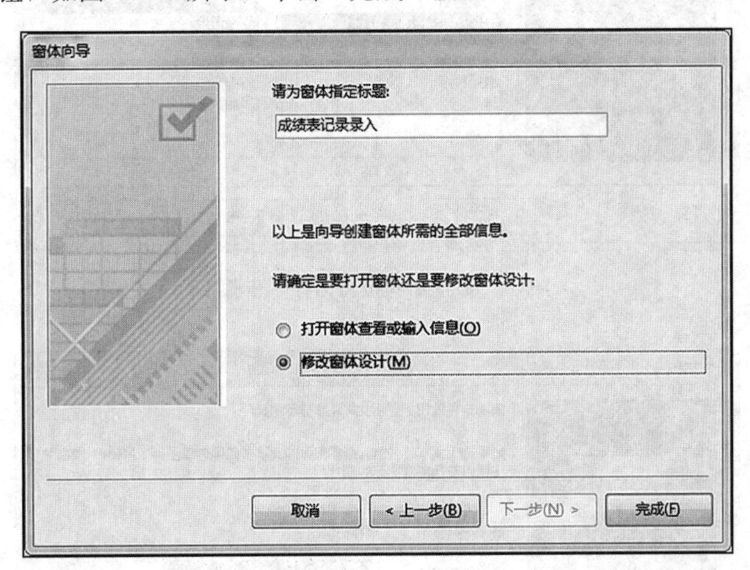

图 8 - 19 “窗体向导”步骤 3

④ 通过“窗体向导”创建的窗体如图 8 - 20 所示。适当调整窗体中标题字体的大小及标签，文本框的大小及位置等。

⑤ 在“设计”选项卡“控件”功能组中，选择“命令按钮” XXXX 控件，在“成绩表记录录入”窗体的空白位置，按住鼠标左键拖出一个矩形框，松开鼠标左键，弹出“命令按钮向导”对话框，按照图 8 - 21 至图 8 - 23 所示步骤进行操作，即可创建如图 8 - 24 所示的按钮。

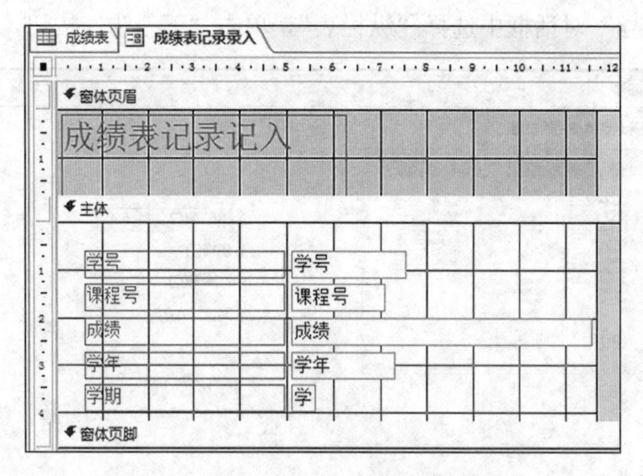

图 8-20 通过“窗体向导”创建的窗体

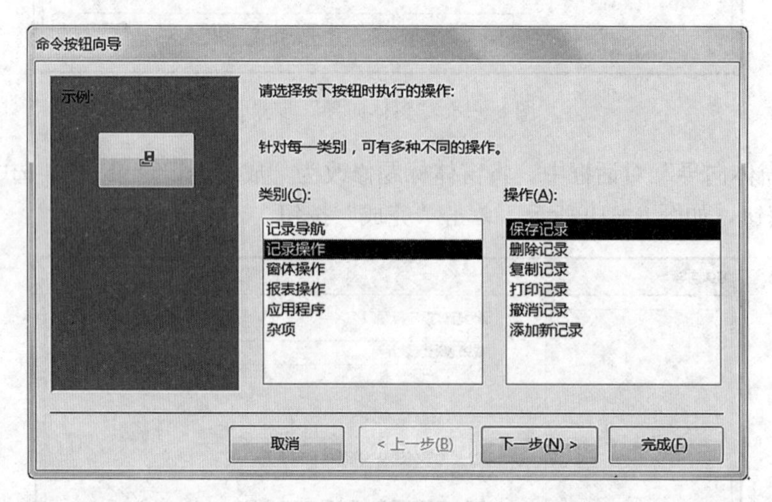

图 8-21 “命令按钮向导”步骤 1

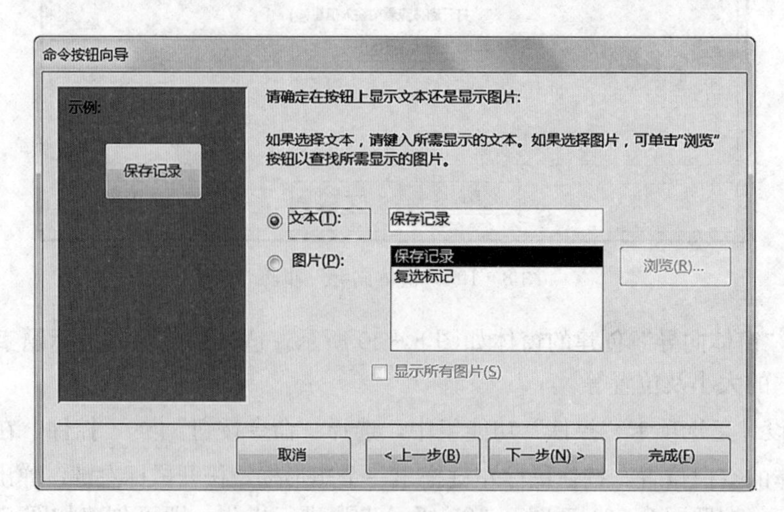

图 8-22 “命令按钮向导”步骤 2

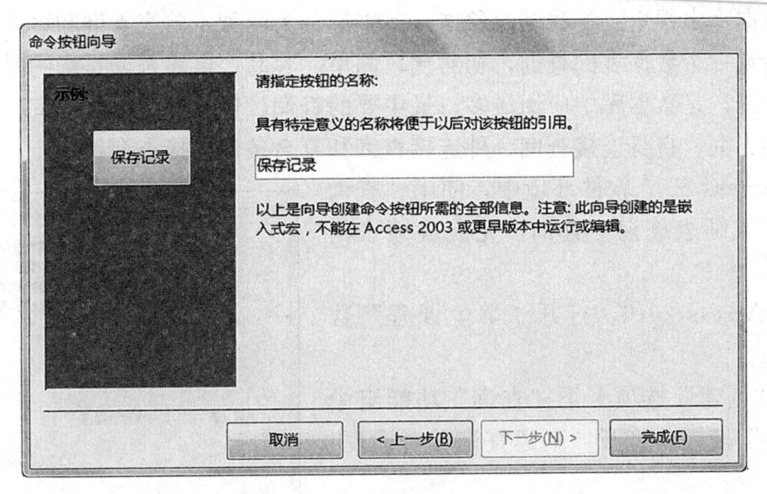

图 8－23 “命令按钮向导”步骤 3

⑥ 在状态栏的右下角选择第一种视图类型——窗体视图，即可出现图 8－25 所示的成绩表记录录入窗体，输入相应的学号、课程号、成绩、学年、学期，单击“保存记录”按钮，可将当前窗口中输入的成绩信息保存到“成绩表”中。双击打开“成绩表”，即可显示如图 8－26 所示的结果。若“成绩表”中的数据未更新，请单击“刷新”按钮。

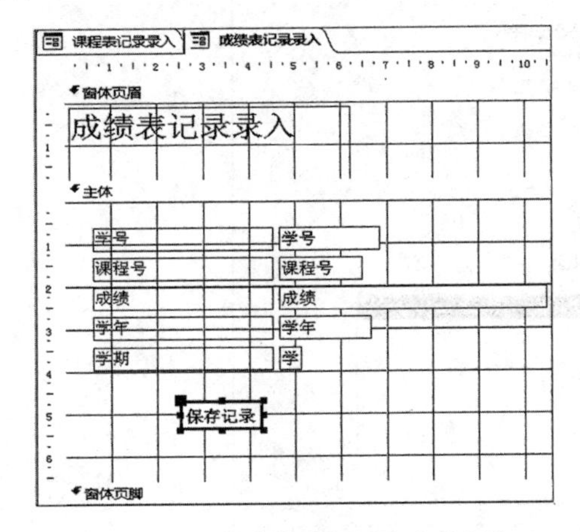

图 8－24 创建完成的“命令按钮”

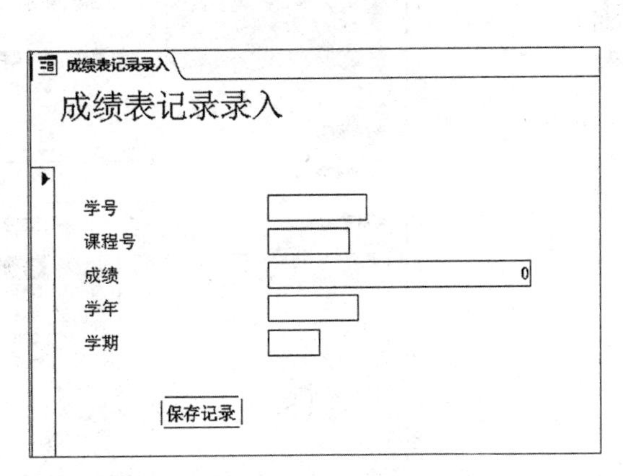

图 8－25 “成绩表记录录入”窗体

学号	课程号	成绩	学年	学期	单击以添加
20210100701	112G3004	90	2021-2022	2	
*		0			

图 8－26 成绩表记录录入结果

⑦ 当前窗口录入的记录还可通过窗口下方的“记录”条来保存，单击 记录: 第 1 项(共 1 项) 最后一项 “新（空白）记录”按钮，即可保存当前录入的记录。

⑧ 返回“成绩表记录录入”窗体，继续录入其他成绩记录。

查询是数据库中很重要的数据对象之一。查询分为两种：单表查询和多表查询。单表查询指的是仅涉及一个数据表的查询，相对比较简单、容易；多表查询是指同时涉及两个及以上数据表的查询，是数据库中应用最多、最主要的查询，包括等值连接查询、非等值连接查询、自然连接查询、自身连接查询、外连接查询和复合条件连接查询。

(6) 在 Access 2016 软件环境中，使用“查询向导”创建“成绩表查询”查询，完成成绩表信息查询。

① 启动 Access 2016，打开“学生课程”数据库。

② 单击“创建”选项卡下“查询”功能组中的“查询向导”按钮，打开“新建查询”对话框，如图 8-27 所示。

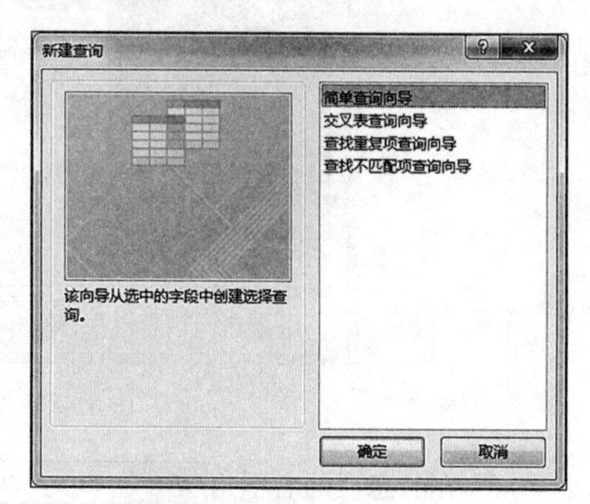

图 8-27 “新建查询”对话框

③ 在打开的“新建查询”对话框中，选择“简单查询向导”选项，单击“确定”按钮，打开“简单查询向导”对话框，如图 8-28 所示。在“表/查询”下拉列表中选择“成绩表”作为数据源，将左侧“可用字段”列表中的全部字段都添加到右侧“选定字段”列表中，单击“下一步”按钮。

操作步骤 (3)

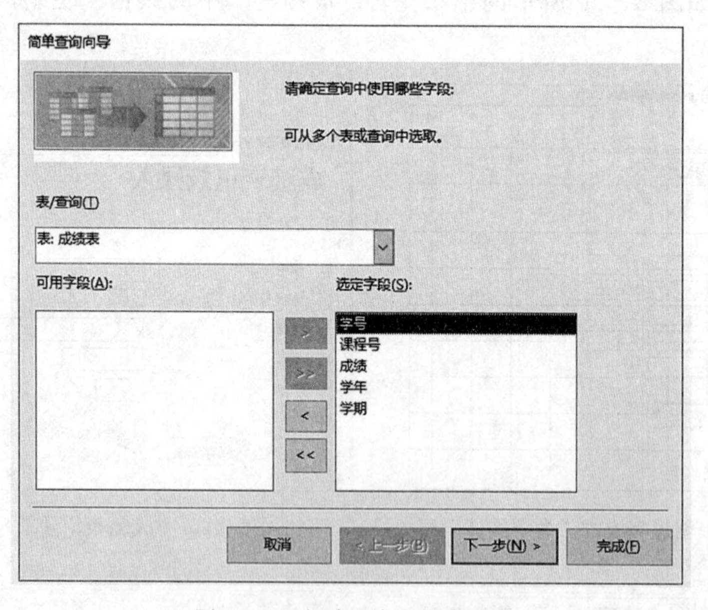

图 8-28 新建查询向导步骤 1

④ 在弹出的窗口中，确定查询的方式，这里选择默认设置“明细（显示每个记录的每个字段）”单选按钮，如图 8-29 所示，单击“下一步”按钮。

⑤ 在弹出的窗口中，修改查询标题为“成绩表查询”，选中“打开查询查看信息”单选按钮，单击“完成”按钮，查询结果如图 8-30 所示。

(7) 在 Access 2016 软件环境中，使用“查询向导”创建“学生总成绩与平均成绩查询”的查询。

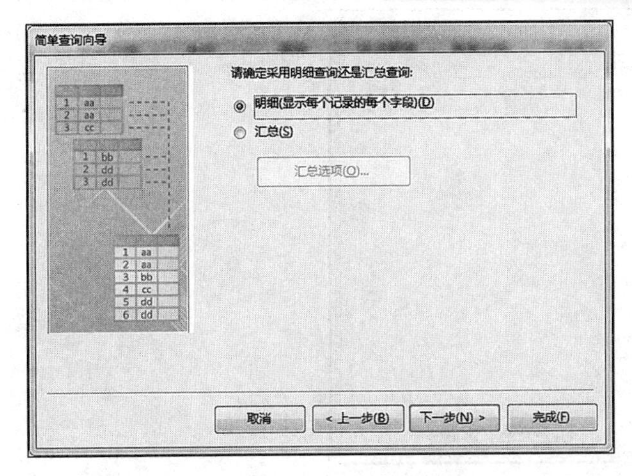

图 8-29　新建查询向导步骤 2

成绩表查询

学号	课程号	成绩	学年	学期
20220705801	112B3001	70	2022-2023	1
20220705801	112B3002	60	2022-2023	1
20220705801	112G3001	90	2022-2023	1
20220705801	112G3003	87	2022-2023	1
20220705801	112G3004	67	2022-2023	1
20220705802	112B3001	78	2022-2023	1
20220705802	112B3002	74	2022-2023	1
20220705802	112G3001	67	2022-2023	1
20220705802	112G3003	94	2022-2023	1
20220705802	112G3004	85	2022-2023	1
20220705803	112B3001	70	2022-2023	1
20220705803	112B3002	80	2022-2023	1
20220705803	112G3001	89	2022-2023	1
20220705803	112G3003	92	2022-2023	1
20220705803	112G3004	86	2022-2023	1
20220706901	112B3001	92	2022-2023	1
20220706901	112B3002	81	2022-2023	1
20220706901	112G3001	76	2022-2023	1
20220706901	112G3003	83	2022-2023	1
20220706901	112G3004	89	2022-2023	1
20220706902	112B3001	80	2022-2023	1
20220706902	112B3002	62	2022-2023	1
20220706902	112G3001	80	2022-2023	1
20220706902	112G3003	61	2022-2023	1
20220706902	112G3004	72	2022-2023	1

图 8-30　查询结果

前两步与(6)的步骤相同。下面主要讲述之后的步骤。

① 在打开的“新建查询”对话框中，选择“简单查询向导”选项，单击“确定”按钮，打开“简单查询向导”对话框，如图 8-28 所示。在“表/查询”下拉列表中选择“成绩表”作为数据源，将左侧“可用字段”列表中的“学号”和“成绩”两个字段，添加到右侧“选定字段”列表中，单击“下一步”按钮。

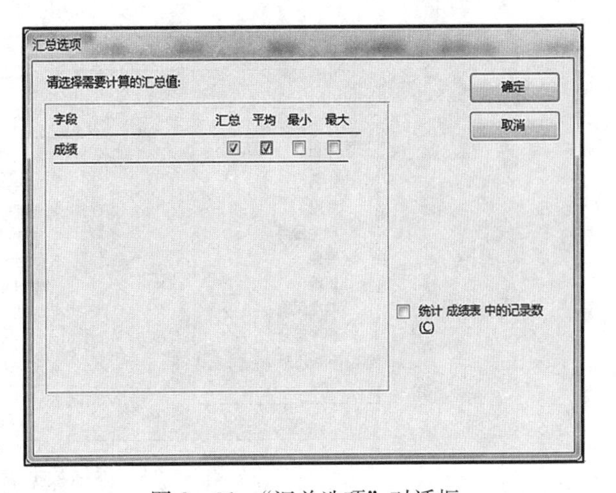

图 8-31　“汇总选项”对话框

② 在弹出的窗口中选择“汇总”单选按钮，然后单击“汇总选项”按钮，打开“汇总选项”对话框，如图 8-31 所示。选择需要计算的汇总值，这里选中“成绩”字段的“汇总”和“平均”复选框，单击“确定”按钮。

③ 返回“简单查询向导”对话框，单击“下一步”按钮，指定查询标题，再单击“完成”按钮，显示查询结果，如图 8-32 所示。

(8) 在 Access 2016 软件环境中，使用“查询向导”创建“学生成绩综合查询”查询，完成学生选修课程成绩综合查询。

学生总成绩与平均成绩查询

学号	成绩 之 合	成绩 之 平
20220705801	374	74.8
20220705802	398	79.6
20220705803	417	83.4
20220706901	421	84.2
20220706902	355	71

图 8-32　查询结果

① 启动 Access 2016，打开“学生课程”数据库。

② 单击“数据库工具”选项卡下“关系”功能组中的“关系”按钮。在弹出的“显示表”对话框中选择学生表、课程表、成绩表，如图 8-33 所示，单击“添加”按钮后关闭当前对话框，出现如图 8-34 所示的界面。

图 8-33　添加数据表

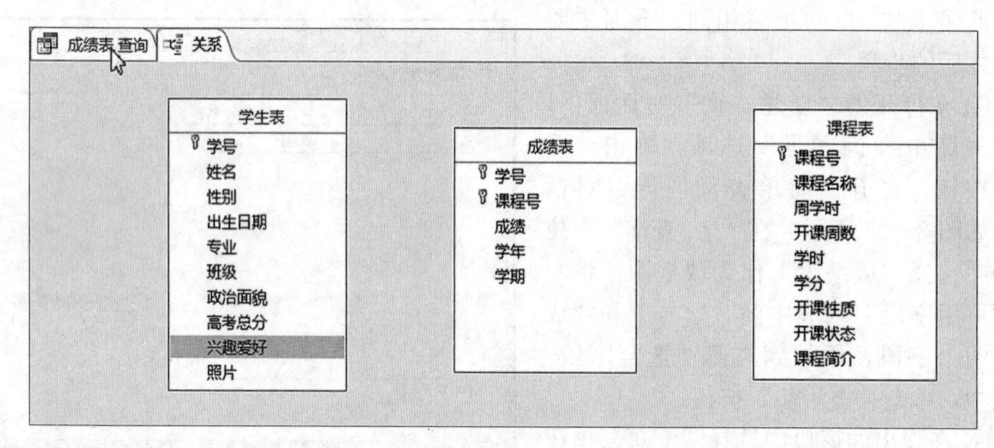

图 8-34　添加数据表之后的“关系”

③ 将“关系”窗口中“学生表”的“学号”字段拖动到“成绩表”的“学号”字段上面，松开鼠标后弹出如图 8-35 所示的“编辑关系”对话框，单击“确定”按钮，即可创建“学生表”与“成绩表”之间的“一对多”的关联关系。

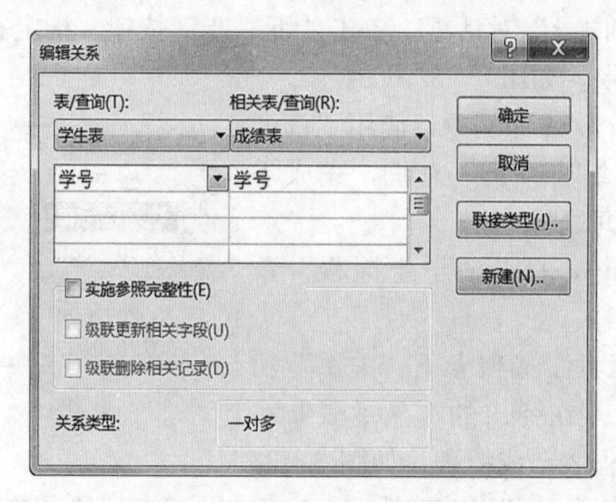

图 8-35　创建“学生表”与“成绩表”之间的关系

④ 使用相同的方法创建“课程表”与“成绩表”之间的“一对多”的关联关系。三个表之间创建完成的关联关系如图 8-36 所示。

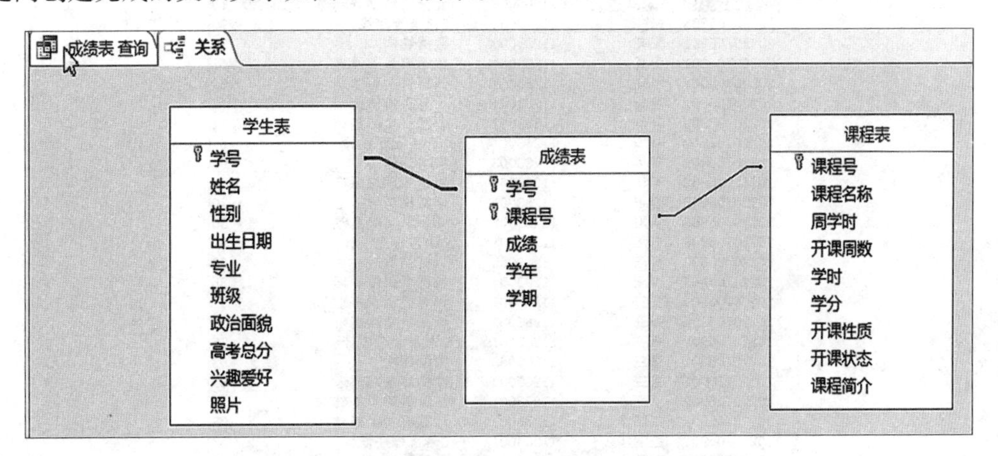

图 8-36 三个数据表之间的关系示意图

⑤ 单击“创建”选项卡下“查询”功能组中的“查询向导”按钮，在弹出的“新建查询”对话框中选择“简单查询向导”，单击“确定”按钮。

⑥ 在弹出的“简单查询向导”对话框中依次将“学生表”中的“学号”“姓名”字段，“课程表”中的“课程号”“课程名称”字段，“成绩表”中的“成绩”字段添加到“选定字段”中，如图 8-37 所示，单击“下一步”按钮。

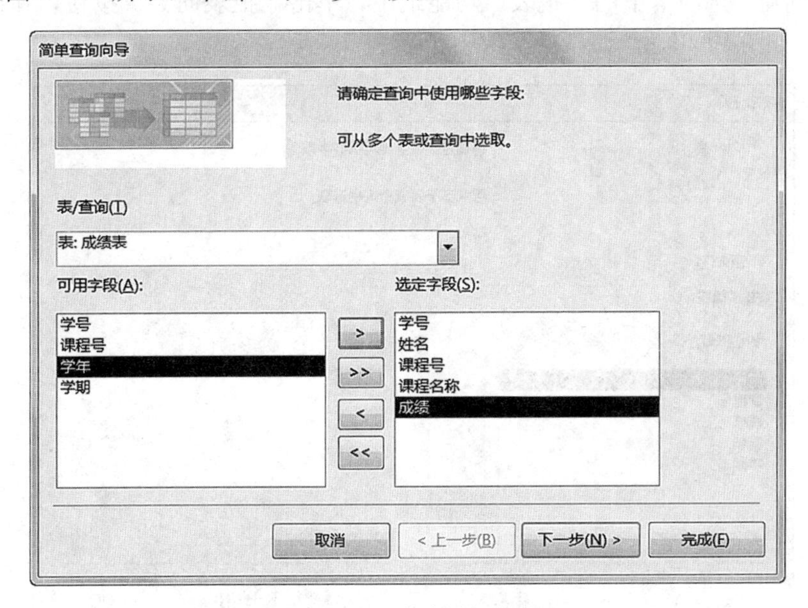

图 8-37 完成添加字段

⑦ 在弹出的向导对话框中，选中“明细（显示每个记录的每个字段）”单选按钮，单击“下一步”按钮。

⑧ 在弹出的向导对话框中，将标题修改为“学生成绩综合查询”，选中“打开查询查看信息”单选按钮，单击“完成”按钮，查询结果如图 8-38 所示。

学生成绩综合查询

学号	姓名	课程号	课程名称	成绩
20220705801	张亮	112B3001	计算机科学基础	70
20220705801	张亮	112G3001	C语言程序设计	90
20220705801	张亮	112G3003	数据结构	87
20220705801	张亮	112G3004	数据库系统原理	67
20220705801	张亮	112B3002	计算机实验基础	60
20220705802	李华	112B3001	计算机科学基础	78
20220705802	李华	112B3002	计算机实验基础	74
20220705802	李华	112G3001	C语言程序设计	67
20220705802	李华	112G3003	数据结构	94
20220705802	李华	112G3004	数据库系统原理	85
20220705803	李阳	112B3001	计算机科学基础	70
20220705803	李阳	112B3002	计算机实验基础	80
20220705803	李阳	112G3001	C语言程序设计	89
20220705803	李阳	112G3003	数据结构	92
20220705803	李阳	112G3004	数据库系统原理	86
20220706901	张三	112B3001	计算机科学基础	92
20220706901	张三	112B3002	计算机实验基础	81
20220706901	张三	112G3001	C语言程序设计	76
20220706901	张三	112G3003	数据结构	83
20220706901	张三	112G3004	数据库系统原理	89
20220706902	王丽华	112B3001	计算机科学基础	80
20220706902	王丽华	112B3002	计算机实验基础	62
20220706902	王丽华	112G3001	C语言程序设计	80
20220706902	王丽华	112G3003	数据结构	61
20220706902	王丽华	112G3004	数据库系统原理	72

图 8－38　学生成绩综合查询结果

（9）在 Access 2016 软件环境中，使用“报表向导”创建“学生综合成绩报表”报表，完成学生选修课程成绩报表的统计。

① 启动 Access 2016，打开“学生课程”数据库。

② 在“创建”选项卡下的“报表”功能组中，单击“报表向导”按钮，弹出“报表向导”对话框，如图 8－39 所示。

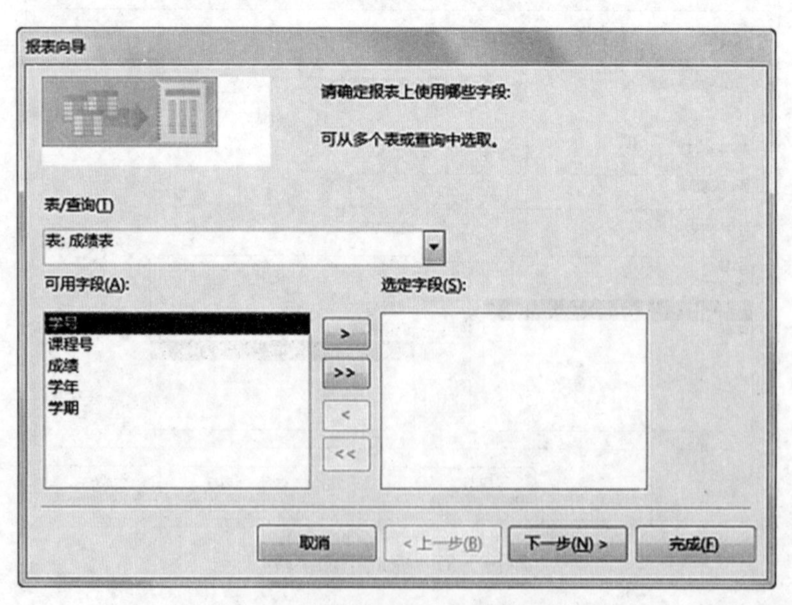

图 8－39　新建报表向导步骤 1

③ 向导第 1 步是确定报表的数据来源以及选定字段，在“表/查询”下拉列表中选择“学生成绩综合查询”，然后将左侧“可用字段”中的全部字段都添加到右侧“选定字段”中，如图 8－40 所示。

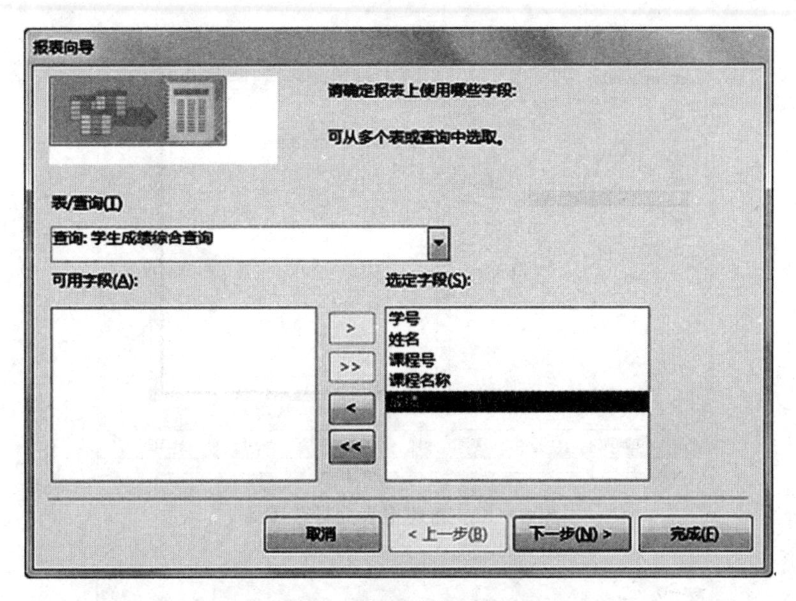

图 8－40　新建报表向导步骤 2

④ 单击“下一步”按钮，确定查看数据的方式，这里选择“通过成绩表”查看，如图 8－41 所示。

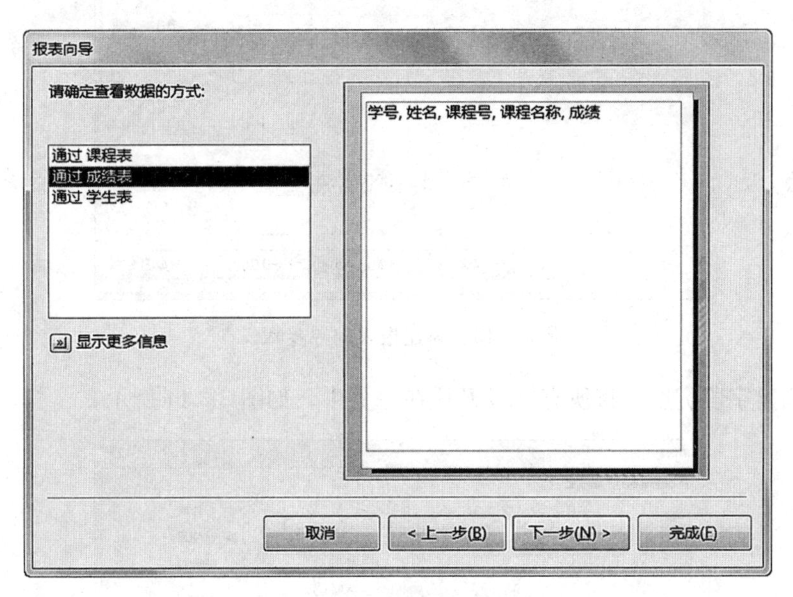

图 8－41　新建报表向导步骤 3

⑤ 单击“下一步”按钮，确定分组级别，这里选择按“课程号”进行分组，如图 8－42 所示。

⑥ 单击“下一步”按钮，设置记录的排列次序，这里选择按“学号”排序，如图 8－43 所示。

⑦ 单击“下一步”按钮，设置报表的布局方式，包括两个方面：“布局”和“方向”，这里选中“递阶”布局方式和“纵向”方向单选按钮，同时默认选中下面的复选框，这样，

图 8-42　新建报表向导步骤 4

图 8-43　新建报表向导步骤 5

系统会自动调整字段宽度，将所有字段显示在一页中，如图 8-44 所示。

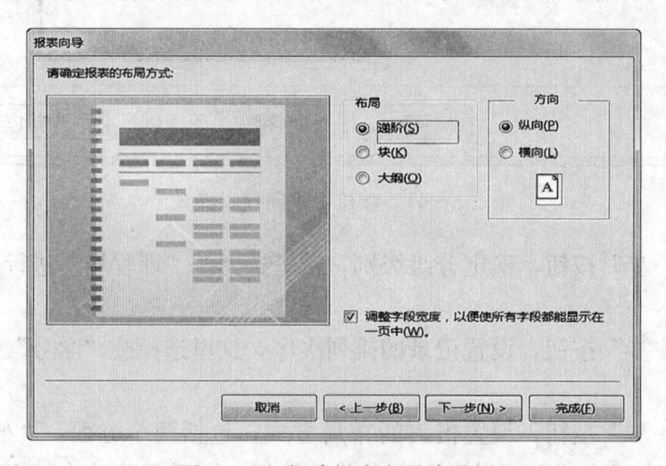

图 8-44　新建报表向导步骤 6

⑧ 单击“下一步”按钮，修改报表标题为“学生综合成绩报表”，选中“预览报表”单选按钮，如图 8-45 所示。

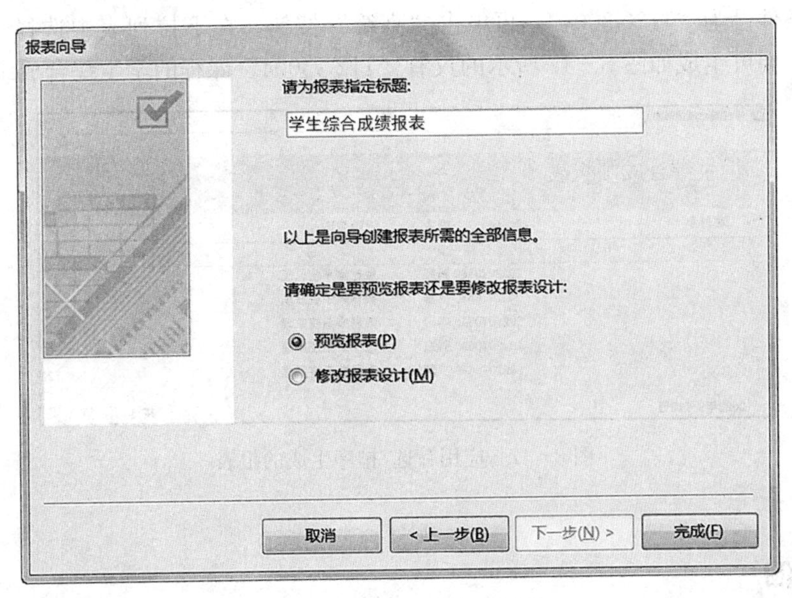

图 8-45 新建报表向导步骤 7

⑨ 单击“完成”按钮，完成“学生综合成绩报表”的创建，并打开报表的打印预览视图，效果如图 8-46 所示。

学生综合成绩报表

学生综合成绩报表

课程号	学号	姓名	课程名称
112B3001			
	2022070580	张亮	计算机科学基础
	2022070580	李华	计算机科学基础
	2022070580	李阳	计算机科学基础
	2022070690	张三	计算机科学基础
	2022070690	王丽华	计算机科学基础
112B3002			
	2022070580	张亮	计算机实验基础
	2022070580	李华	计算机实验基础
	2022070580	李阳	计算机实验基础
	2022070690	张三	计算机实验基础
	2022070690	王丽华	计算机实验基础
112G3001			
	2022070580	张亮	C语言程序设计
	2022070580	李华	C语言程序设计
	2022070580	李阳	C语言程序设计
	2022070690	张三	C语言程序设计

图 8-46 “学生综合成绩报表”预览效果

报表中显示了全部的课程成绩信息，若仅需打印“112G3004”课程的学生成绩，首先将报表从打印预览视图切换到报表视图，这步操作可通过状态栏右下角的完成。然后在“开始”选项卡下的“排序和筛选”功能组中，单击“高级”按钮，在下拉列表中选择“高级筛选/排序”命令，在打开的筛选窗口中，将字段设为“课程号”，条件设为“112G3004”，再单击“高级”按钮，在下拉列表中选择“应用筛选/排序”命令，即可生成如图8-47所示的仅有“112G3004”课程的学生综合成绩报表。

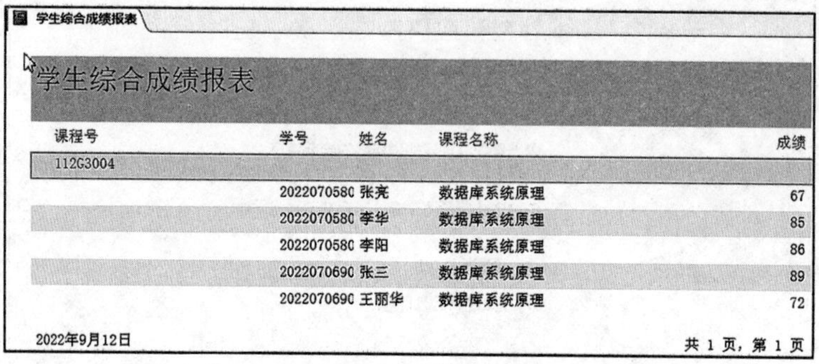

学生综合成绩报表

学生综合成绩报表

课程号	学号	姓名	课程名称	成绩
112G3004				
	2022070580	张亮	数据库系统原理	67
	2022070580	李华	数据库系统原理	85
	2022070580	李阳	数据库系统原理	86
	2022070690	张三	数据库系统原理	89
	2022070690	王丽华	数据库系统原理	72

2022年9月12日　　共 1 页，第 1 页

图 8-47　应用筛选/排序生成的报表

六 实训延伸

1. 数据库的相关概念和术语

(1) 数据 (data)。描述事物的符号记录。数据与其语义不可分割，是一个整体。信息是被加工处理过的数据，或者说数据是信息的载体。

(2) 数据库 (database，DB)。指长期存储在计算机内的、有组织的、可共享的、统一管理的相关数据集合。具有较小的冗余度、较高的数据独立性和易扩展性等特点。

(3) 数据库管理系统 (database management system，DBMS)。指位于用户和操作系统之间的一层数据管理软件，属于软件分类中的系统软件，主要任务是对数据库的建立、运行、维护进行统一的管理和控制。用户不能直接接触数据库，只能通过DBMS来操作数据库。

(4) 数据库系统 (database system，DBS)。简单地说，指引入数据库之后的数据库系统。具体地讲，是指由数据库、数据库管理系统 (及其应用开发工具)、应用程序和数据库管理员 (database administrator，DBA) 组成的存储、管理、处理和维护数据的系统。数据库、数据库管理系统、数据库系统三者之间的关系可简单地表示为DBS=DB+DBMS。

(5) 数据模型 (data model)。指对现实世界数据特征的抽象，用于对数据进行描述、组织和操作，由数据结构、数据操作、数据完整性约束条件三个组成要素构成。数据模型可分为概念模型、逻辑模型和物理模型。常见的逻辑数据模型有层次模型、网状模型、关系模型。

① 概念模型 (conception model)：用于信息世界的建模，是对现实世界中客观事物及其联系的抽象，是现实世界到信息世界的第一层抽象，是数据库设计人员进行数据库概念设计的有力工具，是数据库设计人员与用户交流的语言。概念模型的表示方法很多，其中最著

名的是由 P. P. S 提出的 E－R（entity－relations）方法。用实体、属性、联系类型（一对一、一对多、多对多）来表示现实世界中事物及其之间的联系。

② 关系模型（relational model）：是一种最主要的数据模型，是用二维表格来表示概念模型中实体及实体之间联系的数据模型。采用关系模型组织数据的数据库称为关系数据库。目前主流的关系数据库有 Oracle、DB2、SQL Server、My SQL、Access 等。

（6）结构化查询语言（structured query language，SQL）。是关系数据库的标准语言，也是一个通用的、功能极强的关系数据库语言。其功能不仅包括查询，还可以实现对数据库、数据表、视图、索引等数据对象的创建、修改与删除，并具有数据库安全性与完整性的控制和定义等功能，集数据定义、数据操作、数据控制于一体。结构化查询语言有两种使用方式：交互式和嵌入式。

（7）范式（normal form，NF）。关系数据库中的关系（数据表）要满足一定的要求，满足不同程度要求的称为不同级别的范式。关系最低级别的要求是满足第一范式（1NF），即数据表中的每一个数据具有不可再分的特征，是原子单位，或者说不允许表中有表。范式级别有 1NF、2NF、3NF、BCNF、4NF、5NF。低级别的范式可以通过模式分解的办法转换为高级别的范式，这个过程中主要消除关系模式中一些不合适的数据依赖，以达到降低数据冗余和避免出现异常问题的目的。

（8）数据库设计（database design）。指对于一个给定的应用系统，构造（或设计）优化的数据库逻辑模式和物理结构，并据此建立数据库及其应用系统，使之能够有效地存储和管理数据，满足各种用户的应用要求，包括信息管理要求和数据操作要求。数据库设计过程一般分为 6 个阶段：需求分析、概念结构设计、逻辑结构设计、物理结构设计、数据库实施、数据库运行和维护。

2. 关系模型的相关术语

关系模型是一种最主要的数据模型，关系模型中的常用术语如表 8－5 所示。

表 8－5 关系模型中的常用术语

术语名称	含义
关系	一张二维表，由行和列组成
关系模式	对关系的描述，可表示为关系名（属性 1，属性 2，…，属性 n）
元组（记录）	指二维表中的一行，是构成关系的一个个实体。元组的集合构成关系
属性（字段）	指二维表中的一列，属性名在第一行列出，列值就是属性值
域	属性的取值范围，Access 中用数据类型表示
分量	元组中的一个属性值
候选码（候选关键字）	由关系中的一个或多个属性构成，可以唯一标识一个元组，一个关系可以有多个候选码
主码（主关键字）	从候选码中指定一个，作为关系的主码。一个关系只能有一个主码
主属性	包含在候选码中的属性，称为主属性
非主属性	没有包含在候选码中的属性，称为非主属性

习题

一、单选题

1. 在 Access 2016 数据库中，一个关系就是一个（　　）。

   A. 二维表　　B. 记录　　C. 字段　　D. 数据库

2. 下列关于二维表的说法错误的是（　　）。

   A. 二维表中的列称为属性　　B. 属性值的取值范围称为域

   C. 二维表中的行称为元组　　D. 属性的集合称为关系

3. Access 2016 中数据表和数据库的关系是（　　）。

   A. 一个数据表可以包含多个数据库　　B. 一个数据库只能包含一个数据表

   C. 一个数据库可以包含多个数据表　　D. 一个数据表只能包含一个数据库

4. 数据库（DB）、数据库系统（DBS）、数据库管理系统（DBMS）之间的关系是（　　）。

   A. DB 包括 DBS 和 DBMS　　B. DBMS 包括 DB 和 DBS

   C. DBS 包括 DB 和 DBMS　　D. 以上三个都不对

5. 常用的逻辑数据模型有三种，它们是（　　）。

   A. 层次、关系、语义　　B. 环状、层次和星形

   C. 字段名、字段类型和记录　　D. 层次、关系和网状

6. 在 Access 2016 数据库中，数据表就是（　　）。

   A. 数据库　　B. 记录　　C. 字段　　D. 关系

7. 在 Access 2016 数据库的六大对象中，用于和用户进行交互的数据库对象是（　　）。

   A. 数据表　　B. 查询　　C. 窗体　　D. 报表

8. 在 Access 2016 数据库中，提供的数据类型不包括（　　）。

   A. 短文本　　B. 备注　　C. 数字　　D. 日期/时间

9. 不属于 Access 2016 数据库对象的是（　　）。

   A. 数据表　　B. 向导　　C. 窗体　　D. 查询

10. 利用 Access 2016 创建的数据库文件，其扩展名为（　　）。

    A. dbf　　B. mdb　　C. adp　　D. accdb

11. 在 Access 2016 数据库中，（　　）是实际存放数据的地方。

    A. 数据表　　B. 报表　　C. 窗体　　D. 查询

12. 在 Access 2016 数据库中，关于主键，下列说法错误的是（　　）。

    A. Access 2016 要求在每一个数据表中都必须包含一个主键

    B. 在一个数据表中只能指定一个字段为主键

    C. 在输入数据或对数据进行修改时，不能向主键的字段输入相同的值

    D. 利用主键可以区分开每一条记录

13. 在数据表视图中，不能进行的操作是（　　）。

    A. 删除一条记录　　B. 修改字段的类型

    C. 删除一个字段　　D. 修改字段的名称

14. 下列关于关系数据库中数据表的描述，正确的是（　　）。
A. 数据表相互之间存在联系，但用独立的文件名保存
B. 数据表相互之间存在联系，使用表名表示相互间的联系
C. 数据表相互之间不存在联系，完全独立
D. 数据表既相对独立，又相互联系
15. 在 Access 2016 数据库中，设置为主键的字段（　　）。
A. 不能设置索引　　B. 可设置为“有（重复）”索引
C. 系统自动设置索引　　D. 可设置为“无”索引
16. 下面关于查询的叙述中，正确的是（　　）。
A. 查询的结果可以作为其他数据库对象的数据来源
B. 查询的结果集也是基本表
C. 同一个查询的查询结果是固定不变的
D. 不能再对得到的查询结果信息进行排序或筛选
17. Access 2016 数据库中的查询向导不能创建（　　）。
A. 简单查询向导　　B. 交叉表查询向导
C. 查找重复项查询向导　　D. 参数查询
18. 关系数据库的标准语言是（　　）。
A. 关系代数　　B. 关系演算　　C. SQL　　D. ORACLE
19. 创建 Access 2016 的查询可以（　　）。
A. 利用查询向导　　B. 使用查询设计
C. 使用 SQL 视图　　D. 使用以上 3 种方法
20. （　　）不可以作为 Access 2016 数据表的主键。
A. 自动编号　　B. 单字段　　C. 多字段　　D. OLE 对象
21. Access 2016 查询的数据源可以来自（　　）。
A. 数据表　　B. 查询　　C. 数据表和查询　　D. 报表
22. 下列关于关系数据模型的特性，描述正确的是（　　）。
A. 一个二维表中同一字段的数据类型可以有十种
B. 一个二维表的行称为字段，表示了事物的各种属性
C. 一个二维表的列称为记录，整体地表示了一个事物的各个属性或各事物之间的联系
D. 一个二维表的行、列顺序可以任意调换
23. Access 2016 数据库的核心对象是（　　）。
A. 数据表　　B. 查询　　C. 窗体　　D. SQL
24. 存储在计算机外部存储介质上结构化的数据集合，其英文名称是（　　）。
A. data dictionary（简写：DD）
B. database system（简写：DBS）
C. database（简写：DB）
D. database management system（简写：DBMS）
25. 数据库管理系统（DBMS）是（　　）。

A. 一个完整的数据库应用系统　　B. 一组硬件
C. 一组系统软件　　D. 既有硬件，又有软件

26. 数据库中数据表的外码是（　　）。
A. 另一个数据表的主键　　B. 是本数据表的主键
C. 与本数据表没关系的　　D. 都不对

27. 关于 Access 2016 的描述，正确的是（　　）。
A. Access 是一个运行于操作系统平台上的关系型数据库管理系统
B. Access 是一个文档和数据处理应用软件
C. Access 是 Word 和 Excel 的数据存储平台
D. Access 是网络型数据库

28. 打开 Access 2016 数据库时，应打开扩展名为（　　）的文件。
A. mda　　B. accdb　　C. mde　　D. dbf

29. 下列不是窗体组成部分的是（　　）。
A. 窗体页眉　　B. 窗体页脚　　C. 主体　　D. 窗体设计器

30. 下列不属于报表视图类型的是（　　）。
A. 设计视图　　B. 打印预览视图　　C. 数据表视图　　D. 布局视图

31. 无论是自动创建窗体还是报表，都必须选定要创建该窗体或报表基于的（　　）。
A. 数据来源　　B. 查询　　C. 数据表　　D. 记录

32. 在关系数据库中，二维表中的一行被称为（　　）。
A. 字段　　B. 数据　　C. 记录　　D. 数据视图

33. 数据表的组成内容包括（　　）。
A. 查询和字段　　B. 字段和记录　　C. 记录和窗体　　D. 报表和字段

34. 数据类型是（　　）。
A. 字段的另一种说法
B. 决定字段能包含哪类数据的设置
C. 一类数据库应用程序
D. 一类用来描述 Access 数据表向导允许从中选择的字段名称

35. 能实现从一个数据表或多个数据表中选择一部分数据的是（　　）。
A. 数据表　　B. 查询　　C. 窗体　　D. 报表

36. 用户和数据库交互的界面是（　　）。
A. 数据表　　B. 查询　　C. 窗体　　D. 报表

37. （　　）是 Access 2016 中以一定输出格式表现数据的一种对象。
A. 数据表　　B. 查询　　C. 窗体　　D. 报表

38. Access 2016 是（　　）数据库管理系统。
A. 层次型　　B. 网状型　　C. 关系型　　D. 树状型

39. 唯一确定一条记录的某个属性组是（　　）。
A. 主键　　B. 关系模式　　C. 记录　　D. 字段

40. （　　）是对关系的描述。
A. 二维表　　B. 关系模式　　C. 记录　　D. 字段

二、操作题

根据表 8-6 到表 8-10 的数据表结构创建一个图书管理数据库，在数据表视图下完成读者类别表、图书类别表中的数据输入，设计相关窗体完成图书信息、读者信息、图书借阅信息等数据的录入、修改、删除操作，并创建查询实现查询读者借阅图书的情况，设计报表统计读者借阅图书的情况。

表 8-6　读者信息表结构

字段名称	数据类型	字段大小	说明
读者编号	短文本	10	主键
读者姓名	短文本	20	
性别	短文本	2	
联系电话	短文本	11	
读者类别号	短文本	5	外键
办证日期	日期/时间	短日期	

表 8-7　读者类别表结构

字段名称	数据类型	字段大小	说明
读者类别号	短文本	5	主键
类别名称	短文本	20	
借书最大量	数字	整型	
借书期限	数字	整型	

表 8-8　图书信息表结构

字段名称	数据类型	字段大小	说明
图书编号	短文本	10	主键
图书名称	短文本	50	
ISBN	短文本	17	
出版社名称	短文本	20	
第一作者	短文本	20	
出版日期	日期/时间	短日期	
单价	货币		
图书类别编号	短文本	5	外键

表 8-9　图书类别表结构

字段名称	数据类型	字段大小	说明
图书类别编号	短文本	5	主键
图书类别名称	短文本	20	

表 8-10　图书借阅信息表结构

字段名称	数据类型	字段大小	说明
借阅记录编号	自动编号	长整型	主键
读者编号	短文本	10	外键
图书编号	短文本	10	外键
借出日期	日期/时间	短日期	
应还日期	日期/时间	短日期	
是否续借	是/否		
是否归还	是/否		
归还日期	日期/时间	短日期	

操作过程如下：

（1）启动 Access 2016 应用程序，新建“一个空白桌面数据库”，将其命名为“读者借阅图书”。

（2）单击“创建”选项卡下“表格”功能组中的“表设计”按钮，依次按表 8-6 到表 8-10 中的数据分别创建“读者类别表”“读者信息表”“图书类别表”“图书信息表”“图书借阅信息表”。

（3）单击“创建”选项卡下“窗体”功能组中的“窗体向导”按钮，分别创建“读者信息表记录录入”“图书信息表记录录入”“图书借阅信息表记录录入”三个窗体，完成“读者信息表”“图书信息表”“图书借阅信息表”三个数据表记录的输入。“读者类别表”和“图书类别表”两个数据表数据的输入在数据表视图下完成。

（4）单击“数据库工具”选项卡下“关系”功能组中的“关系”按钮，将上述五个数据表全部添加到“关系”对话框中，通过主键拖动到外键上的方法创建这五个数据表之间的关系。

（5）单击“创建”选项卡下“查询”功能组中的“查询向导”按钮，创建“读者借阅图书”查询对象。

（6）单击“创建”选项卡下“报表”功能组中的“报表向导”按钮，创建“读者借阅图书”报表对象。

（7）至此“读者借阅图书”数据库创建完毕，其中包括五个数据表对象、三个窗体对象、一个查询对象、一个报表对象，如图 8-48 所示。

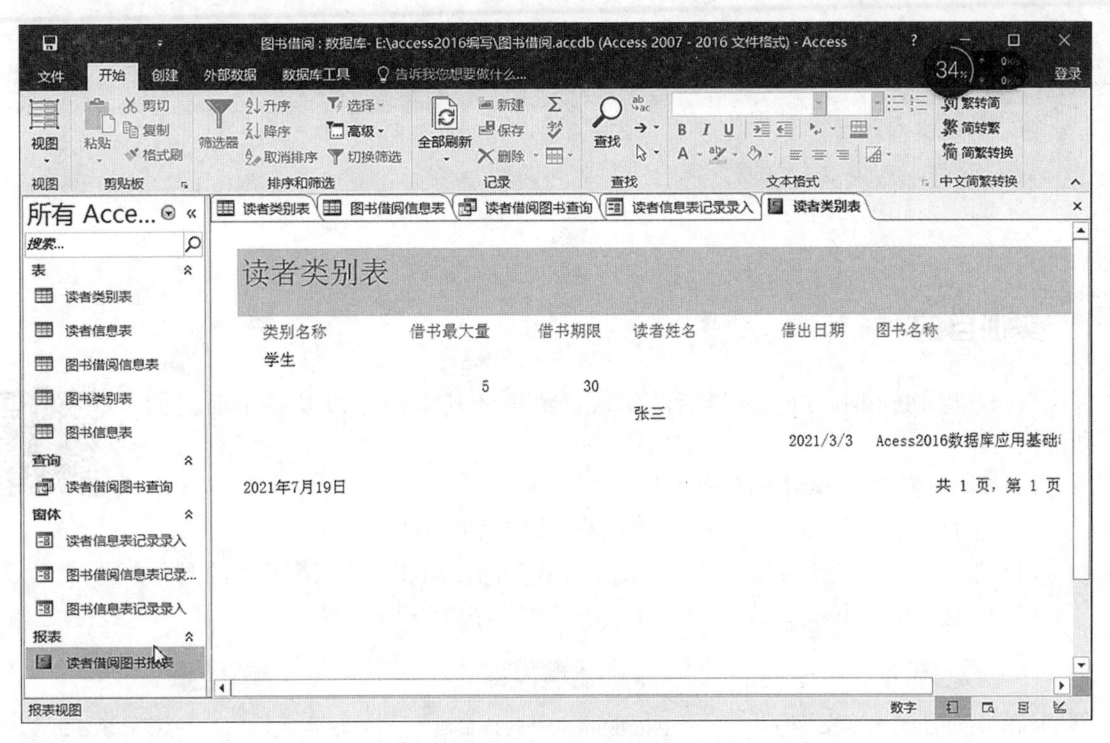

图 8-48 数据库示例

参考答案

实训九 Photoshop 2022 贺卡制作

一 实训目的

（1）掌握 Photoshop 2022 界面的组成，菜单的基本操作以及各个面板的功能。

PPT

（2）学会使用工具箱中的各种工具。

（3）掌握素材的处理方法以及使用素材合成作品的方法。

（4）学习图层的使用方法，掌握“图层样式”的使用和“图层模式”的混合方法。

（5）掌握 Photoshop 2022 的横排文字工具的使用方法。

知 识

- Photoshop 2022的基本操作和基本功能
- 工具箱中工具的使用方法
- 图层的使用方法

能 力

- Photoshop软件的使用能力
- 获得和运用知识的能力
- 审美能力和创意能力

素 质

- 培养学生严谨、刻苦的学习态度
- 激发学生对传统文化的热爱之情

二 实训准备

Adobe Photoshop，简称 PS，是由 Adobe Systems 开发和发行的图像处理软件。Photoshop 主要处理以像素构成的数字图像，使用其众多的编修与绘图工具，可以有效地进行图片编辑工作。PS 应用非常广泛，在图像、图形、文字、视频、出版等各方面都有涉及。本教程中其他实训用到的图像都可以使用 PS 进行编辑和处理。2003 年，Adobe Photoshop 8 被更名为 Adobe Photoshop CS。2021 年 10 月，Adobe 公司推出了新版本 Photoshop 2022，本实训采用 Adobe Photoshop 2022 版本。

1. Photoshop 2022 工作界面

Photoshop 2022 工作界面主要有菜单栏、标题栏、文档窗口、工具箱、工具选项栏、选项卡、状态栏和面板等组件，如图 9－1 所示。

菜单栏：菜单栏中包含可以执行的各种命令。单击菜单名称即可打开相应的菜单，Photoshop 2022 的菜单栏中包含 12 个菜单，分别为文件、编辑、图像、图层、文字、选择、滤镜、3D、视图、增效工具、窗口和帮助。Photoshop 中通过菜单和快捷键两种方式执行所有命令。

标题栏：显示了文档名称、文件格式、窗口缩放比例和颜色模式等信息。如果文档中包含多个图层，则标题栏中还会显示当前工作图层的名称。

工具选项栏：用来设置工具的各种选项，它会随着所选工具的不同而改变选项内容。

面板：可通过“窗口”菜单下的“显示”命令来显示面板。一般常用的有图层面板、属性面板、字符面板、路径面板、通道面板等。

文档窗口：文档窗口是显示和编辑图像的区域，它是 Photoshop 的主要工作区，用于显示图像文件。

状态栏：可以显示文档大小、文档尺寸、当前工具和窗口缩放比例等信息。

选项卡：打开多个图像时，只在窗口中显示一个图像，其他的则最小化到选项卡中。单击选项卡中各个文件名便可显示相应的图像。

工具箱：工具箱中的工具可用来选择、绘画、编辑以及查看图像。拖动工具箱的标题栏，可移动工具箱，单击可选中工具，移动光标到该工具上，工具栏选项会显示该工具的属性。部分工具的右下角有一个小三角形符号，这表示在工具位置上存在一个工具组，其中包括若干个相关工具，如图 9－2 所示。

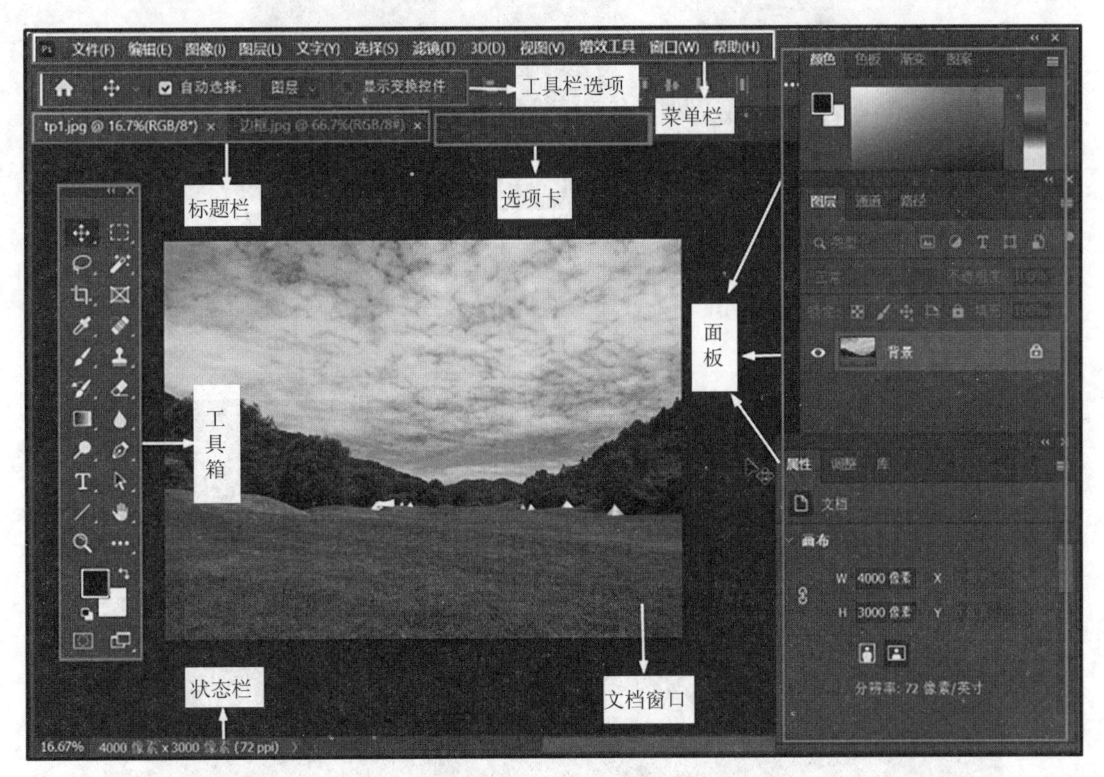

图 9－1　Photoshop 2022 工作界面

2. 菜单基本操作

（1）新建文档。启动 Adobe Photoshop 2022 后，单击“文件”菜单，选择“新建”命令，或者按快捷键【Ctrl＋N】，调出如图 9－3 所示的“新建文档”界面。

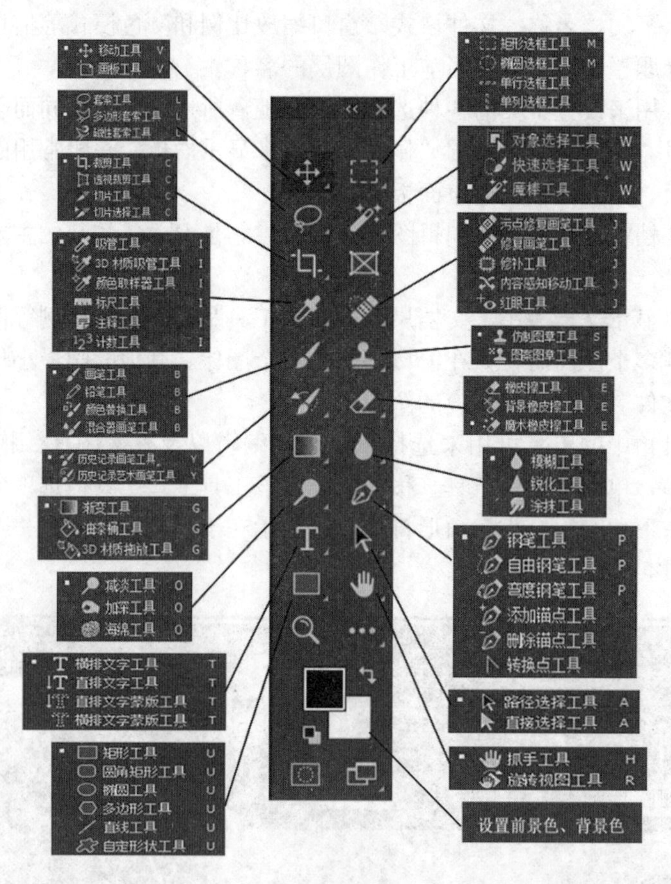

图 9-2 Photoshop 2022 的工具箱

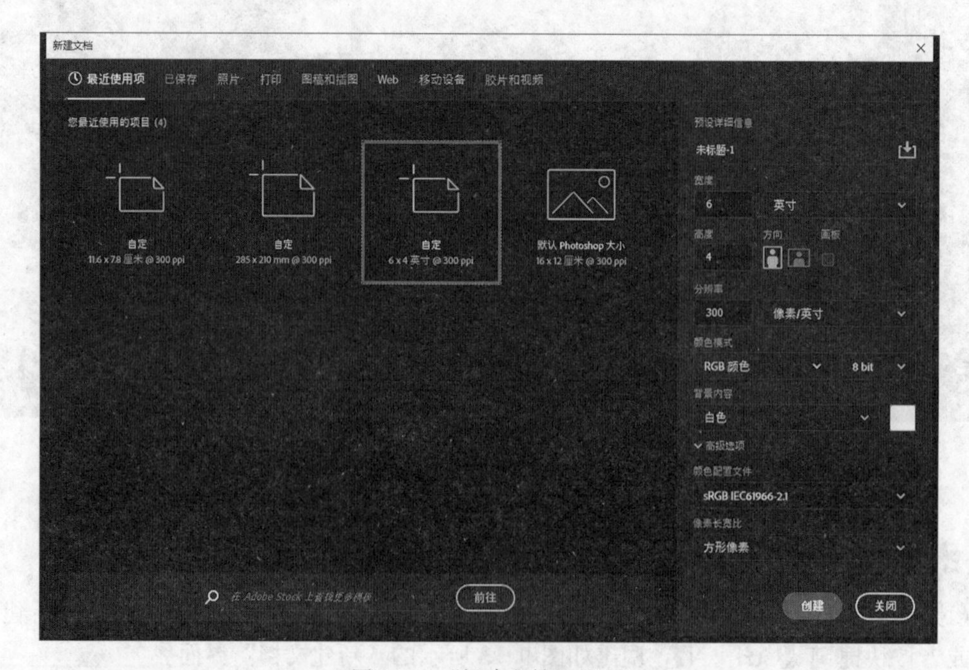

图 9-3 “新建文档”界面

在“新建文档”界面右边设置需要新建文档的详细参数。在未标题-1处可以更换需要的文件名称。在宽度、高度处可以设置需要的图片尺寸。在分辨率处可以更换图片尺寸的要求，如分辨率、厘米、毫米等。在颜色模式处可以更换图片需要的颜色模式，如RGB颜色、CMYK颜色等。背景内容则是更换新建图层的底色、背景色或是透明。当一切确认后，单击“创建”按钮，便可以创建出所需要的图层。

（2）打开图像文件。选择“文件”菜单中“打开”命令，或者按快捷键【Ctrl+O】，弹出“打开”对话框，选择一个图像文件，再单击“打开”，打开图像文件。

（3）存储图像文件。存储文件的操作包括存储、存储为、存储为Web所用格式等命令，每个命令可以保存为不同的文件。

存储命令：选择“文件”菜单下的“存储”命令，或者按快捷键【Ctrl+S】。如果当前文件从未保存过，将打开“另存为”对话框，可保存Photoshop的默认格式——PSD格式，如图9-4所示。

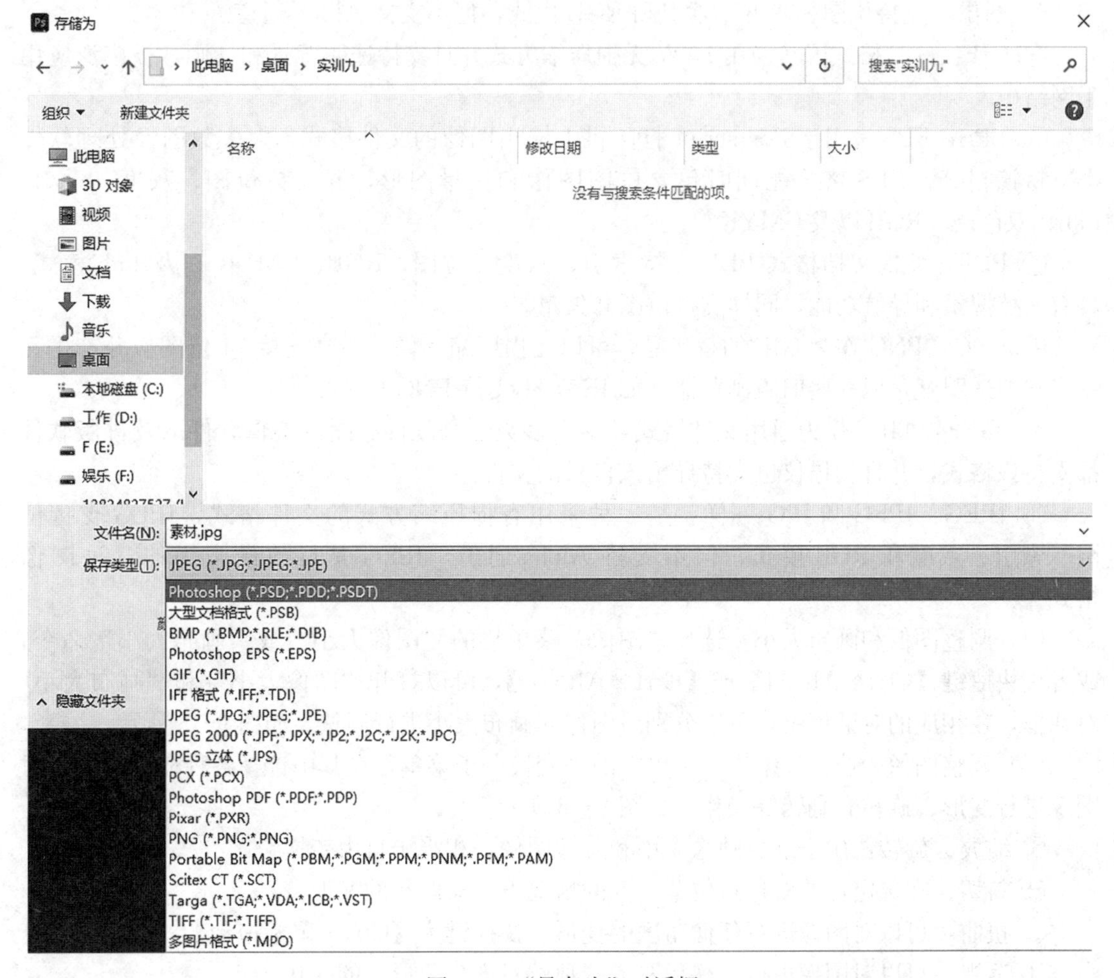

图9-4 “另存为”对话框

存储为命令：选择“文件”菜单下的“存储为”命令，或者按快捷键【Shift+Ctrl+S】，可以在保存类型中选择所需要的文件类型。

Photoshop 默认保存的有以下几种文件格式：

①．PSD：Photoshop 默认保存的文件格式，可以保留所有图层、色板、通道、蒙版、路径、未栅格化文字以及图层样式等，但无法保存文件的操作历史记录，该格式是 Photoshop 的专用格式，如果仍然需要对图像进行处理，最好以该格式保存。

②．PSB：最高可保存长度和宽度不超过 300000 像素的图像文件，此格式用于文件大小超过 2GB 的文件，但只能在新版 Photoshop 中打开，其他软件以及旧版 Photoshop 不支持。

③．RAW：RAW 图像就是 CMOS 或者 CCD 图像感应器将捕捉到的光源信号转化为数字信号的原始数据。RAW 文件是一种记录了数码相机传感器的原始信息，同时记录了由相机拍摄所产生的一些元数据（metadata，如 ISO 的设置、快门速度、光圈值、白平衡等）的文件。

④．BMP：BMP 是 Windows 操作系统专有的图像格式，用于保存位图文件，最高可处理 24 位图像，支持位图、灰度、索引和 RGB 模式，但不支持 Alpha 通道。

⑤．GIF：GIF 格式因其采用 LZW 无损压缩方式并且支持透明背景和动画，被广泛应用于网络中。

⑥．EPS：EPS 是用于 Postscript 打印机上输出图像的文件格式，大多数图像处理软件都支持该格式。EPS 格式能同时包含位图图像和矢量图形，并支持位图、灰度、索引、Lab、双色调、RGB 以及 CMYK。

⑦．PDF：便携文档格式 PDF 支持索引、灰度、位图、RGB、CMYK 以及 Lab 模式。具有文档搜索和导航功能，同样支持位图和矢量。

⑧．PNG：PNG 作为 GIF 的替代品，可以无损压缩图像，最高支持 24 位图像并产生无锯齿状的透明度，但一些旧版浏览器（如 IE5）不支持 PNG 格式。

⑨．TIFF：TIFF 作为通用文件格式，绝大多数绘画软件、图像编辑软件以及排版软件都支持该格式，并且扫描仪也支持导出该格式的文件。

⑩．JPEG：JPEG 和 JPG 一样，是一种采用有损压缩方式的文件格式，JPEG 支持位图、索引、灰度和 RGB 模式，但不支持 Alpha 通道，JPEG 是目前最常用的一种图像格式。

（4）调整图像和画布大小。选择“图像”菜单栏的“图像大小”或“画布大小”命令，或者按快捷键【Ctrl＋Alt＋I】或【Ctrl＋Alt＋C】，可以打开“图像大小”和“画布大小”对话框，在相应的对话框中，可以分别对图像和画布大小进行调整。如图 9－5 所示。

（5）调整图像。选择“编辑”菜单下的“变换”子菜单，在其中选择各种命令，可以对图像进行变形、旋转和翻转等操作。如图 9－6 所示。

① 缩放、旋转：用于缩放图像大小和旋转图像，相当于自由变换。

② 斜切：在选定点的对称点位置不变的情况下，对图形的变形。

③ 扭曲：可以对图像进行任何角度的变形。快捷键为【Ctrl＋鼠标拖动】。

④ 透视：可以对图像进行“梯形”或“顶端对齐三角形”的变化。

⑤ 变形：把图像边缘变为路径，对图像进行调整。矩形空白点为锚点，实心圆点为控制柄。

（6）更改 Photoshop 界面外观。选择“编辑”菜单下“首选项”子菜单，在其中选择

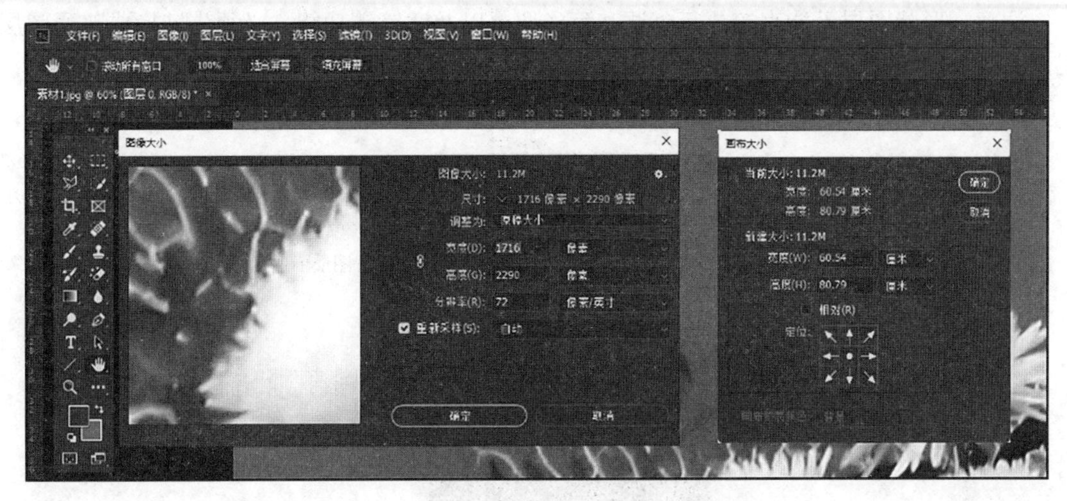

图 9－5 “图像大小”和“画布大小”对话框

“界面”命令，可以修改 Photoshop 界面外观的颜色方案。

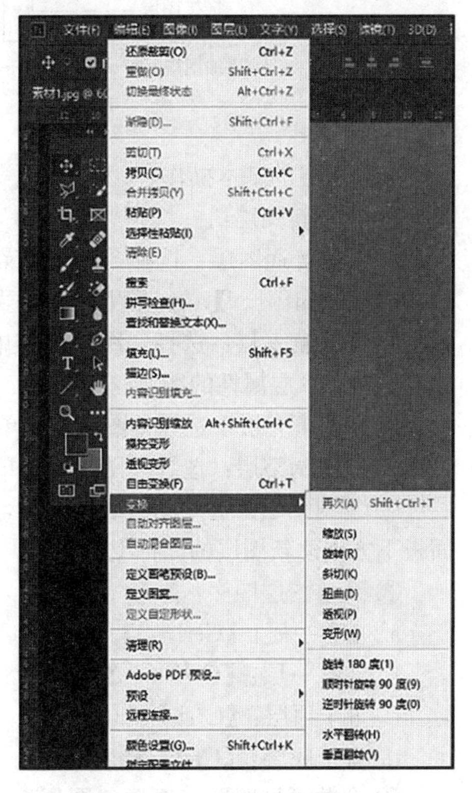

图 9－6 调整图像设置

3. 图层

图层是 Photoshop 应用的重点学习内容。图层包含图像、文本或组成图层文件的对象。Photoshop 可以将图像的每一个部分置于不同的图层中，由这些图层叠放在一起形成完整的图像效果。用户可以独立地对每个图层中的图像内容进行编辑修改和效果处理等操作，而对其他图层没有任何影响。图层与图层之间可以合成、组合和改变叠放次序。

（1）图层类型。

① 普通图层：是最基本的图层类型，它就相当于一张透明纸。

② 背景图层：背景层相当于绘图时最下层不透明的画纸，一幅图像只能有一个背景层。

③ 文本图层：使用文本工具在图像中创建文字后，自动创建文本图层。

④ 形状图层：使用形状工具绘制形状后，自动创建形状图层。

⑤ 填充图层：可在当前图像文件中新建指定颜色的图层，即可以在当前图层中填入一种颜色（纯色或渐变色）或图案，并结合图层蒙版的功能，从而产生一种遮盖特效。

⑥ 调整图层：可以调整单个图层图像的“亮度/对比度”“色相/饱和度”等，用于控制图像色调和色彩的调整，而使原图不受影响。

注意：形状图层不能直接执行色调和色彩调整以及滤镜等功能，必须先转换成普通图层之后才可使用。

（2）图层面板的常用功能。图层面板的常用功能如图 9－7 所示。

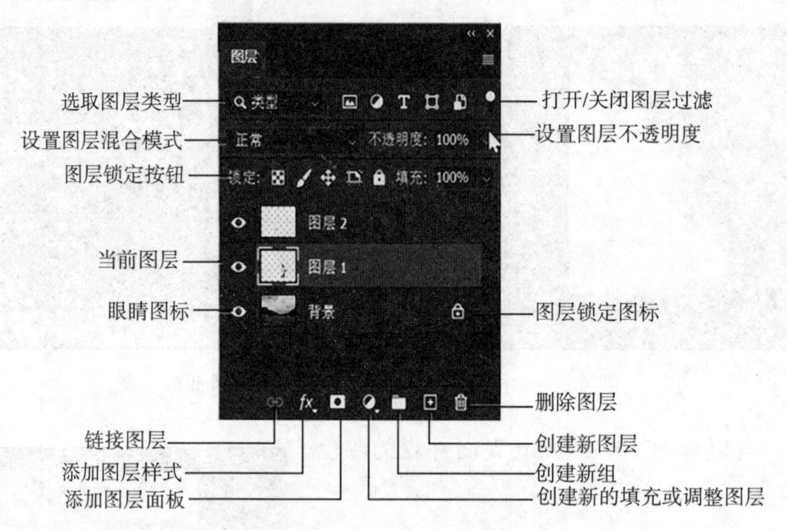

图 9－7　图层面板常用功能

（3）图层的基本操作。

① 创建新图层：

a. 新建普通图层：选择“图层”菜单中“新建”子菜单下的“图层”命令，或按快捷键【Ctrl＋Shift＋N】，也可以使用图层面板中的“新建”按钮新建普通图层。

b. 新建背景层：选择“图层”菜单中“新建”子菜单下的“背景图层”命令，可以创建一个有背景层属性的图层。

c. 新建填充层：选择“图层”菜单中的“新建填充层”命令。

d. 新建调整层：选择“图层”菜单中的“新建调整层”命令。

② 复制图层：选中图层右击复制，或者按快捷键【Ctrl＋J】，也可以将图层拖放到图层面板下方创建新图层的图标上。

③ 调整图层顺序：

a. 上移一层：【Ctrl＋]】。

b. 下移一层：【Ctrl＋ [】。

c. 置于顶层：【Ctrl＋Shift＋]】。

d. 置于底层：【Ctrl＋Shift＋ [】。

④ 合并可见图层：选择“图层”菜单中的“合并可见图层”，或使用快捷键【Ctrl＋Shift＋E】。

⑤ 将背景图层变为普通图层。在背景层上双击，或者单击图层名称右侧的锁头图标。

⑥ 拷贝图层：选择“编辑”菜单中的“拷贝”命令，或使用快捷键【Ctrl＋C】用于复制当前图层。

⑦ 设置图层混合模式：在如图 9－7 所示的图层面板中，可以通过设置图层混合模式，选择两个图层的叠加效果。Photoshop 2022 中提供了 27 种混合模式。其中，正常模式为

Photoshop默认模式，表示新绘制的颜色会覆盖原有的底色，当色彩是半透明时才会透出底部的颜色。其他 26 种模式有溶解、背后、清除、变暗、正片叠底、颜色加深、线性加深、深色、变亮、滤色、公式、颜色减淡、线性减淡（添加）、浅色、叠加、柔光、强光、亮光、线性光等。

⑧ 设置图层样式：图层样式是应用于一个图层、图层组的一种或多种效果。选择“图层”菜单中的“图层样式”命令，或者双击需要设置图层样式的图层，也可以右键单击需要设置图层样式的图层，在弹出的列表框中选择混合选项，都可以打开图层样式选项框，进行相应的参数设置，添加图层效果。图层样式主要有以下几种：

- 制作斜面和浮雕效果。
- 阴影效果：在 Photoshop 中提供了两种阴影效果，分别为投影和内阴影。
- 混合模式：选定投影的色彩混合模式。
- 不透明度：设置阴影的不透明度，值越大阴影颜色越深。
- 角度：用于设置光线照明角度，即阴影的方向会随角度的变化而发生变化。
- 使用全角：可以为同一图像中的所有图层效果设置相同的光线照明角度。
- 距离：设置阴影的距离，变化范围为 0～30000，值越大距离越远。
- 扩展：设置光线的强度，变化范围为 0～100%，值越大投影效果越强烈。
- 柔化程度：设置阴影柔化效果，变化范围为 0～250，值越大柔化程度越大。
- 质量：在此选项中，可通过设置轮廓和杂点选项来改变阴影效果。
- 图层挖空投影：控制投影在半透明图层中的可视性闭合。

三 实训内容

请打开 Adobe Photoshop 2022，按照要求完成下列操作并以贺卡.JPG 和贺卡.PSD 保存文档。效果如图 9-8 所示。

图 9-8 效果图

四 实训要求

（1）通过网络搜集素材。打开 Photoshop 2022 软件，新建空白文件。

（2）使用渐变工具设置渐变背景。

（3）处理“花纹”素材，并与背景合并设置，制作花纹背景。

（4）处理灯笼、梅花、福字图案等素材。

（5）将处理好的素材合理放置到背景图案上，并修改图层名字。

（6）单击工具箱中的横排文字工具，输入文字“2023”。

（7）为文字图层“2023”使用图层样式，设置效果。

（8）新建“高光”图层，单击工具箱中的画笔工具，然后在工具选项栏上设置画笔属性，画出高光，并使用“滤镜”中径向模糊命令，画出高光修饰贺卡。

（9）保存文件。

五 实训步骤

操作步骤

（1）通过网络搜集素材：花纹、灯笼、鞭炮、福字图案、烟花等。打开 Photoshop 2022 软件，选择“文件”菜单下的“新建”命令（快捷键【Ctrl＋N】），弹出“新建文档”对话框，可以选择“图稿和插图”预设文件，把文件命名为“贺卡”，文件的宽度设置为 285 毫米，文件的高度设置为 210 毫米，分辨率设置为 300 像素/英寸，颜色模式选择为 RGB 颜色，背景内容选择为白色，如图 9－9 所示。

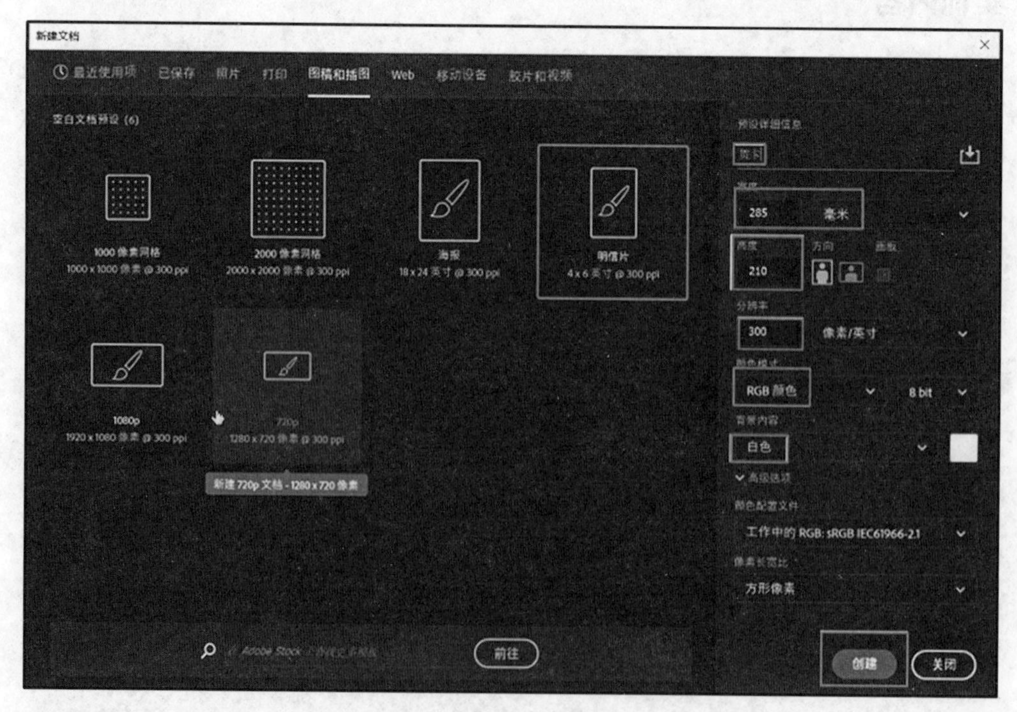

图 9－9　新建文件操作

（2）使用渐变工具设置渐变背景。单击“创建”按钮完成新文件的创建后，选择工具箱中的渐变工具 渐变工具 （快捷键【G】），设置渐变类型为“角度渐变”。用鼠标单击工具选项栏上的渐变编辑器按钮，弹出“渐变编辑器”对话框，可以在“预设”窗口选择适合的颜色，也可以单击渐变条下面的色标，单击“颜色”两字后面的颜色图案，打开“拾色器”对话框，设置颜色，可以单击渐变条中间下方位置，增加多个新色标，根据自己的喜好设置颜色。最后单击“确定”按钮，完成“渐变编辑器”的设置，如图 9－10 所示。在文档窗口，按住鼠标左键由中心向右上角方向拖动，释放鼠标后就可以为图层添加渐变颜色效果。

（3）处理“花纹素材”，并与背景合并设置，制作花纹背景。

选择“文件”菜单中的“打开”命令，打开一张花纹素材，选择“移动工具”，在花纹文档窗口按住鼠标左键不放，将“花纹”图片拖到标题栏中贺卡的文件名上，当贺卡文档显示出来后，将鼠标放到贺卡文档中时，再放开鼠标，就可以将花纹图片拖到贺卡文件内。或者，在花纹文档窗口，在图层面板中双击背景图层，当背景图层转为普通图层后，按【Ctrl＋C】快捷键，打开贺卡文档窗口，然后执行【Ctrl＋V】，也可完成移动。

在图层面板中修改图层名为“花纹”，单击“花纹”图层，通过“编辑”菜单的“自由变换”命令，或者执行【Ctrl＋T】调整花纹大小（直接拖拽为等比例缩放，按住【Shift】拖拽可以自由变换），设置混合模式为“正片叠底”，如图 9－11 所示。

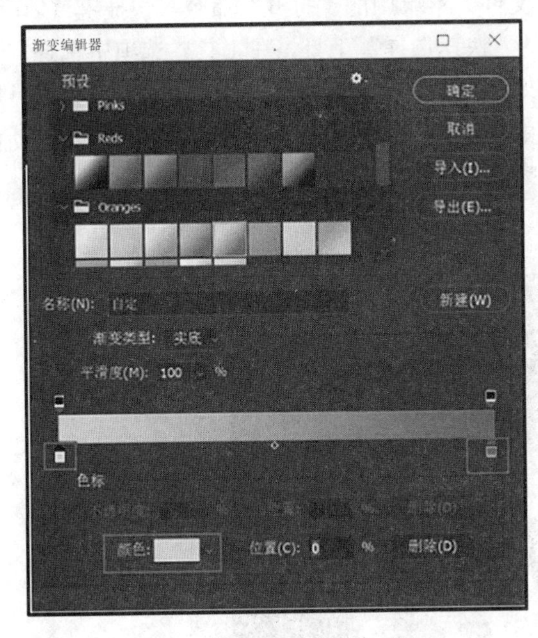

图 9－10　“渐变编辑器”设置

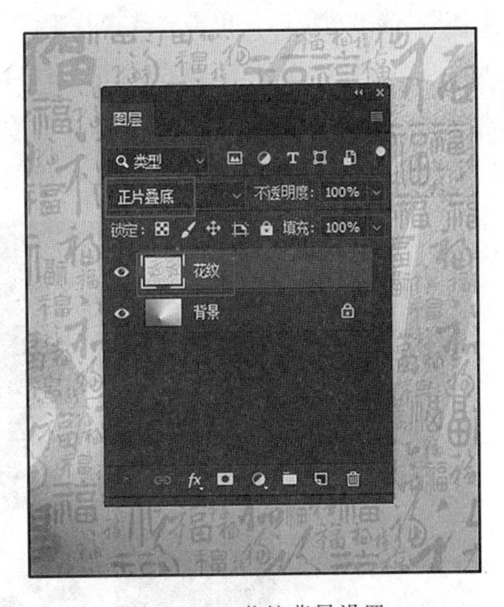

图 9－11　花纹背景设置

（4）处理灯笼、梅花、福字图案等素材。在“文件”菜单中选择“打开”命令（快捷键【Ctrl＋O】），打开素材“灯笼”，单击工具箱中的魔术橡皮擦 魔术橡皮擦工具 工具，设置容差值为 32，取消勾选“连续”复选框，在素材白色的地方单击，为灯笼素材图层去掉背景，效果如图 9－12 所示。用同样的方法处理其他素材。

选择“文件”菜单中“打开”命令（快捷键【Ctrl＋O】），打开素材“福字”，在图层面板中双击背景图层，转为普通图层。单击工具箱中的“魔棒工具”，在工具栏选项中设置容差值为 32，取消勾选“连续”框，在素材白色的地方单击，选中图像中的白色内容，按下键盘上的【Delete】按键，删掉白色背景，执行【Ctrl＋D】取消选择命令，为“福字”素材图层去掉背景，效果如图 9－13 所示。

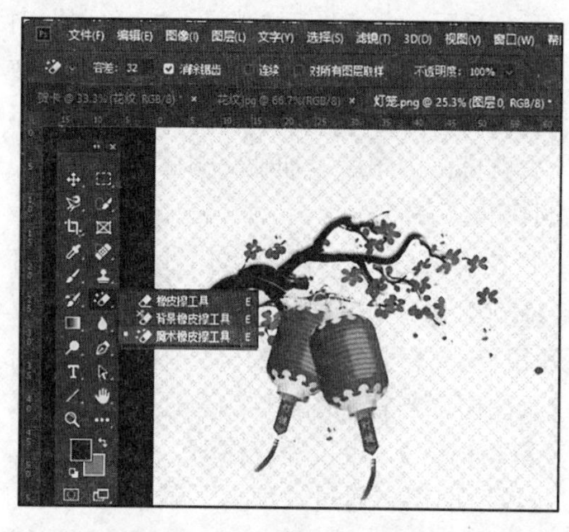

图 9－12 “灯笼”素材处理

图 9－13 “福字”素材处理

也可以使用另一种方式处理素材。选择“文件”菜单中的“打开”命令（快捷键【Ctrl＋O】），打开素材“图案”素材。单击工具箱中的“快速选择”工具，在工具栏选项中选择“选择主体”，选出对象后，单击“选择并遮住”，如图 9－14 所示。此时，使用【Ctrl＋＋】可以放大图案，方便操作。在右侧视图中选择合适的视图，单击“添加到选区”按钮，滑动鼠标选择目标图案，配合“从选区中减去”按钮，准确选出图案。选择输出设置为新建带有图层蒙版的图层，单击“创建”按钮。如图 9－15 所示。

图 9－14 “图案”素材处理

（5）使用上述不同方法处理素材，把调整好的各种素材，拖到“贺卡”文件中，并修改相应图层名，执行“自由变换”（快捷键【Ctrl＋T】），调整好大小和位置，效果如图 9－16 所示。

图 9-15 “选择并遮住”设置

（6）单击工具箱中的横排文字工具，输入文字“2023”，然后在工具选项栏上设置字体为华文隶书，大小为 72 点，颜色为红色，设置消除锯齿的方法为“锐利”如图 9-17 所示。

图 9-16 素材处理结果

图 9-17 运用横排文字工具添加文字操作

（7）在图层面板双击文字图层进入图层样式，分别勾选“斜面和浮雕”“描边”“内阴影”“内发光”“外发光”“投影”复选框。根据自己的爱好设置各项参考值，如图 9-18、图 9-19 所示，然后单击“确定”按钮，效果如图 9-20 所示。

（8）创建新图层，命名为“高光”。单击工具箱中的画笔工具，然后在工具选项栏上设置画笔属性，选择“柔边圆”笔触，设置可以覆盖一个文字大小的画笔，如图 9-21 所示。然后在贺卡“2023”字样上单击，或者在其他需要高光的位置单击，如图 9-22 所示。选择“滤镜”菜单“模糊”子菜单下的“径向模糊”命令，如图 9-23 所示。打开“径向模糊”对话框，并进行相应的设置，如图 9-24 所示，单击“确定”按钮，径向模

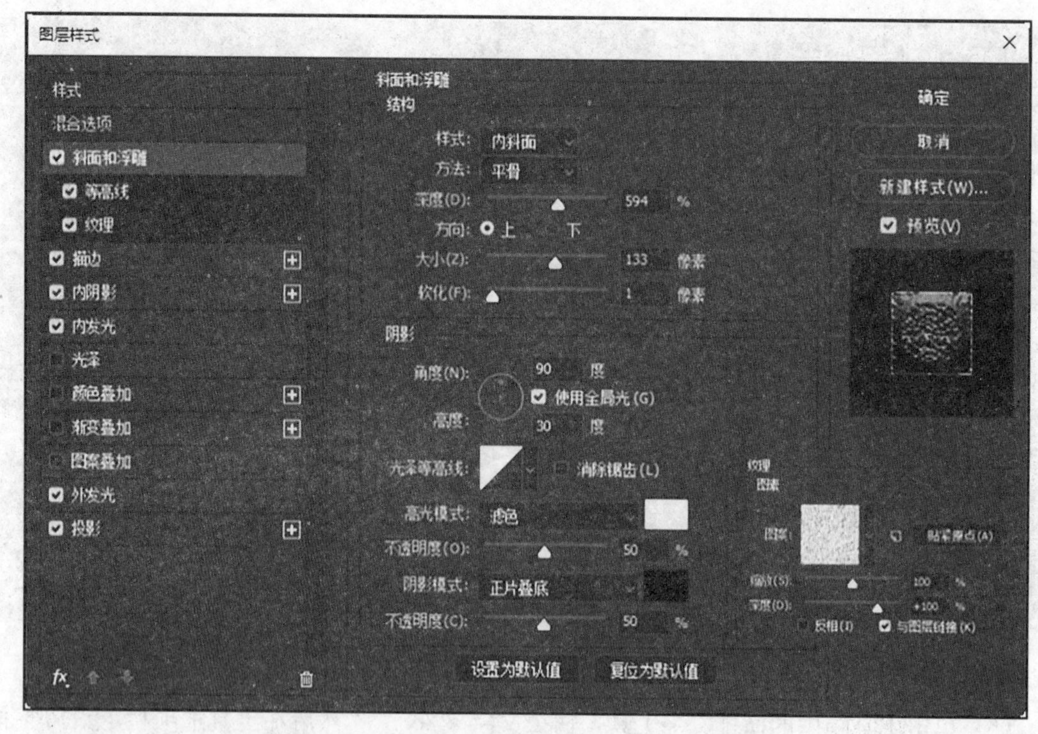

图 9-18 “图层样式”斜面和浮雕及纹理设置

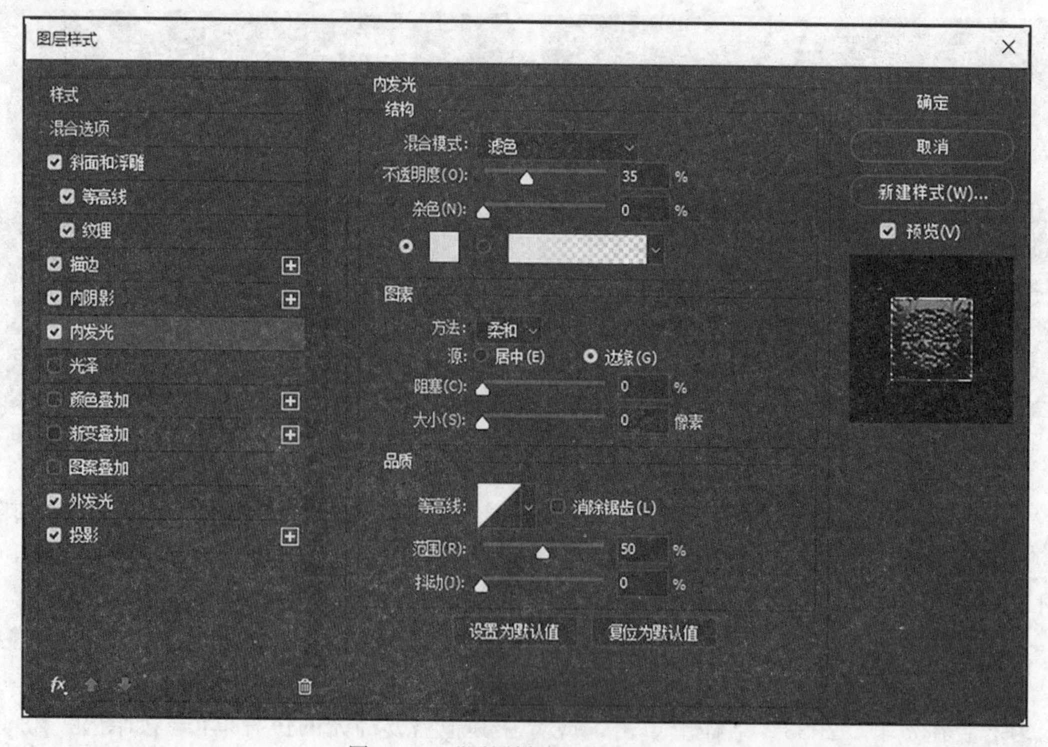

图 9-19 “图层样式”内发光设置

糊效果设置完毕。可用此方法对其他文字和其他需要高光的位置设置高光效果，最终效果如图 9－25 所示。

（9）执行“文件”菜单下的“存储为”命令，在弹出的“另存为”对话框中选择“格式”下拉列表中的 Photoshop（＊.PSD、＊.PDD）或 JPEG（＊.JPG、＊.JPEG、＊.JPE）选项，进行保存。

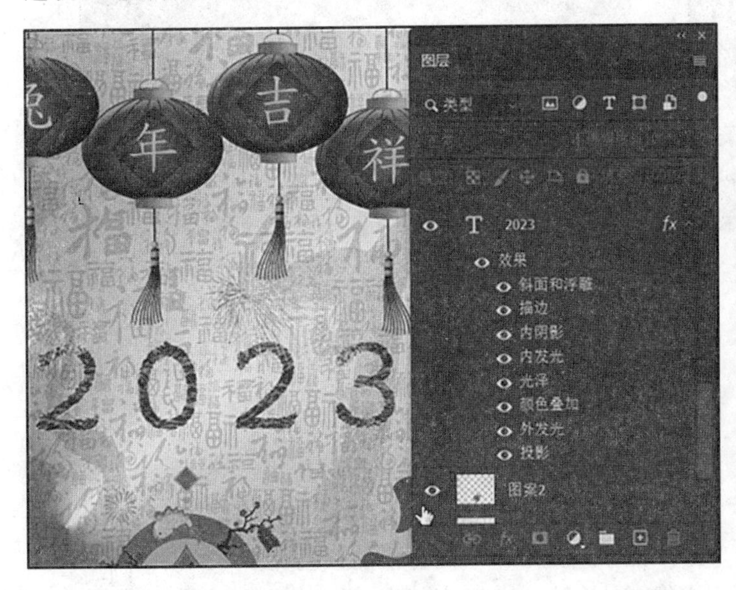

图 9－20 “图层样式”设置

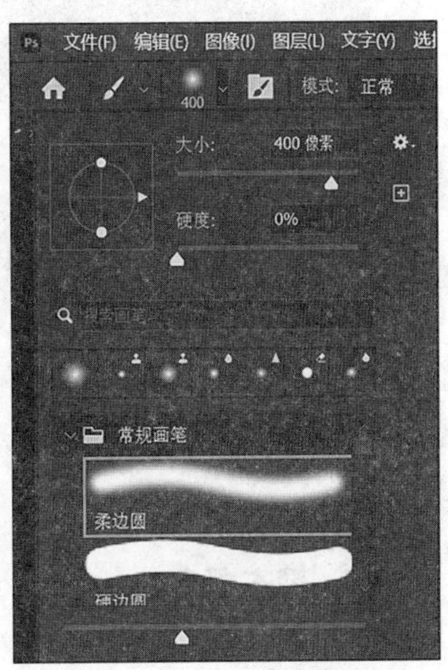

图 9－21 画笔工具设置

图 9－22 高光设置

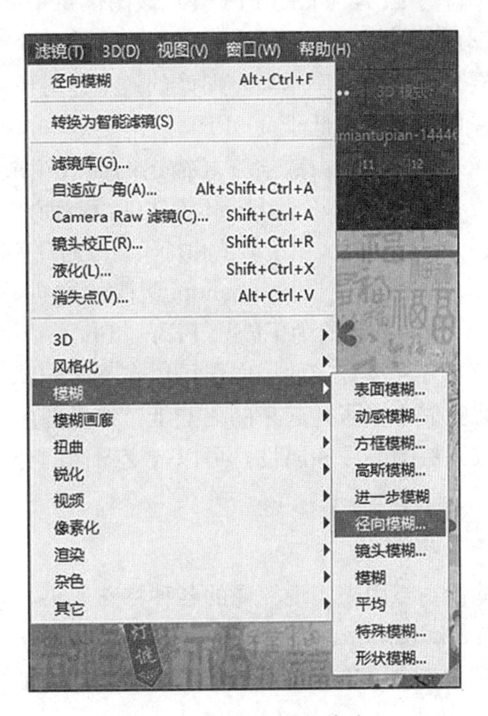

图 9－23 径向模糊命令

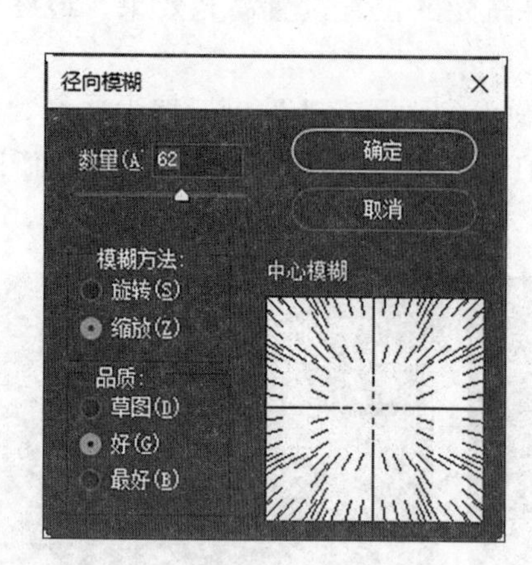

图 9-24 径向模糊设置

图 9-25 贺卡最终效果

六 实训延伸

1. 基本概念

(1) 像素。指组成图像的最基本单元，它是一个小的方形的颜色块。

(2) 图像分辨率。即单位面积内像素的多少。分辨率越高，像素越多，图像的信息量越大。单位为 PPI，如 300PPI 表示该图像每平方英寸* 含有 300×300 个像素。

(3) 点阵图。又称像素图，即图像由一个个的颜色方格组成，与分辨率有关，单位面积内像素越多，分辨率越高，图像的效果越好。用于显示的图像像素一般为 72PPI；用于印刷的图像像素一般不低于 300PPI。

(4) 矢量图。由数学方式描述的曲线组成，其基本组成单元为锚点和路径。由 Coreldraw、Illustrator、FreeHand 等软件绘制而成，与分辨率无关，放大后无失真。

(5) 颜色模式。用于显示和打印图像的颜色模型。常用的有 RGB、CMYK、Lab、灰度等。

(6) 文件格式。Photoshop 默认的文件格式为 PSD，网页上常用的有 PNG、JPEG、GIF，印刷中常用的为 EPS、TIFF。Photoshop 几乎支持所有的图像格式。

(7) 分层设计。使用图层可以在不影响图像中其他图素的情况下处理某一图素。可以将图层想象成一张张叠起来的醋酸纸。如果图层上没有图像，就可以一直看到底下的图层。通过更改图层的顺序和属性，可以改变图像的合成。

2. 滤镜

滤镜主要用来实现图像的各种特殊效果，它在 Photoshop 中具有非常神奇的作用。所有滤镜在 Photoshop 中都分类放置在菜单中，使用时只需要从该菜单中执行此命令即可。滤镜的操作是非常简单的，但是真正用起来却很难恰到好处。滤镜通常需要同通道、图层等联合

* 英寸为非法定计量单位，1 英寸=2.54 厘米。

使用，才能取得最佳艺术效果。如果想在最适当的时候应用滤镜到最适当的位置，除了需要有美术功底之外，还需要熟悉滤镜并对其有操控能力，甚至需要具有很丰富的想象力。这样，才能有的放矢地应用滤镜，发挥出艺术才华。Photoshop 常用滤镜及效果如表 9-1 所示。

表 9-1　常用滤镜及效果

滤镜	产生效果
风格化	可以产生不同风格的印象派艺术效果。有些滤镜可以强调图像的轮廓：用彩色线条勾画出彩色图像边缘，用白色线条勾画出灰度图像边缘
画笔描边	可以使用不同的画笔和油墨笔接触产生不同风格的绘画效果。一些滤镜可以对图像增加颗粒、绘画、杂色、边缘细线或纹理
模糊	可以模糊图像。这对修饰图像非常有用。模糊的原理是将图像中要模糊的硬边区域相邻近的像素值进行平均而产生平滑的过渡效果
模糊画廊	可以通过直观的图像控件快速创建截然不同的照片模糊效果
扭曲	可以对图像进行几何变化，以创建三维或其他变换效果
锐化	可以通过增加相邻像素的对比度而使模糊的图像清晰
素描	可以给图像增加具有各种艺术效果的纹理，产生素描、速写等艺术效果，也可以制作三维背景
纹理	可以为图像添加具有深度感和材料感的纹理
像素化	可以将指定单元格中相似颜色值结块并平面化
渲染	在图像中创建三维图形、云彩图案、折射图案和模拟光线反射
杂色	可以添加或去掉图像中的杂色，可以创建不同寻常的纹理或去掉图像中有缺陷的区域

3 常用快捷键

（1）文件操作。

新建图形文件：【Ctrl+N】。

用默认设置创建新文件：【Ctrl+Alt+N】。

打开已有的图像：【Ctrl+O】。

打开为：【Ctrl+Alt+O】。

关闭当前图像：【Ctrl+W】。

保存当前图像：【Ctrl+S】。

另存为：【Ctrl+Shift+S】。

打印：【Ctrl+P】。

（2）选择功能。

全部选取：【Ctrl+A】。

取消选择：【Ctrl+D】。

重新选择：【Ctrl+Shift+D】。

羽化选择：【Shift+F6】。

反向选择：【Ctrl+Shift+I】。

路径变选区：数字键盘的【Enter】。

载入选区：【Ctrl】＋单击图层、路径、通道面板中的缩略图。

（3）滤镜操作。

按上次的参数再做一次滤镜：【Ctrl＋F】。

退去上次所做滤镜的效果：【Ctrl＋Shift＋F】。

重复上次所做的滤镜（可调参数）：【Ctrl＋Alt＋F】。

（4）视图操作。

放大视图：【Ctrl＋＋】。

缩小视图：【Ctrl＋－】。

左对齐或顶对齐：【Ctrl＋Shift＋L】。

中对齐：【Ctrl＋Shift＋C】。

右对齐或底对齐：【Ctrl＋Shift＋R】。

（5）编辑操作。

还原/重做前一步操作：【Ctrl＋Z】。

剪切选取的图像或路径：【Ctrl＋X】或【F2】。

拷贝选取的图像或路径：【Ctrl＋C】。

合并拷贝：【Ctrl＋Shift＋C】。

自由变换：【Ctrl＋T】。

应用自由变换（在自由变换模式下）：【Enter】。

取消变形（在自由变换模式下）：【Esc】。

自由变换复制的像素数据：【Ctrl＋Shift＋T】。

弹出“填充”对话框：【Shift＋BackSpace】。

（6）图层操作。

通过拷贝建立一个图层：【Ctrl＋J】。

通过剪切建立一个图层：【Ctrl＋Shift＋J】。

向下合并或合并连接图层：【Ctrl＋E】。

合并可见图层：【Ctrl＋Shift＋E】。

盖印或盖印连接图层：【Ctrl＋Alt＋E】。

盖印可见图层：【Ctrl＋Alt＋Shift＋E】。

将当前层下移一层：【Ctrl＋［】。

将当前层上移一层：【Ctrl＋］】。

将当前层移到最下面：【Ctrl＋Shift＋［】。

将当前层移到最上面：【Ctrl＋Shift＋］】。

一、单选题

1. 新建图像文件用快捷键（　　）。

A.【Ctrl＋N】　B.【Ctrl＋O】　C.【Ctrl＋W】　D.【Ctrl＋D】

2. 打开图像文件用快捷键（　　）。

A. 【Ctrl+N】　B. 【Ctrl+O】　C. 【Ctrl+W】　D. 【Ctrl+D】

3. Photoshop 是（　　）公司开发的图像处理软件。

A. 金山　B. 微软　C. Intel　D. Adobe

4. 下列哪种工具可以选择连续相似的颜色区域？（　　）

A. 矩形选择工具　B. 磁性套索工具

C. 魔术棒工具　D. 椭圆选择工具

5. 如何复制一个图层？（　　）

A. 选择"图像"→"复制"

B. 新建图层蒙版

C. 选择"编辑"→"复制"

D. 将图层拖放到图层面板下方创建新图层的图标上

6. 下面哪些因素的变化不会影响图像所占硬盘空间的大小？（　　）

A. 分辨率　B. 像素大小

C. 文件尺寸　D. 存储图像时是否增加后缀

7. 在 Photoshop 中有两种填充工具，即"油漆桶工具"和（　　）。

A. 渐变工具　B. 网格工具　C. 立体效果　D. 混合工具

8. 下列哪个是 Photoshop 图像最基本的组成单元？（　　）

A. 像素　B. 节点　C. 色彩空间　D. 路径

9. Photoshop 工具箱的工具中有黑色向右的小三角符号，表示（　　）。

A. 可以选出菜单　B. 能点出对话框

C. 有并列的工具　D. 该工具有特殊作用

10. 不属于渐变填充方式的是（　　）。

A. 直线渐变　B. 角度渐变　C. 对称渐变　D. 径向渐变

11. 下面哪个效果不是"图层"菜单下的图层样式命令？（　　）

A. 模糊　B. 内发光　C. 外发光　D. 内阴影

12. 下列（　　）文件格式可以有多个图层。

A. GIF　B. BMP　C. Photoshop　D. JPEG

13. 要使某图层与其下面的图层合并可按（　　）键。

A. 【Ctrl+D】　B. 【Ctrl+E】　C. 【Ctrl+K】　D. 【Ctrl+J】

14. 下面哪些方法能对选到的图像进行变换操作？（　　）

A. 选择"图像"→"旋转画布"子菜单中的命令

B. 按【Ctrl+T】键

C. 选择"编辑"→"变换选区"子菜单中的命令

D. 选择"编辑"→"变换"子菜单中的命令

15. 自由变换的快捷键是（　　）。

A. 【Ctrl+F】　B. 【Ctrl+R】　C. 【Ctrl+E】　D. 【Ctrl+T】

16. 橡皮擦工具不包括（　　）。

A. 橡皮擦　B. 彩色橡皮　C. 背景橡皮擦　D. 魔术棒橡皮擦

17. 以下（　　）工具属性栏包含“容差”。

A. 铅笔　　B. 渐变　　C. 魔棒　　D. 油漆桶

18. 用于印刷的 Photoshop 图像文件必须设置为（　　）色彩模式。

A. RGB　　B. 灰度　　C. CMYK　　D. 黑白位图

19. 图像分辨率的单位是（　　）。

A. DPI　　B. PPI　　C. IPI　　D. PIXEL

20. 选择“滤镜”菜单“模糊”子菜单下的（　　）菜单命令，可以产生旋转模糊效果。

A. 模糊　　B. 高斯模糊　　C. 动感模糊　　D. 径向模糊

21. 下面哪一项不是图像格式？（　　）

A. . psd　　B. . mp3　　C. . jpg　　D. . tif

22. 选择“滤镜”菜单“杂色”菜单下的（　　）命令，可以用来向图像随机地混合杂点，并添加一些细小的颗粒状像素。

A. 添加杂色　　B. 中间值　　C. 去斑　　D. 蒙尘与划痕

23. 选择“滤镜”菜单“渲染”子菜单下的（　　）命令，可以设置光源、光色、物体的反射特性等，产生较好的灯光效果。

A. 光照效果　　B. 滤色　　C. 3D 变幻　　D. 云彩

24. 当启动 Photoshop 软件后，根据内定情况，下列（　　）内容不会在桌面上显示。

A. 工具选项栏　　B. 工具箱　　C. 各种浮动调板　　D. 预设管理器

25. 当选择“文件”菜单“新建”命令后，在弹出的“新建”对话框中不可设定下列（　　）选项。

A. 标题　　B. 宽度　　C. 颜色模式　　D. 标尺

26. Photoshop 提供了很多种图层的混合模式，下面（　　）不是 Photoshop 的混合模式。

A. 溶解　　B. 色彩　　C. 正片叠底　　D. 滤色

27. 下面的各种面板中不属于 Photoshop 面板的是（　　）。

A. 变换面板　　B. 图层面板　　C. 路径面板　　D. 颜色面板

28. 保存图像文件的快捷键是（　　）。

A. 【Ctrl+D】　　B. 【Ctrl+O】　　C. 【Ctrl+W】　　D. 【Ctrl+S】

29. 在图像编辑过程中，如果出现误操作，可以通过（　　）操作恢复到上一步。

A. 【Ctrl+D】　　B. 【Ctrl+Y】　　C. 【Ctrl+Z】　　D. 【Ctrl+Q】

30. 在“色彩范围”对话框中通过调整（　　）来调整颜色范围。

A. 容差值　　B. 消除混合　　C. 羽化　　D. 模糊

二、操作题

1. 通过 Adobe Photoshop 2022 创建一个简单的火焰效果的文字，按照要求完成下列操作，并以文件名火焰字 . psd 和火焰字 . jpg 保存文档。火焰字效果如图 9 - 26 所示。

（1）创建 1800 * 1100 像素大小，分辨率为 72 像素/英寸，RGB 颜色，8 位，背景内容为白色的新文件。

（2）设置前景颜色为＃564011、背景颜色为＃170d01b。选择渐变工具，选择前景到背景渐变填充，然后单击径向渐变图标。最后，从文档的中心单击并拖动到其中一个角以创建背景渐变层。

（3）加入素材纹理图片，并把图层混合模式改成“柔光”，如图 9－27 所示。

图 9－26　火焰字效果

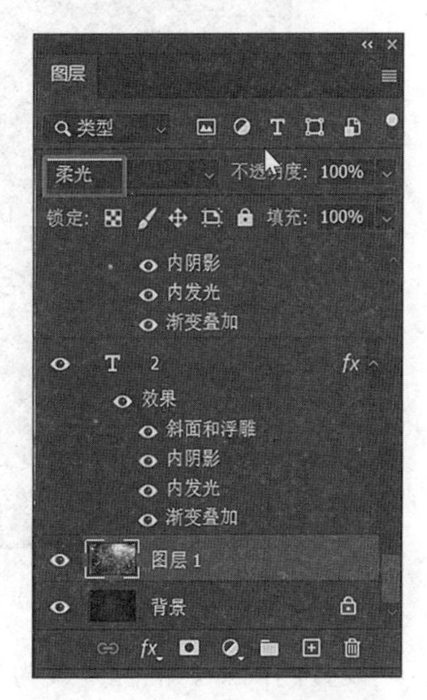

图 9－27　“柔光”图层样式

（4）单击选择工具箱中的文字工具，在画布上输入数字 2，字体大小可以根据自己的喜好设置。

（5）双击图层 2，打开图层样式，设置斜面和浮雕：样式为内斜面，方法为平滑，方向为上，大小为 27，软化为 16，角度为 90，取消使用全局光，高度为 11，光泽等高线为自定义，高光模式为颜色减淡 ＃ffffff，阴影模式为颜色加深 ＃000000，如图 9－28 所示。

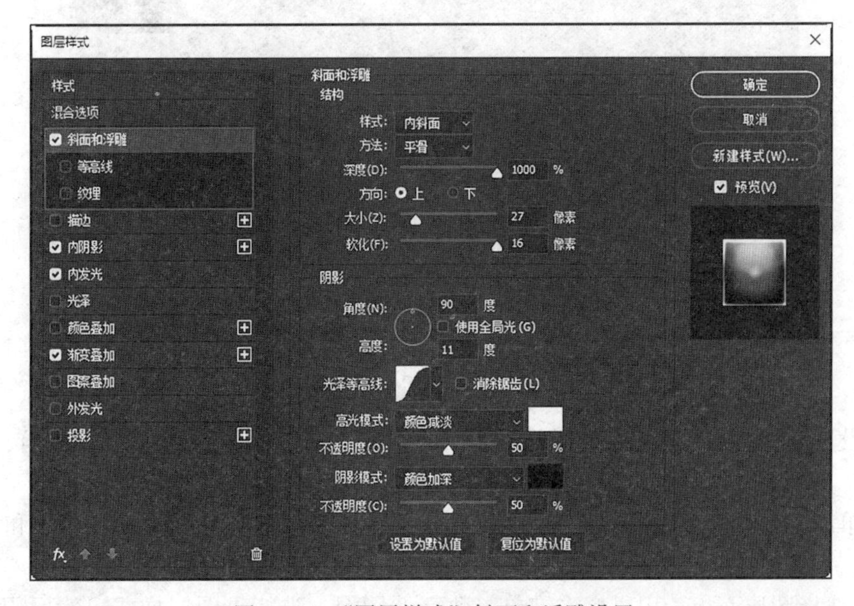

图 9－28　“图层样式”斜面和浮雕设置

（6）设置内发光，如图 9 - 29 所示。

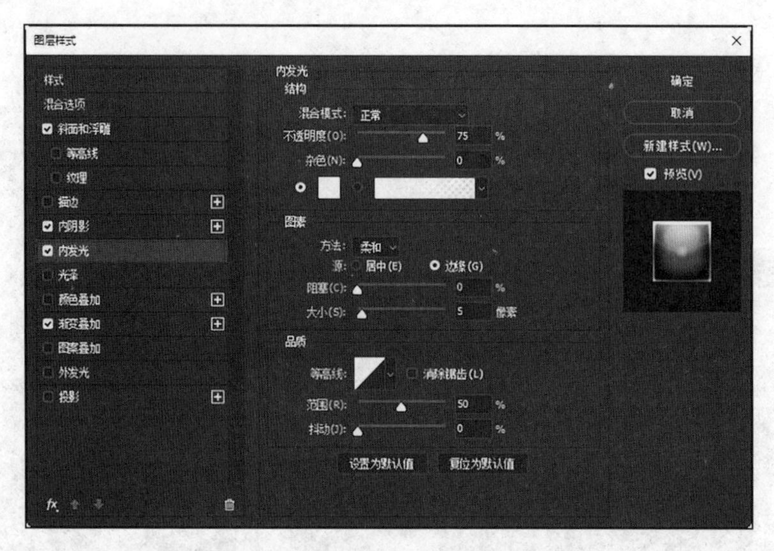

图 9 - 29 “图层样式”内发光设置

（7）设置内阴影。混合模式为叠加 ＃ffffff，不透明度为 42％，角度为 90，距离为 43，大小为 38，等高线为锥形。设置内发光：混合模式为颜色减淡，不透明度为 46，颜色为＃b18e02，光源为边缘，大小为 70，如图 9 - 30 所示。

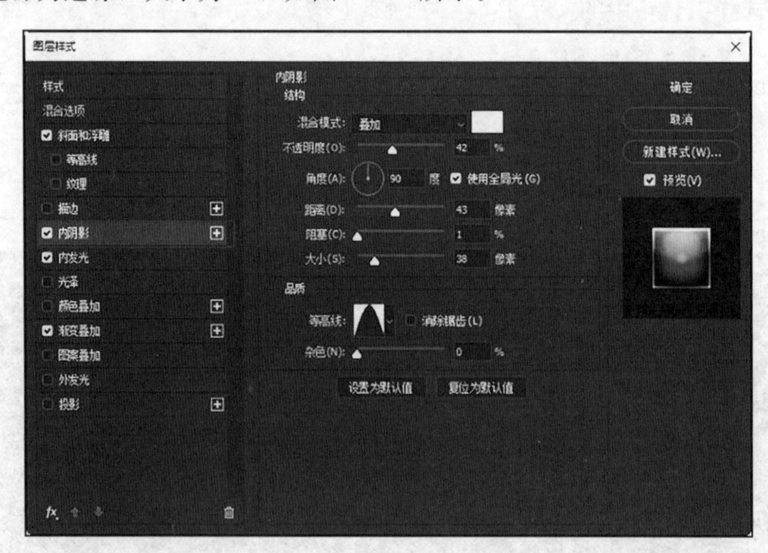

图 9 - 30 “图层样式”内阴影设置

（8）设置渐变叠加。混合模式为变亮，不透明度为 52，渐变颜色自定义，样式为径向，角度为 90，缩放为 120％；再添加渐变，叠加两次，如图 9 - 31 所示。

（9）单击工具箱中文字工具，在画布上分别输入数字 0、2、1，字体大小和数字 2 一样。注意：一个图层一个数字。

（10）选择图层面板，用鼠标右键单击数字 2 图层，选拷贝图层样式，然后用鼠标右键单击数字 0 图层，选粘贴图层样式，数字 0 的效果就和数字 2 一样了。用上面的方法分别给数字 2、数字 1 添加图层样式，如图 9 - 32 所示。

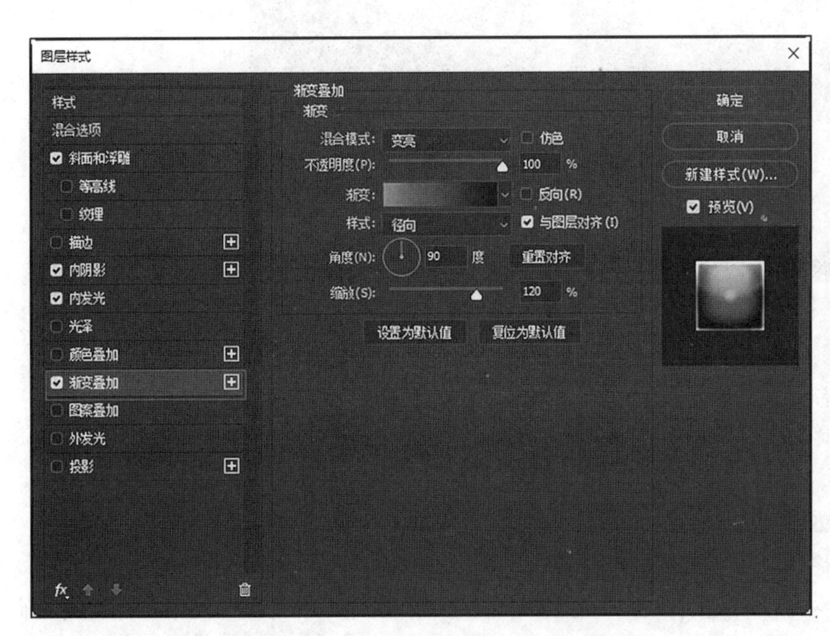

图 9 - 31 “图层样式”渐变叠加设置

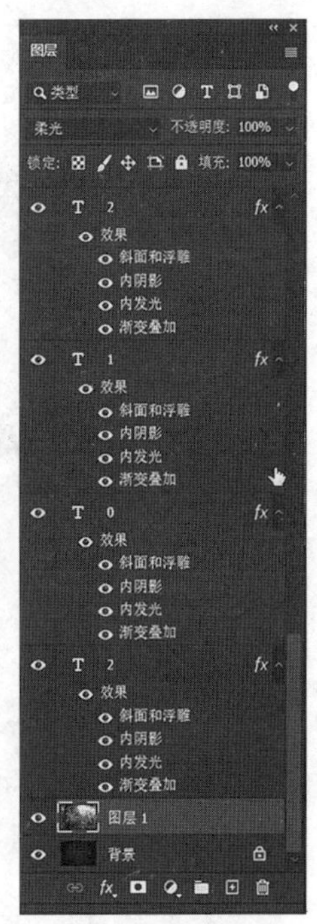

图 9 - 32 图层样式设置

（11）打开自己搜索的“火”的素材图片，从中选取自己喜欢的部位用多边形套索工具 多边形套索工具 L 选取，然后用移动工具 拉入文字中。将火焰放在文字合适的位置，把图层模式改成滤色。通过【Ctrl＋T】快捷键调整火焰的大小，调整到合适位置，如图 9 - 33 所示。

（12）给图层添加图层蒙版，选画笔工具，用黑色把不需要的部分涂掉。用与上面相同的方法，给文字其他部分都添加火焰效果，如图 9 - 34 所示。

图 9 - 33 “滤色”效果

图 9 - 34 “火焰字”效果图

2. 打开文件“风景图 . jpg”，按照要求完成下列操作，并以文件名图片水彩效果 . psd

和图片水彩效果.jpg 保存文档，原图与效果图如图 9-35 所示。

图 9-35　图片水彩效果

（1）打开一张需要制作水彩效果的图片。

（2）右键单击背景图层，复制图层。

（3）单击背景副本，执行“图像”菜单下的“调整”命令，设置色相饱和度，即饱和度＋80，调整出印象派的效果。

（4）右键单击背景副本，选择转换为智能对象。

（5）执行“滤镜”菜单下“艺术效果”子菜单中的“干画笔”命令，在参数面板中将画笔大小改为最大，画笔细节为 5，纹理为 1。再一次运用干画笔，这一次的参数稍做修改，画笔大小改为 6，画笔细节改为 4，纹理为 1。在进行参数调试时，要时时关注细节的处理效果是否符合手绘的视觉特性，根据需要设置参数。

（6）图层面板中图层下方的智能滤镜中会出现所运用的滤镜列表。单击最上方“干画笔”右侧的一个小图标，双击该图标将混合模式改为“滤色”，透明度设为 80%。

（7）执行“滤镜”菜单下“模糊”子菜单中的“特殊模糊”命令，在特殊模糊的参数面板中将模糊半径设置为 8.5，阈值设置为 100，在品质下拉框中选择“高”。

（8）执行“滤镜”菜单下“画笔描边”子菜单中的“喷溅”命令，设置喷色半径为 7，平滑度为 4。

（9）执行“滤镜”菜单下“风格化”子菜单中的“查找边缘”命令，单击“查找边缘”右侧的小图标，在混合选项面板中将上一步所用滤镜的“混合模式”改为“正片叠底”，透明度降至 70%。

（10）打开一张纹理素材图片，将纹理素材图片拖到水彩图片文件内所有图层上，将“混合模式”改为“正片叠底”，适当调整透明度，合并所有图层。

参考答案

实训十 Photoshop 2022 照片处理

一、实训目的

（1）掌握移动工具、裁剪工具和画笔工具等的应用，能够对图像进行相应的处理。

（2）掌握“选择主体”“选择并遮住”等功能的使用方法。

（3）掌握 Photoshop 中图像的色彩调整方法。

（4）掌握修复工具和图章工具的使用方法。

（5）掌握通道工具的使用方法。

（6）掌握“图层合并”“图层顺序”等操作的使用技巧。

知 识

- 图像色彩基础
- 通道工具
- 图层的使用

能 力

- Photoshop软件的应用能力
- 获得和运用知识的能力
- 审美能力和创意能力

素 质

- 培养学生严谨、刻苦的学习态度
- 培养学生的美学素养
- 激发学生热爱母校的情怀

二、实训准备

利用 Photoshop 能够在照片上制作出想象中的效果。可以剪切照片中不需要的元素，使照片更加简洁；可以调整亮度和对比度、调整颜色的自然饱和度，使照片更漂亮；可以创建一个新图层进行处理，避免对原始图像造成破坏；可以利用工具和滤镜将老照片翻新，将新照片做旧；可以利用“污点修复画笔”工具消除微小的瑕疵，使图片更让人满意。所能想象到的照片的样子，Photoshop 几乎都可以实现。

1. 图像色彩基础及色彩调整

（1）图像色彩基础。

① 亮度：指光作用于人眼所引起的明亮程度的感觉，它与被观察物体的发光强度有关。

② 色调：也称色相，是当人眼看一种或多种波长的光时所产生的彩色感觉，它反映颜色的种类，决定颜色的基本特征。

③ 饱和度：也称彩度，是指颜色的纯度，即掺入白光的程度，对于同一色调的彩色光，饱和度越高颜色越鲜明。

④ 对比度：指不同颜色的差异程度，对比度越大，两种颜色之间的差异就越大。

⑤ 图像分辨率：是指在单位长度内所含有的像素数量的多少，分辨率的单位为点/英寸（英文简写 DPI）、像素/英寸（英文简写 PPI）、像素/厘米。一般用来印刷的图像分辨率，至少要为 300DPI 才可以，低于这个数值印刷出来的图像不够清晰。如果打印或者喷绘，只需要 72DPI 就可以了。分辨率越高，图像越清晰，所产生的文件越大，在工作中所需的内存越大，CPU 处理时间也越长。

（2）色彩调整。执行“图像”菜单下“调整”菜单命令，则显示出 Photoshop 2022 所提供的所有色彩调整的命令，如图 10－1 所示。

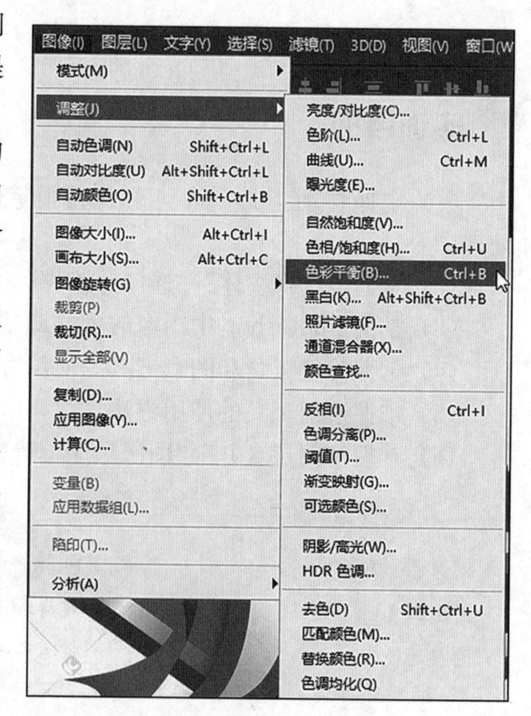

图 10－1 “图像”下的“调整”菜单

① 色彩平衡：会在彩色图像中改变颜色的混合，从而使整体图像的色彩平衡。虽然“曲线”命令也可以实现此功能，但“色彩平衡”命令使用起来更方便、更快捷。

② 控制亮度和对比度：主要用来调节图像的亮度和对比度，可以对图像的色调范围进行简单的调整。

③ 黑白：调节某颜色条的滑块，会将图像中的这种颜色进行调节，勾选“色调”一栏之后，图像的颜色基调会呈现色调滑块所指示的颜色，可以将图像变成单色图像，也可将图片变成黑白效果。

④ 调整色相和饱和度：主要用于改变像素的色相及饱和度，而且它还可以通过给像素指定新的色相和饱和度，实现给灰度图像染上色彩的功能。

⑤ 替换颜色：可以先选定颜色，然后改变它的色相、饱和度和亮度值。它相当于“色彩范围”加上“色相/饱和度”的功能。

⑥ 可选颜色：与其他颜色校正工具相同，“可选颜色”可以校正不平衡问题和调整颜色。

注意：通道混合器可以使用当前颜色通道的混合来修改颜色通道，通道混合器命令只能作用于 RGB 和 CMYK 颜色模式，并且在执行此命令之前必须先选中主通道，而不能先选中 RGB 和 CMYK 中的单一原色通道。

⑦ 色调分离：按颜色通道中的色阶值对图像进行颜色的分离，当色阶值为 2 时，图像被分离为光三原色、色三原色和黑、白 8 种颜色，当色阶值为 3 时，颜色通道中有 3 个灰度值，那图像中就有 27 种颜色。

⑧ 反相：可以将像素的颜色改变为它们的互补色，如白变黑、黑变白等。

（3）曲线调整。曲线是 Photoshop 中最常用到的调整工具。打开需要调整的文件，执行“图像”菜单下“调整”中的“曲线”选项，打开“曲线”对话框，如图 10－2 所示，按住【Ctrl】键单击图像区域建立新的调节点。用调节点带动曲线向上或向下移动将会使图像变亮或变暗。曲线中较陡的部分表示对比度较高的区域；曲线中较平的部分表示对比度较低的区域。可以利用上、下、左、右方向键精确调节曲线。

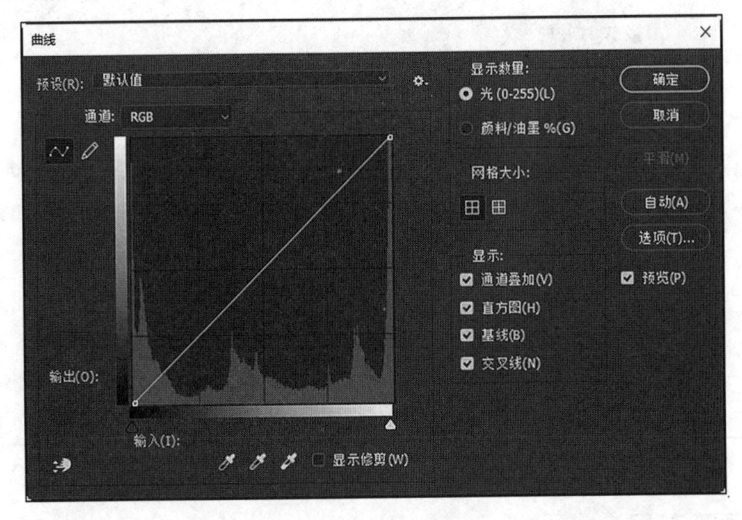

图 10－2 “曲线”对话框

（4）色阶。色阶也属于 Photoshop 的基础调整工具，色阶就是用直方图描述出整张图片的明暗信息，如图 10－3 所示。从左至右是从暗到亮的像素分布，黑色三角代表最暗的地方（纯黑），白色三角代表最亮的地方（纯白），灰色三角代表中间调。修改色阶其实就是扩大照片的动态范围（动态范围指相机能记录的亮度范围）、查看和修正曝光、调色、提高对比度等。

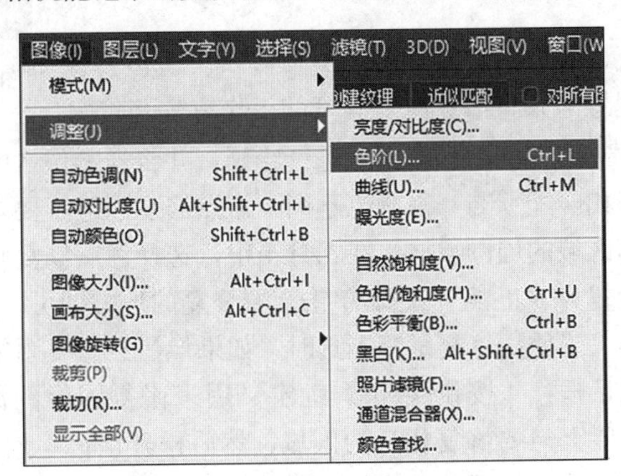

图 10－3 色阶命令

2. 常用照片尺寸规格及制作要求

常用照片尺寸规格及制作要求，如表 10－1 所示。

表 10－1 照片尺寸规格及制作要求

照片规格	标准尺寸/厘米	像素	像素要求
1 寸	2.5 × 3.5	413 × 295	
身份证大头照	3.3 × 2.2	390 × 260	

（续）

照片规格	标准尺寸/厘米	像素	像素要求
2寸	3.5 × 5.3	626 × 413	
小2寸（护照）	4.8 × 3.3	567 × 390	
5寸	12.7 × 8.9	1200 × 840	100万像素以上
6寸	15.2 × 10.2	1440 × 960	130万像素以上
7寸	17.8 × 12.7	1680 × 1200	200万像素以上
8寸	20.3 × 15.2	1920 × 1440	300万像素以上
10寸	25.4 × 20.3	2400 × 1920	400万像素以上
12寸	30.5 × 20.3	2500 × 2000	500万像素以上
15寸	38.1 × 25.4	3000 × 2000	600万像素以上

3. 修复画笔工具

修复画笔工具是Photoshop中处理照片常用的工具之一。利用修复画笔工具可以快速移去照片中的污点和其他不理想部分。Photoshop的修复画笔工具包含5个小工具，它们分别是污点修复画笔工具、修复画笔工具、修补工具、内容感知移动工具、红眼工具，如图10－4所示。

图10－4　修复画笔工具

（1）污点修复画笔工具。污点修复画笔工具可以快速移去照片中的污点和其他不理想部分。污点修复画笔的工作方式与修复画笔类似，它使用图像或图案中的样本像素进行绘画，并将样本像素的纹理、光照、透明度和阴影与所修复的像素相匹配。与修复画笔不同，污点修复画笔不要求指定样本点。污点修复画笔将自动从所修饰区域的周围取样。在工具箱中，选择污点修复画笔工具，在选项栏中设置画笔大小，模式设置为“正常”，然后单击需要修复的地方即可。

（2）修复画笔工具。当使用修复画笔工具时，如果像污点修复画笔工具那样直接单击的话，会弹出一个提示对话框：“按住【Alt】键定义用来修复图像的源点”，按住键盘上的【Alt】键，左键单击图层上与要修复相近的区域，然后松开鼠标，放开【Alt】键，就可以单击需要修复的地方进行修复处理了（仿制图章工具的使用方法和它一样）。

（3）修补工具。通过使用修补工具，可以用其他区域或图案中的像素来修复选中的区域。像修复画笔工具一样，修补工具会将样本像素的纹理、光照和阴影与源像素进行匹配。首先单击修补工具图标，这时鼠标会变成一块补丁状，在需要修补的地方，按住鼠标左键，将需要修补处圈住，然后放开左键，圈住的地方会变成蚂蚁线，把鼠标移到上面再按住左键，拖到要用它做修补的地方，然后放开鼠标，即完成修补。

（4）内容感知移动工具。可以选择和移动局部图像。当图像重新组合后，出现的空洞会自动填充相匹配的图像内容，完成极其真实的PS合成效果。

（5）红眼工具。红眼工具可移去用闪光灯拍摄的人物照片中的红眼，也可以移去用闪光灯拍摄的动物照片中的白、绿色反光。首先选择红眼工具，在红眼中单击，如果对结果不满意，可以还原修正，在选项栏中设置一个或多个选项，然后再次单击红眼。

修补工具使用注意事项：

① 在修补图像的时候，要尽量画出和需要修补部位差不多大小的范围，太大容易把细节修丢，太小又不容易操作。

② 在选择覆盖所需修补图像部位的像素时，尽量选择和选区中颜色相近的像素，太深容易有痕迹，太浅容易形成局部亮点，尽量在离需修补部位不远的地方选择。

③ 圈选选区的时候，尽量不要将明暗对比强烈的像素圈进一个大选区，如遇到明暗交界线上的部位需要修补的情况，则应尽量寻找同处明暗交界处的像素将其覆盖，否则容易修丢光感。

4. Photoshop 抠图方法简介

在照片的后期处理中，经常会使用 Photoshop 将照片中的人物素材提取出来，以便实现背景更换等特殊效果。利用 Photoshop 来对人物素材进行提取的方法很多，下面简单介绍 Photoshop 的几种抠图方法：

（1）魔术棒法。魔术棒法适用于图像和背景色色差明显、背景色单一、图像边界清晰的图片，它是通过删除背景色来获取图像的，其主要缺陷是对散乱的毛发不太适用。

操作步骤：

① 打开图片。

② 单击魔术棒工具 。

③ 在魔术棒工具条中，在“连续”项前打钩。

④ “容差”值填入“20”（值可以根据效果的好坏进行调节）。

⑤ 用魔术棒单击背景色，会出现虚框围住背景色。

⑥ 如果对虚框的范围不满意，可以先按【Ctrl＋D】键取消虚框，再对上一步的“容差”值进行调节。

⑦ 如果对虚框圈定的范围满意，按【Delete】键，删除背景色，就得到了单一的图像。

（2）磁性套索法。磁性套索会自动识别图像边界，并自动黏附在图像边界上，这种方法方便、精确、快速，主要适用于图像边界清晰的图片，要特别注意边界模糊处需仔细放置边界点。

操作步骤：

① 打开图片。

② 在工具箱中单击套索工具 ，选中磁性套索工具 磁性套索工具 ；可以设置适当的羽化值 羽化: 0 px 。

③ 配合工具栏选项中的“选择主体”“选择并遮住”功能的使用，用磁性套索工具，沿着图像边界放置边界点，两点之间会自动产生一条线，并黏附在图像边界上。

④ 套索闭合后，单击“选择”菜单下的“反向”，按【Delete】键，删除背景色，就得到了单一的图像。

（3）钢笔工具法。路径抠图就是用钢笔工具把图片要用的部分圈起来，然后将路径作为选区载入，反选，再从图层中删除不用的部分。这种方法属于外形抠图法，可用于外形比较复杂、色差又不大的图片。再辅之橡皮擦工具，可取得更好的效果。

操作步骤：

① 打开图片。

② 双击该图层，将背景层改为普通层。

③ 选取钢笔工具 ，在其属性栏选取参数。

④ 把图片中要用的部分圈起来。

⑤ 终点接起点，形成闭合区。

⑥ 在路径面板下面单击“将路径作为选区载入”按钮。

⑦ 单击“选择”菜单下的“反向”，按【Delete】键，删除背景色，就得到了单一的图像。

（4）蒙版抠图。蒙版抠图是综合性抠图方法，既利用了图中对象的外形也利用了它的颜色。先用魔术棒工具点选对象，再添加图形蒙版把对象选出来。其关键环节是用白、黑两色画笔反复减、添蒙版区域，从而把对象外形完整精细地选出来。

操作步骤：

① 打开图片。

② 双击该图层，将背景层改为普通层。

③ 选取魔术棒工具，容差选大点（50～80），按住【Shift】键，通过多次点选，把对象全部选出来。

④ 按下添加蒙版工具 按钮。

⑤ 在导航器面板中将显示比例调大，突出要修改的部分。

⑥ 选背景色为黑色，前景色为白色。

⑦ 选取画笔工具，直径在 10 左右，对要修改部分添加蒙版区域。

⑧ 把画笔直径调小点（5～7），转换前景色和背景色，使前景色为黑色，把所添加的多余部分删掉。

⑨ 如果不够理想，则重复⑦和⑧两步，以达到满意效果。

（5）通道抠图。通道抠图属于颜色抠图方法，利用了对象的颜色在红、黄、蓝三通道中对比度不同的特点，从而在对比度大的通道中对对象进行处理。先选取对比度大的通道，再复制该通道，在其中通过进一步增大对比度，用魔术棒工具把对象选出来。此方法适用于色差不大，而外形又很复杂的图像的抠图，如头发、树枝、烟花等。

操作步骤：

① 打开图片。

② 双击背景图层，将背景层改为普通层。

③ 打开通道面板，分别点选红、黄、蓝三个单色面板，找出对象最清晰的通道。

④ 将该通道拖至通道面板下面的“创建新通道”按钮上，复制出其副本通道。

⑤ 执行“图像”菜单下“调整”中的“色阶”，调整“输入色阶”，增强对象对比度。

⑥ 执行“图像”菜单下“调整”中的“反相”。

⑦ 选用套索工具，把头发或者烟花等图案圈出来。

⑧ 执行“选择”菜单下的“反向”，执行“编辑”菜单下“填充”中的“填充”，填充前景色（白色），然后执行“选择”菜单下的“取消选择”。

⑨ 执行“图像”菜单下“调整”中的“反相”，按住【Ctrl】键单击该副本通道，载入烟花等选区，切换到图层面板，烟花等被选中。

⑩ 单击“选择”菜单下的“反选”，“编辑”菜单下的“清除”，以及“选择”菜单下的“取消选择”。

（6）选择并遮住抠图。选择并遮住抠图的原理：自动识别所选颜色，保留相关的颜色，智能减去不相关的颜色，然后载入想要的选区，最后输出。适用范围：适合抠出动物毛发和人像头发。该方法抠图速度适中，对细节的把握非常突出。

操作步骤：

① 打开图片。

② 双击该图层，将背景层改为普通层。

③ 执行“选择”菜单下的“选择并遮住”命令，打开“选择并遮住”命令窗口。

④ 在“选择并遮住”命令窗口左侧，选择快速选择工具，调整好画笔大小后创建出对象的大概轮廓。

⑤ 在“选择并遮住”命令窗口左侧，选择调整边缘画笔工具，调整好画笔大小后在对象的边缘涂抹，Photoshop 会自动识别所选颜色，将对象和背景分离出来。

⑥ 在“选择并遮住”命令窗口右侧的输出设置中，将“输出到”选择为“新建带有图层蒙版的图层”，最后单击该命令窗口右下角的“确定”按钮。

5 通道

通道最主要的功能是保存图像的颜色数据。通道除了能够保存颜色数据外，还可以用来保存蒙版，即将一个选区范围保存后就会成为一个蒙版，保存在一个新增的通道中。

单击 Window/Channels（显示通道），可打开通道面板。通过该面板，可以完成所有通道操作，该面板的组成如下：

① 通道名称：每一个通道都有一个不同的名称以便区分不同通道。

② 通道预览缩略图：在通道名称的左侧有一个预览缩略图，其中显示该通道的内容。

③ 眼睛图标：用于显示或隐藏当前通道，切换时只需单击该图标即可。

④ 通道组合键：通道名称右侧的【Ctrl＋～】、【Ctrl＋1】等为通道组合键，这些组合键可快速、准确地选中所指定的通道。

⑤ 作用通道：也称活动通道，选中某一通道后，则以蓝色显示这一条通道，因此称这一条通道为作用通道。

⑥ 将通道作为选区范围载入：将当前通道中的内容转换为选区，或将某一通道拖动至该按钮上来建立选区范围。

⑦ 将选区范围存储为通道：将当前图像中的选区范围转变成一个蒙版保存到一个新增的 Alpha 通道中。

⑧ 创建新通道：可以快速建立一个新通道。

⑨ 删除当前通道：可以删除当前作用通道，或者用鼠标拖动通道到该按钮上也可以删除通道。

⑩ 通道面板菜单：其中包含所有用于通道操作的命令，如新建、复制和删除通道等。

三 实训内容

1. 制作一寸蓝底照片

在 Adobe Photoshop 中打开文件“照片 .jpg”，按标准裁剪一寸照片，并将该照片的底色换为蓝色，并以“照片蓝底 .psd”和“照片蓝底 .jpg”保存，如图 10－5 所示。

图 10－5　更换照片底色效果图

2. 图片背景替换

在 Adobe Photoshop 中打开文件“骏马 .jpg”，按照实训要求完成操作，并以“骏马效果图 .psd”和“骏马效果图 .jpg”保存文件，效果如图 10－6 所示。

图 10－6　骏马图片处理效果图

四 实训要求

1. 制作一寸蓝底照片

（1）打开 Photoshop 软件，选择“文件”菜单下的“打开”命令，打开文件，单击工具箱中的裁剪工具，对照片进行裁剪。

（2）选择修复画笔工具，对图片瑕疵部分进行修复。

（3）使用快速选择工具，配合工具栏选项中的“选择主体”“选择并遮住”功能抠出主体图案。

（4）新建图层，并填充蓝色。

（5）调整图层顺序，合并图层，建立蓝色背景。

（6）改变图像大小和画布大小，设置正确图像大小并为照片添加白框。

（7）选择“编辑”菜单下的“定义图案”命令，将上述完成的照片作为定义图案。

（8）新建文件，按要求设置参数。

（9）选择“编辑”菜单下的“填充定义图案”命令，使用已定义图案填充新文件。

（10）保存文件。

2. 图片背景替换

（1）在 Photoshop 中打开文件“骏马.jpg”。

（2）打开通道面板，选择蓝色通道。

（3）单击蓝色通道，右键单击该通道，然后选择复制通道。

（4）选择“图像”菜单下“调整”中的“色阶”命令，进行调整。

（5）执行“图像”菜单下“调整”中的“反相”命令，或者按【Ctrl+I】反相显示。

（6）设置前景色和背景色

（7）使用画笔工具，把“骏马”图案以外的区域涂黑，把“骏马”图案涂白。

（8）按住【Ctrl】键，单击通道面板中的蓝副本的头像部分的通道缩略图，生成新的选区。

（9）单击图层面板，按【Ctrl+J】键，生成新图层。

（10）打开文件“背景素材 1”。

（11）选择移动工具，将抠出来的“骏马”图案，拖到“背景素材 1”中，并进行大小调整，合并可见图层。

（12）使用仿制图章工具，修饰“骏马”的马蹄部分，使图像更自然。

（13）保存文件。

五 实训步骤

1. 制作一寸蓝底照片

制作一寸照片

（1）打开 Photoshop 软件，选择“文件”菜单下的“打开”命令（快捷键【Ctrl+O】），打开文件“照片.jpg”。单击工具箱中的裁剪工具，设置宽度为 2.5 厘米，高度为 3.5 厘米，如图 10-7 所示。选择合适的区域，对照片进行裁剪，如图 10-8 所示。

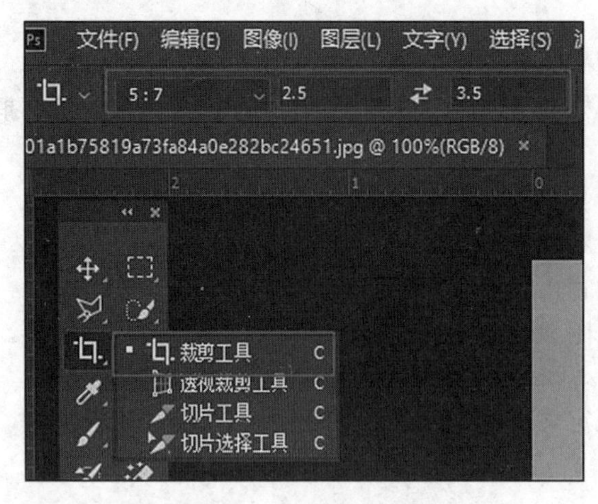

图 10 - 7　裁剪工具

图 10 - 8　一寸照片

(2) 在工具箱中选择污点修复画笔工具，如图 10 - 4 所示。在工具栏选项中设置画笔大小，模式设置为“正常”，鼠标图案会变成一个圆圈，用鼠标圈住“污点”处，单击需要修复的地方即可。效果如图 10 - 9 所示。

图 10 - 9　一寸照片（修复）

(3) 在工具箱中选择快速选择工具，如图 10 - 10 所示，主体被选中，同时在工具栏选项中选择“选择并遮住”，进行设置，然后单击“添加到选区”按钮，滑动鼠标选择目标图案，配合“从选区中减去”按钮，准确选出图案。设置边缘检测为像素 32，选择“输出到”为“新建带有图层蒙版的图层”，单击“确定”，如图 10 - 11 所示。即可选出背景为透明的照片，如图 10 - 12 所示。

图 10 - 10　选择主体设置

(4) 在图层面板下单击“新建”按钮，新建图层，命名为蓝色背景，如图 10 - 13 所示。选中蓝色背景图层，选择“编辑”菜单下的“填充”命令，如图 10 - 14 所示。选择“颜色”，如图 10 - 15 所示。弹出“拾色器（填充颜色）”窗口，在拾色器选项框中设置颜色：R 为 0，G 为 0，B 为 255，如图 10 - 16 所示，单击“确定”按钮，蓝色背景图层即填充为蓝色。

(5) 在图层面板中，用鼠标左键拖着蓝色背景图层，拖到抠出的照片下面，如图10 - 17所示。在某一个图层上单击右键，选择“合并可见图层”，进行图层合并。

(6) 选择“图像”菜单下的“图像大小”命令，设置宽为 2.5 厘米，高为 3.5 厘米，分辨率设置为 300 像素/英寸，请注意单位的选择，单击“确定”，如图 10 - 18 所示。选择“图像”菜单下的“画布大小”命令，设置宽为 0.4 厘米，高为 0.4 厘米，选中“相对”，如图 10 - 19 所示，单击“确定”，效果如图 10 - 20 所示。

图 10－11　选择并遮住设置

图 10－12　透明背景照片

图 10－13　新建图层操作

图 10－14　填充命令

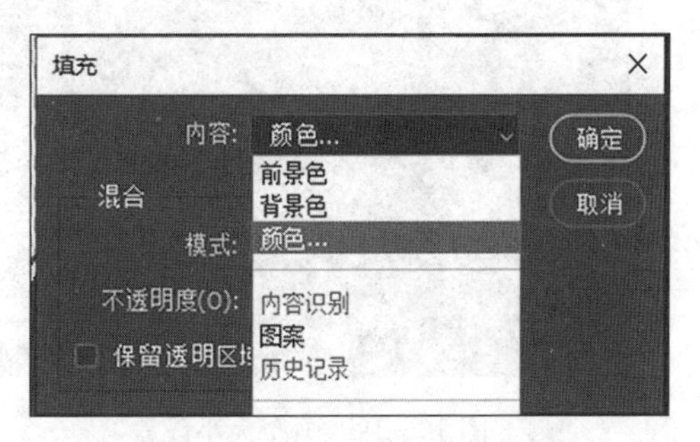

图 10－15　填充颜色操作

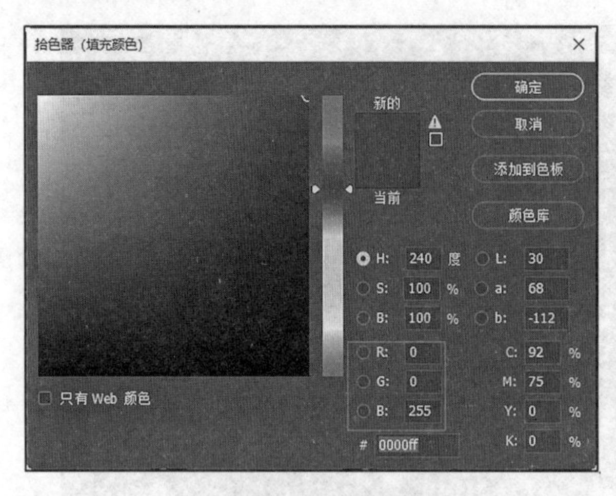

图 10-16　填充颜色设置

图 10-17　改变图层顺序

图 10-18　图像大小设置

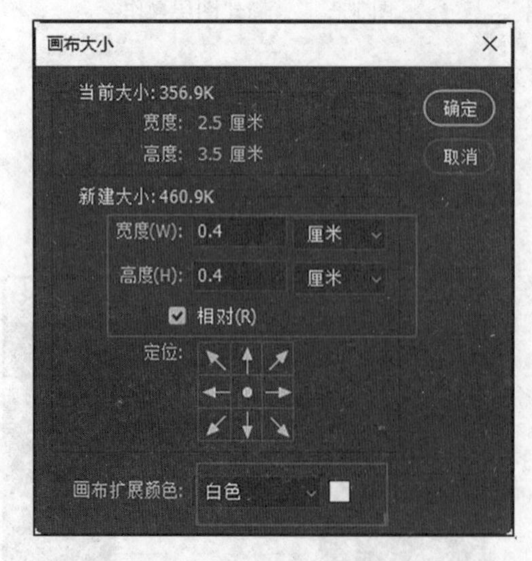

图 10-19　画布大小设置

图 10-20　一寸照片

（7）选择“编辑”菜单下的“定义图案”命令，如图 10－21 所示。在弹出的对话框中，将图案名称改为“一寸照片 .jpg”，如图 10－22 所示。

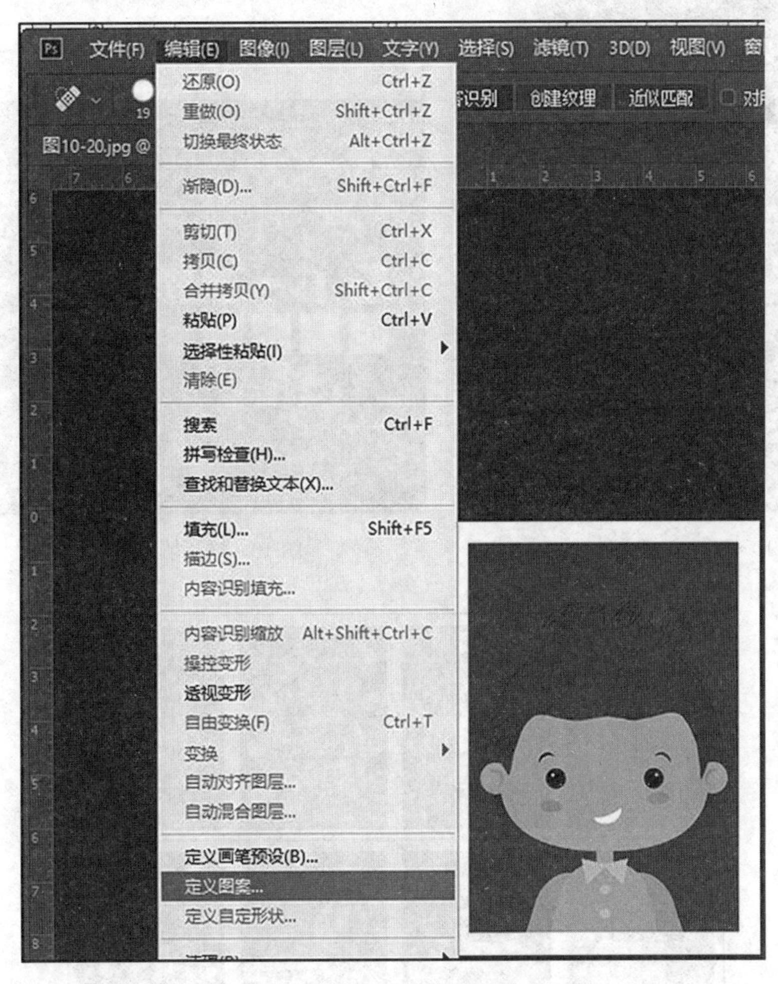

图 10－21　定义图案命令

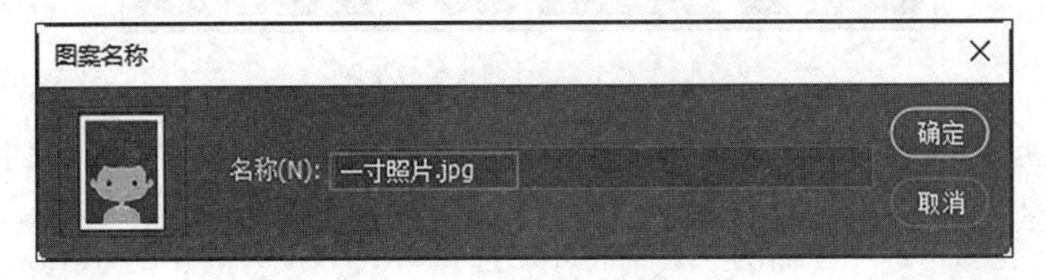

图 10－22　定义图案名称

（8）新建文件，标题设置为“一寸照排版”，宽为 11.6 厘米，高为 7.8 厘米。分辨率为 300 像素/厘米，背景为白色，单击“创建”按钮，如图 10－23 所示。

（9）选择“编辑”菜单下的“填充”命令，打开“填充”对话框。在“填充”对话框中，选择填充内容为图案，在“自定图案”中选择“一寸照”，如图 10－24 所示，单击“确定”，填充效果如图 10－25 所示。

图 10-23 新建文件

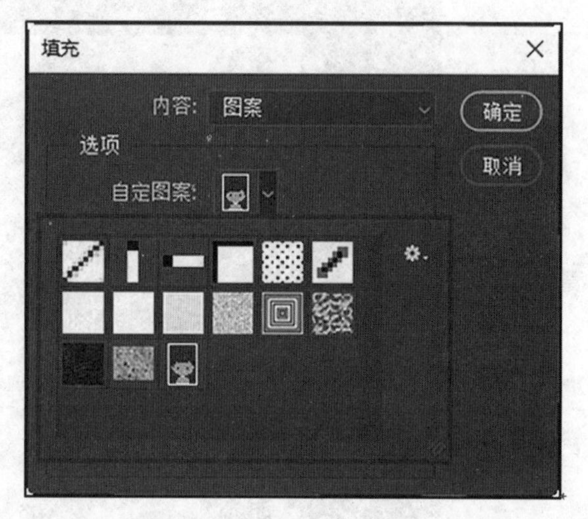

图 10-24 填充自定义图案

图 10-25 一寸照排版效果图

（10）执行“文件”菜单下的“存储为”命令，在弹出的“存储为”对话框中，选择格式下拉列表中的 Photoshop（＊.PSD，＊PDD）选项，进行保存。执行“文件”菜单下的“存储为”，在弹出的“存储为”对话框中，选择格式下拉列表中的 JPEG（＊.JPG，＊.JPEG，＊.JPE）选项，进行保存。

图片背景替换

2. 图片背景替换

（1）打开 Photoshop 软件，选择“文件”菜单下的“打开”命令（快捷键【Ctrl+O】），打开文件“骏马.jpg”，如图 10-26 所示。在图层面板中双击背景图层，将背景图层转为普通图层。

图 10－26 “骏马.jpg”文件

（2）打开通道面板，一般照片为RGB模式，在R、G、B三通道中找出一个对比度最高的通道，即反差最大的通道，这样的通道容易实现主体与背景的分离，在本图中选择蓝色通道，如图10－27所示。

（3）单击蓝色通道，右键单击该通道后选择复制通道，如图10－28所示。

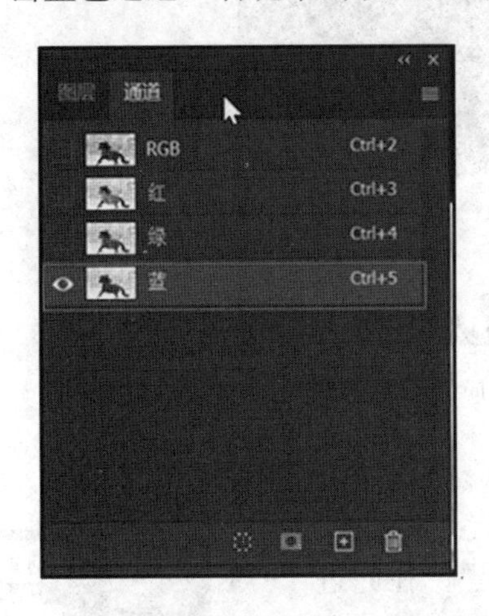

图 10－27 选择蓝色通道

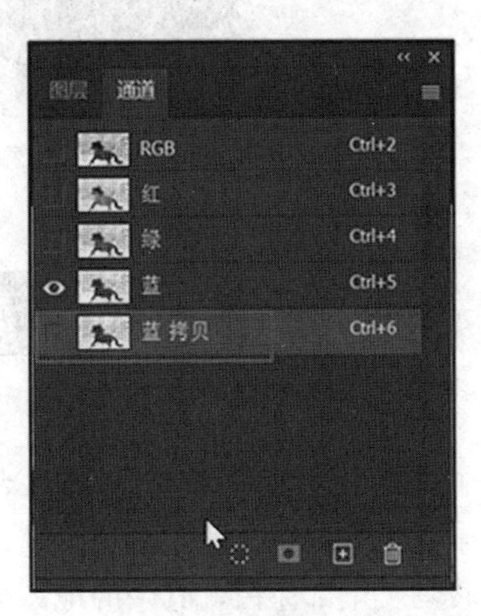

图 10－28 复制蓝色通道

（4）为了增强颜色反差，单击“图像”菜单下“调整”中的“色阶”命令，如图10－29所示。打开“色阶”面板，把两边的三角形往中间拉，进行色阶调节，使图片黑白对比更加明显，也就是黑色越黑，白色越白，如图10－30所示，单击“确定”按钮，效果如图10－31所示。

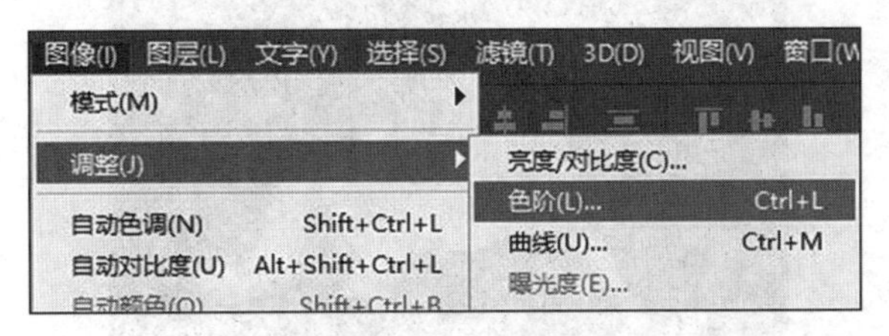

图 10－29 “色阶”命令

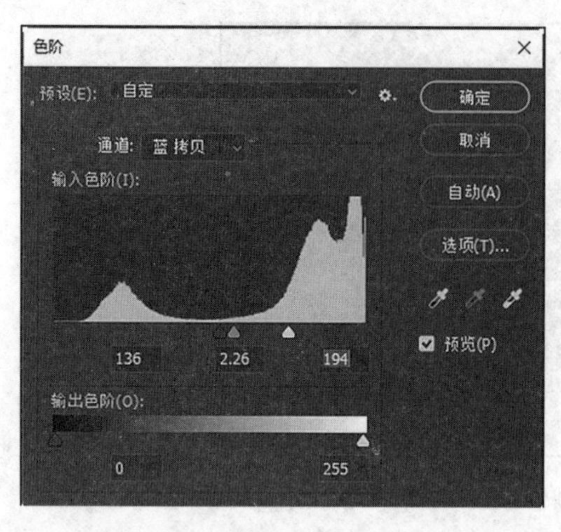

图 10-30 “色阶”设置

图 10-31 “色阶”应用后效果图

(5) 执行“图像”菜单下“调整”中的“反相”命令，或者使用【Ctrl+I】快捷键，结果如图 10-32 所示。

图 10-32 “反相”应用后效果图

(6) 在工具箱中设置前景色为黑色，背景色为白色，如图 10-33 所示。

(7) 在工具箱中选择合适大小的画笔，用画笔工具将图像中白色的骏马，全部涂白，其余的地方全部涂黑。在此过程中，可以使用【Ctrl++】放大图案，使用【Ctrl+-】缩小图案，按【Space】键切换为抓手工具，可以在图片上移动，效果如图 10-34 所示。

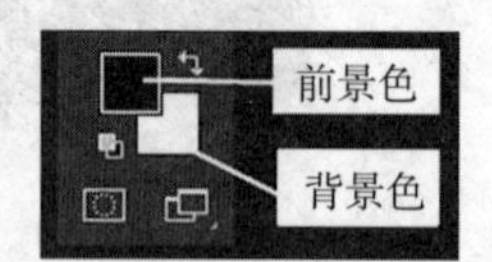

图 10-33 前景色和背景色设置

图 10-34 建立选区过程

（8）打开 RGB 通道可视，关闭蓝色拷贝通道可视，按住【Ctrl】键，单击通道面板中的蓝副本的头像部分的通道缩览图，如图 10－35 所示，生成新的选区。

（9）回到图层面板，单击图像图层，按【Ctrl＋J】键，骏马图案被抠出，并生成一个新图层：图层 1。单击原图前的眼睛图标，隐藏原图，可以看到抠出的图案，如图 10－36 所示。

图 10－35　选择选区设置

图 10－36　抠出的图案

（10）打开背景素材 1，如图 10－37 所示。

图 10－37　背景素材 1

（11）选择移动工具将抠出来的“骏马”图案，拖到背景素材 1 中，进行大小缩放调整，合并可见图层，如图 10－38 所示。

图 10-38 效果图 1

(12) 选择工具箱中的仿制图章工具，如图 10-39 所示。设置合适的笔触大小，按【Alt】键并单击选取部分草地，当鼠标移动的时候变成了带图像的效果，此时可涂抹骏马马蹄部位，使图像变得更加自然。最终效果如图 10-40 所示。同样的方法适用于人物照片的背景替换。

图 10-39 仿制图章工具

图 10-40 最终效果图

(13) 选择"文件"菜单下的"存储为"，在弹出的"存储为"对话框中选择格式下拉列表中的 Photoshop（*.PSD，*.PDD）选项，进行保存。选择"文件"菜单下的"存储为"，在弹出的"存储为"对话框中选择格式下拉列表中的 JPEG（*.JPG，*.JPEG，*.JPE）选项，进行保存。

六 实训延伸

1. 创建选区

为了满足各种应用的需要，Photoshop 提供了三种选区工具：选框工具、套索工具和魔棒工具。其中，选框工具包含四种，用于建立简单的几何形状的选区；套索工具包含三种，用于建立复杂的几何形状的选区；魔棒工具包含两种，能够根据色彩进行选区选择。各种选区工具在工具箱中平时只有被选择的一个为显示状态，其他的为隐藏状态，长按鼠标左键则显示所有的按钮，如图 10－41 所示。

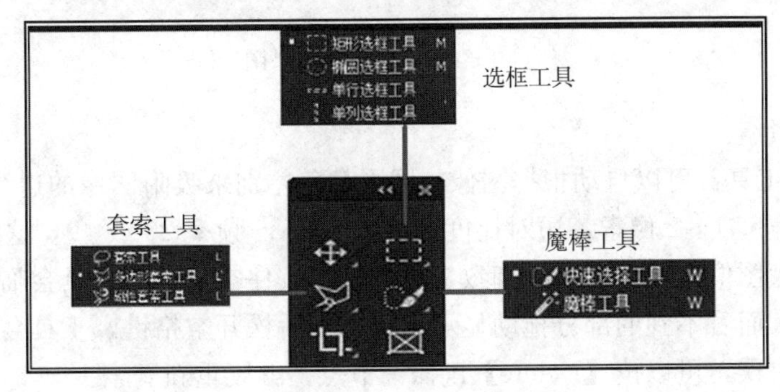

图 10－41　选区工具

（1）选项面板。每个选区工具都有自己的选项，在使用选区工具之前通常先在选项面板中进行必要的设置。选区工具的选项面板如图 10－42 所示。

图 10－42　选区工具的选项面板

新建一个选区后，可以在选项框处进行设置，实现求新建选区与已有选区的并集（添加到选区）、差集（从选区减去）和交集（与选区交叉），进而制作各种复杂的选区。

羽化和消除锯齿可以处理选区边缘的效果。羽化是通过建立选区和选区周围像素之间的转换来模糊边缘的，因此该模糊边缘将丢失选区边缘的一些细节，用户可以通过设置羽化值来控制选区的羽化效果，如图 10－43 所示；消除锯齿是通过软化边缘像素与背景像素之间的颜色转换，使选区的锯齿状边缘平滑，因为只更改边缘像素，所以无细节丢失。

（2）选框工具组。

① 矩形选框工具：可以产生矩形选区，按住【Shift】键的同时拖动鼠标可绘制出正方形。

② 椭圆选框工具：可以绘制椭圆选区，其用法类似矩形选框工具。

③ 单行选框工具：可以绘制高为 1 像素、宽为图像宽度的矩形选区。

④ 单列选框工具：可以绘制宽为 1 像素、高为图像高度的矩形选区。

图 10－43 “羽化”效果图

（3）套索工具组。

① 磁性套索工具：可以自动根据图像与周围颜色差别来吸附图像的边缘，勾画出选区。一般参数设置：宽度 1～2 像素，边对比度 80%～90%，频率 20 或 40，这样可以提高选择效率。也可以放大图像以便选择得更细致、更精确。按住空格键，工具会临时转变成抓手工具，可以将因放大而看不到的部分拖动显示出来，然后松开空格键，工具会再次转回磁性套索工具。若选择失误，可以按【Delete】键撤消节点，继续重新套索。

② 多边形套索工具：单击鼠标可以绘制出多边形选区。

③ 自由套索工具：根据鼠标移动的轨迹产生选区。

（4）魔棒工具组。

① 魔棒工具：选择与鼠标落点处颜色相同或者相近的区域。相近的程度由参数容差值决定，容差值越大，允许的误差就越大，反之则越小。

② 快速选择工具：类似于可以移动的魔棒。

2. 人脸识别液化

“液化”滤镜现在具备高级人脸识别功能，能够自动识别眼睛、鼻子、嘴和其他面部特征，这更便于对脸部进行调整。人脸识别液化能够有效地修饰肖像照片、制作漫画，并进行更多操作。可以使用人脸识别液化作为智能滤镜，进行非破坏性编辑。选择“滤镜”→“液化”，然后在“液化”对话框中选择脸部工具即可。

3. 匹配字体

Photoshop 可以利用机器学习技术来检测字体，并将其与计算机或 Typekit 中经过授权的字体相匹配，进而推荐相似的字体。只需选择其文本中包含要分析的字体的图像区域，然后选择“文字”→“匹配字体”。

选择文本以匹配字体时，请记住以下最佳做法：

（1）绘制选框，使其包含单行文本。

(2) 紧靠文本左右两侧边缘裁剪选框。

(3) 选择一种字样和样式，请勿在选区内混杂多种字样和样式。

(4) 如有必要，先拉直图像或校正图像透视，然后再选择“文字”→“匹配字体”。

注意：匹配字体、字体分类和字体相似度功能当前仅适用于罗马、拉丁字符。

4 Photoshop 2022 新增功能简介

(1) 圆柱变换变形功能。该功能允许将平面图稿弯曲成圆形圆柱表面。此外，还可以添加底部/左侧和顶部/右侧大小调整控件，以便可以自由转换整个选择。

(2) 保留头发细节。只需打开肖像图像，并从工具栏中选择对象选择工具，然后通过单击肖像或在人物周围创建套索或选取框来进行选择，最后获取包含所有头发细节的蒙版。

(3) 参考线的增强功能。借助 Photoshop 中可自定义的“版面参考线”和“参考线”，让参考线的识别和视觉隔离更轻松。

(4) 供应用程序内注释用的表情符号速记支持。Photoshop 2022 添加了表情符号速记支持，在为云文档添加应用程序内注释时，可轻松访问表情符号列表。

习题

一、单选题

1. 在 RGB 模式下，某像素的 R、G、B 的值均为 0，则该像素的颜色是（　　）。

   A. 白色　　B. 黑色　　C. 灰色　　D. 红色

2. 下面有关 Photoshop 中修补工具（PatchTool）的使用，描述正确的是（　　）。

   A. 在使用修补工具操作之前所确定的修补选区不能有羽化值

   B. 修补工具和修复画笔工具在使用时都要先按住【Alt】键来确定取样点

   C. 修补工具和修复画笔工具在修补图像的同时都可以保留原图像的纹理、亮度、层次等信息

   D. 修补工具只能在同一张图像上使用

3. 下列哪个分辨率适合用于打印时的最终输出？（　　）

   A. 55PPI　　B. 72PPI　　C. 133PPI　　D. 150PPI

4. 在 Photoshop 中，利用渐变工具创建从黑色至白色的渐变效果，如果想使两种颜色的过渡非常平缓，下面哪种操作是有效的？（　　）

   A. 将利用渐变工具拖动时的线条尽可能缩短

   B. 将利用渐变工具拖动时的线条绘制为斜线

   C. 将利用渐变工具拖动时的线条尽可能拉长

   D. 椭圆选择工具

5. 选择“图像”菜单下“调整”中的（　　）命令，可以将当前图像或当前图层中图像的颜色与它下一层中的图像或其他图像文件中的图像相匹配。

   A. 阈值　　B. 色调分离　　C. 颜色匹配　　D. 通道混合器

6. 选择“图像”菜单下“调整”中的（　　）命令，可以调整图像整体的色彩平衡，

在彩色图像中改变颜色的混合。

A. 图片过滤器　　B. 颜色匹配　　C. 色彩平衡　　D. 色相/饱和度

7. Photoshop 生成的文件默认的文件格式扩展名为（　　）。

A. . gif　　B. . jpeg　　C. . tif　　D. . psd

8. 下面选项中对色阶的描述错误的是（　　）。

A. 调整 Gamma 值可改变图像暗调的亮度值

B. “色阶”对话框中的输入色阶用于显示当前的数值

C. “色阶”对话框中的输出色阶用于显示将要输出的数值

D. “色阶”对话框中共有 5 个三角形的滑钮

9. 下列选项中不属于套索工具的是（　　）。

A. 矩形套索工具　　B. 索工具

C. 多边形套索工具　　D. 磁性套索工具

10. 临时切换到抓手工具的快捷键是（　　）。

A. 【Alt】　　B. 空格　　C. 【Ctrl】　　D. 【Shift】

11. Photoshop 中要使所有工具的参数恢复默认设置，可以执行以下哪项操作？（　　）

A. 右击工具选项栏上的工具图标，从上下文菜单中选择“复位所有工具”

B. 执行“编辑”→“预置”→“常规”命令，在弹出的对话框中单击“复位所有工具”

C. 双击工具选项栏左侧的标题栏

D. 双击工具箱中的任何一个工具，在弹出的对话框中选择“复位所有工具”

12. 在 Photoshop 中使用仿制图章工具按住（　　）键并单击可以确定取样点。

A. 【Alt】　　B. 【Ctrl】　　C. 【Shift】　　D. 【Alt+Shift】

13. 在 Photoshop 中利用单行或单列选框工具选中的是（　　）。

A. 拖动区域中的对象　　B. 图像横向或竖向的像素

C. 一行或一列像素　　D. 当前图层中的像素

14. 在 Photoshop 中执行下面哪项操作，能够最快在同一幅图像中选取不连续的、不规则的颜色区域？（　　）

A. 全选图像后，按【Alt】键用套索删去不需要的被选区域

B. 使用魔棒工具单击需要选择的颜色区域，并且取消其“连续的”复选框的选中状态

C. 用钢笔工具进行选择

D. 没有合适的方法

15. 在 Photoshop 中，当使用魔棒工具选择图像时，在“容差”数值输入框中，下列数值中哪一个所选择的范围相对最大？（　　）

A. 5　　B. 10　　C. 15　　D. 20

16. 在 Photoshop 中，按住下列哪个键可保证椭圆选框工具绘出的是正圆形？（　　）

A. 【Shift】　　B. 【Alt】　　C. 【Ctrl】　　D. 【Tab】

17. 在 Photoshop 中，下列哪一项不是通道的类型？（　　）

A. 颜色通道　　B. 专色通道　　C. Alpha 通道　　D. 快速蒙版通道

18. 下面哪个色彩调整命令可提供最精确的调整？（　　）

A. 色阶　　B. 亮度/对比度　　C. 曲线　　D. 色彩平衡

19. 关于 Photoshop 中背景层与新建图层的区别描述错误的是（　　）。

A. 背景层不是透明的，新建图层是透明的

B. 背景层是不能移动的，新建的图层是能移动的

C. 背景层是不能修改的，新建的图层是能修改的

D. 背景始终在图层调板的最下面，只有将背景转化为普通的图层后，才能改变其位置

20. 下面关于图层的描述哪项是错误的？（　　）

A. 任何一个图像图层都可以转换为背景层

B. 图层透明的部分是有像素的

C. 图层透明的部分是没有像素的

D. 背景层可以转化为普通的图像图层

21. 不可长期储存选区的方式是（　　）。

A. 通道　　B. 路径　　C. 图层　　D. 选择/重新选择

22. 下列哪个选区创建工具可以"用于所有图层"？（　　）

A. 魔棒工具　　B. 矩形选框工具　　C. 椭圆选框工具　　D. 套索工具

23. 单击图层调板上当前图层左边的眼睛图标，结果是（　　）。

A. 当前图层被锁定　　B. 当前图层被隐藏

C. 当前图层会以线条稿显示　　D. 当前图层被删除

24. 下面哪个色彩调整命令可提供最精确的调整？（　　）

A. 色阶　　B. 亮度/对比度　　C. 曲线　　D. 色彩平衡

25. 在 Color Range（色彩范围）对话框中为了调整颜色的范围，应当调整哪个数值？（　　）

A. 颜色容差　　B. 消除锯齿　　C. 反相　　D. 羽化

26. 当图像偏蓝时，使用变化功能应当给图像增加何种颜色？（　　）

A. 蓝色　　B. 绿色　　C. 黄色　　D. 红色

27. 使用"色阶"命令不可以（　　）。

A. 提高图像对比度　　B. 校正图像偏色　　C. 为图像着色　　D. 降低图像对比度

28. 下面哪个选项属于规则选择工具？（　　）

A. 矩形工具　　B. 套索工具　　C. 快速选择工具　　D. 魔棒工具

29. 当要确认裁切范围时，需要在裁切框中双击鼠标或键盘上的（　　）键。

A. 【Enter】　　B. 【Esc】　　C. 【Tab】　　D. 【Ctrl＋Shift】

30. 绘制圆形选区时，先选择椭圆选框工具，在按下（　　）的同时，拖动鼠标，就可以实现圆形选区的创建。

A. 【Shift】　　B. 【Alt】　　C. 【Ctrl】　　D. 【Tab】

二、操作题

1. 通过 Adobe Photoshop 打开一张风景照片，按照要求完成下列操作，并以文件名"怀旧照片 . psd"和"怀旧照片 . jpg"保存文档。调整完的效果如图 10－44 所示。

（1）打开原图，复制图层。

图 10-44　怀旧照片效果图

(2) 打开“图像”菜单下“调整”中的“曲线”命令进行调整，设置数值 RGB：输入值为 109，输出值为 99。

(3) 设置“图像”菜单下“调整”中的“色相饱和度”命令，数值为 0，－39，0。

(4) 设置“图像”菜单下“调整”中的“色彩平衡”命令，数值为 0，0，－34。

(5) 设置“图像”菜单下“调整”中的“可选颜色”命令，中性色：0，0，－20，0。

(6) 新建图层，填充“d7b26c”，图层模式设为叠加，不透明度为 50%。

(7) 把云彩素材拉进图中，放到原图上面，图层混合模式设为“柔光”，把天空之外的部分擦除，盖印图层（【Ctrl＋Alt＋Shift＋E】）。

(8) 选择“图像”菜单下“调整”中的“可选颜色”命令，黑色：0，0，－14，－5。

(9) 新建图层，填充“0d1d50”，图层混合模式设为“排除”，填充 80%，复制一层，填充 50%，盖印图层（【Ctrl＋Alt＋Shift＋E】）。

(10) 进行色彩平衡调节，设置参数数值：＋24，＋7，－64，填充 38%；盖印图层（【Ctrl＋Alt＋Shift＋E】），不透明度 46%，填充 48%。

(11) 在图层上右击，选择合并可见图层（【Ctrl＋E】）。

(12) 执行“滤镜”菜单下“艺术效果”中的“胶片颗粒”命令，弹出“胶片颗粒”对话框，根据实际情况自行设置参数。

(13) 执行“滤镜”菜单下“模糊”中的“动感模糊”命令，弹出“动感模糊”对话框，根据实际情况设置参数。

(14) 保存文件。

2. 通过 Adobe Photoshop 制作一版 2 寸照片。

参考答案

实训十一 Adobe Audition CC 2022 音频编辑与 Adobe Premiere Pro CC 2022 视频制作

一 实训目的

(1) 掌握 Adobe Audition CC 2022 声音的录制、剪辑、去噪以及添加特效的方法。

PPT

(2) 熟悉 Adobe Audition CC 2022 的多轨音频合成方法。

(3) 掌握 Adobe Premiere CC 2022 的添加特效、添加字幕、添加音频等视频编辑方法。

知识
- 音频录制与处理
- 电子相册的制作

能力
- 动手操作能力
- 团队协作能力

素质
- 培养学生爱国、文明、和谐、诚信等品质
- 在实践操作中培养学生的团队协作能力

二 实训准备

Adobe Audition CC 2022 是 Adobe 公司开发的一款专业音频编辑和混合环境。该软件功能全面、操作简单，能够完成音频混合、编辑、控制和效果处理等功能，是音频与视频领域流行的软件之一。它可以同时处理多达 128 个音轨的音频信号，并能同时进行实时预览和多轨音频的混缩合成，具有直观的参数调节功能和动态处理能力。

1. Adobe Audition CC 2022 音频编辑软件

(1) Adobe Audition CC 2022 编辑界面。Adobe Audition CC 2022 有多轨编辑器和波形编辑器两种工作模式，两种工作模式之间可以相互切换，使用工具栏中的 [多轨] 按钮可切换到多轨编辑器界面，使用工具栏中的 [波形] 按钮可切换到波形编辑器界面。

① 多轨编辑器：多轨界面可以同时对多达 128 个音轨进行录音、编辑、合成等操作，其界面主要包括主菜单、工具栏、文件窗口、媒体浏览器窗口、编辑器窗口、历史窗口、电平窗口、选区/视图窗口，如图 11－1 所示。这些窗口都是可以浮动和关闭的，通过“窗口”菜单可以选择开启的窗口，如图 11－2 所示。下面介绍使用频率比较高的几个窗口。

文件窗口和媒体浏览器窗口的功能是方便操作和管理所打开的音频文件，其中主要使用

文件窗口，用于打开和显示已打开的音频文件，同时可以使用下方的控制按钮 进行播放、循环播放、自动播放。

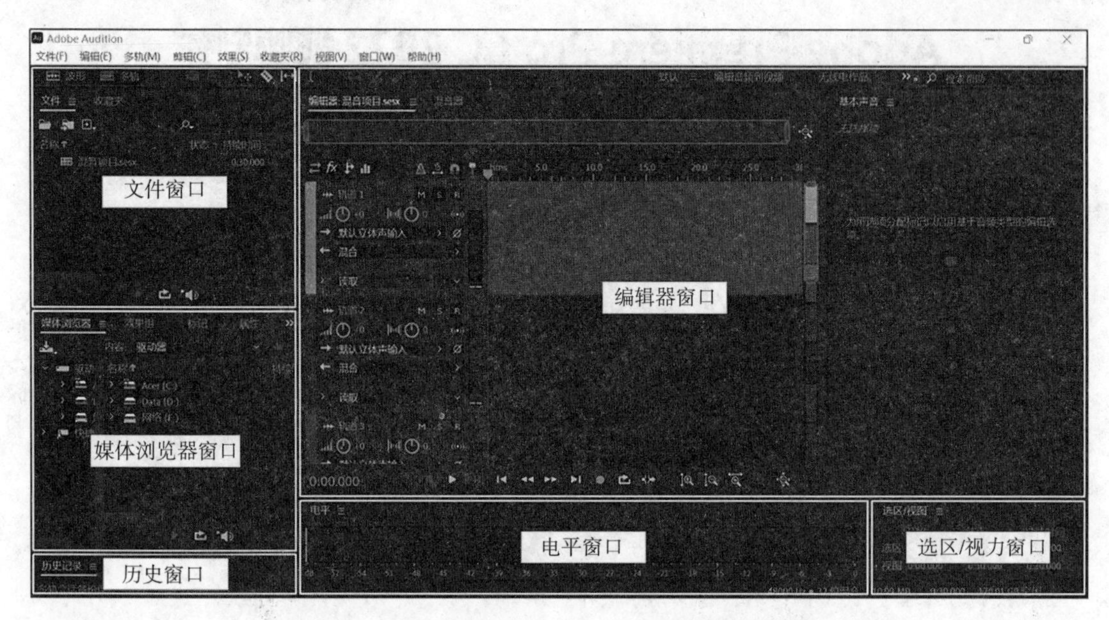

图 11-1　Adobe Audition CC 2022 的多轨编辑界面

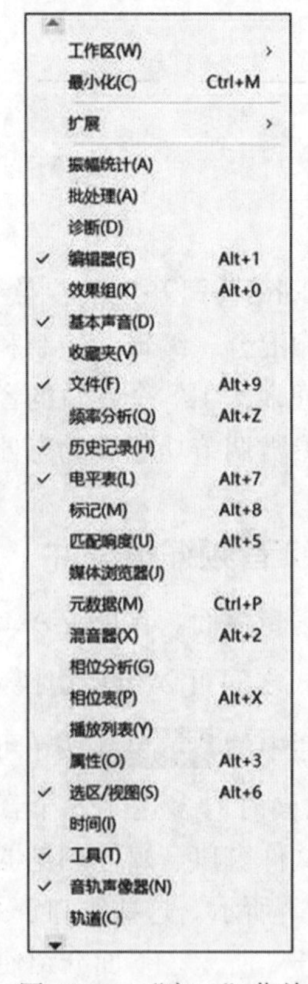

图 11-2　“窗口”菜单

编辑器窗口是主要工作区，每个音轨用于显示已经打开的音频文件，双击某个音轨的波形也可以将该音轨切换到波形编辑界面中，而且可以通过按住鼠标左键，上下拖动将音频文件移至其他音轨中，左右拖动设置其开始播放的时间。窗口中有一条红色竖线，指示所有音轨播放到的位置。每个音轨第一行都有三个按钮 M S R 表示不同的状态，M 代表静音状态，按下则音轨会静音；S 代表独奏状态，若此时按下播放按钮，其他所有音轨静音，只播放按下 S 按钮的音轨的音频信号；R 代表录音状态，此时按下播放控制区的录音按钮，按下 R 按钮的音轨开始录制麦克风传来的声音信号，音箱或耳机同时播放其他未被静音音轨的音频信号。每个音轨第二行是音量钮，用鼠标向上拖提高音量，反之降低音量，也可以单击后边的数字，或直接输入数值来实现音量的调节。编辑器窗口的最下面是播放控制按钮  和缩放控制按钮  。播放控制按钮主要用于控制播放和录音操作，与其他播放器相同，录音键只对按下 R 按钮的音轨起作用。缩放控制按钮，主要用于对所有波形的放大和缩小，包括水平放大缩小、垂直放大缩小、完整缩放等。

② 波形编辑器：波形编辑器即单音轨编辑器，它只对一个音频文件进行编辑，如图 11－3 所示。与多轨编辑器相同，通过“窗口”菜单可以选择开启的窗口。

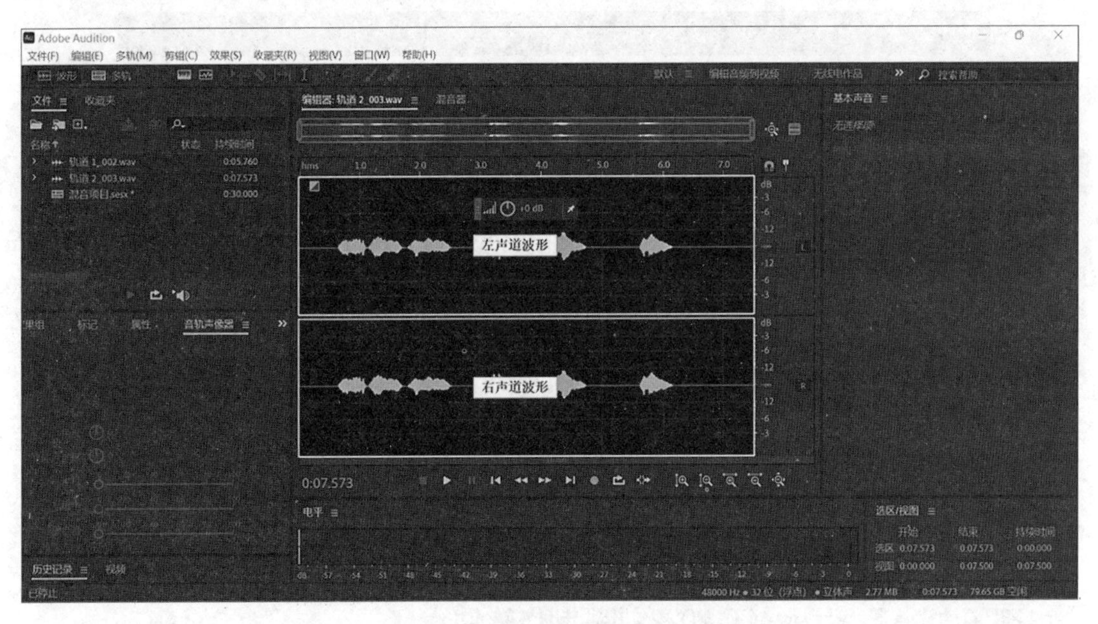

图 11－3 Adobe Audition CC 2022 的波形编辑界面

（2）Adobe Audition CC 2022 菜单。波形编辑器与多轨编辑器的菜单相同，如图 11－4 所示。

文件(F) 编辑(E) 多轨(M) 剪辑(C) 效果(S) 收藏夹(R) 视图(V) 窗口(W) 帮助(H)

图 11－4 Adobe Audition CC 2022 的菜单

① 文件：对工程文件的基本操作，包含常用的新建、打开、保存、另存为、全部保存、关闭、导入、导出等命令。

② 编辑：基本的音频编辑命令，包含了一些常用的复制、复制到新文件、粘贴、混合粘贴、撤消录制、启用声道、删除、裁剪、选择等命令。

③ 多轨：多轨编辑器下的混音操作，包含了轨道、插入文件、将会话混音为新文件、回弹到新建轨道等命令。

④ 剪辑：包含静音、淡入、淡出、锁定时间等命令。

⑤ 效果：音频的特殊效果编辑，包含振幅与压限、延迟与回声、滤波与均衡、降噪/恢复、混响等。

⑥ 收藏夹：记录一个或多个在波形编辑器中的操作，方便以后使用，包含开始记录收藏效果（停止记录收藏效果）、删除收藏效果。

⑦ 视图：常用的模式切换，包括多轨编辑器、波形编辑器、放大（时间）、缩小（时间）、视频显示等。

⑧ 窗口：用于控制窗口的显示，可以选取显示的窗口，如图 11 - 2 所示。

（3）Adobe Audition CC 2022 工具栏。Adobe Audition CC 2022 工具栏实际是工具窗口，包含波形编辑器、多轨编辑器、频谱频率显示器、频谱音调显示器、移动工具、切断所选剪辑工具、滑动工具、时间选择工具等，如图 11 - 5 所示。

图 11 - 5　Adobe Audition CC 2022 工具栏

（4）Adobe Audition CC 2022 支持的导入与导出格式。

① 导入格式：Adobe Audition CC 2022 可以打开 AAC（包括 HE - AAC）、AIF、AIFF、AIFC（包括最多具有 32 个声道的文件）、AC - 3、APE、AU、AVR、BWF、CAF（所有未压缩和大多数压缩的版本）、HTK、MPC、MP2、MP3（包括 MP3 环绕声文件）、OGA、OGG、RAW、SF、SND、VOC、VOX、W64、WAV（包括最多具有 32 个声道的文件）等大多数常见音频格式的文件。

WAV 格式和 AIFF 格式有多种不同的变型，Adobe Audition CC 2022 可以打开所有未压缩的 WAV 文件、AIFF 文件和大多数常见的压缩版本。

② 导出格式：Adobe Audition CC 2022 可以导出 AIFF、AIFC、AIF、APE、AU、WAV、BWF、MP2、MP3、SF、VOC 等大多数音频格式的文件。

2. Adobe Premiere CC 2022 视频制作软件

Adobe Premiere CC 2022 是一款常用的视频制作软件，它提供了采集、剪辑、调色、美化音频、字幕添加、输出、DVD 刻录等视频处理功能。

（1）Adobe Premiere CC 2022 编辑界面。Adobe Premiere CC 2022 默认的编辑界面如图 11 - 6所示，由三个窗口（项目窗口、监视器窗口、时间线窗口）、多个控制面板（媒体浏览、信息面板、历史面板、效果面板等）以及主音频、工具箱和菜单组成。

监视器分为素材源监视器和节目监视器，素材源监视器用来观看和裁剪原始素材，可以设置入点、出点、持续时间等；节目监视器用来观看时间线上的素材，也可预览最终输出的视频。

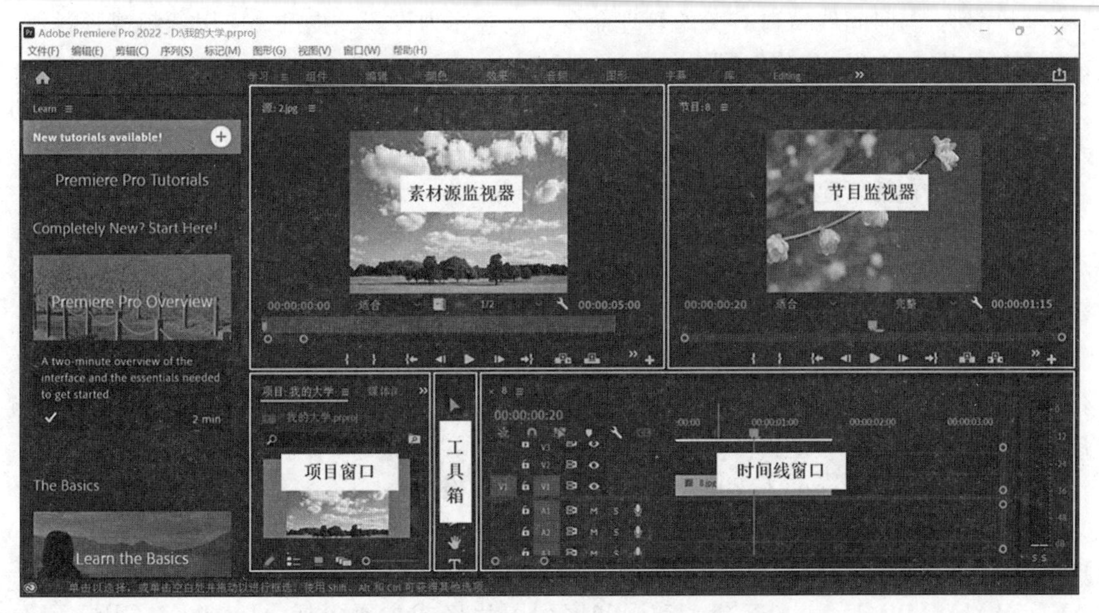

图 11－6　Adobe Premiere CC 2022 的工作界面

项目窗口主要用来导入、组织和存储所需的原始素材，分为预览区、素材区和工具条三个功能区。单击某一导入的素材就可以在上方的预览窗口显示缩略图和相关文字信息，素材区用于显示导入的所有素材，在空白区右击可以进行粘贴、新建素材箱、导入、查找等操作，工具条提供常用功能按钮。

效果面板主要用来为音频、视频添加特效与切换效果，可以为时间线窗口中的各种素材片段添加特效。

工具箱用于显示各种在时间线面板中编辑所需要的工具，在选中一个工具之后，光标将会变成此工具的形状。

时间线窗口是视频编辑处理的主要工作区，根据设计的需要，使用各种工具将素材片段按照时间的先后顺序在时间线上从左到右进行有序的排列，还可以实现对素材的剪辑、插入、复制、粘贴和修整等操作。

（2）Adobe Premiere CC 2022 菜单。Adobe Premiere CC 2022 菜单如图 11－7 所示，具体功能如下：

文件(F)	编辑(E)	剪辑(C)	序列(S)	标记(M)	图形(G)	视图(V)	窗口(W)	帮助(H)

图 11－7　Adobe Premiere CC 2022 的菜单

① 文件：对工程文件的基本操作，包含常用的新建、打开项目、关闭项目、保存、另存为、导入、导出等命令。

② 编辑：基本编辑命令和系统的工作参数设置命令，包含了一些常用的复制、粘贴、粘贴插入、删除、粘贴属性、参数等命令。

③ 剪辑：对时间线窗口中的素材进行编辑和处理，包含重命名、制作子剪辑、编辑子剪辑、插入、覆盖、速度、持续时间等。

④ 序列：与时间线窗口有关的管理命令，包含序列设置、提升、应用音频视频过渡、渲染音频、添加编辑、修剪编辑等。

⑤ 标记：对素材进行标记设定、清除和定位等，包含设置素材标记入点和出点、转到素材入点和出点、清除标记等。

⑥ 图形：包括新建图层、对齐、排列、选择等。

⑦ 视图：包括回放分辨率、显示参考线、锁定参考线、清除参考线等。

⑧ 窗口：管理窗口和面板的显示，可以选取显示的窗口，包含素材源监视器、节目监视器、时间轴、媒体浏览器、历史记录、工具等。

（3）Adobe Premiere CC 2022 视频编辑制作流程。视频的制作流程一般包括创建项目文件、采集素材、素材导入、编辑素材、视频切换、添加特效、音频调整、添加字幕、视频输出等。

（4）Adobe Premiere CC 2022 支持的导入与导出格式。

① 导入格式：Adobe Premiere CC 2022 支持的静态图片格式主要包括 JPEG、PSD、BMP、GIF、TIFF、EPS、PCX 和 AI 等，视频格式主要包括 AVI、MPEG、MOV、DV-AVI、WMA、WMV 和 ASF 等，动画和序列图片格式主要包括 AI、PSD、GIF、FLI、FLC、TIP、TGA、FLM、BMP、PIC 等，音频文件格式主要包括 MP3、WAV、AIF、SDI 和 Quick Time 等。

② 导出格式：Adobe Premiere CC 2022 可以导出 AAC、AIFF、Animated GIF、AVI、BMP、DPX、F4V、FLV、GIF、JPEG、MP3、MPEG2、MPEG4、PNG、TIFF 等音频、视频格式。

三 实训内容

（1）使用 Adobe Audition CC 2022 录制声音（主题不限），对录制的声音进行降噪处理，并给录音添加伴奏，并保存音频文件。

（2）使用 Adobe Premiere CC 2022 制作题为“我的大学”的电子相册，添加视频切换效果、片头片尾视频、视频特效、字幕效果、背景音乐等，并保存视频文件。

四 实训要求

1. 音频录制及处理

（1）设置计算机扬声器参数，保证声音能够正常录入。

（2）创建音频工程，设置 Adobe Audition CC 2022 采样频率，使计算机能够与音频处理软件相匹配。

（3）为了去除自然环境噪声，需单独录制环境噪声。

（4）录制声音（朗诵或音乐）。

（5）在录制自然环境噪声的基础上，去除录制声音的噪声。

（6）插入伴奏音频并对其进行裁剪。

（7）为伴奏音频添加特效。

（8）试听效果并进行调节。

（9）合并录音和伴奏，导出音频文件。

2. 视频处理及制作

（1）准备素材，包括图片、视频、音频，用于制作电子相册的图片不少于10张。

（2）创建视频工程。

（3）导入图片、视频和音频素材，为了便于管理，采用文件夹存放相关素材。

（4）设置导入图片、视频首选参数。

（5）裁剪片头、片尾视频。

（6）新建字幕并设置属性，字幕需包括短片基本信息以及视频相关内容等。

（7）在时间线窗口组装视频材料，合理安排素材位置。

（8）在视频和图片之间添加视频切换效果。

（9）在图片或视频上添加视频特效。

（10）添加背景音频文件，对音频文件进行裁剪，添加音频特效。

（11）导出并保存视频文件。

五 实训步骤

1. 音频录制及处理

音频处理

（1）扬声器参数设置。为了能够正常录音，首先插入计算机音频输入输出设备（即麦克风、扬声器），调试设备；然后设置设备采样频率，使其能够与音频处理软件相匹配。打开计算机控制面板，选择“硬件和声音”→“声音”，打开“声音”对话框，如图11-8所示。右击“扬声器”，选择“属性”→“高级”，将扬声器采样频率和位深度改为“16位，44100Hz”，如图11-9所示。

（2）创建音频工程。启动Adobe Audition CC 2022，新建多轨混音项目，执行“文件”→“新建”→“多轨会话”命令，打开如图11-10所示对话框，选择采样率为44100，位深度为16位，混合为“单声道”，单击“确定”按钮。

（3）在音轨1中录制环境噪声。在后期录制声音时，其周围存在的自然环境声音即为噪声。为了去除录音中的噪声，需提前录制环境噪声。单击音轨1前的“R”按钮，然后单击录音键 ●，开始录制自然环境声音，录一段15秒左右的自然环境噪声，然后单击停止键 ■ 停止录音，最后单击音轨1前的“R”按钮结束录音。

（4）在音轨2中录制声音。单击音轨2前的“R”按钮，然后单击录音键，记录朗诵或歌曲声音，然后单击停止键 ■ 停止录音，最后单击音轨1前的“R”按钮停止录音。

（5）对音轨2中的声音进行降噪处理。降噪的原理是利用音轨1中噪声样本完成对音轨

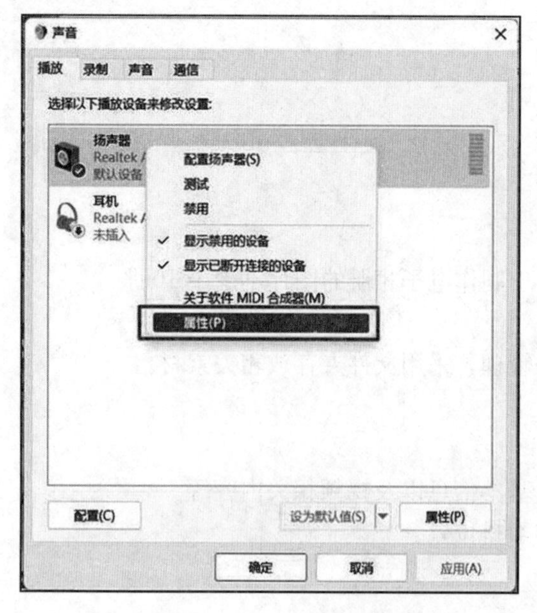

图 11－8 “声音”对话框

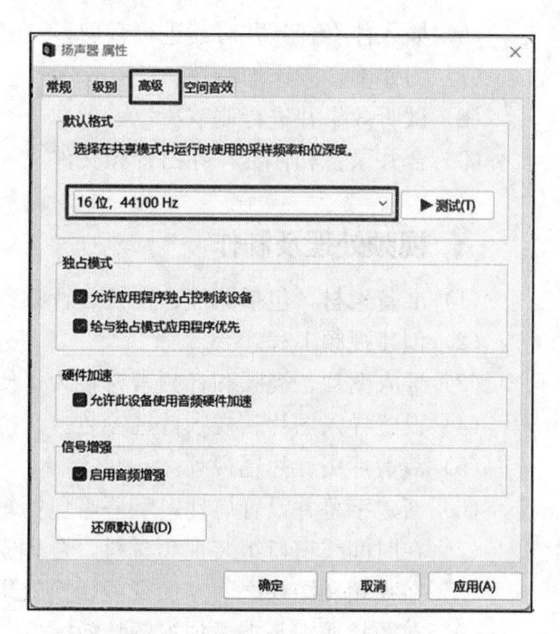

图 11－9 “扬声器属性”对话框

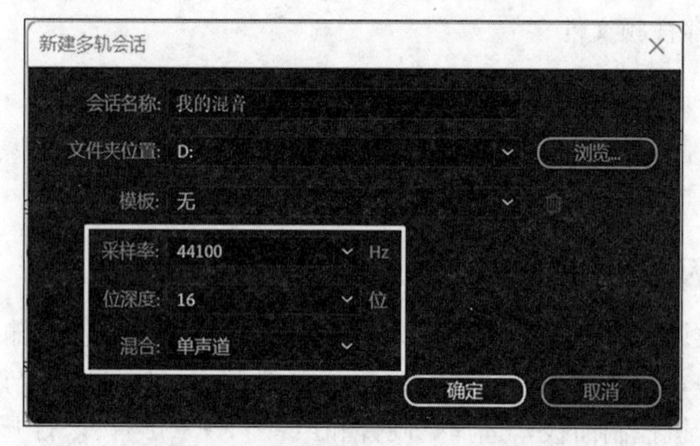

图 11－10 “新建多轨会话”对话框

2 中声音的降噪。双击音轨 1 进入波形编辑界面，全部选中波形（或鼠标拖动选中部分波形），选择“效果”→“降噪/恢复”→“捕捉噪声样本”命令，最后单击 多轨 回到多轨编辑界面。再双击音轨 2 进入波形编辑界面，然后选择“效果”→“降噪/恢复”→“降噪(处理)”命令，弹出如图 11－11 所示的对话框，单击对话框中的“选择完整文件”，单击“应用”，完成降噪，最后单击 多轨 回到多轨编辑界面。右击音轨 1 波形，在弹出的快捷菜单中选择“删除”命令，将音轨 1 的噪声波形删除。

（6）插入并裁剪伴奏音频。右击音轨 1 中空白部分，选择“插入”→“文件”命令，插入伴奏音频。将红线光标移动至音轨 2 声音文件的最后，双击音轨 1 进入波形编辑界面，用鼠标拖动选中红色光标前面的波形，右击，选择“裁剪”命令，如图 11－12 所示。将选中的波形裁剪出来，单击 多轨 回到多轨编辑界面，保证红线光标位于声音文件最后。右击音轨 1，在弹出的快捷菜单中选择“拆分”命令，如图 11－13 所示，将音频拆分开，删除多余音频部分。

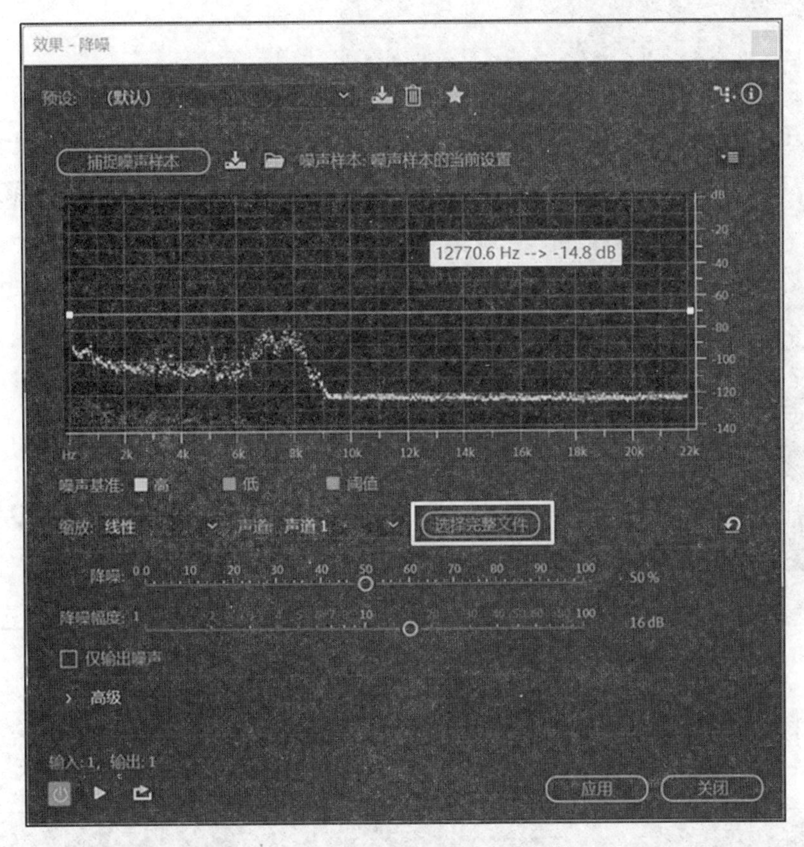

图 11 - 11 “效果-降噪”对话框

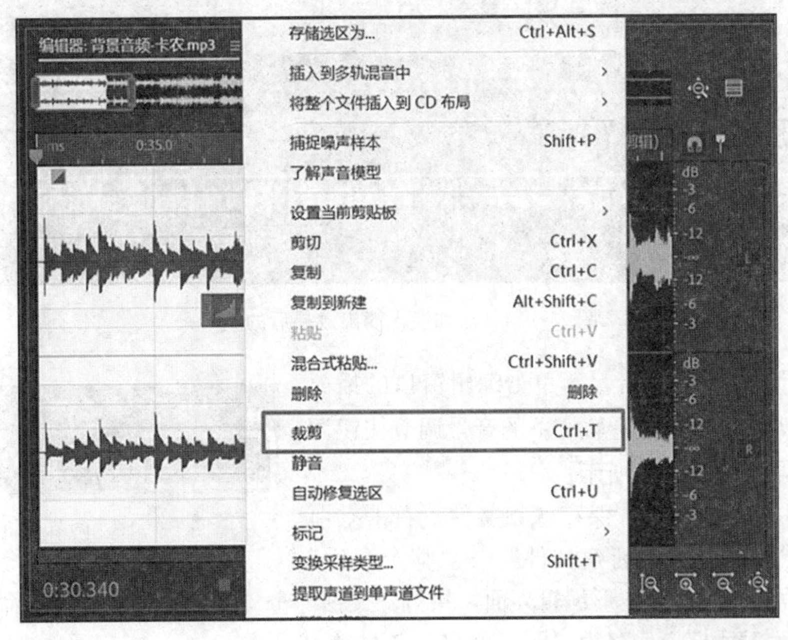

图 11 - 12 选择“裁剪”命令

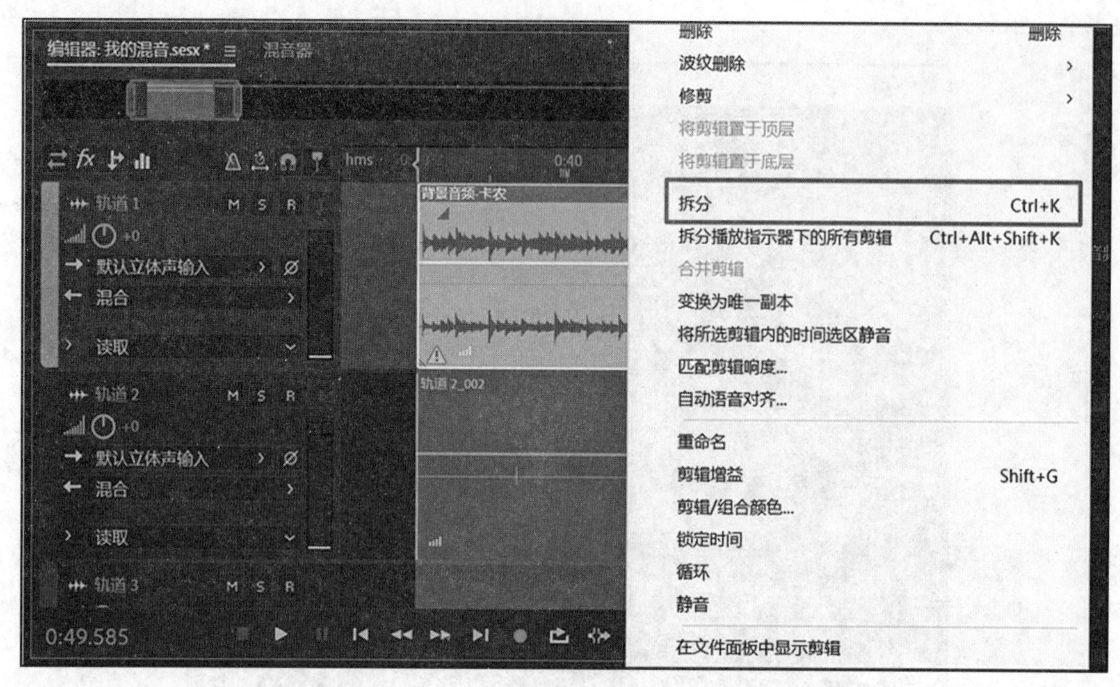

图 11－13　选择“拆分”命令

(7) 对伴奏音频添加特效。单击选中音轨 1，执行“剪辑”→“淡入”命令，然后再执行“剪辑”→“淡出”命令，为背景音乐添加淡入淡出效果，如图 11－14 所示。

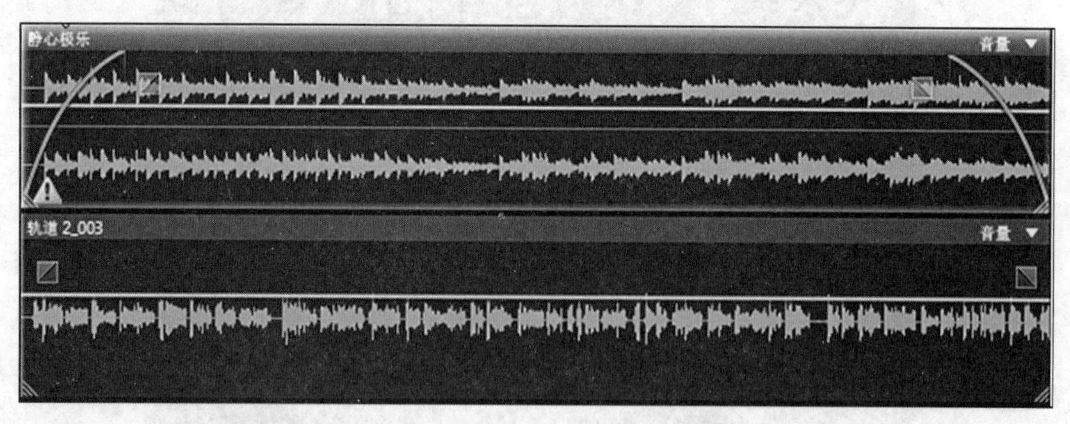

图 11－14　添加淡入淡出效果后的波形

(8) 试听效果并调节音量。单击编辑窗口的播放按钮 ▶ 试听效果，通过音轨 1 下的音量调节按钮调节音量大小，如图 11－15 所示。

图 11－15　调节音轨音量

(9) 合并录音和伴奏，保存音频文件。右击空白音轨，选择“混缩会话为新建文件”→“整个会话”命令，混缩后的波形进入波形编辑界面，执行“文件”→“导出”→“文件”命令，弹出如图 11－16 所示对话框，保存为“D:\姓名\学号.wav”。

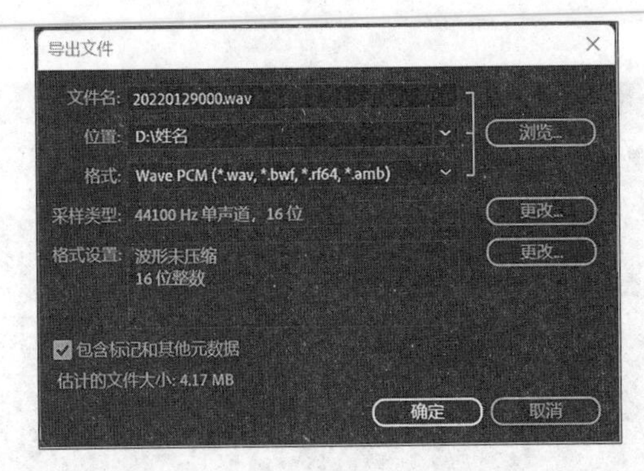

图 11-16 “导出文件”对话框

2. 视频处理及制作

（1）准备素材。准备至少 10 幅相关图片、片头和片尾两段视频、背景音乐。

（2）创建视频工程。启动 Adobe Premiere CC 2022，弹出“主页”对话框，如图 11-17 所示，单击“新建项目”，弹出“新建项目”对话框，如图 11-18 所示。将保存位置改为“D:\姓名”，名称为“我的大学”，单击“确定”按钮，进入项目编辑页面，如图 11-19 所示。单击“文件”→“新建”→“序列”，弹出“新建序列”对话框，如图 11-20 所示，序列名称为“我的大学”，单击“确定”按钮。

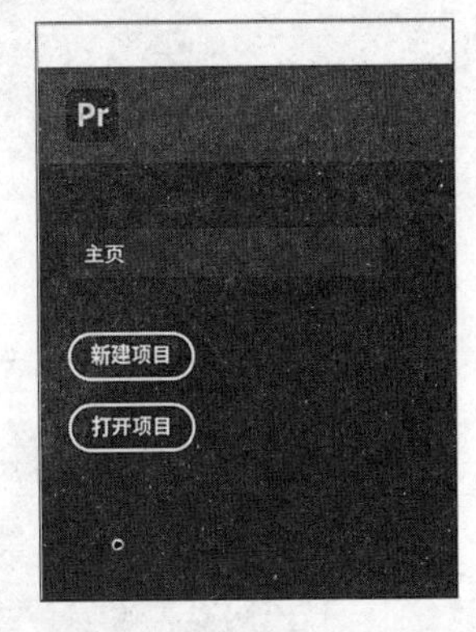

图 11-17 “主页”对话框

视频处理

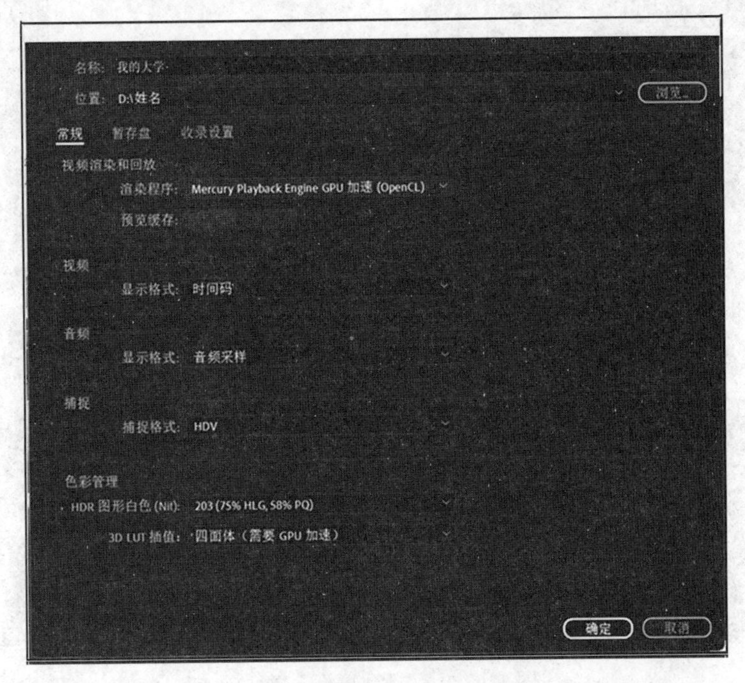

图 11-18 “新建项目”对话框

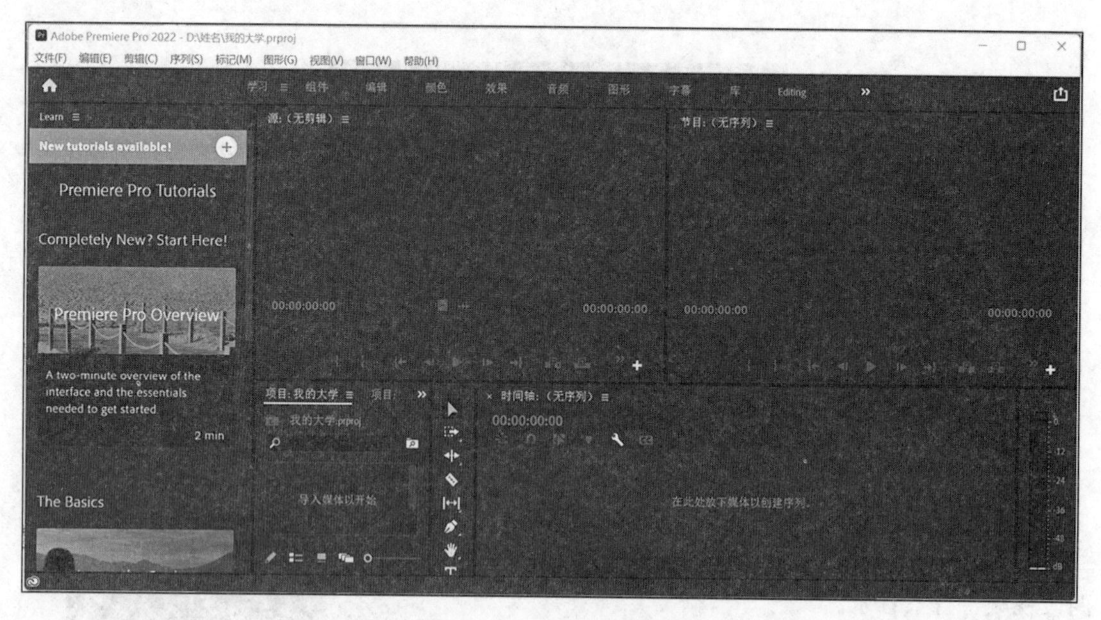

图 11-19　项目编辑页面

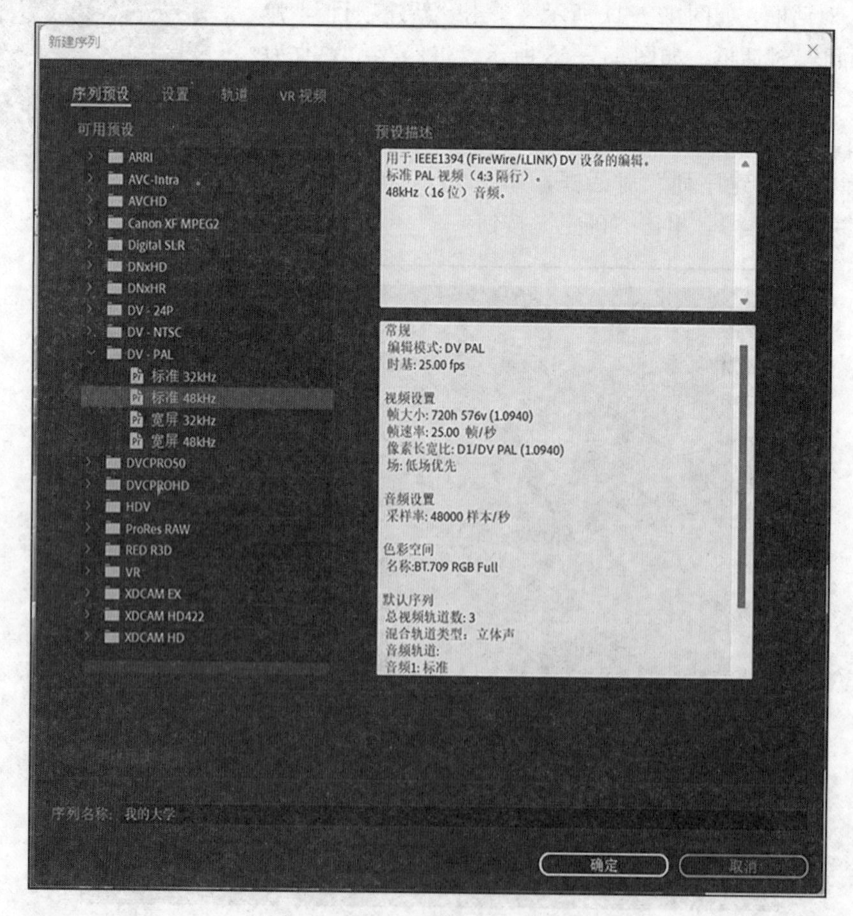

图 11-20　“新建序列”对话框

（3）导入图片、视频和音频素材。在“项目窗口”中的空白位置右击，选择“新建素材箱”命令，将新建的文件夹命名为“图片素材”。右击该文件夹，选择“导入”命令，将所有图片素材导入“图片素材”文件夹中。在“项目窗口”中的空白位置右击，选择“导入”命令，再将所需音频文件和视频文件导入项目中，如图 11－21 所示。

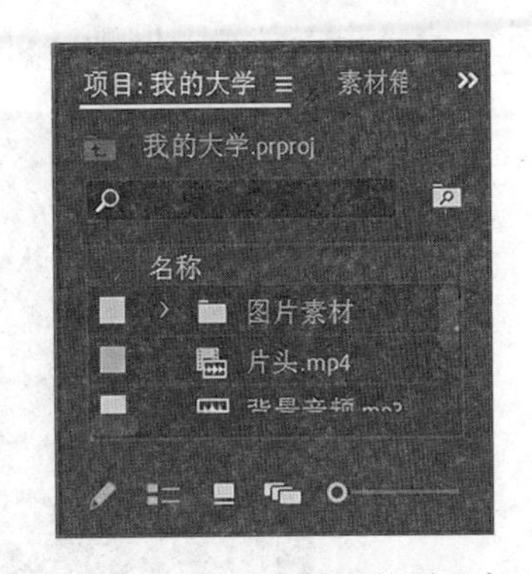

图 11－21　导入素材后的项目窗口

（4）设置导入图片、视频首选参数。导入图片默认播放时间为 5 秒，修改单幅图片播放时间为 3 秒。执行“编辑”→“首选项”→“时间轴”命令，打开如图 11－22 所示对话框。设置“视频过渡默认持续时间”为 25 帧（即 1 秒），“静止图像默认持续时间”为 3 秒。

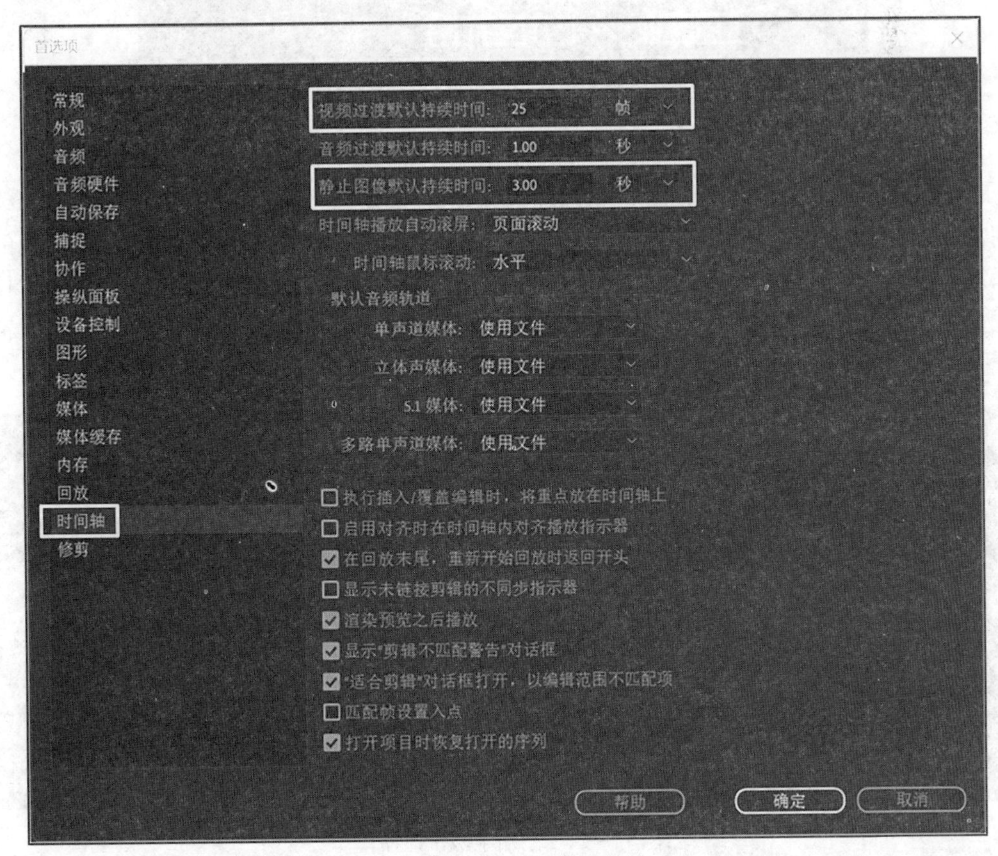

图 11－22　设置参数

（5）裁剪片头、片尾视频。双击“项目窗口”下的片头视频素材，素材源监视器中显示当前播放视频。对视频素材进行裁剪，如图 11－23 所示，单击“播放”按钮，当视频播放到需要位置时，单击“标记入点”，再单击“播放”按钮，继续播放，当播放到合适的结束位置时，单击“标记出点”，入点和出点之间就是所需视频内容，按住鼠标左键将片头视频文件拖动到时间线窗口的视频“V1”轨道中。可以通过选择“后退一帧”“前进一帧”精确设定入点、出点位置。同理，对片尾视频文件进行编辑和拖动。

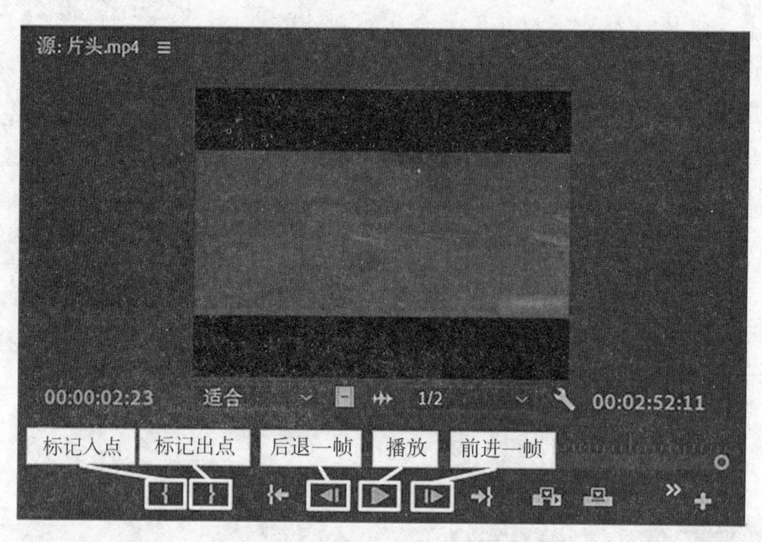

图 11－23　素材源监视器中的片头视频

（6）新建字幕并设置属性。在菜单栏中单击“字幕”选项，选择“创建新字幕轨”，如图 11－24 所示，弹出“新字幕轨道”对话框，单击“确定”，添加新字幕轨道。将时间线移动到需要添加字幕的片段，单击 ⊕ “添加新字幕分段”，在编辑区内输入字幕内容“我的大学”。同理，移动时间线到需要添加字幕的片段，添加字幕内容“校园环境景色宜人”“校园是我们生活的地方”，如图 11－25 所示。单击“我的大学”，设置字幕属性。在字幕编辑区设置字幕字体、大小、位置、外观等，如图 11－26 所示。

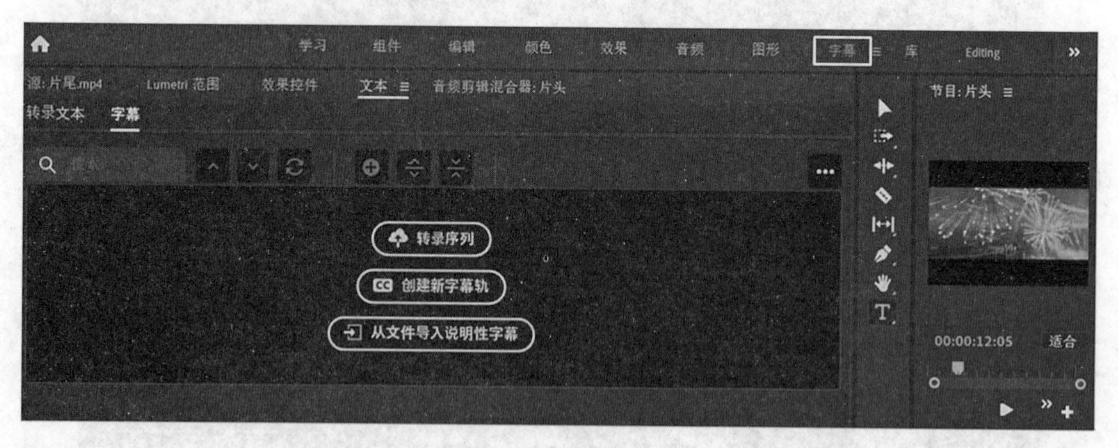

图 11－24　添加字幕轨道操作

（7）在时间线窗口组装视频材料。添加电子相册图片到时间线窗口中。将“图片素材”拖至时间线窗口中的 V1 轨道的片头视频之后，再将片尾文件拖至最后。调整字幕位置，如图 11－27 所示。

（8）在视频和图片之间添加视频切换效果。在“效果”面板中，选择“效果”命令，选择“视频过渡”→“3D Motion”→“Cube Spin（立体旋转）”，如图 11－28 所示，将其拖至时间线窗口的 V1 轨道片头视频和图片 1 之间。在节目监视器窗口中查看特效显示效果。

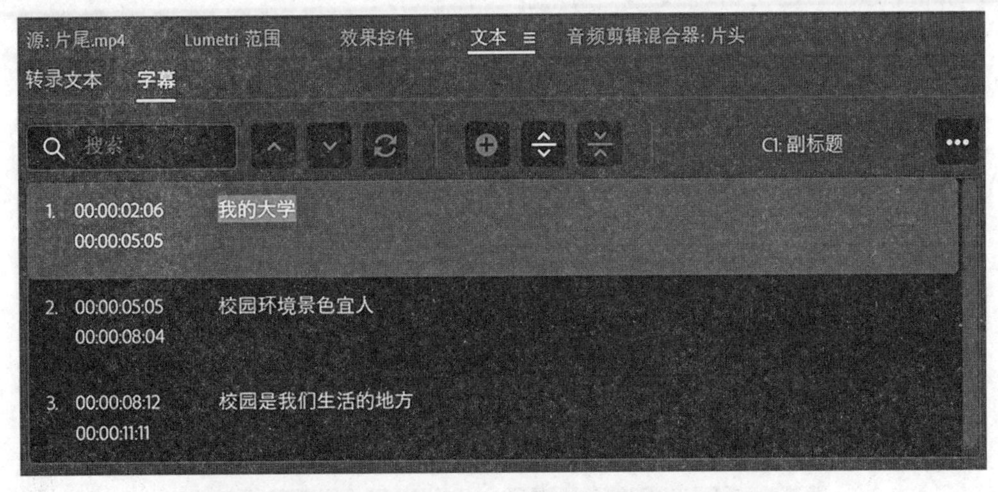

图 11－25　添加字幕内容

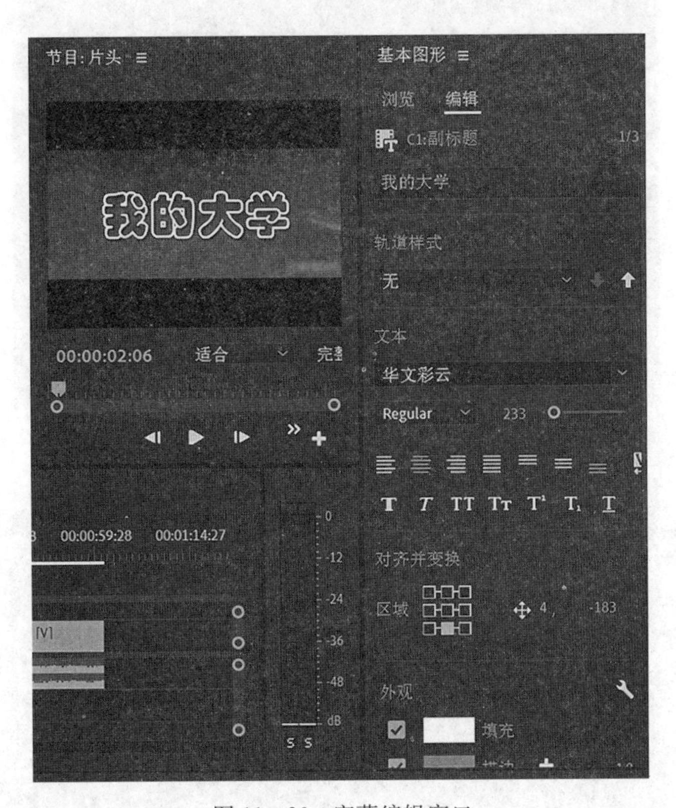

图 11－26　字幕编辑窗口

同理，在其他图片之间添加不同的切换特效。

（9）在图片或视频上添加视频特效。选择“效果”面板中的“视频效果”→“扭曲”→“波形变形”，拖动到时间线窗口中指定的图片上并单击。在“编辑”菜单中选择“效果控件”，如图 11－29 所示。设置波形变形效果的相关参数，修改波形类型、波形高度和波形宽度等。如图 11－30 所示为节目监视器窗口扭曲效果图。

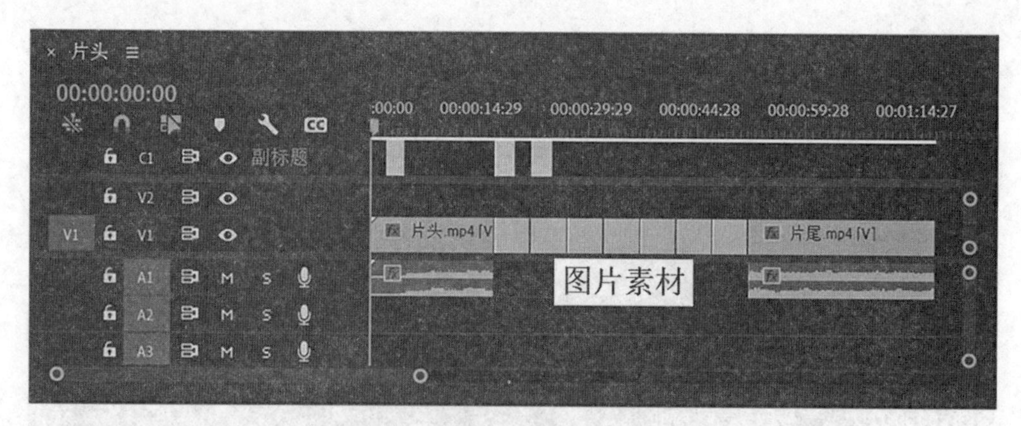

图 11 - 27　时间线窗口组装视频材料

图 11 - 28　效果面板视频切换操作

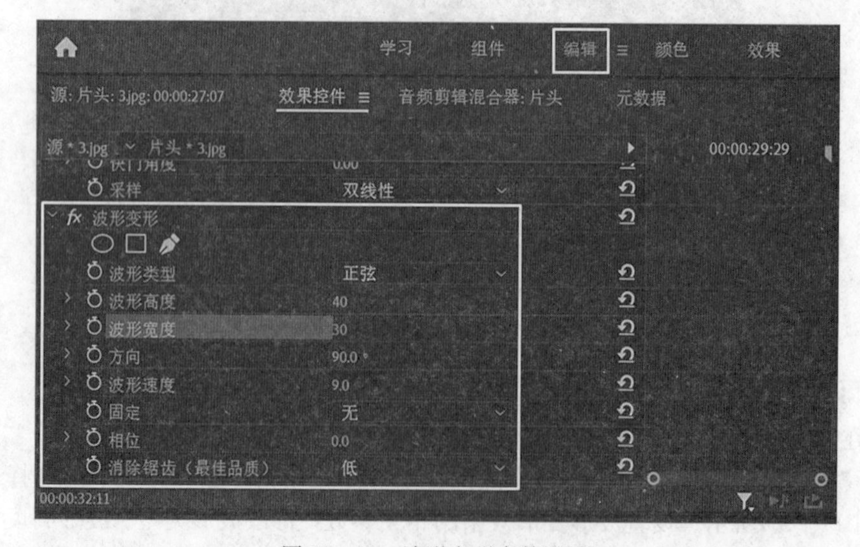

图 11 - 29　波形变形参数设置

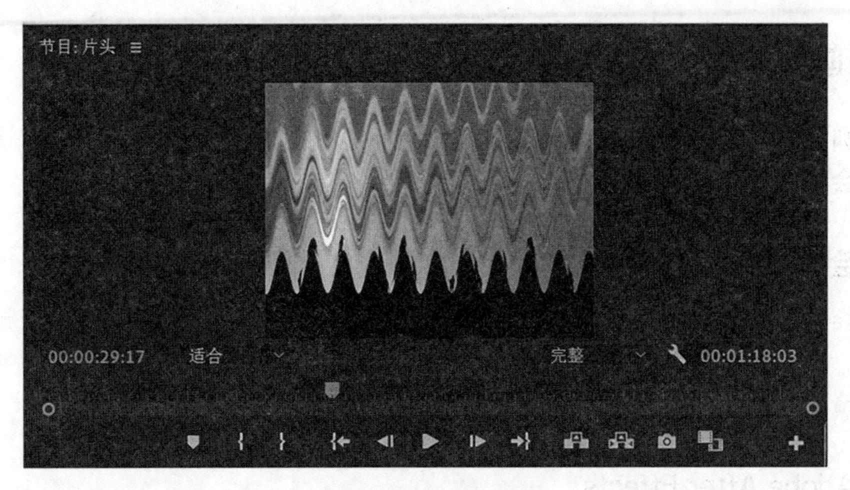

图 11 - 30　扭曲效果图

（10）添加背景音频文件。将片头和片尾视频中的原始音频去除，单击片头视频，右击选择“取消链接”，将音频去除。同理，将片尾视频中的原始音频去除。将项目窗口中的音频文件拖至时间线窗口中的 A1 轨道，选择工具箱中的“剃刀工具”，将音频多余部分裁开，再通过“选择工具”选中多余部分，将多余音频部分删除。

（11）导出并保存视频文件。单击“文件”→“导出”→“媒体”命令，选择导出格式为“H. 264”，该格式导出的视频文件为 . mp4 文件，如图 11 - 31 所示。

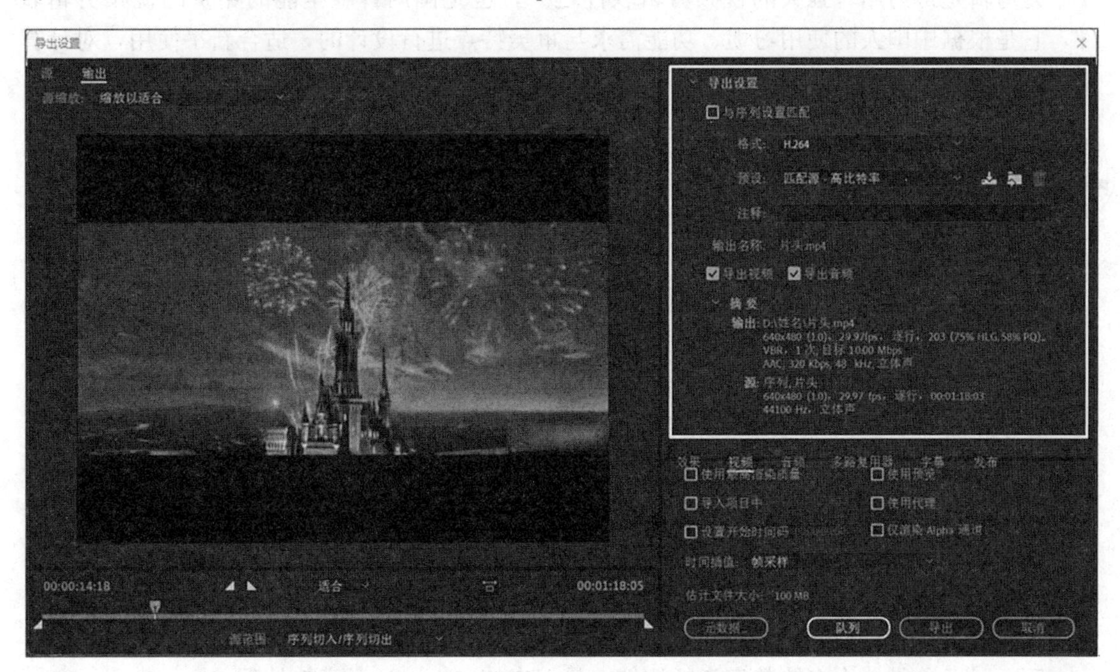

图 11 - 31　“导出设置”对话框

通过此实训，应掌握声音的录制和去噪方法，以及视频特效、切换效果的添加和编辑，字幕的添加和编辑等。

六 实训延伸

音频和视频处理软件还有很多，下面介绍几种常用的音频和视频处理软件，请尝试不同软件，体会不同软件的优缺点。

1. 会声会影

会声会影是加拿大 Corel 公司制作的一款功能强大的视频编辑软件，具有视频捕获、转场、覆叠、字幕、配乐、刻录等功能，并提供超过 100 种的编制功能与效果，可导出多种常见的视频格式，也可以直接制作成 DVD 和 VCD 光盘。

2. Adobe After Effects

Adobe After Effects 简称 AE，是 Adobe 公司推出的一款图形视频处理软件，适用于从事设计和视频特技的机构，包括电视台、动画制作公司、个人后期制作工作室以及多媒体工作室。它涵盖了影视特效制作中常见的文字特效、粒子特效、光效、仿真特效、调色技法以及高级特效等，是专业的影视后期处理工具。

3. 爱剪辑

爱剪辑是最易用、强大的视频剪辑软件之一，也是国内首款全能的免费的视频剪辑软件，它是根据中国人的使用习惯、功能需求与审美特点进行设计的，适合新手使用，对计算机的配置要求也不高。

习题

一、单选题

1. 在 Audition 的工作视图中，编辑视图主要针对的工作是（　　）。

   A. 合成编辑　　B. 刻录编辑　　C. 单轨编辑　　D. 多轨编辑

2. 以下音频格式中，属于无损格式的是（　　）。

   A. MP3　　B. MIDI　　C. WMA　　D. WAV

3. Audition 中让音乐产生渐渐消失效果的操作为（　　）。

   A. 回声　　B. 淡出　　C. 失真　　D. 淡入

4. 以下使用 Audition 进行“现场噪声采集”的描述中，不正确的是（　　）。

   A. 最好在录音之前　　B. 主要是为了进行音频降噪处理

   C. 主要是为了进行音频噪声测试　　D. 主要是为了在录音之前采集噪声样本

5. Audition 是一个多轨数字音频软件，最多支持（　　）条音轨处理。

   A. 128　　B. 64　　C. 24　　D. 6

6. 下列文件可以使用 Audition 软件创建生成的是（　　）文件。

   A. AVI　　B. BMP　　C. MP3　　D. TXT

7. Audition 支持的最高音频精度级别是（　　）。

A. 8 位　　B. 16 位　　C. 32 位　　D. 64 位

8. 以下哪项不属于 Audition 软件可以实现的功能？（　　）

A. 音频剪辑　　B. 音频去噪　　C. 音频采集　　D. 音频共享

9. CD 音频文件的标准采样率是（　　）。

A. 48000Hz　　B. 44100Hz　　C. 16000Hz　　D. 32000Hz

10. 新建音频文件时，Audition 提供了（　　）种“位深度”选择方式。

A. 1　　B. 2　　C. 3　　D. 4

11. 下列选项中，Audition 不能导入的音频格式是（　　）。

A. MP3　　B. AVR　　C. WAV　　D. JPEG

12. 新建一个音频文件，为了更好地适用于便携式音乐播放器应选择哪一个声道？（　　）

A. 立体声　　B. 单声道　　C. 5.1　　D. 不确定

13. （　　）位的“位深度”是大多数音响工程师的首选。

A. 16　　B. 24　　C. 32　　D. 8

14. 采样率的作用是（　　）。

A. 确定频率范围　　B. 确定振幅范围

C. 确定音频质量　　D. 以上说法皆不正确

15. 以下哪个是用于纯音频信息处理的工具软件？（　　）

A. 3ds MAX　　B. Audition　　C. Director　　D. Photoshop

16. 在两个素材衔接处加入切换效果，两个素材应如何排列？（　　）

A. 分别放在上下相邻的两个视频轨道上　B. 两段素材在同一轨道上

C. 可以放在任何视频轨道上　　D. 可以放在用户音频轨道上

17. 在视频编辑中，最小的单位是（　　）。

A. 小时　　B. 分钟　　C. 秒　　D. 帧

18. 帧是构成视频的最小单位，PAL 制式的帧频率为（　　）。

A. 23 帧/秒　　B. 25 帧/秒

C. 29.97 帧/秒　　D. 30 帧/秒

19. Premiere 中存放素材的窗口是（　　）。

A. 项目窗口　　B. 监视器窗口

C. 时间线窗口　　D. 媒体浏览器窗口

20. Premiere 用（　　）表示音量。

A. 分贝　　B. 赫兹　　C. 毫伏　　D. 安培

21. 在 Premiere 中，可以选择单个轨道上某个特定时间之后的所有素材或部分素材的工具是（　　）。

A. 选择工具　　B. 滑行工具　　C. 轨道选择工具　　D. 滚动编辑工具

22. 在 Premiere 中，下面哪个选项不是导入素材的方法？（　　）

A. 执行“文件”→“导入”或直接使用该菜单的快捷键【Ctrl+I】

B. 在项目窗口中的任意空白位置单击鼠标右键，在弹出的快捷菜单中选择“导入”菜单项

C. 直接在项目窗口中的空白处双击即可

D. 在媒体浏览器中打开素材

23. Premiere 中粘贴素材是以（　　）定位的。

A. 选择工具的位置　B. 编辑线　C. 入点　D. 手形工具

24. Premiere 中窗口是导入素材的通道，它可以导入多种素材类型，以下哪种文件类型不能导入？（　　）

A. 音频文件　B. 视频文件　C. 图片文件　D. 文本文件

25. Premiere 中用什么工具可以对素材进行切割？（　　）

A. 选择工具　B. 剃刀工具　C. 手形工具　D. 滑动工具

26. Premiere 中节目监视器的作用是（　　）。

A. 可以预演节目内容

B. 用两点编辑来编辑已经添加到时间线中的素材

C. 对添加到时间线中的素材进行扩展编辑

D. 对添加到时间线中的素材进行异步编辑

27. 下列视频中哪个质量最好？（　　）

A. 240×180 分辨率、24 位真彩色、14 帧/秒的帧率

B. 320×240 分辨率、30 位真彩色、25 帧/秒的帧率

C. 320×240 分辨率、30 位真彩色、30 帧/秒的帧率

D. 640×480 分辨率、16 位真彩色、15 帧/秒的帧率

28. 向 Premiere 中引入视频文件，视频切换系统默认的持续时间是（　　）。

A. 15 帧　B. 25 帧　C. 30 秒　D.15 秒

29. 在 Premiere 的时间线窗口中，每按一次向右的方向键，可以使得编辑线向右移动（　　）。

A. 一秒钟的画面　B. 一帧的画面　C. 一个素材片段　D. 五帧的画面

30. 向 Premiere 导入素材时，不支持以下哪种格式的文件？（　　）

A. BMP　B. AVI　C. MP3　D. DOC

31. 从 Premiere 导出视频文件时，不支持以下哪种格式的文件？（　　）

A. AVI　B. MP3　C. FLV　D. TXT

二、操作题

1. 按照以下要求为音频文件添加混响效果。

（1）准备常见的音频文件。启动 Adobe Audition CC 2022 软件，建立多轨混音项目。在音轨 1 空白处右击，选择“插入”→“文件”，插入音频文件。选择“效果”→“混响”→“卷积混响”，弹出“卷积混响”对话框。

（2）在“预设”下拉列表中，选择“桥下”选项，即可完成对音频文件添加混响效果，还可修改混合、房间大小、增益等参数，提高添加混响的质量。同理，可尝试“公共开放电视”“后台区域”等操作。

（3）在“效果组”窗口中，单击“卷积混响”按钮，该按钮变为绿色表示该特效已添加。单击“编辑”窗口中的按钮，即可播放处理后的音频效果。

2. 利用视频制作画中画效果。按照以下要求完成画中画操作，制作效果如图 11 - 32 所示。

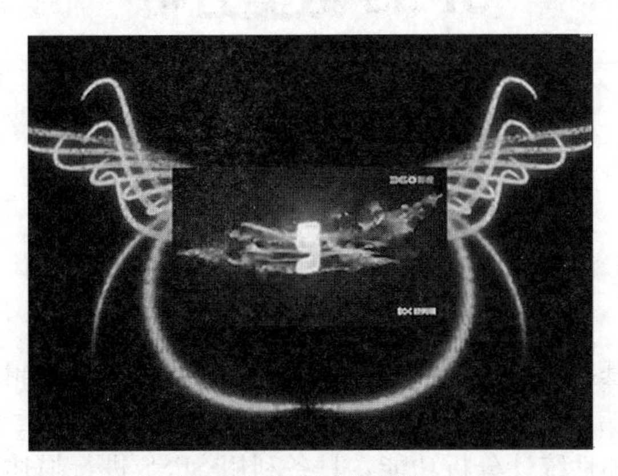

图 11 - 32　画中画效果

（1）启动 Adobe Premiere Pro CC 2022，新建视频工程项目，新建序列，单击“文件”→“导入”命令，导入视频素材。

（2）将视频素材添加到“时间线窗口”的视频轨道 V1 中，选择工具箱中的“剃刀工具”将视频裁剪成两部分。

（3）选择工具箱中的“选择工具”，将其中一部分拖动到“时间线窗口”的视频轨道 V2 中。右键选择“取消链接”，删除音频部分。

（4）双击视频轨道 V2 中的视频进行画中画大小调节。单击“效果控件”，选择“运动”→“缩放”，设置缩放大小为“30”。在“节目监视器”中观察画中画效果。

（5）导出并保存视频文件。单击“文件”→“导出”→“媒体”命令，选择导出格式为“H. 264”，该格式导出的视频文件为 MP4 文件。

参考答案

实训十二 SPSS数据分析

实训目的

（1）掌握SPSS的基本窗口、菜单及利用SPSS导入数据、编辑数据、分析数据、解析结果的基本方法。

PPT

（2）掌握SPSS描述性统计分析功能，具备利用SPSS进行描述性统计分析的基本能力。

（3）熟悉应用SPSS实现单因素方差分析的操作，掌握单因素方差分析的具体过程与方法。

（4）理解应用相关分析来研究客观事物之间关系的强弱，理解皮尔逊相关分析的具体应用，并熟练掌握应用相关分析的基本方法。

（5）掌握应用回归分析来研究两个变量的定量分析方法，并熟练掌握应用SPSS中“回归”工具实现回归分析的基本方法。

（6）培养学生应用SPSS数据分析技术解决日常数据处理与分析的相关问题。

知 识

- 频率分析
- 描述分析
- 单因素方差分析
- 皮尔逊相关分析
- 斯皮尔曼相关分析
- 一元线性回归

能 力

- 描述性统计分析能力
- 方差分析能力
- 相关分析应用能力
- 回归分析应用能力

素 质

- 树立正确的统计理念，将正确的统计方法与实事求是理念相结合
- 应用SPSS统计方法解决实际数据分析问题，服务于社会

实训准备

SPSS（statistical product service solutions，统计产品与服务解决方案）软件是IBM公司推出的一系列用于统计学分析运算、数据挖掘、预测分析和决策支持任务的软件产品及相关服务的总称，有Windows和Mac OS X等版本。最初软件全称为“社会科学统计软件包”（solutions statistical package for the social sciences），2000年SPSS公司正式将其更名为“统计产品与服务解决方案”。SPSS已应用于自然科学、技术科学、社会科学的各个领域，它的基本功能包括数据管理、统计分析、图表分析、输出管理等。SPSS是世界上最早采用图形菜单驱动界面的统计软件，它最突出的特点是操作界面友好、输出结果美观。相比Excel，SPSS的优势在于统计操作更全面，它一般用于大型统计。可以将Excel中创建的数

据导入SPSS中进行处理。SPSS分析的结果也可以直接复制到Word中做分析报告。

1. SPSS的核心功能

（1）数据编辑功能。可以通过SPSS的数据编辑功能，对数据进行增、删、改等处理，还可以根据需要对数据进行拆分、加权、排序、聚合等操作。

（2）可视化功能。SPSS具有强大的绘图功能，可以根据模型自动输出描述性分析的统计图，反映不同变量间的内在关系，同时还可以由用户自定义统计图的基本属性，使数据分析报告更加美观。其中，基本图包括条形图、扇形图、饼图、柱状图、箱线图、直方图、P-P图、Q-Q图等。而它的交互图更加美观，包括条形交互图、带状交互图、箱形交互图、散点交互图等不同风格的2D及3D图。

（3）表格编辑功能。用户可以使用SPSS绘制不同风格的表格，同时表格可以在查看器中编辑，也可以在专门的编辑窗口中进行编辑。

（4）连接其他软件。SPSS可以打开多种类型的数据文件，包括Excel、Access、DataBase、文本编辑器等，同时用户还可以将图片保存为不同格式的图片类型。

（5）统计功能。SPSS的统计功能是进行数据分析时需重点掌握的模块，通过该功能可以完成大部分的数理统计模型分析，包括回归分析、列联表分析、聚类分析、因子分析、相关分析、对应分析、时间序列分析、判别分析等。

2. SPSS数据分析的主要步骤

利用SPSS进行数据分析的关键在于遵循数据分析的一般步骤，主要集中在以下几个阶段：

（1）SPSS数据准备阶段。在该阶段应按照SPSS的要求，利用SPSS提供的功能准备SPSS数据文件。其中包括在数据编辑窗口中定义SPSS数据的结构、录入和修改SPSS数据等。

（2）SPSS数据加工整理阶段。该阶段主要对数据编辑窗口中的数据进行必要的预处理。

（3）SPSS数据分析阶段。选择正确的统计分析方法对数据编辑窗口中的数据进行分析建模是该阶段的核心任务。由于SPSS能够自动完成建模过程中的数学计算并给出计算结果，因而有效屏蔽了对一般应用者来说晦涩难懂的数学公式，即分析人员无须记忆数学公式，这给统计分析方法和SPSS的广泛应用打下了基础。

（4）SPSS分析结果阅读和解释阶段。该阶段的主要任务是读懂SPSS输出编辑窗口中的分析结果，明确其统计含义，并结合应用背景知识做出切合实际的合理解释。

3. 描述性统计分析

描述性统计分析是指运用制表、分类、图形以及计算概括性数据来描述数据特征的各项活动。对调查总体所有变量的有关数据做统计性描述，主要包括数据的频数分析、数据的集中趋势分析、数据的离散程度分析、数据的分布检验以及一些基本统计图形的绘制。

（1）数据的频数分析。在数据的预处理部分，利用频数分析和交叉频数分析可以检验异常值。

（2）数据的集中趋势分析。用来反映数据的一般水平，常用的指标有平均值、中位数和众数等。

（3）数据的离散程度分析。用来反映数据之间的差异程度，常用的指标有方差和标准差。

（4）数据的分布检验。在统计分析中，通常要假设样本所属总体的分布属于正态分布，因此需要用偏度和峰度两个指标来检查样本数据是否符合正态分布。

（5）绘制统计图。用图形的形式来表达数据比用文字表达更清晰简明。SPSS软件可以绘制各个变量的统计图形，包括条形图、饼图和折线图等。

描述性统计分析的常用指标：

• 均值：均值容易受极值的影响，当数据集中出现极值时，所得到的均值结果将会出现较大的偏差。表示方法如下式所示：

$$\overline{X}=\frac{\sum_{i=1}^{n}X_i}{n}$$

• 中位数：数据按照从小到大的顺序排列时，最中间的数据即中位数。当数据个数为奇数时，中位数即最中间的数，如果有 N 个数，则中间数的位置为 $(N+1)/2$；当数据个数为偶数时，中位数为中间两个数的平均值，则中间数的位置为 $(N+1)/2$。中位数不受极值影响，因此对极值缺乏敏感性。

• 众数：数据中出现次数最多的数字，即频数最大的数值。众数可能不止一个，众数不仅能用于数值型数据，还可用于非数值型数据，该值不受极值影响。

• 极差：极差＝最大值－最小值，是描述数据分散程度的量，极差能够描述数据的范围但无法描述其分布状态。极差对异常值敏感，异常值的出现使得极差有很强的误导性。

• 四分位数：数据从小到大进行排列并分成四等份，处于三个分割点位置的数值，即为四分位数。四分位数分为上四分位数（数据从小到大排列在第75%的数字，即最大的四分位数）、下四分位数（数据从小到大排列在第25%位置的数字，即最小的四分位数）、中间的四分位数即中位数。四分位数可以识别异常值。箱线图就是根据四分位数绘制的图。

• 方差：是在概率论和统计中衡量随机变量或一组数据离散程度的度量。统计中的方差（样本方差）是各个数据分别与其平均数之差的平方和的平均数。在许多实际问题中，研究方差即偏离程度具有重要意义。方差是衡量源数据和期望值相差的度量值。表示方法如下所示：

$$S^2=\sum_{i=1}^{n}(X_i-\overline{X})^2/(n-1)$$

• 标准差：是样本集合的各个样本点到均值的距离的平均值。表示方法如下所示：

$$S=\sqrt{\sum_{i=1}^{n}(X_i-\overline{X})^2/(n-1)}$$

• 标准分Z：对数据进行标准化处理，又叫Z标准化，经过Z标准化处理后的数据符合正态分布（即均值为0，标准差为1）。标准分是对不同数据集的数据进行比较的量，可用来表示数据值在所在数据集内的相对排名。标准分的意义是每个数值距离平均值有多少个标准差。

• 峰度：描述正态分布中曲线峰顶尖哨程度的指标。峰度系数＞0，则两侧极端数据较少，比正态分布更高更瘦，呈尖哨峰分布；峰度系数＜0，则两侧极端数据较多，比正态分布更矮更胖，呈平阔峰分布。

• 偏度：以正态分布为标准描述数据对称性的指标。若偏度系数=0，则分布对称；若偏度系数>0，则频数分布的高峰向左偏移，长尾向右延伸，呈正偏态分布；若偏度系数<0，则频数分布的高峰向右偏移，长尾向左延伸，呈负偏态分布。

4. 单因素方差分析

单因素方差分析也称一维方差分析，是研究一个或者几个定性变量对一个定量变量有无显著影响的一种常用分析方法。其中所考察的定性变量称为“因素”或者“因子”。单因素方差分析能够一次性比较由单个因素划分的多个总体的均值。单因素方差分析常用于完全随机设计的多个样本均数间的比较，是用来推断各样本所代表的各总体均数是否相等。

5. 相关分析

在统计学中，现象之间的依存关系可以分成相关关系和回归函数关系两大类。

（1）相关关系。相关关系是指现象之间存在非严格的、不确定的依存关系。这种依存关系的特点：某一现象在数量上发生变化会影响另一现象数量上的变化，而且这种变化在数量上具有一定的随机性。相关关系可分为线性相关和非线性相关，线性相关是最常用的一种，即当一个连续变量发生变动时，另一个连续变量相应地呈线性关系变动，一般用皮尔逊（Pearson）相关系数 r 来度量。

（2）回归函数关系。回归函数关系是指现象之间存在依存关系。在这种依存关系中，对于某一变量的每一个数值都有另一变量值与之相对应，并且这种依存关系可用一个数学表达式表示。例如，在一定的条件下，身高与体重存在依存关系。

（3）相关分析。相关分析是基础统计分析方法之一，它是研究两个或两个以上随机变量之间相互依存关系的方向和密切程度的方法。相关分析的目的是研究变量间的相关关系，它通常与回归分析等高级分析方法一起使用。

（4）皮尔逊相关系数。皮尔逊相关系数 r 是反映连续变量之间线性相关程度的一个度量指标，它的取值范围限于 $[-1, 1]$。r 的正、负号可以反映相关的方向，当 $r>0$ 时表示线性正相关，当 $r<0$ 时表示线性负相关，$r=0$ 表示两个变量之间不存在线性关系，r 的大小可以反映相关的程度。

6. 回归分析

回归分析是确定两个或两个以上变量之间相互依赖的定量关系的一种统计分析方法，它主要研究变量之间隐藏的内在规律，建立变量之间函数的变化关系，并建立由一个因变量和若干自变量构成的回归方程，使变量之间的相互控制关系通过该回归方程描述出来。回归方程不仅能描述现有变量数据内部隐藏的规律，明确每个自变量对因变量的作用程度，而且能够基于有效的回归方程进行预测。回归分析按照涉及变量的多少，分为一元回归分析和多元回归分析；按照因变量的多少，可分为简单回归分析和多重回归分析；按照自变量和因变量之间的关系类型，可分为线性回归分析和非线性回归分析。

三 实训内容

（1）使用SPSS软件，导入数据，使用描述性统计分析研究男、女生成绩分布，掌握SPSS实现描述性分析的基本方法，并对分析结果进行解析。

（2）使用SPSS软件，导入“不同饲料生猪重量情况.xlsx”文件，将其转化为一维表，使用单因素方差分析研究不同饲料对生猪重量的影响，掌握单因素方差分析的具体过程与方法。

（3）使用SPSS软件，导入“糖化血红蛋白的影响因素.sav”文件，通过散点图初步观察各变量间有无相关趋势，应用SPSS工具，选择皮尔逊相关分析，研究总胆固醇和糖化血红蛋白间的相关关系。

（4）使用SPSS软件，导入“鸢尾花花瓣长度和花瓣宽度.sav”文件，通过“分析”菜单中的“回归”分析功能，进行线性回归分析，研究鸢尾花花瓣长度和花瓣宽度的定量关系。

四 实训要求

1. 描述性统计分析

（1）编辑“学生成绩.xlsx”数据。

（2）打开SPSS软件，将数据表导入SPSS中。

（3）调用SPSS中“描述性”分析命令，实现描述性统计分析。

（4）对分析结果进行解析。

（5）保存文档，撰写分析结果报告。

2. 单因素方差分析

（1）使用Excel软件，打开“不同饲料生猪重量情况.xlsx”文件。将“不同饲料生猪重量情况.xlsx”文件转化为一维表，为数据分析做准备。

（2）打开SPSS软件，导入数据。

（3）使用单因素方差分析研究不同饲料对生猪重量的影响。掌握单因素方差分析的具体过程与方法。

（4）对分析结果进行解析。

（5）保存文档，撰写分析结果报告。

3. 相关分析

（1）下载“糖化血红蛋白的影响因素.sav”数据表。

（2）通过散点图初步观察各变量间有无相关趋势。

（3）调用SPSS“相关”工具中的“双变量”，对数据进行皮尔逊相关分析。

(4) 对分析结果进行解析。
(5) 保存文档，撰写分析结果报告。

4. 回归分析

(1) 导入“鸢尾花花瓣长度和花瓣宽度 . sav”数据表。
(2) 调用 SPSS“回归”中的“线性回归”，对数据进行回归分析。
(3) 对分析结果进行解析。
(4) 保存文档，撰写分析结果报告。

五 实训步骤

1. 描述性统计分析

描述性分析

(1) 数据导入。启动 SPSS 软件，单击“文件”菜单中“打开”子菜单中的“数据”命令，将数据导入 SPSS 软件，如图 12-1 所示。在“打开数据”对话框中，根据需要选择数据类型，如图 12-2 所示。此处选择 Excel（＊. xls，＊. xlsx 和＊. xlsm），选择保存原始数据的文件“学生成绩表 . xlsx”，在出现的“读取 Excel 文件”对话框中单击“确定”按钮。

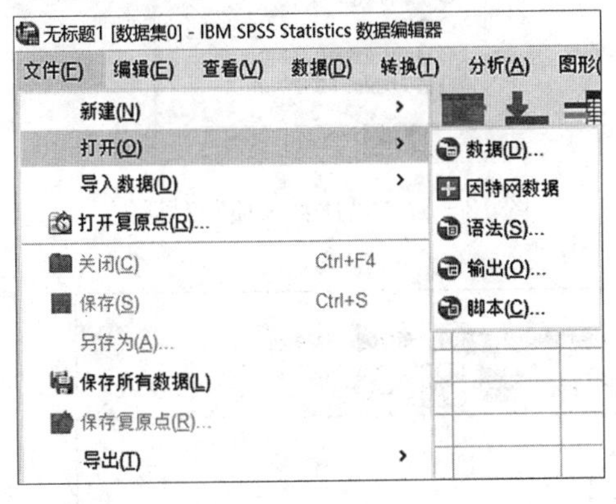

图 12-1 数据导入

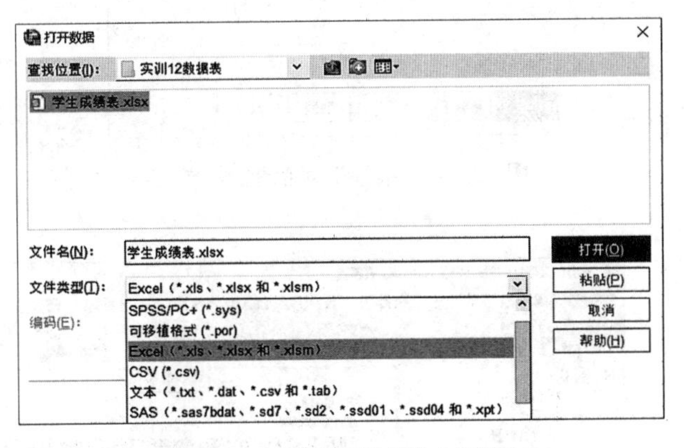

图 12-2 “打开数据”对话框

(2) 实现描述性统计分析。

① 单击“分析”菜单，如图 12-3 所示，选择“描述统计”子菜单下的“描述”命令，打开“描述”对话框，如图 12-4 所示。

② 在图 12-4 所示的“描述”对话框中，将“女生成绩”和“男生成绩”选入变量框中，设置统计变量。再单击“选项”按钮，打开“描述：选项”对话框，如图 12-5 所示。

③ 在图 12-5 所示对话框中，勾选“平均值”“总和”，“离散”中的“标准差”“方差”“范围”“最小值”“最大值”，“分布”中的“偏度”，完成选项设置，单击“继续”按钮；单击如图 12-4 所示的“描述”对话框中的“确定”按钮，弹出 IBM SPSS Statistics 查看器窗口，如图 12-6 所示。

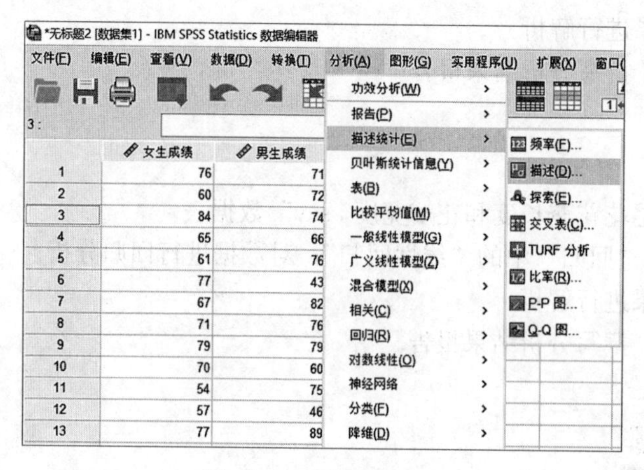

图 12-3 “描述”命令

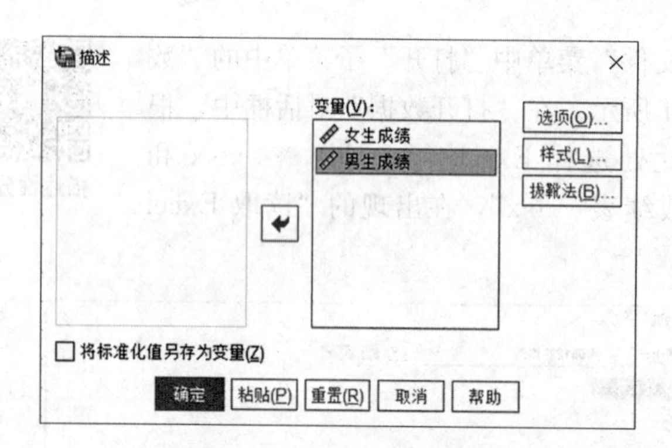

图 12-4 “描述”对话框

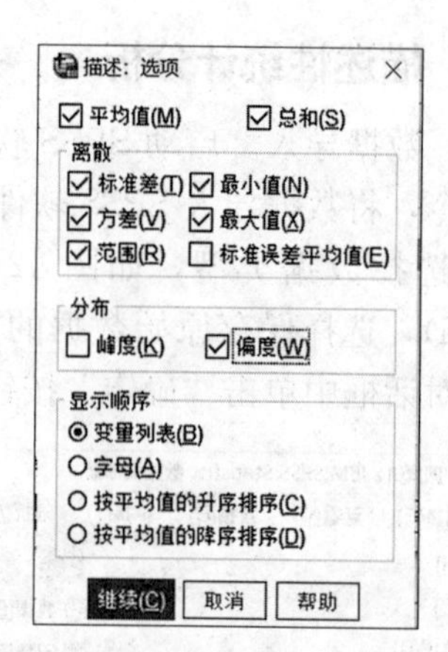

图 12-5 “描述：选项”对话框

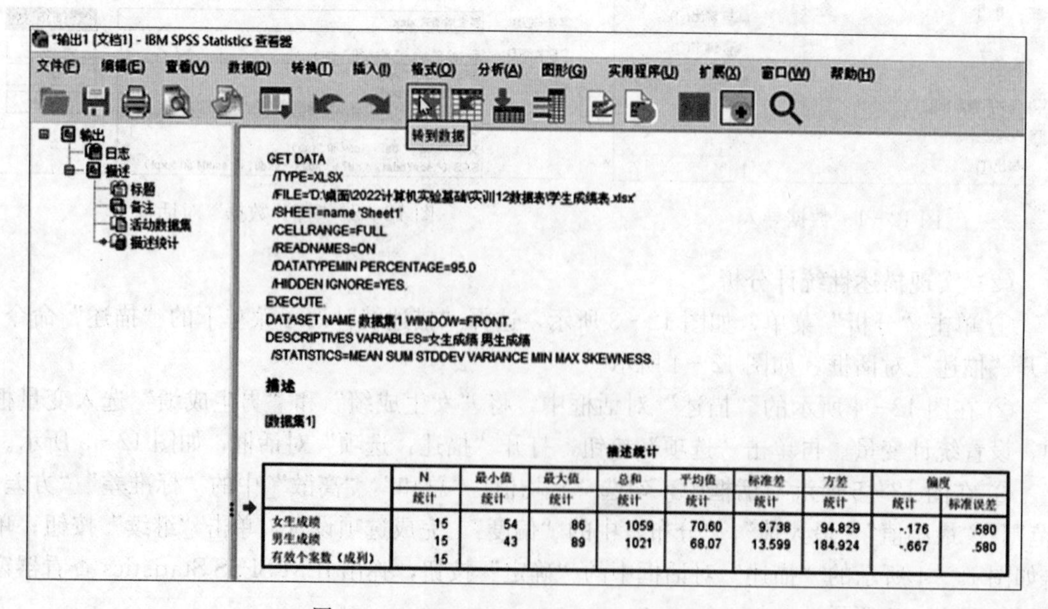

	N	最小值	最大值	总和	平均值	标准差	方差	偏度	
	统计	统计	统计	统计	统计	统计	统计	统计	标准误差
女生成绩	15	54	86	1059	70.60	9.738	94.829	-.176	.580
男生成绩	15	43	89	1021	68.07	13.599	184.924	-.667	.580
有效个案数（成列）	15								

图 12-6 IBM SPSS Statistics 查看器窗口

（3）分析结果解析。图 12－7 给出了输出结果，从图中可以看出，此班共有 30 个学生，其中女生 15 人，男生 15 人，女生最高成绩为 86，男生最高成绩为 89，最低成绩分别为 54 和 43，平均成绩分别为 70.6 和 68.07，标准差分别为 9.738 和 13.599，由此可知男生成绩之间存在一定差距，女生总体成绩比男生成绩好，偏度小于 0，说明数据分布为负偏，数据出现左侧长尾。

描述统计

	N	最小值	最大值	总和	平均值	标准差	方差	偏度	
	统计	统计	统计	统计	统计	统计	统计	统计	标准误差
女生成绩	15	54	86	1059	70.60	9.738	94.829	-.176	.580
男生成绩	15	43	89	1021	68.07	13.599	184.924	-.667	.580
有效个案数（成列）	15								

图 12－7　输出结果

（4）保存分析结果。将 IBM SPSS Statistics 查看器窗口中的图和表复制到新建的 Word 文档中，以“班级—学号—姓名—描述性统计分析 .docx”命名，并在文档中图或表下撰写分析结果报告，对报告文档进行编辑，保证全文图文清晰、格式整齐、逻辑条理。

2. 单因素方差分析

饲料品种	观察组别	值
1	生猪重量1	133.8
1	生猪重量2	125.3
1	生猪重量3	143.1
1	生猪重量4	128.9
1	生猪重量5	135.7
2	生猪重量1	151.2
2	生猪重量2	149
2	生猪重量3	162.7
2	生猪重量4	143.8
2	生猪重量5	153.5
3	生猪重量1	193.4
3	生猪重量2	185.3
3	生猪重量3	182.8
3	生猪重量4	188.5
3	生猪重量5	198.6
4	生猪重量1	225.8
4	生猪重量2	224.6
4	生猪重量3	220.4
4	生猪重量4	212.3
4	生猪重量5	221.4

图 12－8　不同饲料生猪重量情况一维表

（1）使用 Excel 软件，打开“不同饲料生猪重量情况 .xlsx”文件，将其转化为一维表，如图 12－8 所示。转换步骤如下：

单因素方差分析

① 打开“不同饲料生猪重量情况 .xlsx”文件，单击“文件”菜单中“选项”的命令，在“选项”对话框中选择“自定义功能区”中“常用命令”右侧的下拉按钮，在弹出的下拉菜单中选择“不在功能区中的命令”，如图 12－9 所示。

② 在“自定义功能区”的“主选项卡”中，单击“数据”主选项卡。然后单击下面的“新建组”按钮，完成新建组后，在左侧的命令中找到“数据透视表和数据透视图向导”，单击“添加”按钮，将其添加到“数据”主选项卡的“新建组”中，如图 12－10 所示。此时，在 Excel 软件的菜单栏中，单击“数据”菜单，在“数据”选项卡中出现“数据透视表和数据透视图向导”工具，如图 12－11 所示。

③ 单击“数据”选项卡中新添加的“数据透视表和数据透视图向导”，在弹出的对话框中进行设置。在“数据源类型”中选择“多重合并计算数据区域”选项，单击“下一步”按钮，选择“创建单页字段”选项，继续单击“下一步”按钮，如图 12－12 所示。

④ 在“选定区域”选项中选择整个二维表的数据区域，单击“添加”按钮，如图 12－13 所示，然后单击“下一步”按钮，在“数据透视表显示位置”中选择“新工作表”选项，然后单击“完成”按钮，得到创建完成的数据透视表，如图 12－14 所示。单击数据透视表中的任

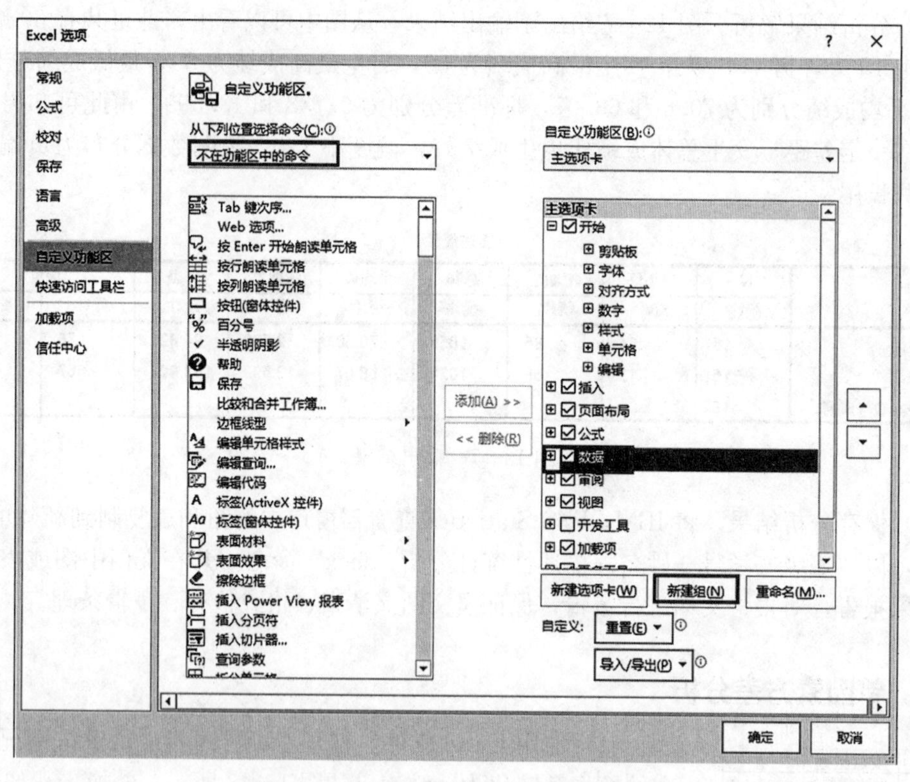

图 12－9　添加“不在功能区中的命令”

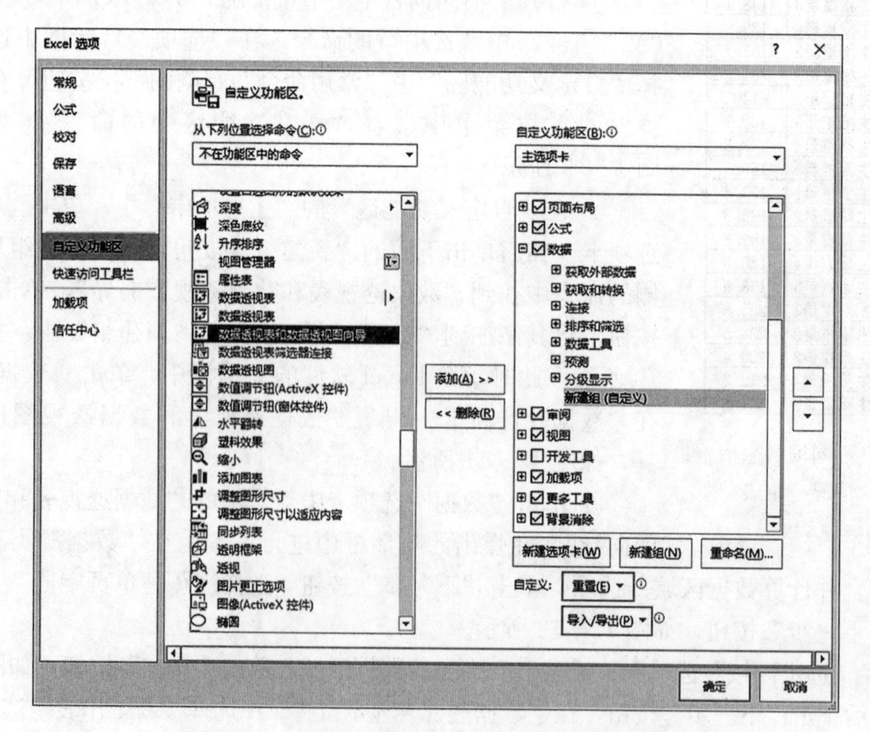

图 12－10　添加“数据透视表和数据透视图向导”

	A	B	C	D	E	F
1	饲料品种	生猪重量1	生猪重量2	生猪重量3	生猪重量4	生猪重量5
2	1	133.8	125.3	143.1	128.9	135.7
3	2	151.2	149	162.7	143.8	153.5
4	3	193.4	185.3	182.8	188.5	198.6
5	4	225.8	224.6	220.4	212.3	221.4

图 12－11 “数据”选项卡中出现“数据透视表和数据透视图向导”工具

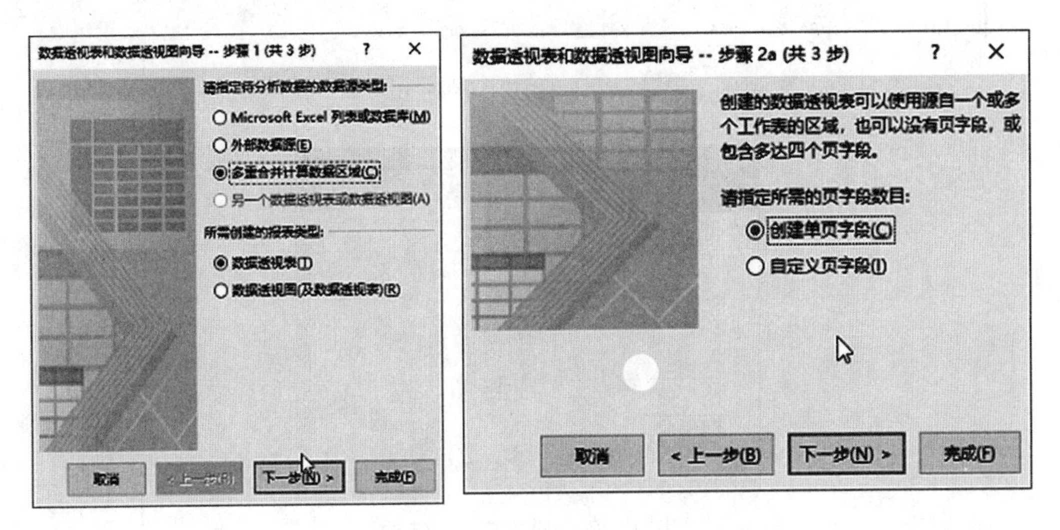

图 12－12 设置数据源类型

意单元格，调出“数据透视表字段”对话框，在“在以下区域间拖动字段”中，拖动行和列这两个字段到透视表中，效果如图 12－15 所示。

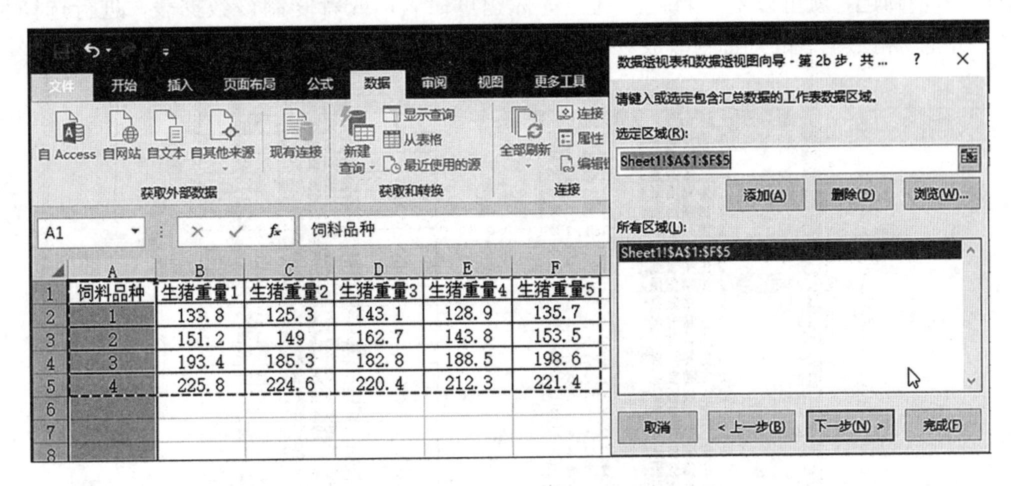

图 12－13 添加数据区域

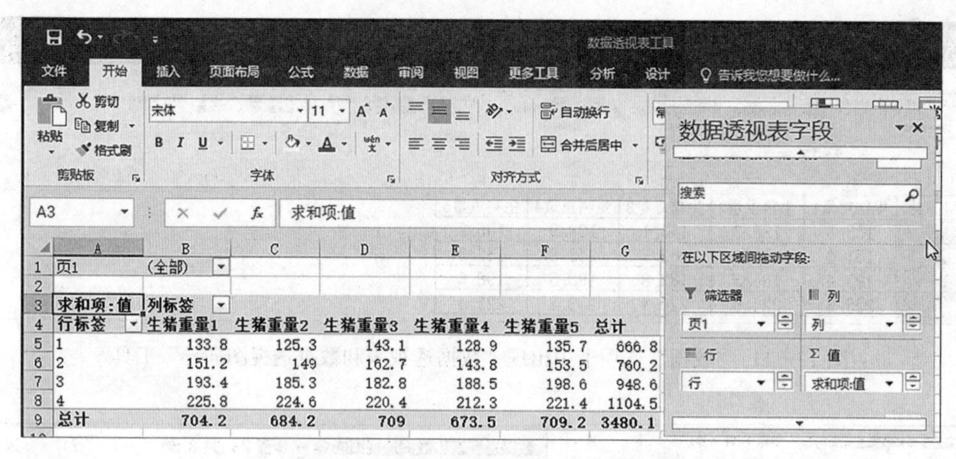

图 12-14　数据透视表效果图

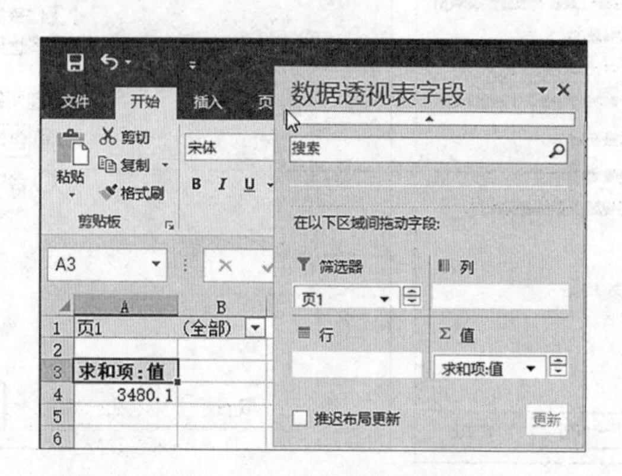

图 12-15　设置数据透视表

⑤ 双击图 12-15 中“3480.1”所在单元格，Excel 就会自动创建一个新的工作表，并基于原二维数据表生成一个新的一维表，删掉不需要的列，选中“行”标题，单击“数据”选项卡中的“筛选”取消筛选，就可以对“行”“列”等标题重命名；或者复制该数据表，进行选择粘贴“值”，并把所得数据表的列标题改成对应的名称即可，如图 12-16 所示，保存并关闭文件。

	A	B	C	D
1	行	列	值	页1
2	1	生猪重量1	133.8	项1
3	1	生猪重量2	125.3	项1
4	1	生猪重量3	143.1	项1
5	1	生猪重量4	128.9	项1
6	1	生猪重量5	135.7	项1
7	2	生猪重量1	151.2	项1
8	2	生猪重量2	149	项1
9	2	生猪重量3	162.7	项1
10	2	生猪重量4	143.8	项1
11	2	生猪重量5	153.5	项1
12	3	生猪重量1	193.4	项1
13	3	生猪重量2	185.3	项1
14	3	生猪重量3	182.8	项1
15	3	生猪重量4	188.5	项1
16	3	生猪重量5	198.6	项1
17	4	生猪重量1	225.8	项1
18	4	生猪重量2	224.6	项1
19	4	生猪重量3	220.4	项1
20	4	生猪重量4	212.3	项1
21	4	生猪重量5	221.4	项1

饲料品种	观察组别	值
1	生猪重量1	133.8
1	生猪重量2	125.3
1	生猪重量3	143.1
1	生猪重量4	128.9
1	生猪重量5	135.7
2	生猪重量1	151.2
2	生猪重量2	149
2	生猪重量3	162.7
2	生猪重量4	143.8
2	生猪重量5	153.5
3	生猪重量1	193.4
3	生猪重量2	185.3
3	生猪重量3	182.8
3	生猪重量4	188.5
3	生猪重量5	198.6
4	生猪重量1	225.8
4	生猪重量2	224.6
4	生猪重量3	220.4
4	生猪重量4	212.3
4	生猪重量5	221.4

图 12-16　一维数据生成效果图

（2）打开SPSS软件，导入数据。

① 打开SPSS，在“文件”菜单中选择“打开”菜单下的“数据”命令，如图12－17所示。导入“不同饲料生猪重量情况.xlsx”文件。在“打开数据”对话框中，选择“文件类型”为Excel（*.xls、*.xlsx和*.xlsm），如图12－18所示。

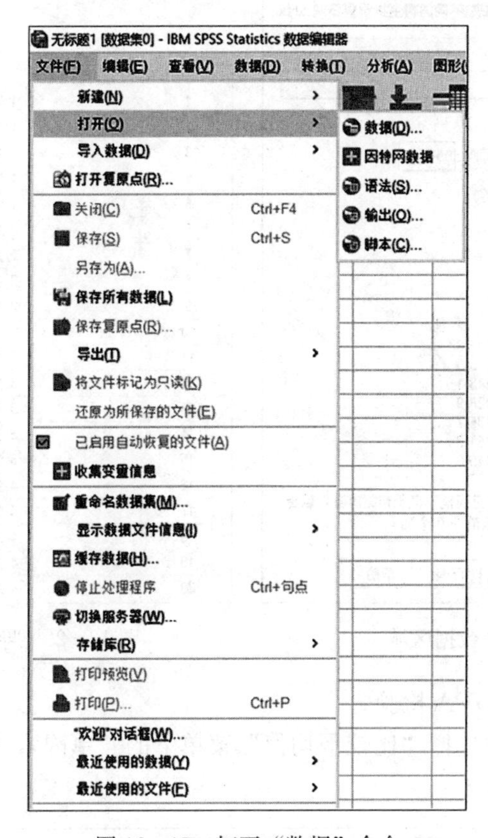

图12－17　打开“数据”命令

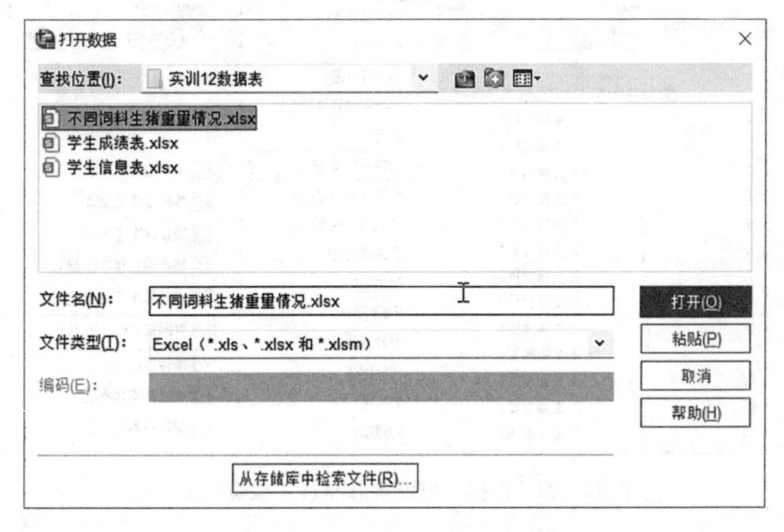

图12－18　“打开数据”对话框

② 选择打开的数据表，并将存放的一维数据区域选好，单击“确定”按钮，如图 12－19 所示。直接导入数据后的数据表如图 12－20 所示。

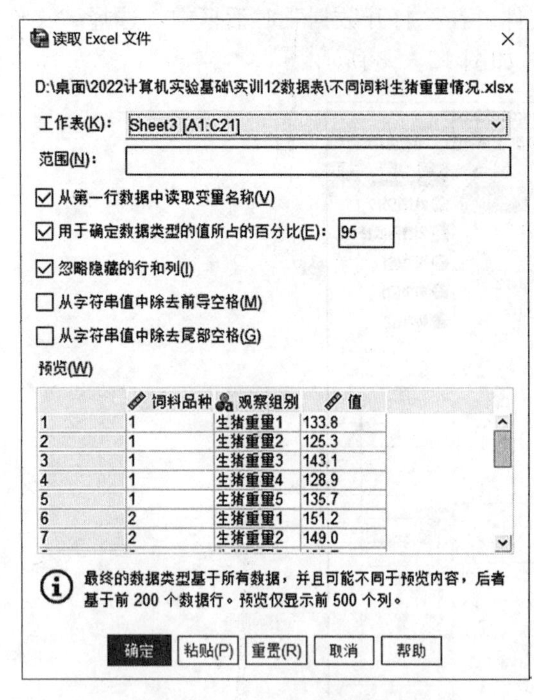

图 12－19　选择数据区域

	饲料品种	观察组别	值
1	1	生猪重量1	133.8
2	1	生猪重量2	125.3
3	1	生猪重量3	143.1
4	1	生猪重量4	128.9
5	1	生猪重量5	135.7
6	2	生猪重量1	151.2
7	2	生猪重量2	149.0
8	2	生猪重量3	162.7
9	2	生猪重量4	143.8
10	2	生猪重量5	153.5
11	3	生猪重量1	193.4
12	3	生猪重量2	185.3
13	3	生猪重量3	182.8
14	3	生猪重量4	188.5
15	3	生猪重量5	198.6
16	4	生猪重量1	225.8
17	4	生猪重量2	224.6
18	4	生猪重量3	220.4
19	4	生猪重量4	212.3
20	4	生猪重量5	221.4

图 12－20　导入后数据表效果图

（3）使用单因素 ANOVA 检验。

① 在“分析”菜单中选择“比较平均值”菜单下的“单因素 ANOVA 检验”命令，如图 12－21 所示。

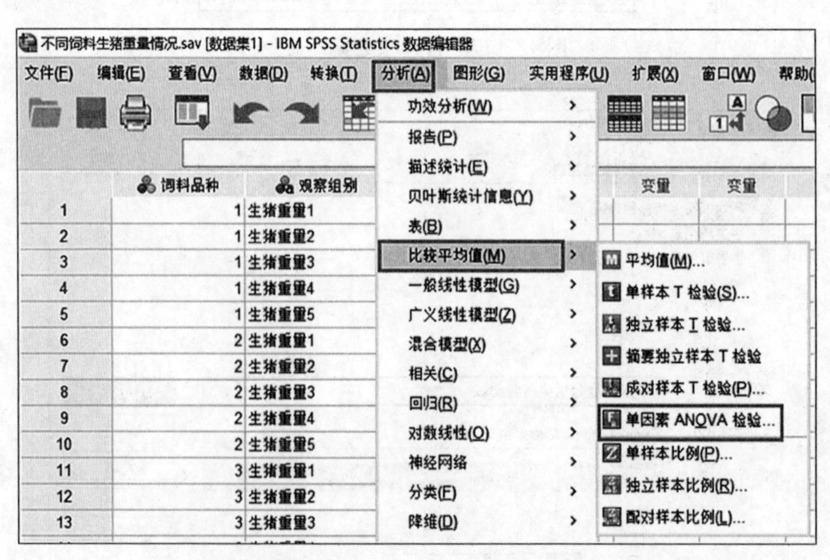

图 12－21　选择“单因素 ANOVA 检验”命令

② 在“单因素 ANOVA 检验”对话框中，将“饲料品种”选入“因子”列表框中，将

“值”选入“因变量列表”中，如图 12　22 所示。

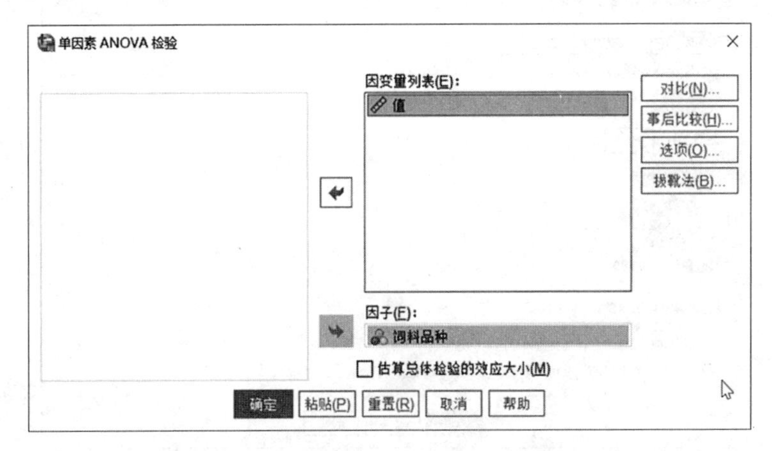

图 12 - 22　“因子”和“因变量列表”设置

③ 在“单因素 ANOVA 检验”对话框中单击“选项”按钮，打开“单因素 ANOVA 检验：选项”对话框，选中“方差齐性检验”和“平均值图”复选框，如图 12 - 23 所示，单击“继续”按钮。

④ 在“单因素 ANOVA 检验”对话框中单击“事后比较”按钮，打开“单因素 ANOVA 检验：事后多重比较”对话框，选择“邦弗伦尼”复选框，在原假设检验中选择“指定用于事后检验的显著性水平”，并设置级别为 0.05，单击“继续”按钮，如图 12 - 24 所示。

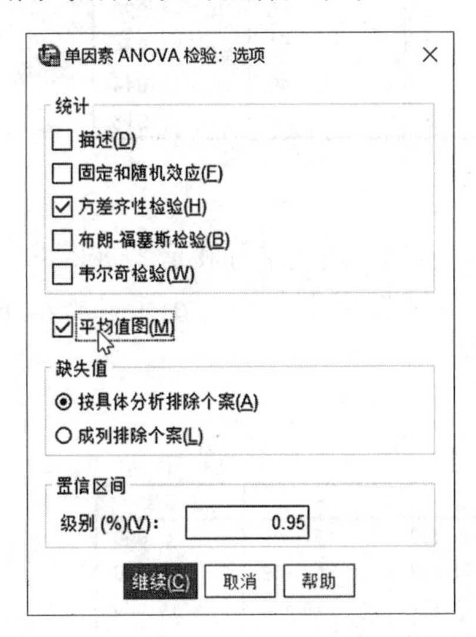

图 12 - 23　“单因素 ANOVA 检验：选项”对话框

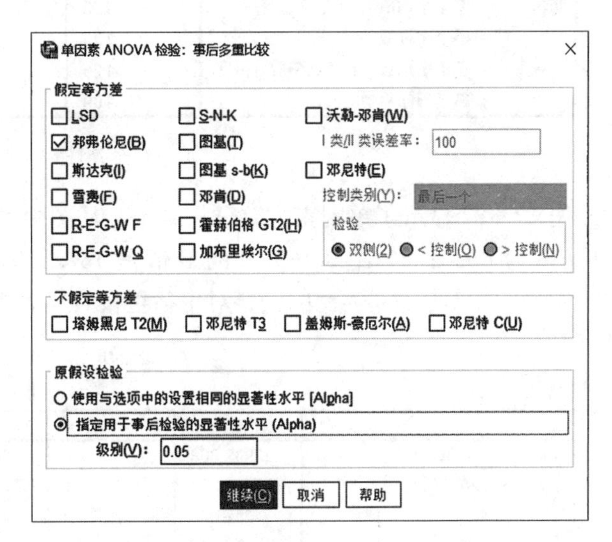

图 12 - 24　“单因素 ANOVA 检验：事后多重比较”对话框

⑤ 在“单因素 ANOVA 检验”对话框中单击“对比”按钮，打开“单因素 ANOVA 检验：对比”对话框，选择“多项式”复选框，将“等级”设为“线性”，单击“继续”按钮，如图 12 - 25 所示。

⑥ 单击“确定”按钮，输出结果。

(4) 对分析结果进行解析。在 SPSS Statistics 查看器窗口可查看分析结果，通过分析结

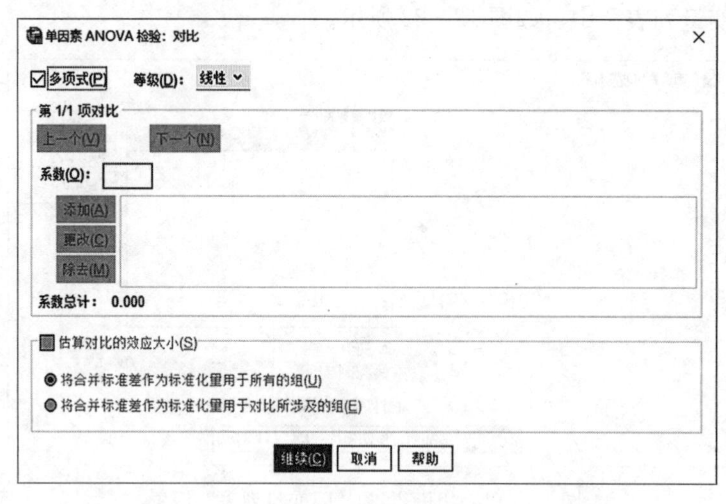

图 12－25 “单因素 ANOVA 检验：对比”对话框

果可以实现对不同类型的饲料与生猪重量之间的关系进行分析，分析结果包含如下几部分：

① 图 12－26 显示了方差齐性检验结果，可以看出方差齐性检验的显著性为 0.920，明显大于显著水平 0.05，因此基本可以认为样本数据之间的方差是齐性的。

方差齐性检验

		莱文统计	自由度 1	自由度 2	显著性
值	基于平均值	.163	3	16	.920
	基于中位数	.125	3	16	.944
	基于中位数并具有调整后自由度	.125	3	15.246	.944
	基于剪除后平均值	.169	3	16	.916

图 12－26 方差齐性检验结果

② 图 12－27 显示了单因素方差分析结果，从图中可以看出，组间平方和是 22902.898，组内平方和为 652.472，组间平方和的 F 值是 187.209，显著性小于 0.01，小于显著水平 0.05，因此可以认为不同类型的饲料对生猪重量有显著影响。

ANOVA

值

			平方和	自由度	均方	F	显著性
组间	（组合）		22902.898	3	7634.299	187.209	.000
	线性项	对比	22545.023	1	22545.023	552.852	.000
		偏差	357.875	2	178.937	4.388	.030
组内			652.472	16	40.780		
总计			23555.370	19			

图 12－27 单因素方差分析的结果

③ 图 12－28 给出了多重比较结果，* 表示该组均值差是显著的，饲料品种 1、饲料品种 2、饲料品种 3、饲料品种 4 这四种饲料品种的生猪重量之间均值差是非常明显的。

④ 图 12－29 给出了各组的平均值，从图中可以清楚地看到不同品种饲料对生猪重量影响的均值。可见第 1 组生猪重量均值最低，第 4 组生猪重量均值最高，第 1 组与第 2 组生猪

多重比较

因变量：值

邦弗伦尼

(I) 饲料品种	(J) 饲料品种	平均值差值 (I-J)	标准误差	显著性	95% 置信区间	
					下限	上限
1	2	-18.6800*	4.0388	.002	-30.830	-6.530
	3	-56.3600*	4.0388	.000	-68.510	-44.210
	4	-87.5400*	4.0388	.000	-99.690	-75.390
2	1	18.6800*	4.0388	.002	6.530	30.830
	3	-37.6800*	4.0388	.000	-49.830	-25.530
	4	-68.8600*	4.0388	.000	-81.010	-56.710
3	1	56.3600*	4.0388	.000	44.210	68.510
	2	37.6800*	4.0388	.000	25.530	49.830
	4	-31.1800*	4.0388	.000	-43.330	-19.030
4	1	87.5400*	4.0388	.000	75.390	99.690
	2	68.8600*	4.0388	.000	56.710	81.010
	3	31.1800*	4.0388	.000	19.030	43.330

*. 平均值差值的显著性水平为 0.05。

图 12－28　多重比较结果

重量均值有显著差异，但与其他组均值差异稍小；第 1 组与第 3 组、第 4 组之间的生猪重量均值差异较大，第 2 组与第 3 组、第 4 组之间的生猪重量均值差异较大，第 3 组、第 4 组之间的生猪重量均值差异较大，与多重比较的结果是一致的。

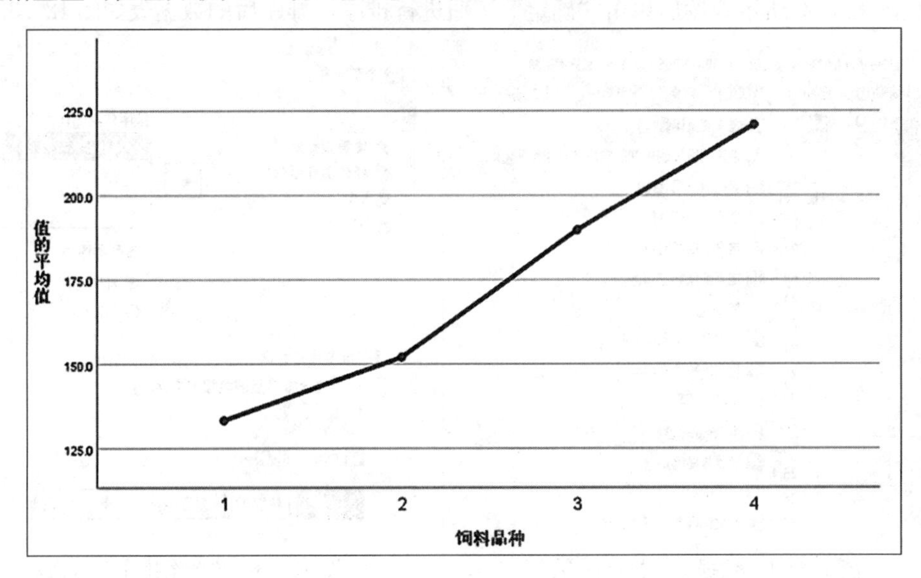

图 12－29　多重比较结果

（5）保存文档，撰写分析结果报告。

3. 相关分析

（1）启动 SPSS 软件，单击“文件”菜单中“打开”子菜单中的“数据”命令，打开“糖化血红蛋白的影响因素 .sav”数据表。打开后查看数据视图和变量视图，如图 12－30 所示。

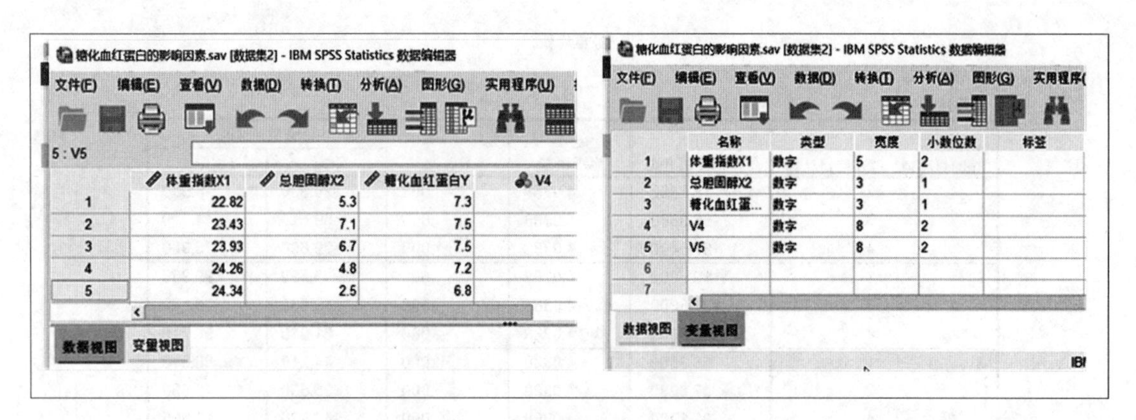

图 12－30　数据视图与变量视图

（2）通过散点图初步观察各变量间有无相关趋势。在进行相关分析之前，通常通过绘制散点图来观察变量间的相关性，如果这些变量在二维坐标中构成的数据点分布在一条直线的周围，则说明变量间存在线性相关关系。

① 单击“数据”菜单下的“个案排序”命令，进行数据排序。先将数据进行排序，可以更好地观察变量之间的关系，如图 12－31 所示。

② 在“个案排序”对话框中，将“总胆固醇”放入“排序依据”列表框中，选择“升序”选项，如图 12－32 所示，然后单击“确定”按钮进行排序，排序后的数据表如图 12－33 所示。

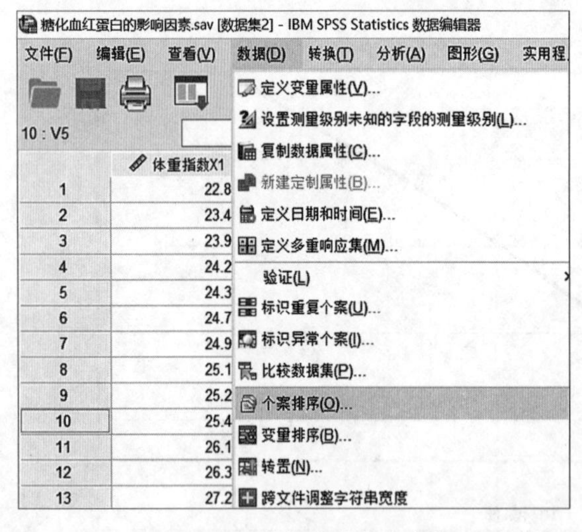

图 12－31　数据个案排序命令

图 12－32　“个案排序”对话框

③ 单击“图形”菜单下的“图形构建器”工具，打开图形构建器，若出现如图 12－34 所示对话框，单击“确定”即可。在弹出的“图表构建程序”对话框中，选择“散点图/点图”，将第一个“简单散点图”拖至“图表预览使用实例数据”中，如图 12－35 所示。

④ 将“总胆固醇”变量作为横轴，“糖化血红蛋白”作为纵轴，用鼠标将变量拖至对应坐标轴上，如图 12－36 所示。单击“确定”按钮，得到如图 12－37 所示散点图。由此可以初步判断，总胆固醇和糖化血红蛋白间存在一定的相关关系，下一步确定二者之间相关关系的存在性和强度。

*糖化血红蛋白的影响因素.sav [数据集2] IBM SPSS Statistics 数据编辑器

文件(F) 编辑(E) 查看(V) 数据(D) 转换(T) 分析(A) 图形(G) 实

10 : V5

	体重指数X1	总胆固醇X2	糖化血红蛋白Y
1	24.34	2.5	6.8
2	25.44	2.6	6.9
3	24.77	2.7	7.4
4	30.56	2.9	7.3
5	30.28	3.5	7.3
6	24.26	4.8	7.2
7	22.82	5.3	7.3
8	27.26	5.4	6.9
9	32.07	5.7	7.7
10	26.36	5.9	7.5
11	25.19	6.0	7.3
12	32.19	6.0	7.6

图 12-33 按照“总胆固醇”排序后结果

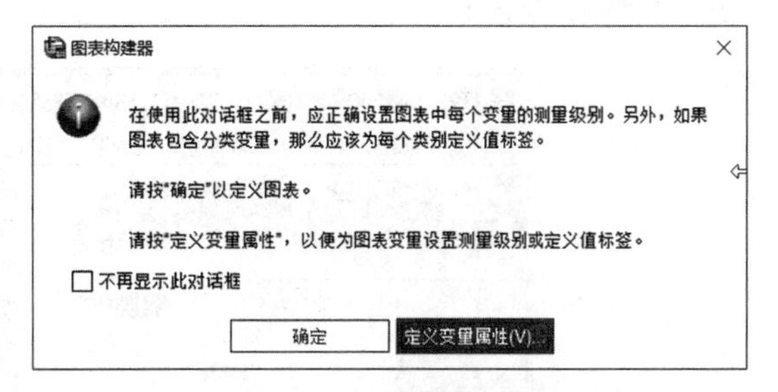

图 12-34 “图片构建器”对话框

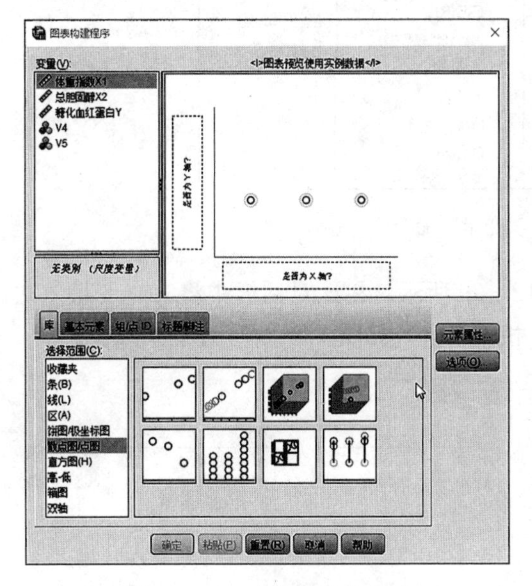

图 12-35 选择简单散点图

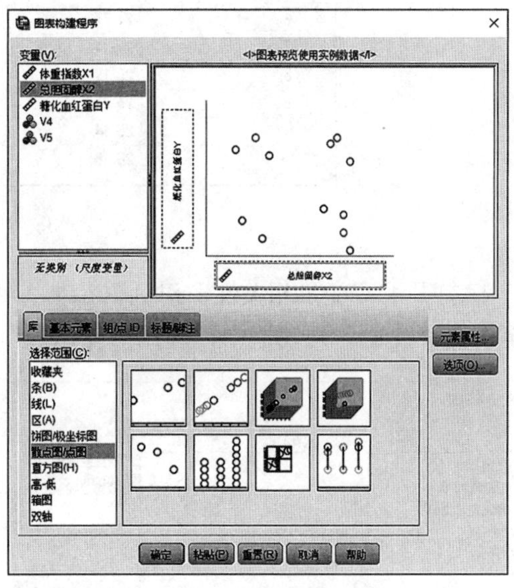

图 12-36 添加横轴和纵轴

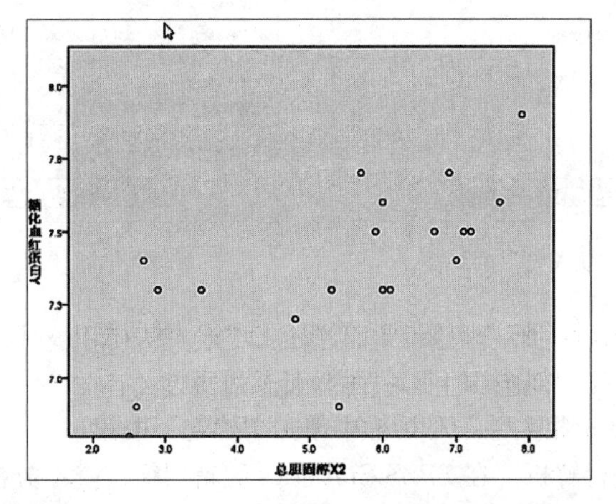

图 12-37 总胆固醇和糖化血红蛋白关系散点图

⑤ 体重指数与总胆固醇、体重指数与糖化血红蛋白间关系散点图的制作同上述步骤。

（3）调用 SPSS“相关”工具中的“双变量”，对数据进行皮尔逊相关分析。

单击“分析”菜单下“相关”子菜单中的“双变量”命令，如图 12-38 所示。执行相关分析，具体步骤如下：

图 12-38 “双变量”命令

① 打开“双变量相关性”对话框，如图 12-39 所示。在该对话框中将三个变量依次添加至右侧“变量”列表框中，选择“皮尔逊”相关系数，如图 12-40 所示。

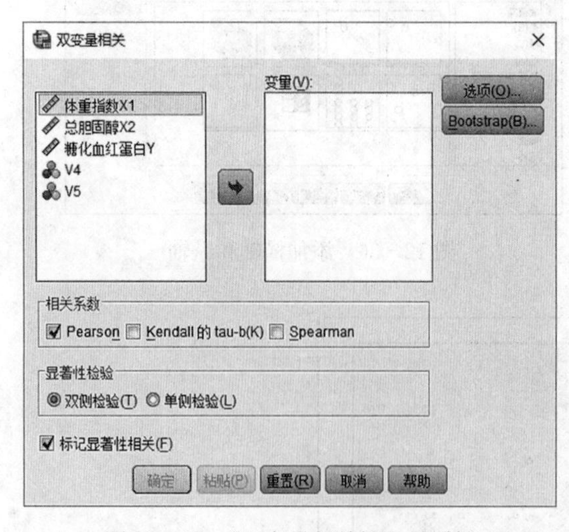

图 12-39 “双变量相关性”对话框

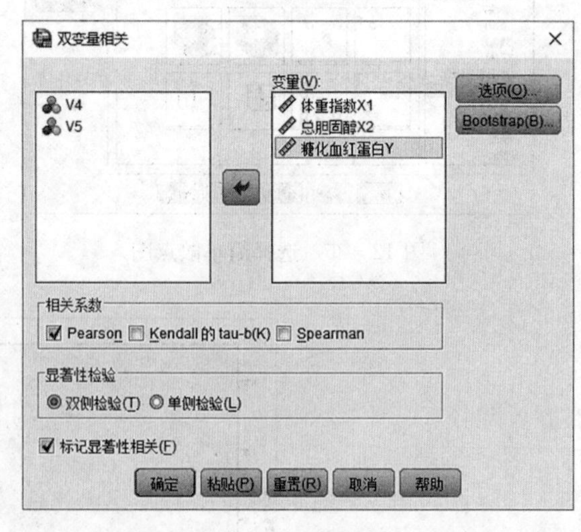

图 12-40 “双变量相关性”设置

② 单击“选项”按钮，在“双变量相关性：选项”对话框中，选择“平均值和标准差”选项，单击“继续”按钮，如图 12-41 所示。

③ 在打开的“双变量相关性”对话框中单击“确定”按钮。

（4）对分析结果进行解析。在 SPSS Statistics 编辑器窗口查看分析结果，通过分析结果可以明确体重指数、总胆固醇、糖化血红蛋白间的相关关系，通过撰写结果报告将分析研究

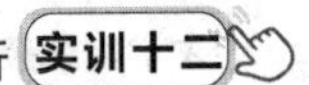

结果予以呈现。分析结果包含如下几部分：

① 描述性结果："描述统计"表中给出了三个变量的基本统计信息，包括平均值和标准差，如图 12－42 所示。

图 12－41 "双变量相关性：选项"设置

描述统计

	平均值	标准差	个案数
体重指数 X1	26.8665	2.97739	20
总胆固醇 X2	5.490	1.7604	20
糖化血红蛋白 Y	7.380	.2802	20

图 12－42 描述性结果

② 皮尔逊相关分析结果：由图 12－43 所示的分析结果可知，体重指数 X1 与总胆固醇 X2 之间的相关系数为－0.013，显著性 $P=0.957>0.05$，在 0.05 的显著性未达到显著水平，因此体重指数 X1 与总胆固醇 X2 之间有不显著的负相关关系；体重指数 X1 与糖化血红蛋白 Y 之间的相关系数为 0.280，显著性 $P=0.232>0.05$，在 0.05 的显著性未达到显著水平，可见体重指数 X1 与糖化血红蛋白 Y 之间有不太显著的正相关关系；总胆固醇 X2 和糖化血红蛋白 Y 之间的相关系数为 0.693，显著性 $P=0.01$，在 0.01 的显著性达到显著水平，可知总胆固醇 X2 和糖化血红蛋白 Y 之间有显著正相关关系。

相关性

		体重指数 X1	总胆固醇 X2	糖化血红蛋白 Y
体重指数 X1	皮尔逊相关性	1	-.013	.280
	显著性（双尾）		.957	.232
	个案数	20	20	20
总胆固醇 X2	皮尔逊相关性	-.013	1	.693**
	显著性（双尾）	.957		.001
	个案数	20	20	20
糖化血红蛋白 Y	皮尔逊相关性	.280	.693**	1
	显著性（双尾）	.232	.001	
	个案数	20	20	20

**. 在 0.01 级别（双尾），相关性显著。

图 12－43 皮尔逊相关分析结果

（5）保存文档，撰写分析结果报告。

4 回归分析

（1）启动 SPSS 软件，单击"文件"菜单中"打开"子菜单中的"数据"命令，打开"鸢尾花花瓣长度和花瓣宽度.sav"数据表。

回归分析

（2）单击"分析"菜单中"回归"子菜单中的"线性"命令，如图 12－44 所示。将"花瓣长度"选入"因变量"框中，将"花瓣宽度"选入"自变量"框中，如图 12－45

所示。

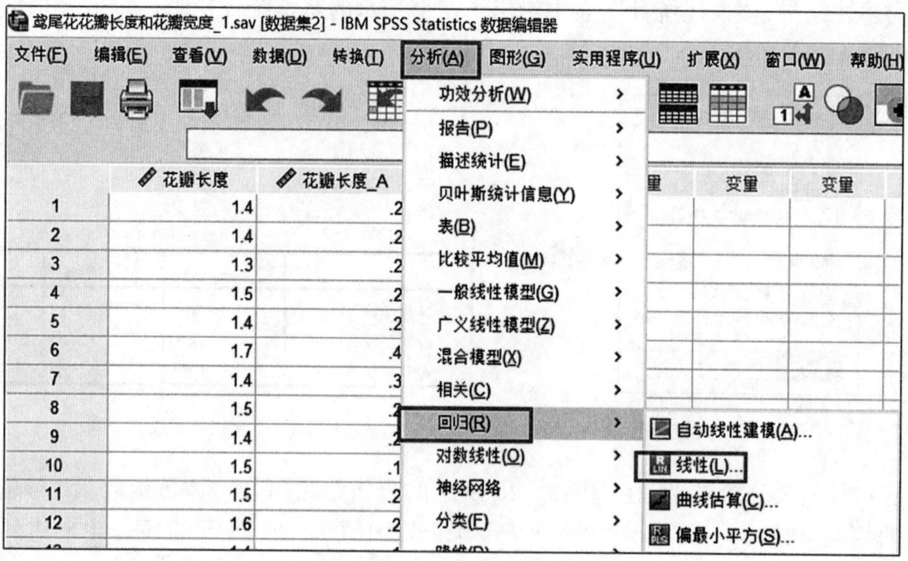

图 12 - 44 “线性”命令

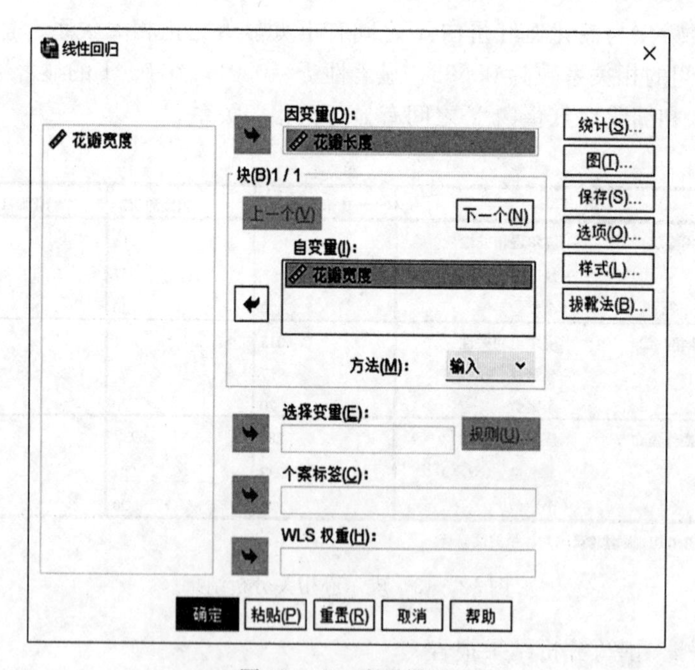

图 12 - 45 变量设置

在“线性回归”对话框中，单击“统计”按钮，然后勾选“估算值”“模型拟合”“德宾-沃森”，如图 12 - 46 所示。

在“线性回归”对话框中，单击“图”按钮，然后勾选“直方图”和“正态概率图”，如图 12 - 47 所示。

在“线性回归”对话框中，单击“确定”按钮。

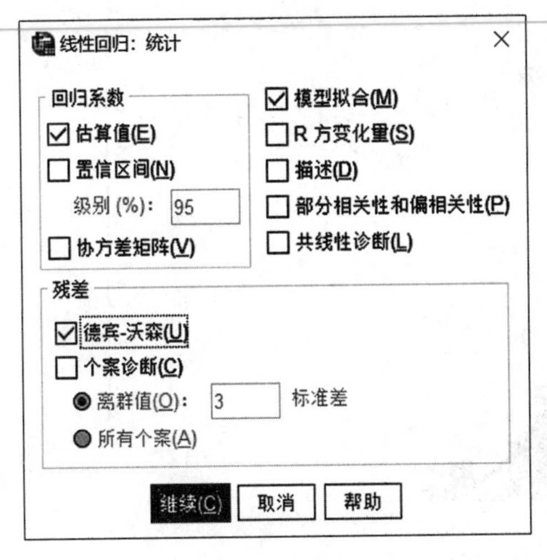

图 12－46 统计设置

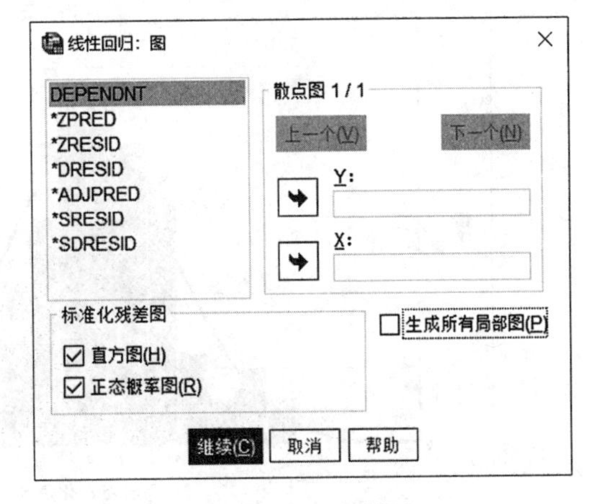

图 12－47 图设置

（3）分析结果解析。

① 回归统计结果：如图 12－48 所示，R 平方值为 0.927 接近 1，初步判断模型拟合效果较好。

模型摘要 b

模型	R	R 方	调整后 R 方	标准估算的错误	德宾-沃森
1	.963a	.927	.927	.4782	1.430

a. 预测变量：(常量)，花瓣宽度

b. 因变量：花瓣长度

图 12－48 回归统计结果

② 方差分析结果：如图 12－49 所示，显著性值明显小于 0.05，表明由自变量“花瓣宽度”和因变量“花瓣长度”建立的线性关系回归模型具有极显著的统计学意义。

ANOVA a

模型		平方和	自由度	均方	F	显著性
1	回归	430.481	1	430.481	1882.452	.000b
	残差	33.845	148	.229		
	总计	464.325	149			

a. 因变量：花瓣长度

b. 预测变量：(常量)，花瓣宽度

图 12－49 方差分析结果

③ 残差分析结果：如图 12－50 所示，可以从标准化残差直方图上看出，左右两侧基本对称。由图 12－51 可知，两个变量各点基本在一条直线上，因此两变量样本符合正态分布，“花瓣宽度”和“花瓣长度”之间成极显著的正比关系。

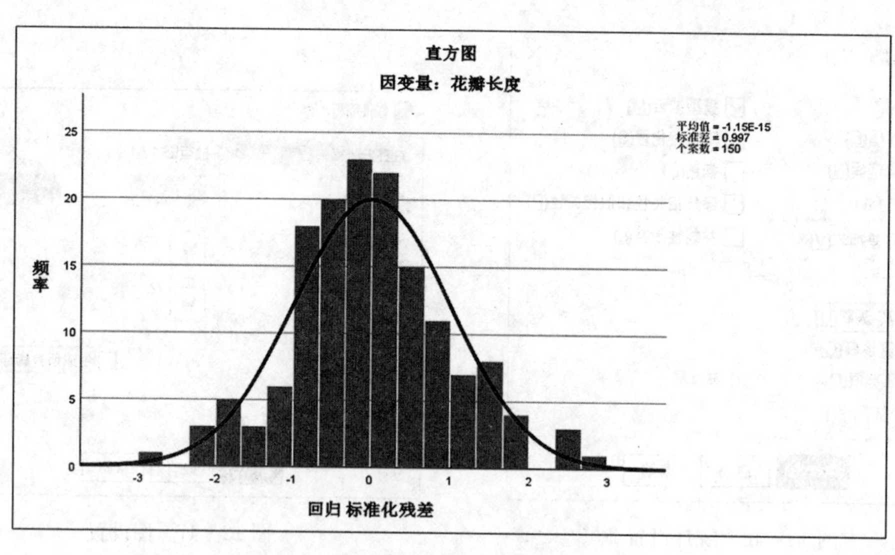

图 12-50　直方图

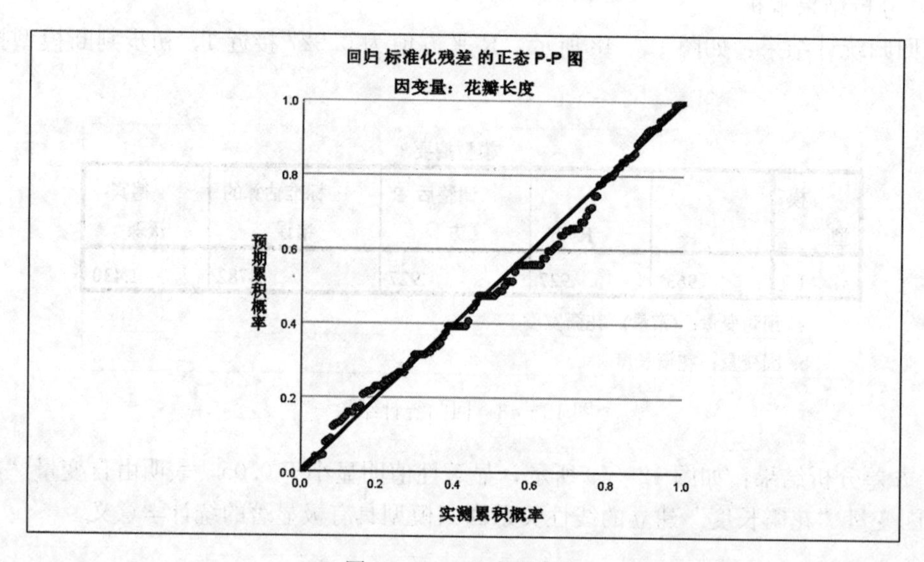

图 12-51　正态概率图

④ 回归系数：根据图 12-52 可知，回归方程为 $Y=1.084+2.230X$。

系数 a

模型		未标准化系数 B	未标准化系数 标准错误	标准化系数 Beta	t	显著性
1	(常量)	1.084	.073		14.850	.000
	花瓣宽度	2.230	.051	.963	43.387	.000

a. 因变量：花瓣长度

图 12-52　回归系数

（4）保存文档，撰写分析结果报告。

六 实训延伸

1. 双因素方差分析

双因素方差分析（double factor variance analysis）有两种类型：一个是无交互作用的双因素方差分析，它假定因素 A 和因素 B 的效应之间是相互独立的，不存在相互关系；另一个是有交互作用的双因素方差分析，它假定因素 A 和因素 B 的结合会产生一种新的效应。例如，若假定不同地区的消费者对某种品牌有与其他地区消费者不同的特殊偏爱，这就是两个因素结合后产生的新效应，属于有交互作用的背景；否则，就是无交互作用的背景。双因素方差分析的前提假定：采样的随机性、样本的独立性、分布的正态性、残差方差的一致性。

2. 偏相关分析

简单相关关系只反映两个变量之间的关系，但如果因变量受到多个因素的影响，因变量与某一自变量之间的简单相关关系显然受到其他相关因素的影响，不能真实地反映二者之间的关系，所以需要考察在剔除其他因素的影响后二者之间的相关程度，即偏相关分析。

3. 时间序列分析

由于反映社会经济现象的大多数数据是按照时间顺序记录的，所以时间序列分析是研究社会经济现象的指标随时间变化的规律性的统计方法。为了研究事物在不同时间点的发展状况，就要分析其随时间推移的发展趋势，预测事物在未来某一时间的数量变化。

4. 非参数检验

假设检验和方差分析，大都是在数据服从正态分布或近似地服从正态分布的条件下进行的。但是如果总体的分布未知，进行总体参数的检验或者检验总体服从一个指定的分布，都可以归结为非参数检验方法。非参数检验包括下列内容：

（1）总体分布的假设检验。

（2）两种以下现象之间的关联性检验（见列联分析）。

（3）总体分布未知时，关于单个总体均值的检验，两个总体均值或分布的差异是否显著的检验，以及多个未知总体的单因素方差分析。

（4）某种现象出现的随机性检验。

习题

一、单选题

1. 以下选项中，属于 SPSS 核心功能的是（　　）。

A. 数据和表格编辑功能　　　　　　　　B. 可视化功能

C. 统计功能　　　　　　　　　　　　　D. 以上都是

2. 下列选项中不属于描述性统计分析的是（　　）。

A. 数据的频数分析、数据离散程度分析

B. 在形状窗口中，选择模板或模具

C. 方差分析

D. 数据离散程度分析

3. 以下选项中，哪种统计分析是研究一个或者几个定性变量对一个定量变量有无显著影响的常用分析方法？（　　）

A. 方差分析　　B. 时间序列分析　　C. 相关分析　　D. 回归分析

4. 以下选项中，哪种统计分析是研究两个或两个以上随机变量之间相互依存关系的方向和密切程度的方法？（　　）

A. 方差分析　　B. 时间序列分析　　C. 相关分析　　D. 回归分析

5. 以下选项中，哪种统计分析是确定两个或两个以上变量之间相互依赖的定量关系的统计分析方法？（　　）

A. 方差分析　　B. 时间序列分析　　C. 相关分析　　D. 回归分析

6. 数据编辑窗口的主要功能有（　　）。

A. 定义 SPSS 数据的结构　　　　　　B. 录入编辑和管理待分析的数据

C. 结果输出　　　　　　　　　　　　D. A 和 B

7.（　　）文件格式是 SPSS 独有的，一般无法通过 Word、Excel 等其他软件打开。

A. sav　　B. txt　　C. mp4　　D. flv

8. SPSS 中进行输出结果的保存应选择（　　）主窗口菜单。

A. 文件　　B. 图形　　C. 分析　　D. 数据

9. SPSS 中进行数据的排序应选择（　　）主窗口菜单。

A. 文件　　B. 图形　　C. 分析　　D. 数据

10. SPSS 中绘制散点图应选择（　　）主窗口菜单。

A. 文件　　B. 图形　　C. 分析　　D. 数据

11. 下面（　　）可以用来观察频数。

A. 直方图　　B. 碎石图　　C. 冰挂图　　D. 树形图

12. 人们在研究“影响广告效果的众多因素中哪些影响因素是主要的”这一问题时可以采用（　　）方法。

A. 方差分析　　　　　　　　　　　　B. 时间序列分析

C. 相关分析　　　　　　　　　　　　D. 回归分析

13. 变量之间的关系可以分为两大类，它们是（　　）。

A. 线性相关关系和非线性相关关系　　B. 函数关系与相关关系

C. 正相关关系和负相关关系　　　　　D. 简单相关关系和复杂相关关系

14. 研究收入和储蓄、身高和体重等变量间的线性相关关系时可以采用（　　）。

A. Pearson 简单相关系数　　　　　　B. Spearman 等级相关系数

C. Kendall 相关系数　　　　　　　　D. 正相关系数

15. 下列现象中哪一项不是相关关系？（　　）

A. 家庭消费支出与收入　　B. S 物价水平与商品需求量

C. 商品销售额与销售量、销售价　　D. 圆面积和圆半径的关系

16. SPSS 数据文件的扩展名是（　　）。

A. . htm　　B. . xls　　C. . dat　　D. . sav

二、操作题

1. 使用 SPSS 软件，导入“学生信息表 . xlsx”，使用描述性统计分析研究学生年龄分布，并绘制直方图。

操作步骤：

（1）启动 SPSS 软件，单击“文件”菜单中“打开”子菜单中的“数据”命令，将数据导入 SPSS 软件。

（2）单击“分析”菜单中“描述统计”子菜单下的“频率”命令，打开“频率”对话框。

（3）在“频率”对话框中，将“年龄”选入“变量”中，勾选“显示频率表格”选项。

（4）单击“频率”选项中的“统计”按钮，在弹出的对话框中，勾选“百分位值”中的“四分位数”“分割点”，“集中趋势”中的“平均值”“中位数”“众数”“合计”，“离散”中的“标准偏差”“最小值”“方差”“最大值”“范围”“平均值的标准误差”。

（5）在单击“图标”按钮后弹出的对话框中，勾选“直方图”和“在直方图上显示正态曲线”。

（6）查看分析结果，并搜索相关知识进行结果解析。

（7）保存分析结果，并撰写分析结果报告。

2. 为研究煤矿粉尘作业环境对尘肺的影响，将 18 只大鼠随机分为甲、乙、丙 3 个组，每组 6 只，3 个组分别在地面办公楼、煤炭仓库和矿井下染尘，12 周后测量大鼠全肺湿重（g），数据见文件“不同环境下大鼠情况 . sav”，请分析不同环境下大鼠全肺湿重有无差别。

操作步骤参考实训要求中“单因素方差分析”具体步骤。

3. 使用 SPSS 软件，导入“亩* 产量、穗数、粒数数据 . xlsx”文件，通过散点图初步观察各变量间有无相关趋势，应用 SPSS 工具，选择皮尔逊相关分析，研究每亩穗数、每穗粒数和亩产量间的相关关系。

操作步骤参考实训要求中“相关分析”具体步骤。

4. 使用 SPSS 软件，导入“中国各地区城市居民人均年消费支出和可支配收入 . sav”文件，通过分析菜单中的“回归”分析功能，进行线性回归分析，研究城市居民人均年消费支出（Y）和城市居民人均年可支配收入（X）的定量关系。

操作步骤参考实训要求中“回归分析”具体步骤。

参考答案

---

* 亩为非法定计量单位，1 亩≈666.67m²。

实训十三 Python 农业数据分析和可视化

一 实训目的

（1）掌握 Python 数据读取。

（2）掌握 Python 数据分析基本步骤。

（3）掌握 Python 数据可视化流程。

PPT

知识	能力	素质
▸ Python的基本概念 ▸ Python第三方库的安装 ▸ Python数据分析及可视化	▸ 提高逻辑思维能力 ▸ 具备基本数据分析处理能力	▸ 培养学生严谨的逻辑思维能力 ▸ 使学生了解计算机信息技术如何服务于农业现代化建设

二 实训准备

Python 是一种广泛使用的解释型、高级和通用的编程语言，支持多种程序设计方法，包括函数式、指令式、反射式、结构化和面向对象编程。它拥有动态类型系统和垃圾回收功能，能够自动管理内存，并且其本身拥有一个巨大而广泛的标准库。它的语言结构以及面向对象的方法旨在帮助程序员为小型的和大型的项目编写清晰的、合乎逻辑的代码。

Python 具备简单、易学、易读、易维护的优点，并且开源免费，稍加改动可移植到不同平台运行，这些平台包括 Linux、Windows、FreeBSD、Macintosh、Solaris、OS/2、Amiga、AROS、AS/400、BeOS、OS/390、z/OS、Palm OS、QNX、VMS、Psion、Acom RISC OS、VxWorks、PlayStation、Sharp Zaurus、Windows CE、PocketPC、Symbian 以及 Google 基于 Linux 开发的 Android 平台。

Python 2. x 版本与 Python 3. x 版本语法、库互不兼容。Python 2. 7 的技术支持日期最初设定为 2015 年，出于对大量的现存代码不能移植到 Python 3 的顾虑，对 Python 2. 7 的支持延期至 2020 年。2022 年 3 月 14 日发布的 MacOS 12. 3 则彻底移除 Python 2。随着 Python 2 的产品寿命结束，只有 Python 3. 9、Python 3. 10 和后续版本被完全支持，但仍提供对 Python 3. 7 和 Python 3. 8 版本的安全性修正。

1. Python 语法简介

Python 的设计目标之一是让代码具备高度的可阅读性。它设计时尽量使用其他语言经常使用的标点符号和英文单词，让代码看起来整洁美观。Python 语句之后的分号是可选的，作为动态语言不需要书写“声明”语句，不同于其他的静态语言，如C。

（1）缩进。缩进是语法的一部分，Python 语言利用缩进表示语句块的开始和结束（越位规则），而非使用大括号或者某种关键字。增加缩进表示语句块的开始，减少缩进则表示语句块的结束。使用 4 个空格来表示每级缩进。

（2）标识符。标识符就是名字，在 ASCII 范围内可用于标识符的字符为：大写字母 A 至 Z 和小写字母 a 至 z，下划线以及数字 0 至 9，但首字符不可以用数字。一般有如下命名形式：_sxau（单下划线开头），sxau_（单下划线结尾），__sxau（双下划线开头），_sxau__（双下划线开头双下划线结尾，不建议将这样的命名方式应用于自己的变量或函数，如 __name__、__doc__、__init__、__import__、__file__等）。Python 严格区分大小写，如 SXAU 和 sxau，Python 将其视为不同标识符。

（3）关键字。Python 中某些关键字或“保留字”，不能用作标识符，如下所示：

and、as、assert、async、await、break、class、continue、def、del、elif、else、except、False、finaly、for、from、global、if、import、in、is、lambda、None、nonlocal、not、or、pass、raise、return、True、try、while、with、yield

（4）常用语句。

① 赋值语句：记号为等号“=”。Python 支持并行赋值，可以同时给多个变量赋值，还可以交换两个变量的值。

② del 语句：进行递归的删除。

③ if 语句：当条件成立时执行语句块。经常与 elif、else 配合使用。

④ for 语句：遍历列表、字符串、字典、集合等迭代器，依次处理迭代器中的每个元素。

⑤ while 语句：当条件为真时，循环执行语句块。

⑥ break 语句：从循环中跳出。

⑦ continue 语句：越过这次迭代并继续进行下个项目。

⑧ try 语句：与 except、else、finally 配合使用，处理在编程执行中出现的异常情况。

⑨ class 语句：用于定义类，它执行一块代码并将它的局部名字空间附属至一个类。

⑩ def 语句：用于定义函数和方法。

⑪ return 语句：用来从函数返回值。

⑫ with 语句：把一块代码包裹在一个上下文管理器之内。

⑬ import 语句：导入一个模块或包。有三种用法：import 〈模块名字〉[as〈别名〉]；from〈模块名字〉import *；from〈模块名字〉import〈定义 1〉[as〈别名 1〉]，〈定义 2〉[as〈别名 2〉]，…。

2. Python 表达式

在 Python 中，算术运算包括加法+、减法−、乘法*和取模%，还包括两种除法，分别是下取整除法（或整数除法）“//”和浮点除法“/”。Python 增加了指数运算符**。Python 逻辑运算必须用于整数，运算符有 & 与（AND），| 或（OR），~非（NOT），^异

或（XOR），＞＞右移，＜＜左移。

在Python中，有如下比较运算符：大于＞，小于＜，等于＝＝，不等于！＝，小于等于＜＝，大于等于＞＝。＝＝为按值比较，比较是可以连接起来的，如a ＜＝ b ＜＝ c。

Python的匿名函数实现为Lambda表达式。匿名函数体只能是一个表达式。

Python的条件表达式表示为x if c else y。意思是当c为真时，表达式的值为x，否则表达式的值为y。其在运算数的次序上不同于其他语言中常见的c ? x：y。

Python区分列表（list）和元组（tuple）两种类型。列表的写法是［1，2，3］，而元组的写法是（1，2，3）。在没有歧义的情况下，元组的圆括号是可选的，一个元素的元组向这个元素尾随一个逗号例如（1,）。列表是可变的，并且不能用作字典的键（Python中字典的键必须是不可变的）。元组是不可变的，因而可以用作字典的键。可以使用“＋”运算符来串接两个元组，这不会直接修改它们的内容，而是产生包含给定元组元素的一个新元组。例如，变量t初始时等于（1，2，3），执行t ＝ t＋(4，5）时，首先求值t＋(4，5)，它产生（1，2，3，4，5），接着赋值回到t，尽管遵守了元组对象的不可变本性，但在效果上“修改了”t的内容。

Python拥有“字符串格式”运算符％，如"spam＝％s eggs＝％d"％（"blah"，2），求值得"spam＝blah eggs＝2"。

Python拥有各种字符串文字，由单引号'或双引号"界定的字符串（必须在英文输入法状态下输入），三引号字符串，开始和结束于三个单引号或双引号的序列，它们可以跨越多行。

Python允许连续出现和只用空白分隔（包括换行）的字符串文字（可能使用了不同的引用约定），它们被聚合成一个单一的更长的字符串。

Python拥有在列表上的数组索引和数组分片表达式，表示为a［key］、a［start：stop］或a［start：stop：step］。索引是基于零的，负数是相对于结尾的。分片从“开始”（start）索引直到但不包括“停止”（stop）索引。分片的第三个参数叫作“步长”（step）或“间隔”（stride），允许元素被跳过和用负数指示反向。分片索引可以省略，例如a［:］，这返回整个列表的一个复本。分片的每个元素都是浅层复制的。

Python中，在表达式和语句之间是有严格区别的，语句不能成为表达式的一部分，所以列表和其他推导式或Lambda表达式，都是表达式，不能包含语句。这个限制的一个特定情况是赋值语句比如a ＝ 1，不能形成条件语句的条件表达式的一部分。这能够避免一个经典的C错误，即在条件中把等于运算符＝＝误写为赋值算符＝，“if（c ＝ 1）{…}”在C语法上是有效（但可能非预期）的，而“if c=1：…”在Python中导致一个语法错误。

3. Python函数

Python的函数支持递归、默认参数值、可变参数，但不支持函数重载。为了增强代码的可读性，可以在函数后书写“文档字符串”（documentation strings，或者简称docstrings），用于解释函数的作用、参数的类型与意义、返回值类型与取值范围等。

4. Python数据类型

Python采用动态类型系统。在编译的时候，Python不会检查对象是否拥有被调用的方

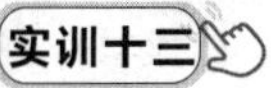

法或者属性，而是直至运行时才做出检查。Python 禁止没有明确定义的操作，比如数字加字符串。Python 3 部分内置数据类型如表 13-1 所示。

表 13-1　Python 3 部分内置数据类型

类型	可变性	描述	语法例子
bool	不可变	布尔值	True，False
int	不可变	理论上无限制大小的整数	42
float	不可变	浮点数类型，用来描述小数	1.414
range	不可变	通常用在循环中的数的序列，规定在 for 循环中的次数	range（1，10） range（10，−5，−2）
str	不可变	字符串，Unicode 代码点序列	'Wikipedia' "Wikipedia" """Spanning multiple lines"""
bytes	不可变	字节序列	b'Some ASCII' b" Some ASCII" bytes（[119，105，107，105]）
bytearray	可变	字节序列	bytearray（b'Some ASCII'） bytearray（b"Some ASCII"） bytearray（[119，105，107，105]）
list	可变	列表，可以包含混合的类型	[4.0，'string'，**True**] []
tuple	不可变	元组，可以包含混合的类型	(4.0，'string'，**True**) ('single element',) ()
dict	可变	键-值对的关联数组（或称字典）；可以包含混合的类型（键和值），键必须是可散列的类型	{'key1'：1.0，3：**False**} {}
set	可变	无序集合，不包含重复项；如果可散列的话，可以包含混合的类型	{4.0，'string'，**True**} set（）

5. Python 标准库

Python 拥有一个强大的标准库。Python 语言的核心只包含数值、字符串、列表、字典、文件等常见类型和函数。Python 标准库提供了系统管理、网络通信、文本处理、数据库接口、图形系统、XML 处理等额外的功能。

Python 标准库的主要功能有：

（1）文本处理。包含文本格式化、正则表达式、文本差异计算与合并、Unicode 支持、二进制数据处理等功能。

(2) 文件系统功能。包含文件和目录操作、创建临时文件、文件压缩与归档、操作配置文件等功能。

(3) 操作系统功能。包含线程与进程支持、I/O 复用、日期与时间处理、调用系统函数、日志（logging）等功能。

(4) 网络通信。包含网络套接字、SSL 加密通信、异步网络通信等功能。支持 HTTP、FTP、SMTP、POP、IMAP、NNTP、XMLRPC 等多种网络协议，并提供了编写网络服务器的框架。

(5) W3C 格式支持。包含 HTML、SGML、XML 的处理。

(6) 其他功能。包括国际化支持、数学运算、HASH、Tkinter 等。

6. Python 第三方科学计算库

通过第三方科学计算库可以让 Python 程序员编写科学计算程序和数据分析。著名的第三方科学计算库有以下几类：

(1) NumPy。Python 的基础性的科学计算第三方库，提供了矩阵、线性代数、傅立叶变换等的解决方案。

(2) SciPy。使用 NumPy 的多维数组作为基本数据结构，用 Python 实现了 MATLAB 所有功能的第三方库。

(3) Matplotlib。用 Python 实现类似 MATLAB 绘图功能的第三方库，用来绘制一些高质量的数学二维图形。

(4) Pandas。用于数据分析、数据建模、数据可视化的第三方库。

(5) SymPy。支持数学符号运算的第三方库，用于提供计算机代数系统。

(6) Scikit-learn。基于 SciPy 的机器学习第三方库，实现许多知名的机器学习算法。

(7) PyMC3。用于贝叶斯统计建模和概率机器学习，它聚焦于高级马尔可夫链蒙特卡洛法和变分拟合算法。

(8) PyOpenCL。提供对 OpenCL API 的集成。

(9) PyCUDA。提供对 Nvidia 的 CUDA 并行计算 API 的访问。

(10) TensorFlow。Google 开发维护的开源的机器学习和深度学习库，提供了 Python API。

(11) Keras。提供到 TensorFlow、Theano 与 CNTK 等深度神经网络接口的 Python API。

(12) PyTorch。Facebook 基于 Torch 开发的开源的机器学习和深度学习库，提供了 Python API。

7. 常用的 Python 开发环境

(1) IDLE。Python 内置 IDE（随 Python 安装包提供），适合初学者。

(2) PyCharm。由著名的 JetBrains 公司开发，带有一整套可以帮助用户在使用 Python 语言开发时提高效率的工具，比如调试、语法高亮、Project 管理、代码跳转、智能提示、自动完成、单元测试、版本控制。此外，该 IDE 提供了一些高级功能，用于支持 Django 框架下的专业 Web 开发。

（3）Spyder。安装 Anaconda 自带的高级 IDE。

（4）SPE。功能较多的自由软件，基于 wxPython。

（5）Ulipad。功能较全的自由软件，基于 wxPython。

（6）WingIDE。可能是功能最全的 IDE，但不是自由软件（教育用户和开源用户可以申请免费的 key）。

（7）Eric。基于 PyQt 的自由软件，功能强大。

（8）PyPE。一个开源的、跨平台的 PythonIDE。

（9）Eclipse＋PyDev 插件。方便调试程序。

（10）Visual Studio＋Python Tools for Visual Studio 等。

现以经典输出“hello world!”为例，简单介绍 Python IDLE 的使用方法。在 Windows 下单击“开始”菜单，在“所有程序”里找到本机已安装的 Python IDLE，单击运行。在“>>>”提示符后输入 print（'Hello World!'），回车即可输出结果，如图 13-1 所示。

hello world. py

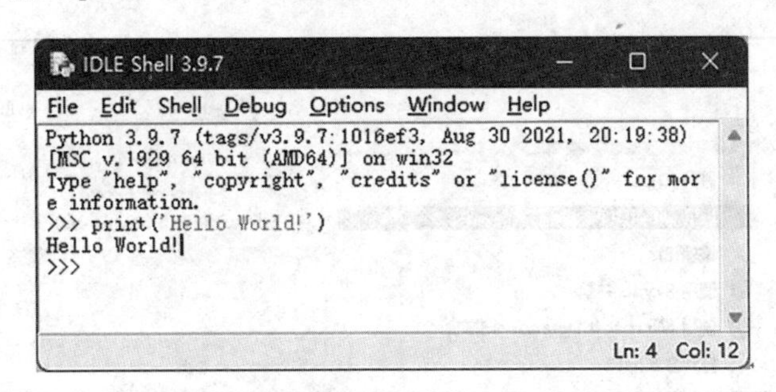

图 13-1　输出“hello，world!”

新建 Python 项目：单击 IDLE 菜单栏“File”，选择“New file”，或直接使用快捷键【Ctrl＋N】，新建空白项目，如图 13-2 所示。

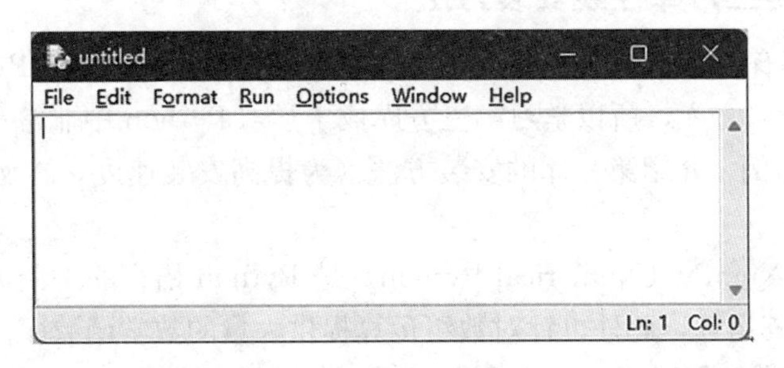

图 13-2　新建项目

保存项目：以图 13-1 所示项目为例，单击菜单栏“Flie”，选择“Save as”，在弹出的路径对话框内选择需要保存的路径，文件名为“hello world”，保存类型为默认，Python 项目默认扩展名为 . py。如图 13-3 所示，单击“保存”按钮。

如需编辑已保存项目，在所需修改的项目文件上单击鼠标右键，选择“Edit with IDLE”即可对文件进行编辑，如图 13-4 所示。

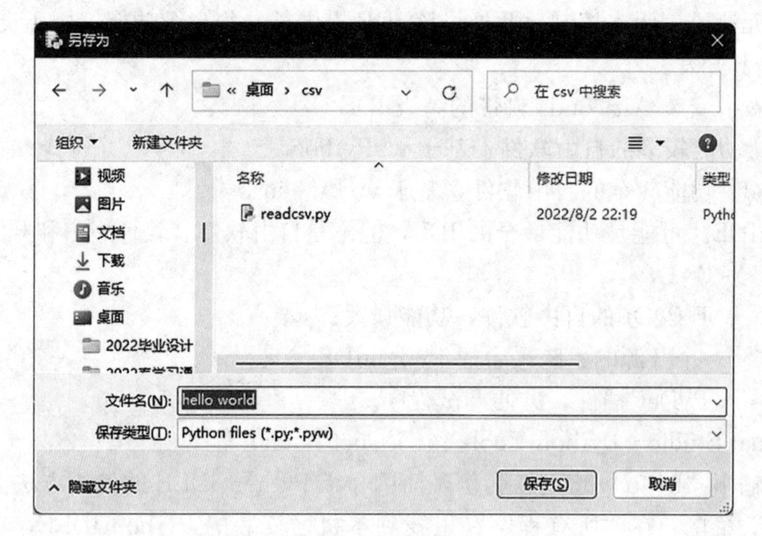

图 13-3　项目保存

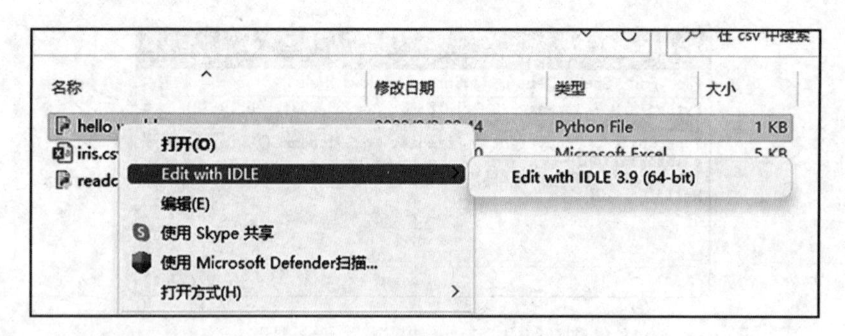

图 13-4　编辑已有项目

8 Python 第三方库在线安装方法

Python 因为具有超多的第三方库而被大家喜欢，据不完全统计，Python 到目前为止总共有多于 12 万的第三方库，所以学习第三方库成了学习 Python 中非常重要的一个环节。现以常用 Python 库为例，介绍第三库的安装方法（为提高安装速度，本例将下载路径选为国内豆瓣镜像站）。

（1）NumPy。NumPy（Numerical Python）是 Python 语言的一个扩展程序库，支持大量的维度数组与矩阵运算，此外也针对数组运算提供大量的数学函数库。

安装方法：同时按【Windows 徽标键＋R】，在运行框内输入“cmd”，打开“命令提示符”窗口，输入命令“pip install numpy －i https：//pypi. douban. com/simple”，如图 13-5 所示。

（2）Pandas。Pandas 是 Python 语言的一个扩展程序库，用于数据分析，还是一个强大的分析结构化数据的工具集，基础是 Numpy（提供高性能的矩阵运算），还可以从各种格式文件比如 CSV、JSON、SQL、Microsoft Excel 中导入数据。

安装方法：同时按【Windows 徽标键＋R】，在运行框内输入“cmd”，打开“命令提示符”窗口，输入命令“pip install pandas －i https：//pypi. douban. com/simple”，如图 13－6 所示。

```
命令提示符
Microsoft Windows [版本 10.0.22000.795]
(c) Microsoft Corporation。保留所有权利。

C:\Users\max-p>pip install numpy -i https://pypi.douban.com/simple
Defaulting to user installation because normal site-packages is not writeable
Looking in indexes: https://pypi.douban.com/simple
Collecting numpy
  Downloading https://pypi.doubanio.com/packages/bd/dd/0610fb49c433fe5987ae312fe672119080
fd77be484b5698d6fa7554148b/numpy-1.23.1-cp39-cp39-win_amd64.whl (14.7 MB)
     |████████████████████████████████| 14.7 MB 6.8 MB/s
Installing collected packages: numpy
  WARNING: The script f2py.exe is installed in 'C:\Users\max-p\AppData\Roaming\Python\Pyt
hon39\Scripts' which is not on PATH.
  Consider adding this directory to PATH or, if you prefer to suppress this warning, use
--no-warn-script-location.
Successfully installed numpy-1.23.1
WARNING: You are using pip version 21.2.3; however, version 22.2.1 is available.
```

图 13－5　NumPy 库安装

```
命令提示符
C:\Users\max-p>pip install pandas -i https://pypi.douban.com/simple
Defaulting to user installation because normal site-packages is not writeable
Looking in indexes: https://pypi.douban.com/simple
Collecting pandas
  Downloading https://pypi.doubanio.com/packages/60/a6/998a96dfc6375874670b140c1dab6125fc
ec49736555cfdcb41e39187642/pandas-1.4.3-cp39-cp39-win_amd64.whl (10.6 MB)
     |████████████████████████████████| 10.6 MB 6.8 MB/s
Collecting pytz>=2020.1
  Downloading https://pypi.doubanio.com/packages/60/2e/dec1cc18c51b8df33c7c4d0a321b084cf3
8e1733b98f9d15018880fb4970/pytz-2022.1-py2.py3-none-any.whl (503 kB)
     |████████████████████████████████| 503 kB ...
Collecting python-dateutil>=2.8.1
  Downloading https://pypi.doubanio.com/packages/36/7a/87837f39d0296e723bb9b62bbb257d0355
c7f6128853c78955f57342a56d/python_dateutil-2.8.2-py2.py3-none-any.whl (247 kB)
     |████████████████████████████████| 247 kB ...
Requirement already satisfied: numpy>=1.18.5 in c:\users\max-p\appdata\roaming\python\pyt
hon39\site-packages (from pandas) (1.23.1)
Collecting six>=1.5
  Downloading https://pypi.doubanio.com/packages/d9/5a/e7c31adbe875f2abbb91bd84cf2dc52d79
2b5a01506781dbcf25c91daf11/six-1.16.0-py2.py3-none-any.whl (11 kB)
Installing collected packages: six, pytz, python-dateutil, pandas
Successfully installed pandas-1.4.3 python-dateutil-2.8.2 pytz-2022.1 six-1.16.0
WARNING: You are using pip version 21.2.3; however, version 22.2.1 is available.
```

图 13－6　Pandas 库安装

（3）Matplotlib。是 Python 2D 绘图领域使用最广泛的套件。它能让使用者很轻松地将数据图形化，并且提供多样化的输出格式。安装步骤同上，不再复述，使用命令如下：

pip install matplotlib －i https：//pypi. douban. com/simple

出现“Successfully installed 〈库名〉”提示，表示当前库已成功安装，可忽略绿色警告内容。

9. 注释

注释是编写程序时，写程序的人给一个语句、程序段、函数等做的解释或提示，能提高程序代码的可读性。注释只是为了提高可读性，让人们能够更加轻松地了解代码，不会被计算机编译执行。

（1）单行注释（行注释）。Python 中使用“＃”表示单行注释。单行注释可以作为单独的一行放在被注释代码行之上，也可以放在语句或表达式之后。如“#这是单行注释”。

当单行注释作为单独的一行放在被注释代码行之上时，为了保证代码的可读性，建议在“#”后面添加一个空格，再添加注释内容。

当单行注释放在语句或表达式之后时，同样为了保证代码的可读性，建议注释和语句（或注释和表达式）之间至少要有两个空格。

（2）多行注释（块注释）。当注释内容过多，导致一行无法显示时，就可以使用多行注释。Python 中使用三个单引号或三个双引号（必须在英文输入法状态下输入。英文双引号"" 和中文双引号“” 是完全不同的字符）表示多行注释。例如：

```
'''
这是使用三个单引号的多行注释
'''
"""
这是使用三个双引号的多行注释
"""
```

三 实训内容

（1）使用 Python 完成农业数据的导入。

（2）使用 Python 对导入的数据进行算法分析。

（3）使用 Python 对分析结果进行可视化。

四 实训要求

（1）使用 Python 导入保存花朵种类及花萼的长度、花萼的宽度、花瓣的长度、花瓣的宽度的 iris. csv 文件。

（2）对 Python 导入的花朵数据 iris. csv 文件进行统计分析。统计样本总量，各参数的最大值、最小值、均值，及 25%、50%、75%位数分布情况。统计每种花朵类型花萼的长度、花萼的宽度、花瓣的长度、花瓣的宽度的平均值。

（3）Python 数据的可视化，在二维坐标内绘制折线图及幂函数曲线。

（4）通过 Python 可视化分析阿里巴巴 2020 年股票数据。

五 实训步骤

本实训例题所需 iris. csv 及 alibaba2020. xlsx 数据文件均来自互联网开源项目，为方便学习，本教材数字素材已在资源包中提供。

按 Python 第三方库在线安装方法，安装 Python 数据处理所需的 Numpy、Pandas、Matplotlib 库，如系统环境提示已存在，则跳过此步骤。

（1）使用 Python 导入保存花朵种类及花萼的长度、花萼的宽度、花瓣的长度、花瓣的宽度的 iris. csv 文件。

方法一：

打开 Python IDLE，按【Ctrl+N】新建项目，在项目内粘贴如下代码：

```
import csv
#读取 csv 至字典
csvFile=open ("iris. csv","r")
reader=csv. reader(csvFile)
#建立空字典
result={}
for item in reader:
    #忽略第一行
    if reader. line _ num==1:
    continue
    result[item[0]]=item[5]
    csvFile. close()
    print(result)
```

将项目保存为 readcsv. py，需与 iris. csv 放在同一路径下。如项目文件路径与 csv 文件路径不同，需在以上代码第三行 open()参数部分写入 csv 文件正确的当前路径。

Python 项目的运行：如双击 readcsv. py 文件，则会有命令提示符窗口一闪而过，观察不到导入结果。正确打开方式是，在 readcsv. py 文件上单击鼠标右键，选择“Edit with IDLE”对文件进行编辑，如图 13－7 所示，然后单击菜单栏“Run/Run Module”或按快捷键【F5】即可运行。

readcsv. py

图 13－7　运行代码

正确运行结果如图 13－8 所示，读者可与 Excel 打开的 csv 文件做对比，尝试修改 item [5] 方括号内数值，观察不同的导入结果。

至此，Python 已导入成功 csv 文件数据。

```
IDLE Shell 3.9.7
File  Edit  Shell  Debug  Options  Window  Help
D64)] on win32
Type "help", "copyright", "credits" or "license()" for more information.
>>>
================ RESTART: C:\Users\max-p\Desktop\csv\readcsv.py ================
{'1': 'setosa', '2': 'setosa', '3': 'setosa', '4': 'setosa', '5': 'setosa', '6':
 'setosa', '7': 'setosa', '8': 'setosa', '9': 'setosa', '10': 'setosa', '11': 's
etosa', '12': 'setosa', '13': 'setosa', '14': 'setosa', '15': 'setosa', '16': 's
etosa', '17': 'setosa', '18': 'setosa', '19': 'setosa', '20': 'setosa', '21': 's
etosa', '22': 'setosa', '23': 'setosa', '24': 'setosa', '25': 'setosa', '26': 's
etosa', '27': 'setosa', '28': 'setosa', '29': 'setosa', '30': 'setosa', '31': 's
etosa', '32': 'setosa', '33': 'setosa', '34': 'setosa', '35': 'setosa', '36': 's
etosa', '37': 'setosa', '38': 'setosa', '39': 'setosa', '40': 'setosa', '41': 's
etosa', '42': 'setosa', '43': 'setosa', '44': 'setosa', '45': 'setosa', '46': 's
etosa', '47': 'setosa', '48': 'setosa', '49': 'setosa', '50': 'setosa', '51': 'v
ersicolor', '52': 'versicolor', '53': 'versicolor', '54': 'versicolor', '55': 'v
ersicolor', '56': 'versicolor', '57': 'versicolor', '58': 'versicolor', '59': 'v
ersicolor', '60': 'versicolor', '61': 'versicolor', '62': 'versicolor', '63': 'v
ersicolor', '64': 'versicolor', '65': 'versicolor', '66': 'versicolor', '67': 'v
ersicolor', '68': 'versicolor', '69': 'versicolor', '70': 'versicolor', '71': 'v
ersicolor', '72': 'versicolor', '73': 'versicolor', '74': 'versicolor', '75': 'v
ersicolor', '76': 'versicolor', '77': 'versicolor', '78': 'versicolor', '79': 'v
ersicolor', '80': 'versicolor', '81': 'versicolor', '82': 'versicolor', '83': 'v
ersicolor', '84': 'versicolor', '85': 'versicolor', '86': 'versicolor', '87': 'v
ersicolor', '88': 'versicolor', '89': 'versicolor', '90': 'versicolor', '91': 'v
ersicolor', '92': 'versicolor', '93': 'versicolor', '94': 'versicolor', '95': 'v
ersicolor', '96': 'versicolor', '97': 'versicolor', '98': 'versicolor', '99': 'v
ersicolor', '100': 'versicolor', '101': 'virginica', '102': 'virginica', '103':
'virginica', '104': 'virginica', '105': 'virginica', '106': 'virginica', '107':
'virginica', '108': 'virginica', '109': 'virginica', '110': 'virginica', '111':
'virginica', '112': 'virginica', '113': 'virginica', '114': 'virginica', '115':
'virginica', '116': 'virginica', '117': 'virginica', '118': 'virginica', '119':
'virginica', '120': 'virginica', '121': 'virginica', '122': 'virginica', '123':
'virginica', '124': 'virginica', '125': 'virginica', '126': 'virginica', '127':
'virginica', '128': 'virginica', '129': 'virginica', '130': 'virginica', '131':
'virginica', '132': 'virginica', '133': 'virginica', '134': 'virginica', '135':
'virginica', '136': 'virginica', '137': 'virginica', '138': 'virginica', '139':
'virginica', '140': 'virginica', '141': 'virginica', '142': 'virginica', '143':
'virginica', '144': 'virginica', '145': 'virginica', '146': 'virginica', '147':
'virginica', '148': 'virginica', '149': 'virginica', '150': 'virginica'}
>>> |
                                                              Ln: 6  Col: 4
```

图 13－8　导入结果

方法二：使用 pandas. read _ csv() 读取文件。

此方法需要调用安装好的第三方 Pandas 包，可在代码头部使用"import pandas as pd"的方式调用。与 iris. csv 文件同路径创建项目 pandasreadcsv. py，步骤同方法一，代码如图 13－9 所示。

pandasreadcsv. py

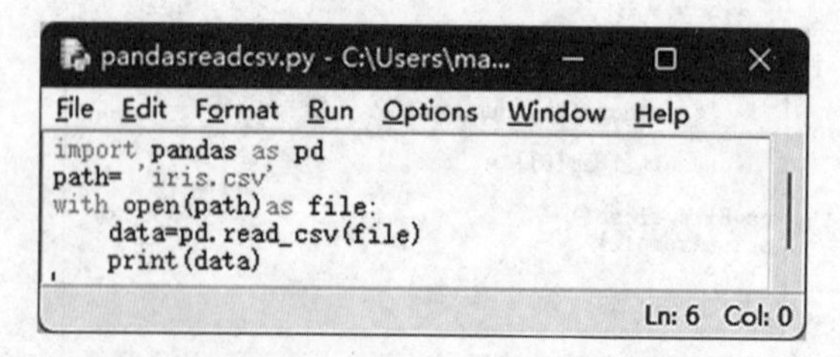

图 13－9　使用 pandas. read _ csv() 读取数据

单击菜单栏"Run/Run Module"运行，结果如图 13－10 所示。

对比两种导入方式，读者可根据需求选择合适的方式。

（2）利用 Python 数据统计方法对 Python 导入的花朵数据 iris. csv 文件进行统计分析。统计样本总量，各参数的最大值、最小值、均值，及 25%、50%、75%位数分布情况。统

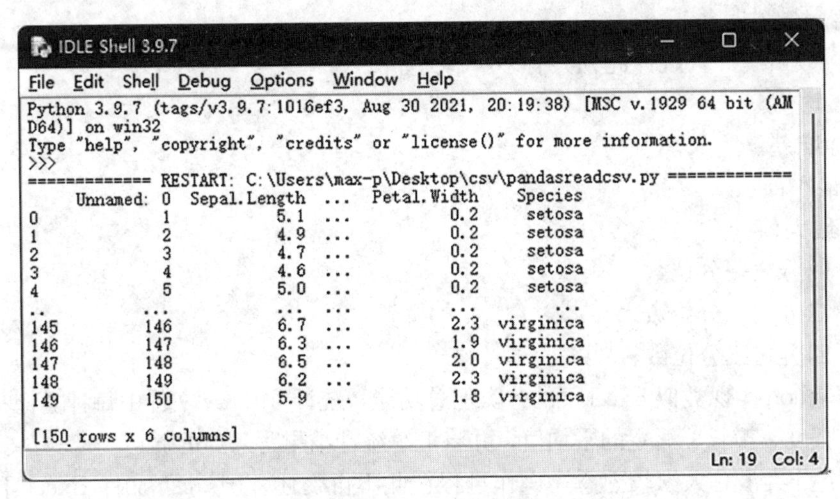

图 13 - 10　导入结果

计每种花朵类型花萼的长度、花萼的宽度、花瓣的长度、花瓣的宽度的平均值。

① 使用 describe() 方法统计 iris. csv 文件内花萼长度、花萼宽度、瓣长、瓣宽分布情况。

Pandas 是基于 Numpy 构建的含有更高级数据结构与工具的数据分析包，提供了高效的操作大型数据集所需的工具。Pandas 有两个核心数据结构 Series 和 DataFrame，分别对应了一维的序列和二维的表结构。而 describe() 函数就是返回这两个核心数据结构的统计变量。其目的在于观察这一系列数据的范围、大小、波动趋势等，为后面的模型选择打下基础。此例需用 pandas. read _ csv() 方法读取 csv 文件。

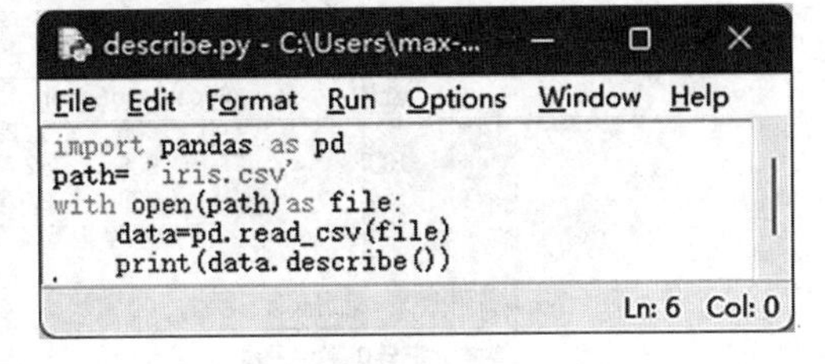

图 13 - 11　describe 数据分析

操作步骤：与 iris. csv 文件同路径创建项目 describe. py，所使用代码如图 13 - 11 所示，保存项目并运行。

统计结果如图 13 - 12 所示。

describe. py

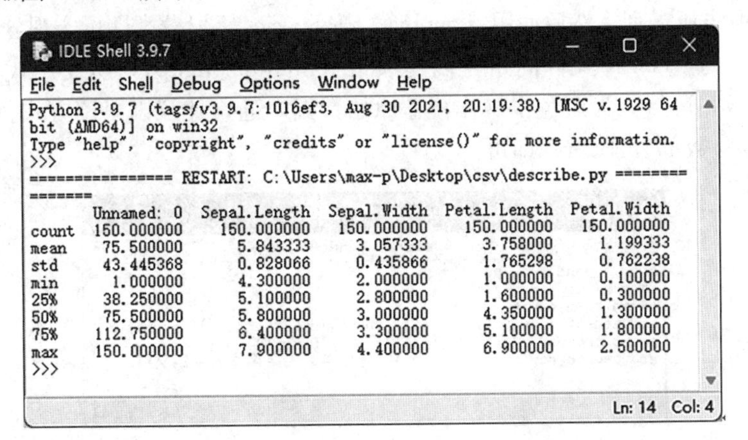

图 13 - 12　describe 数据统计结果

统计值变量说明：

count：数量统计，统计此列共有多少有效值。

mean：均值。

std：标准差。

min：最小值。

max：最大值。

25%：四分之一分位数。

50%：二分之一分位数。

75%：四分之三分位数。

② 用 Python 实现类似 Excel 下的分类汇总功能，统计 iris. csv 文件中每种类型花样本萼片长度、萼片宽度、瓣长、瓣宽的平均值，并将汇总统计结果写入新的 iris_01. csv 文件。

Excel 下分类汇总大家较熟悉，操作过程在此不再赘述。iris. csv 文件 Excel 下的分类汇总结果如图 13-13 所示。

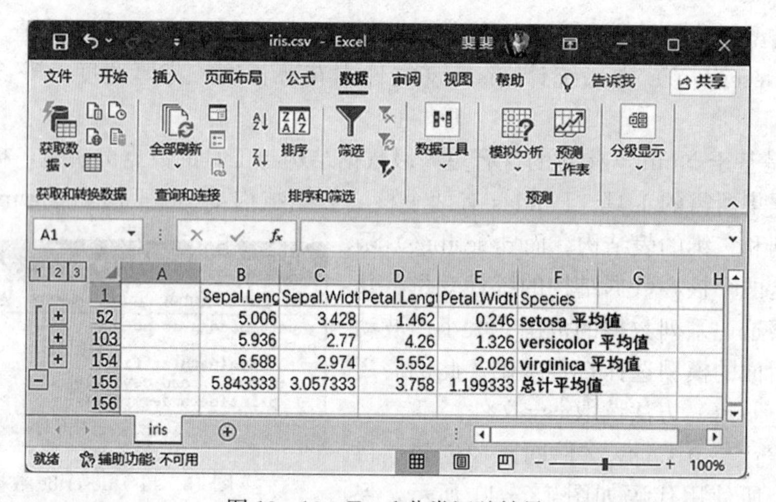

图 13-13　Excel 分类汇总结果

此 csv 文件结构是典型的 Dataframe 结构，可利用 Pandas 进行处理。首先将数据读入，用 iloc[ ] 函数提取出所需列，然后使用 groupby() 按 Species 字段分类即可实现分类汇总。

操作步骤：与 iris. csv 文件同路径创建项目 fenleihuizong. py，所使用代码如图 13-14 所示，保存项目并运行。为避免误操作覆盖原始数据，通常建议以只读方式打开原文件，代码第二行 open 参数部分加“r”即可。

fenleihuizong. py

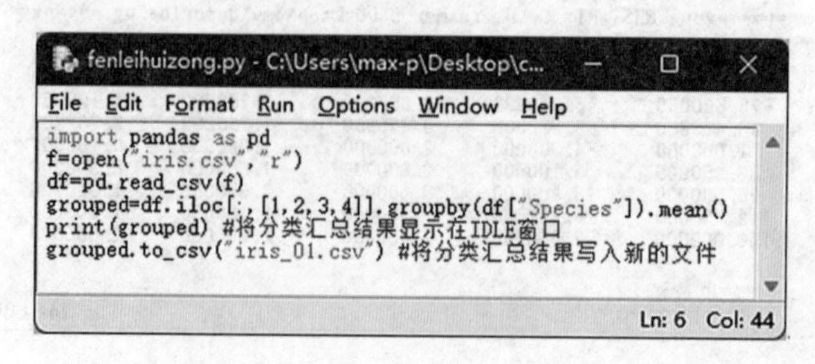


```
import pandas as pd
f=open("iris.csv","r")
df=pd.read_csv(f)
grouped=df.iloc[:,[1,2,3,4]].groupby(df["Species"]).mean()
print(grouped) #将分类汇总结果显示在IDLE窗口
grouped.to_csv("iris_01.csv") #将分类汇总结果写入新的文件
```

图 13-14　分类汇总代码

项目运行结果如图 13-15 所示，用 to_csv 方法可将结果写入新 csv 文件。

```
IDLE Shell 3.9.7
File Edit Shell Debug Options Window Help
Python 3.9.7 (tags/v3.9.7:1016ef3, Aug 30 2021, 20:19:38) [MSC v.1929 64 bit (AM
D64)] on win32
Type "help", "copyright", "credits" or "license()" for more information.
>>>
============= RESTART: C:\Users\max-p\Desktop\csv\fenleihuizong.py =============
             Sepal.Length  Sepal.Width  Petal.Length  Petal.Width
Species
setosa              5.006        3.428         1.462        0.246
versicolor          5.936        2.770         4.260        1.326
virginica           6.588        2.974         5.552        2.026
>>>
                                                              Ln: 10  Col: 4
```

图 13-15 分类汇总结果

此时，通过 Windows 资源管理器，可发现 iris.csv 文件同路径下生成了保存分类汇总结果的 iris_01.csv 文件。使用 Excel 打开 iris_01.csv 文件，可看到与之前完全一致的结果，如图 13-16 所示。

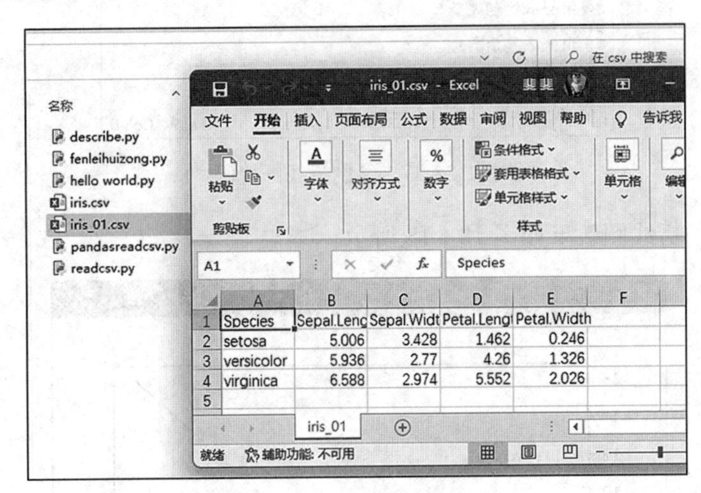

图 13-16 结果写入新 csv 文件

如需按求和进行分类汇总，只需将代码中的“mean()”改为“sum()”即可。

(3) Python 数据的可视化，在二维坐标内绘制折线图及幂函数曲线。

为了清晰有效地传递信息，数据可视化使用统计图形、图表、信息图表和其他工具。可以使用点、线或条（如 scatter plot 散点图、line plot 折线图、bar plot 柱状图、histogram 直方图、pie plot 饼状图等）对数字数据进行编码，以便在视觉上传达定量信息。有效的可视化可以帮助用户分析和推理数据与证据。它使复杂的数据更容易被理解和使用，旨在借助图形化手段，清晰有效地传达与沟通信息。

数据可视化绘图跟平时画画是一样的概念，需要画板，将画纸放在画板上开始绘图。

画板：figure。

画纸：Axes/Subplot。

① Matplotlib 绘制折线图：

首先导入 Matplotlib 的 Pyplot 模块：

import matplotlib.pyplot as plt

定义 x 轴和 y 轴上的点：

x=[1，2，3，4]

y=[1，4，9，16]

然后使用 plot 绘制线条：

plt. plot（x，y）

最后使用 show 显示图片：

plt. show（）

完整操作步骤如下：运行 Python IDLE 并按【Ctrl+N】键创建新项目，按以上思路编写代码，并以 lineplot. py 文件名保存项目，然后运行，如图 13－17 所示。

lineplot. py

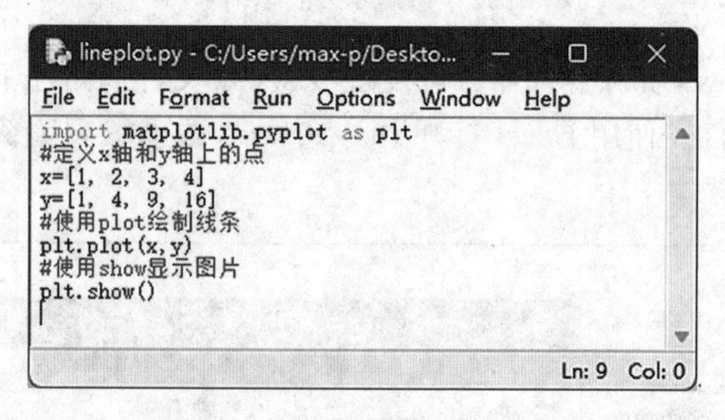

图 13－17　绘制折线图代码

运行后绘制的折线图效果如图 13－18 所示。

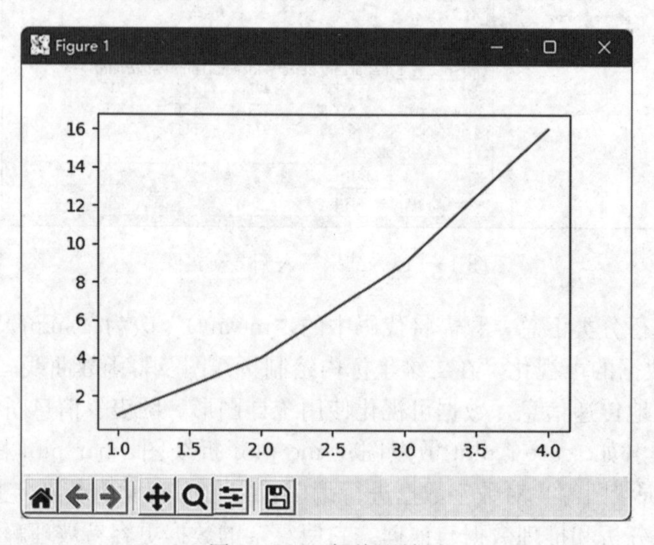

图 13－18　折线图效果

设置线条属性：将折线图线条颜色改为红色虚线，并给图形添加标题。plt. plot 的 color 属性可设置线条颜色，值 r 表示红色（red）。marker 属性用于设置点的形状，值 o 表示点为圆圈标记（circle marker）。linestyle 属性用于设置线条形状，值 dashed 表示虚线。plt. axis 用于设置坐标轴范围，plt. title 用于设置图形标题，plt. xlabel 用于设置 x 坐标轴标题，plt. ylabel 用于设置 y 坐标轴标题。用 Python IDEL 打开刚才保存的 lineplot. py 文件，修改后的代码如图 13－19 所示。

```
import matplotlib.pyplot as plt
#定义x轴和y轴上的点
x=[1, 2, 3, 4]
y=[1, 4, 9, 16]
#使用plot绘制线条
plt.plot(x,y,color='r',marker='o',linestyle='dashed')
#使用show显示图片
plt.axis([0,6,0,20])
plt.xlabel('X-axis')
plt.ylabel('Y-axis')
plt.title('Title')
plt.show()
```

图 13-19　折线图格式化

项目运行结果如图 13-20 所示。

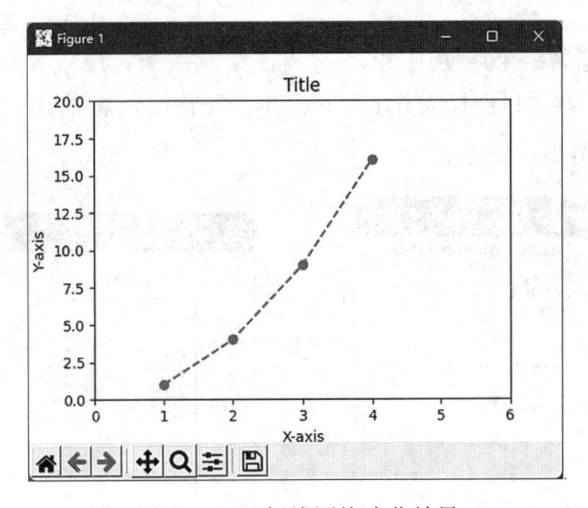

图 13-20　折线图格式化效果

此例中坐标轴及标题参数如果使用中文可能会出现乱码，乱码出现的原因是 Matplotlib 初始化时需加载 Matplotlibrc 配置文件，配置文件包含字体，默认配置文件中无中文字体。可添加如下代码解决：

```
from pylab import *
mpl.rcParams['font.sans-serif']=['SimHei']
plt.rcParams['axes.unicode_minus']=False
```

此方法的缺点是每次使用中文字符均需添加此三行代码，较为烦琐。一劳永逸的解决方法是在字体文件夹中安装中文字体，并在配置文件中指定使用的中文字体。由于篇幅有限，在此不再阐述中文字体安装方法，如有相关需求可网上搜索相关步骤。

② 使用数组绘图：在同一坐标系内绘制 $y=x^n$（$n=1$，$n=2$，$n=3$）幂函数曲线。

本例需要第三方 numpy 包和 matplotlib. pyplot 子包。首先在程序代码头部使用 import numpy as np 及 import matplotlib. pyplot as plt 调用这两个包，然后使用 arange 构建一个一

维等差数组，初值为0，最大值为3，等差值为0.15。构建数组部分代码如下，生成的数组结果如图13-21所示。

```
import numpy as np
t=np.arange(0, 3, 0.15)
```

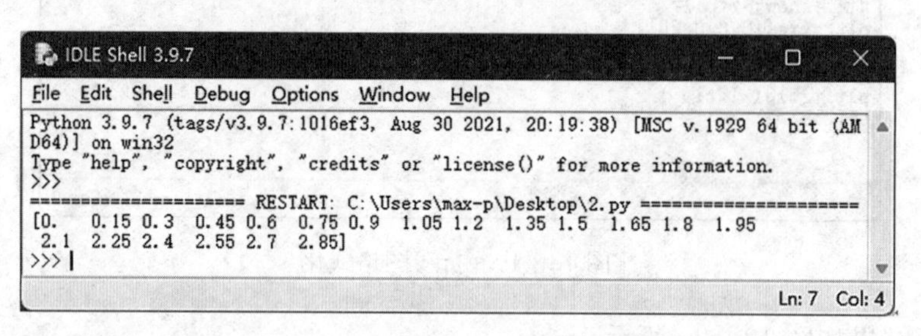

图13-21　arrange生成等差数列

mult _ line. py

计算出幂指数结果后使用plt. plot方法绘制线条，设置x、y轴标题并设置线条颜色为绿色，然后将项目保存为mult _ line. py。完整代码如图13-22所示，生成的线条结果如图13-23所示。

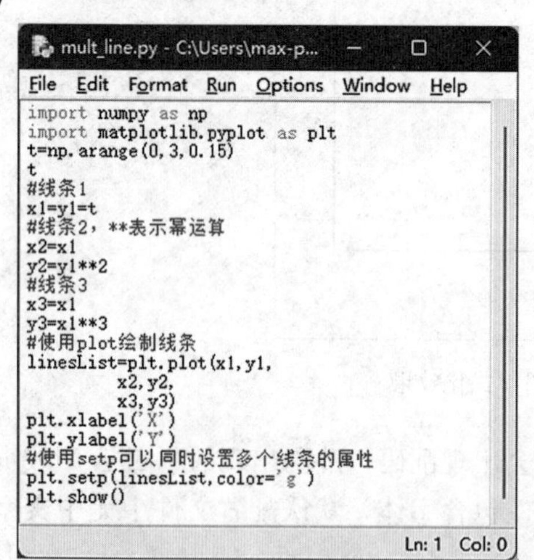

图13-22　多线条绘制代码

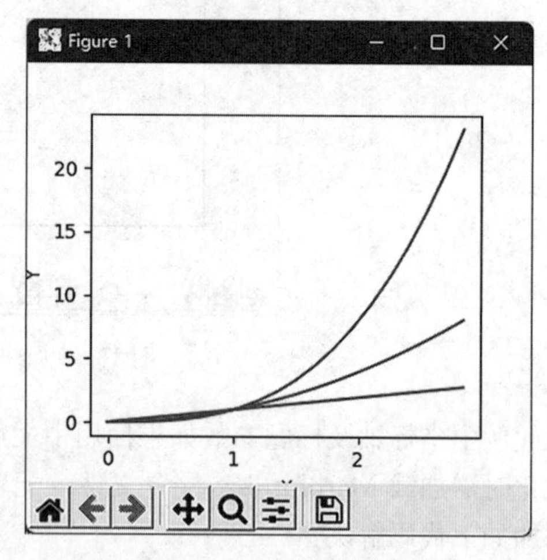

图13-23　多线条绘制结果

（4）通过Python可视化分析阿里巴巴2020年股票数据。

本实例使用Pandas绘图包，它是在Matplotlib基础上封装而成的。本实训需安装以下库，安装方式参照本实训第三方库在线安装方法。

• Pandas-datareader库，安装命令为“pip install pandas-datareader-i https://pypi.douban.com/simple”。

• Openpyxl库，安装命令为“pip install openpyxl -i https://pypi.douban.com/simple”。

步骤一：从alibaba2020.xlsx文件Sheet1工作表导入数据。Python IDLE创建alibaba2020.py项目，与alibaba2020.xlsx文件同路径。导入Excel数据部分代码如下：

```
import pandas as pd
from pandas _ datareader import data
fileNameStr=' alibaba2020. xlsx'
babaDf=pd. read _ excel(fileNameStr， sheet _ name=' Sheet1 ')
```

步骤二：使用折线图绘制股市走势图，绘图部分代码如下：

```
babaDf. plot(x=' Date ',y=' Close ')
plt. xlabel('时 间')
plt. ylabel('股 价(美 元)')
plt. title(' 2017 年阿 里 巴 巴 股 价 走 势')
plt. grid(True)
plt. show()
```

alibaba2020. py

按步骤一、步骤二完成代码，项目完整代码如图 13－24 所示。

保存并运行项目，绘制的折线图效果如图 13－25 所示。

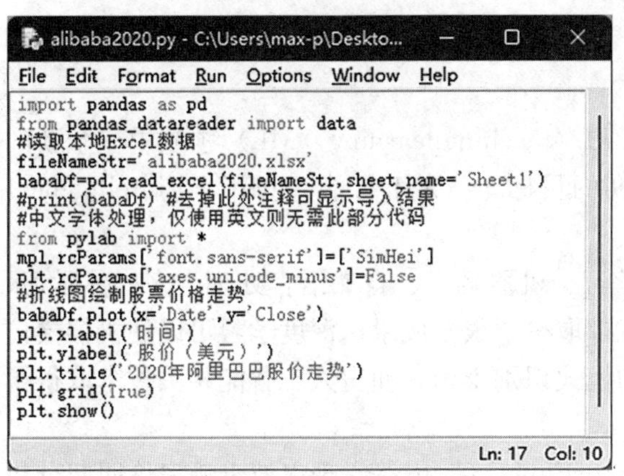

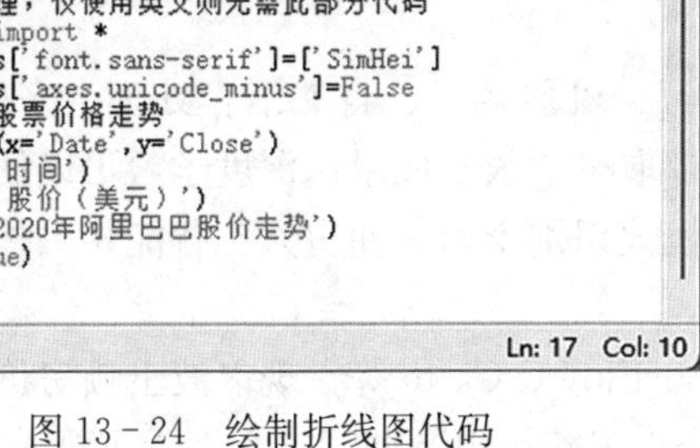

图 13－24 绘制折线图代码

图 13－25 阿里巴巴 2020 年股价走势

步骤三：绘制散点图。要求体现出股价和交易量直接的关系，散点图绘制代码如下，当不填写 kind 参数时，默认为折线图，当填写具体类型时会转换为具体图形，scatter 即散点图。

```
babaDf. plot(x=' Volume ',y=' Close ',kind=' scatter ')
plt. xlabel('成 交 量')
plt. ylabel('股 价(美 元)')
plt. title('成 交 量 和 股 价')
plt. grid(True)
plt. show()
```

将以上代码附入图 13－24 所示项目之后，运行可绘制出散点图（因本例使用数据较多，散点图绘制过程可能较长，绘制期间切勿关闭 Python IDLE 窗口），最终散点图效果如图 13－26

所示。

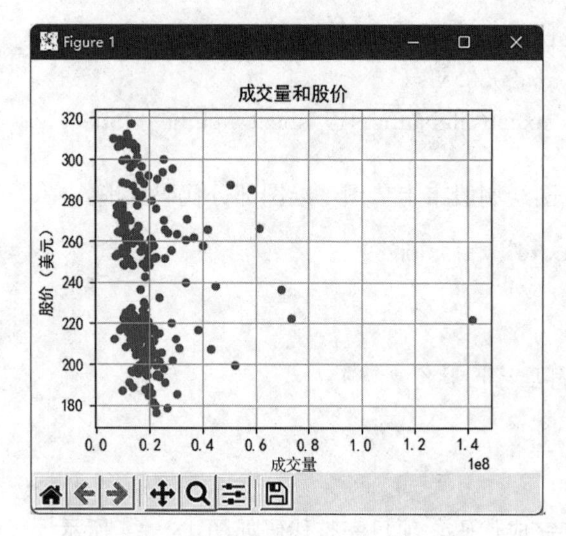

图 13-26　成交量和股价散点图

六　实训延伸

深度学习（deep learning，DL）是机器学习（machine learning，ML）领域中一个新的研究方向，它被引入机器学习使其更接近最初的目标——人工智能（artificial intelligence，AI）。

深度学习在搜索技术、数据挖掘、机器学习、机器翻译、自然语言处理、多媒体学习、语音、推荐和个性化技术，以及其他相关领域都取得了很多成果。深度学习可以使机器模仿视听和思考等人类的活动，解决了很多复杂的模式识别难题，使得人工智能相关技术取得了很大进步。

Python 常用深度学习库有 PyTorch、TensorFlow、Caffe 等，现以波士顿房价回归分析为例简要介绍 TensorFlow 深度学习。为便于分步观察结果及调试，深度学习推荐使用 Anaconda 下的 Spyder IDE。

本例需要安装以下两个库：

pip install scikit-learn -i https://pypi.douban.com/simple

pip install tensorflow -i https://pypi.douban.com/simple

波士顿房价数据集可通过本地 csv 文件或在线 Keras 方式导入。本数据集涵盖了波士顿 506 个不同地区的房屋数据，404 条训练数据集，102 条测试数据集，每条数据集有 14 个字段，包含 13 个属性和 1 个房价的平均值。14 个字段具体介绍如表 13-2 所示。

表 13-2　波士顿房价数据集

序号	变量名	说明	示例
1	CRIM	城镇人均犯罪率	0.00632

（续）

序号	变量名	说明	示例
2	ZN	超过 25000 平方英尺 * 的住宅所占比例	18.0
3	INDUS	城镇非零售业的商业用地所占比例	2.31
4	CHAS	是否被 Charles 河流穿过（1：是，0：否）	0
5	NOX	一氧化氮浓度	0.538
6	RM	每栋住宅的平均房间数	6.575
7	AGE	早于 1940 年建成的自住房比例	65.2
8	DIS	到波士顿 5 个中心区域的加权平均距离	4.09
9	RAD	到达高速公路的便利指数	1
10	TAX	每 10000 美元的全值财产税率	296
11	PTRATIO	城镇中的师生比	15.3
12	B-1000	反映城镇中有犯罪记录人员比例指标，越靠近 0.63 越小	396.90
13	LSTAT	低收入人口的比例	7.68
14	MEDV	自住房屋的平均价格（单位为千美元）	24.0

（1）分别将属性与房价之间的关系进行可视化。首先使用（train _ x，train _ y），（test _ x，test _ y）=boston _ housing. load _ data() 方法加载数据集，在 load _ data()函数中添加参数 test _ split=测试集占全部数据的比例值，然后分别将 14 个属性与房价之间的关系进行可视化，此部分代码如图 13-27 所示，绘制结果如图 13-28 所示。

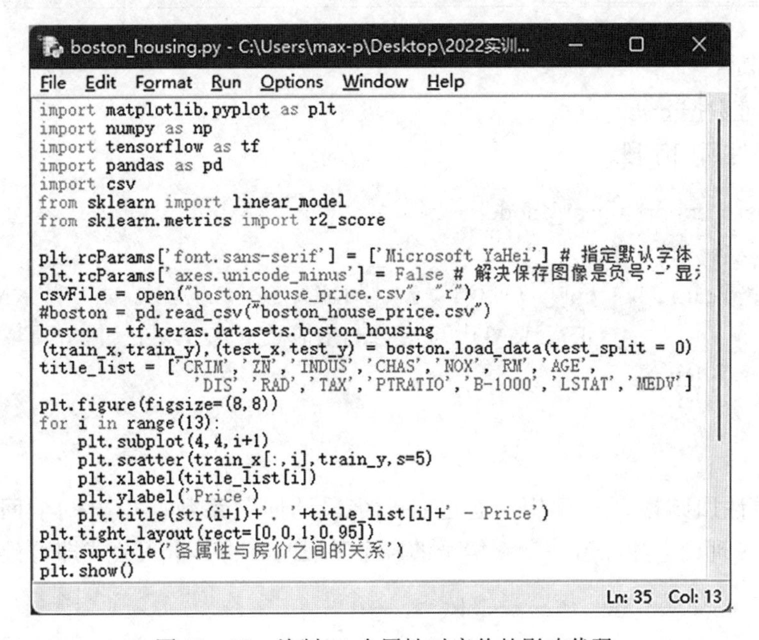


```
import matplotlib.pyplot as plt
import numpy as np
import tensorflow as tf
import pandas as pd
import csv
from sklearn import linear_model
from sklearn.metrics import r2_score

plt.rcParams['font.sans-serif'] = ['Microsoft YaHei'] # 指定默认字体
plt.rcParams['axes.unicode_minus'] = False # 解决保存图像是负号'-'显
csvFile = open("boston_house_price.csv", "r")
#boston = pd.read_csv("boston_house_price.csv")
boston = tf.keras.datasets.boston_housing
(train_x,train_y),(test_x,test_y) = boston.load_data(test_split = 0)
title_list = ['CRIM','ZN','INDUS','CHAS','NOX','RM','AGE',
              'DIS','RAD','TAX','PTRATIO','B-1000','LSTAT','MEDV']
plt.figure(figsize=(8,8))
for i in range(13):
    plt.subplot(4,4,i+1)
    plt.scatter(train_x[:,i],train_y,s=5)
    plt.xlabel(title_list[i])
    plt.ylabel('Price')
    plt.title(str(i+1)+'. '+title_list[i]+' - Price')
plt.tight_layout(rect=[0,0,1,0.95])
plt.suptitle('各属性与房价之间的关系')
plt.show()
```

图 13-27　绘制 14 个属性对房价的影响代码

* 英尺为非法定计量单位，1 英尺≈0.304m。

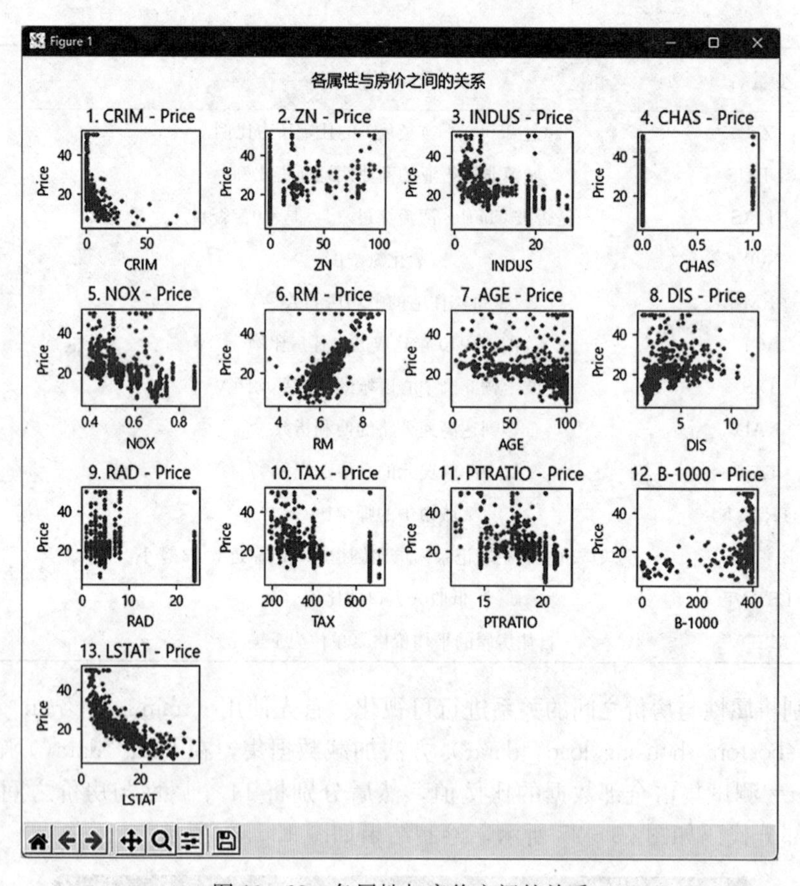

图 13-28　各属性与房价之间的关系

(2) 预测性数据分析。

① 选取线性回归字段：

```
from sklearn import linear_model
#定义线性回归的 x 和 y 变量
x=pd.DataFrame(boston[['CRIM','ZN','INDUS','CHAS','NOX','RM','GE','
                    DIS','RAD','TAX','PRTATIO','B','LSTAT']])
y=boston['PRICE']
```

② 建立线性回归模型并调用：通过各个字段的回归系数，写出一个回归方程：y=ax1+bx2+…。理论上当知道一套新房子的各个字段时，将其带入公式即可预测出价格。

```
clf=linear_model.LinearRegression()
clf.fit(x,y)
print('回归系数:',clf.coef_)
```

回归系数如图 13-29 所示。

```
回归系数：[-1.08011358e-01  4.64204584e-02  2.05586264e-02  2.68673382e+00
 -1.77666112e+01  3.80986521e+00  6.92224640e-04 -1.47556685e+00
  3.06049479e-01 -1.23345939e-02 -9.52747232e-01  9.31168327e-03
 -5.24758378e-01]
```

图 13-29　回归系数

③ 计算回归系数：计算出的回归系数为 0.74，回归拟合效果较好。

```
from sklearn. metrics import r2_score
y_pred=clf. predict(x)
score=r2_score(y,y_pred)
score
print(y_pred)
```

可得出结果为 0.7406426641094094。

④ 进行简单的预测：预测结果如图 13-30 所示，单位为千美元。

```
[30.00384338 25.02556238 30.56759672 28.60703649 27.94352423 25.25628446
 23.00180827 19.53598843 11.52363685 18.92026211 18.99949651 21.58679568
 20.90652153 19.55290281 19.28348205 19.29748321 20.52750979 16.91140135
 16.17801106 18.40613603 12.52385753 17.67103669 15.83288129 13.80628535
 15.67833832 13.38668561 15.46397655 14.70847428 19.54737285 20.8764282
 11.45511759 18.05923295  8.81105736 14.28275814 13.70675891 23.81463526
 22.34193708 23.10891142 22.91502612 31.35762569 34.21510225 28.02056414
 25.20386628 24.60979273 22.94149176 22.09669817 20.42320032 18.03655088
  9.10655377 17.20607751 21.28152535 23.97222285 27.6558508  24.04901809
 15.3618477  31.15264947 24.85686978 33.10919806 21.77537987 21.08493555
 17.8725804  18.51110208 23.98742856 22.55408869 23.37308644 30.36148358
 25.53056512 21.11338564 17.42153786 20.78483633 25.20148859 21.7426577
 24.55744957 24.04295712 25.50499716 23.9669302  22.94545403 23.35699818
 21.26198266 22.42817373 28.40576968 26.99486086 26.03576297 25.05873482
 24.78456674 27.79049195 22.16853423 25.89276415 30.67461827 30.83110623
 27.1190194  27.41266734 28.94122762 29.08105546 27.03977365 28.62459949
 24.72744978 35.78159518 35.11454587 32.25102801 24.58022019 25.59413475
```

图 13-30　房价预测结果

实训延伸练习：

使用 TensorFlow 深度学习识别苹果和香蕉，本实训资源包中提供相关代码和数据集。需在代码中修改训练集路径，有兴趣的同学可以尝试，训练时间由计算机 CPU 或 GPU 性能决定，样本较多时通常需要数小时至数日，计算机可能表现为假死状态。

习题

一、单选题

1. Python 赋值号是（　　）。

　A. ==　　　B. !=　　　C. =　　　D. #=

2. Python 导入一个已有模块或包时，使用（　　）语句。

　A. include　　　B. input　　　C. in　　　D. import

3. Python 输出语句为（　　）。

A. Print　　B. print　　C. printf　　D. output

4. Python IDLE 创建新项目的快捷键为（　　）。

A. 【Ctrl+N】　　B. 【Ctrl+S】　　C. 【Alt+N】　　D. 【Alt+S】

5. Python IDLE 保存项目的快捷键为（　　）。

A. 【Ctrl+N】　　B. 【Ctrl+S】　　C. 【Alt+N】　　D. 【Alt+S】

6. Python IDLE 运行项目的快捷键为（　　）。

A. 【Ctrl+R】　　B. 【Ctrl+S】　　C. 【F2】　　D. 【F5】

7. 下列不合法的 Python 标识符为（　　）。

A. 2022sxau　　B. sxau　　C. SXAU　　D. sxau_2022

8. 表达式 A=1>3 的结果为（　　）。

A. 1>3　　B. True　　C. False　　D. none

9. 计算矩阵乘积需要第三方库（　　）。

A. math　　B. PyCUDA　　C. TensorFlow　　D. Numpy

10. Python 注释语句（　　）程序执行。

A. 参与　　B. 不参与　　C. 编译但不执行　　D. 不一定影响

二、操作题

1. 使用 Pandas 方法导入 iris. csv 文件，并统计文件内花朵峰长、萼片宽度、瓣长、瓣宽的分布情况。

2. 尝试使用 Python 绘制双曲线函数。

3. 绘制 iris. csv 文件内的花朵峰长、萼片宽度、瓣长、瓣宽散点图。

参考答案

实训十四 计算机网络基础应用

一 实训目的

（1）掌握常用网络命令的用法。

（2）掌握局域网配置方法。

（3）掌握同一局域网内文件共享的方法。

知识	能力	素质
▶ 计算机网络基础知识 ▶ IP地址的种类及查看方式 ▶ 局域网内文件的共享方法	▶ 获得和运用知识的能力 ▶ 网络应用能力	▶ 提高学生对网络新技术的学习能力，培养探索能力 ▶ 使学生了解网络安全的极端重要性

二 实训准备

1. 计算机网络基础知识

（1）网络协议。网络协议是为计算机网络中进行数据交换而建立的规则、标准或者说是约定的集合。因为不同用户的数据终端可能采取的字符集是不同的，所以，两者需要进行通信时，必须要在一定的标准上进行。例如，互相不懂对方语言的法国人和德国人无法直接交流，他们可以约定共同使用英语交流，此时英语即起“协议”作用。

网络协议由三个要素组成：

① 语义：语义是解释控制信息每个部分的意义。它规定了需要发出何种控制信息，以及完成的动作与做出什么样的响应。

② 语法：语法是用户数据与控制信息的结构和格式，以及数据出现的顺序。

③ 时序：时序是对事件发生顺序的详细说明，也可称为“同步”。

人们形象地把这三个要素描述为：语义表示要做什么，语法表示要怎么做，时序表示做的顺序。目前互联网上主要使用 TCP/IP 协议，使用 TCP/IP 协议的局域网称为以太网。

（2）IP 地址和端口。IP（Internet protocol），意为“网络之间互连的协议”，即为计算机网络互连通信而设计的协议。在因特网中，IP 协议是能使连接到网上的所有计算机网络实现相互通信的一套规则，规定了计算机在因特网上进行通信时应当遵守的规则。任何厂家生产的计算机系统，只要遵守 IP 协议就可以与因特网互连互通。正是因为有了 IP 协议，因特网才得以迅速发展成为世界上最大的、开放的计算机通信网络。因此，IP 协议也可以叫作因特网协议。IP 地址分为 IPv4 与 IPv6 两大类。2019 年 11 月 26 日，全球所有 43 亿个 IPv4 地址已分配完毕，这意味着没有更多的 IPv4 地址可以分配给 ISP 和其他大型网络基础设施提供商。IPv6 则数量众多，号称可为地球上每粒沙子分配一个地址。截至目前，我国 IPv6（互联网协议第六版）规模部署实现跨越式发展，IPv6 网络“高速公路”全面建成，活跃用户约 6 亿，居世界首位，信息基础设施 IPv6 服务能力已基本具备。

本实训以广泛使用的 IPv4 为例。IP 地址分类及编址方式详见本实训延伸部分。

计算机“端口”可以认为是计算机与外界通信交流的出口。其中，硬件领域的端口称为接口，如 USB 端口、串行端口等。软件领域的端口一般指网络中面向连接服务和无连接服务的通信协议端口，是一种抽象的软件结构。

常用的保留 TCP 端口号有 HTTP 80、HTTPS 443、FTP 20/21、Telnet 23、SMTP 25、DNS 53 等。

常用的保留 UDP 端口号有 DNS 53、BootP 67(server)/68(client)、TFTP 69、SNMP 161 等。

(3) 域名和 DNS。域名（domain name），简称网域，是由一串用“.”分隔的名字组成的 Internet 上某一台计算机或计算机组的名称，如山西农业大学网站域名为 www. sxau. edu. cn，用于在数据传输时标识计算机的电子方位（有时也指地理位置）。

域名称系统（domain name system，DNS）有时也简称为域名，是因特网的一项核心服务，它作为可以将域名和 IP 地址相互映射的一个分布式数据库，能够使人更方便地访问互联网，而不用去记住能够被机器直接读取的 IP 地址串。例如，www. sxau. edu. cn 是一个域名，和 IP 地址 211. 82. 8. 2 相对应。DNS 就像是一个自动的电话号码簿，我们可以直接拨打 sxau 的名字来代替电话号码（IP 地址）。当直接调用网站的名字以后，DNS 就会将便于人类使用的名字（如 www. sxau. edu. cn）转化成便于机器识别的 IP 地址（如 211. 82. 8. 2）。域名与 IP 并非一一映射关系，很多商业网站为使不同地域的用户访问体验更佳，往往部署多个镜像服务器，一个域名对应若干个 IP 地址，用户使用的当地子 DNS 服务器可解析出延迟最低的 IP 地址。

(4) 物理地址。物理地址又称 MAC 地址，就如同身份证上的身份证号码，具有全球唯一性。在网络底层的物理传输过程中，主机是通过物理地址被识别的，它一般也是全球唯一的。如以太网卡，其物理地址大小是 48bit（比特），前 24 位是厂商编号，后 24 位为网卡编号，如 44-45-53-54-00-00，以机器可读的方式存入主机接口中。以太网地址管理机构（IEEE）将以太网地址，也就是 48bit 的不同组合，分为若干独立的连续地址组，生产以太网网卡的厂家就购买其中一组，具体生产时，逐个将唯一地址赋予以太网卡。

2. Windows 命令提示符

在 Windows 2000 之后的版本中，命令行程序为 cmd. exe，是一个 32 位的命令行程序，微软 Windows 系统基于 Windows 上的命令解释程序，类似于微软的 DOS 操作系统。输入一些命令，cmd. exe 可以执行。打开方法：单击“开始”菜单，单击“运行”命令或按【⊞+R】键，输入“cmd”，然后回车，命令提示符也可以执行批处理 BAT 文件。

3. 常用网络命令

（1）netstat 命令。netstat 用于显示与 IP、TCP、UDP 和 ICMP 协议相关的统计数据，一般用于检验本机各端口的网络连接情况。

（2）ping 命令。ping 主要用于确定网络的连通性，以及网络连接的状况。通过 ping 命令可排除网络访问层、Adaptor（网卡）、Modem（调制解调器）的 I/O 线路、电缆和路由器等存在的故障，从而缩小故障范围。

① 命令格式：

ping　域名（如 www. baidu. com，www. sxau. edu. cn）

ping　目标 IP 地址（如 211. 82. 8. 5）

②ping 命令的常用参数选项：

ping IP－t：连续对目标 IP 地址执行 ping 命令，直到被用户以【Ctrl＋C】中断。

ping IP－l 500：指定 ping 命令中的特定数据长度（此处为 500 字节），而不是默认的 32 字节。

ping IP－n 10：执行特定次数（此处为 10）的 ping 命令。

（3）ipconfig 命令。ipconfig 命令可用于显示当前的 TCP/IP 配置的设置值。这些信息一般用来检验人工配置的 TCP/IP 设置是否正确。

ipconfig 常用的参数选项：

ipconfig：当使用不带任何参数选项的 ipconfig 命令时，可以显示每个已经配置了的接口的 IP 地址、子网掩码和缺省网关值。

ipconfig/all：当使用 all 选项时，ipconfig 能为 DNS 和 WINS 服务器显示它已配置且所有使用的附加信息，并且能够显示内置于本地网卡中的物理地址（MAC）。如果 IP 地址是从 DHCP 服务器租用的，ipconfig 还将显示 DHCP 服务器分配的 IP 地址和租用地址预计失效时间。

ipconfig/release 和 ipconfig/renew：这两个参数只能在向 DHCP 服务器租用 IP 地址的计算机中使用。如用户输入 ipconfig /release，那么所有接口租用的 IP 地址将被释放并交还给 DHCP 服务器（归还 IP 地址）。如用户输入 ipconfig /renew，则本地计算机将与 DHCP 服务器取得联系，并租用一个 IP 地址。

（4）nslookup 命令。nslookup 命令的功能是查询任何一台机器的 IP 地址和其对应的域名。它通常需要一台域名服务器来提供域名。如果用户已经设置好域名服务器，就可以用这个命令查看不同主机的 IP 地址对应的域名。

注意：cmd 命令不区分大小写，但参数有大小写之分。

4. 网络层次划分

为使不同计算机系统的计算机能够相互通信，以便在更大的范围内建立计算机网络，国际标准化组织（ISO）在 1978 年提出了“开放系统互连参考模型”，即著名的 OSI/RM 模型（Open System Interconnection/Reference Model）。它将计算机网络体系结构的通信协议划分为七层，自下而上依次为：物理层（physics layer）、数据链路层（data link layer）、网络层（network layer）、传输层（transport layer）、会话层（session layer）、表示层（presentation layer)、应用层（application layer）。其中，第四层完成数据传送服务，上面三层面向用户。

除了标准的 OSI 7 层模型以外，常见的网络层次划分还有 TCP/IP 4 层协议以及 TCP/IP 5 层协议，它们之间的对应关系如图 14－1 所示。

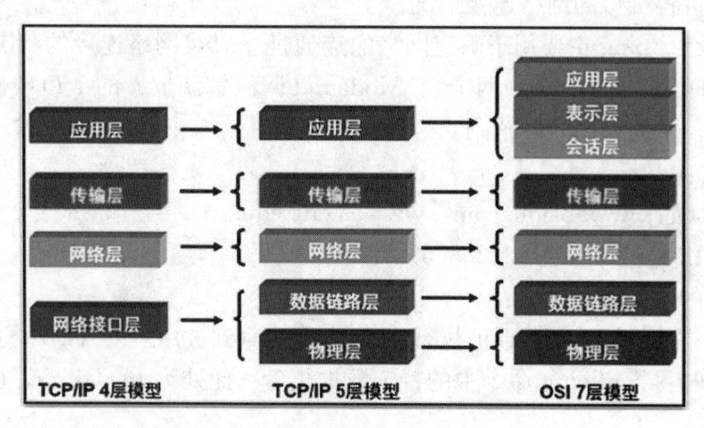

图 14－1　网络层次模型

5. 常用的网络设备

（1）光猫。光猫又称光调制解调器（modem），也称为单端口光端机。光纤通信因其频带宽、容量大等优点而迅速发展成为当今信息传输的主要形式，要实现光通信就必须进行光的调制解调。基带调制解调器由发送、接收、控制、接口、操纵面板及电源等部分组成。数据终端设备以二进制串行信号形式提供发送的数据。光调制解调器是一种类似于基带调制解调器的设备，和基带调制解调器不同的是，光调制解调器接入的是光纤专线，是光信号。随着人们对网络带宽不断增长的需求及光纤通信成本的持续降低，我国光纤到户已经基本普及，家用光猫通常集成路由器功能，外观通常如图 14－2 所示，属 OSI 网络层设备。

（2）路由器。路由器（router）是连接两个或多个网络的硬件设备，在 OSI/RM 中完成网络层中继以及第三层中继任务，对不同的网络之间的数据包进行存储、分组转发处理。数据在一个子网中传输到另一个子网中，可以通过路由器的路由功能进行处理。在网络通信中，路由器具有判断网络地址以及选择 IP 路径的作用，可以在多个网络环境中，构建灵活的链接系统，通过不同的数据分组以及介质访问方式对各个子网进行链接。简而言之，跨网数据传输需要用到路由器，在网络间起网关的作用。路由器网络侧通常使用 RJ45 双绞线连接，用户侧可使用无线传输，即无线路由器，其外观如图 14－3 所示。

图 14－2　家用光猫

图 14－3　无线路由器

（3）交换机。交换机（switch）意为“开关”，是一种用于电（光）信号转发的网络设备。它可以为接入交换机的任意两个网络节点提供独享的电信号通路。这个产品是由原集线器升级换代而来的，在外观上看和集线器没有很大的区别。交换机内部的CPU会在每个端口成功连接时，通过将MAC地址和端口对应，形成一张MAC表。交换机通过观察每个端口的数据帧获得源MAC地址，交换机在内部的高速缓存中创建MAC地址与端口的映射表。当交换机接收的数据帧的目的地址在该映射表中被查到时，交换机便将该数据帧送往对应的端口，如果查不到，便将该数据帧广播到该端口所属虚拟局域网（VLAN）的所有端口，如果有回应数据包，交换机便将在映射表中增加新的对应关系。当交换机初次加入网络中时，由于映射表是空的，所以，所有的数据帧将发往虚拟局域网中的全部端口直到交换机“学习”到各个MAC地址为止。最常见的交换机是以太网交换机。交换机工作于OSI参考模型的第二层，即数据链路层，外观如图14-4所示。

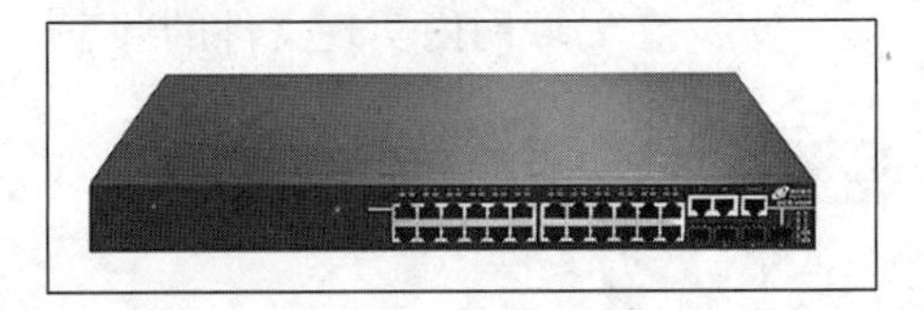

图14-4 交换机

（4）网卡。网卡又称网络适配器（network adapter）或网络接口卡（network interface card），是一块被设计用来允许计算机在计算机网络上进行通信的计算机硬件。每块网卡拥有唯一的48位MAC地址，写在卡上ROM中，位于OSI模型的第一层和第二层之间。电气电子工程师协会（IEEE）负责为网络接口控制器（网卡）销售商分配唯一的MAC地址。网卡和局域网之间的通信一般通过RJ45插头的双绞线（图14-5）以串行传输方式进行。网卡（图14-6）以前是作为扩展卡插到计算机总线上的，但是由于其价格低廉，大部分新的计算机都在主板上集成了网络接口。PC主板或主板芯片中集成了以太网卡功能，或是通过PCI（或者更新的PCI-Express总线）插槽连接至主板。除非需要多接口或者使用其他种类的网络，否则不再需要一块独立的网卡，甚至更新的主板可能含有内置的双网络（以太网）接口。

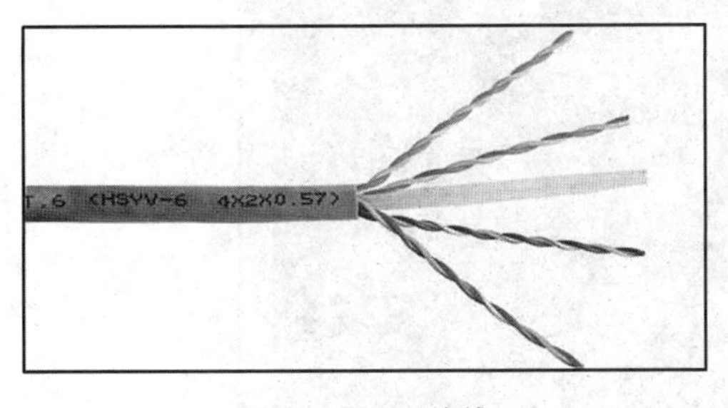

图14-5 双绞线

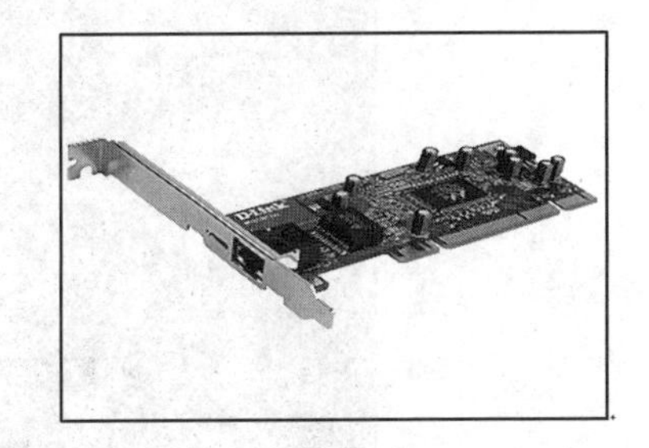

图14-6 网卡

三 实训内容

（1）学习Windows下常用的cmd命令及参数意义。

（2）查看本机局域网IP地址，并对本机网络进行基本配置。

（3）在同一局域网内实现文件的共享。

四 实训要求

（1）查看当前计算机在局域网中的 IP 地址和网关 IP 以及使用的 DNS 服务器。
（2）查看当前计算机网络所有通信端口状态。
（3）查看 www. sxau. edu. cn 域名所对应的 IP 地址。
（4）修改本地计算机 IP 地址。
（5）在局域网内实现文件的共享。

五 实训步骤

按【⊞+R】键，打开“运行”对话框，输入“cmd”，如图 14－7 所示，按回车，打开命令提示符窗口，如图 14－8 所示。

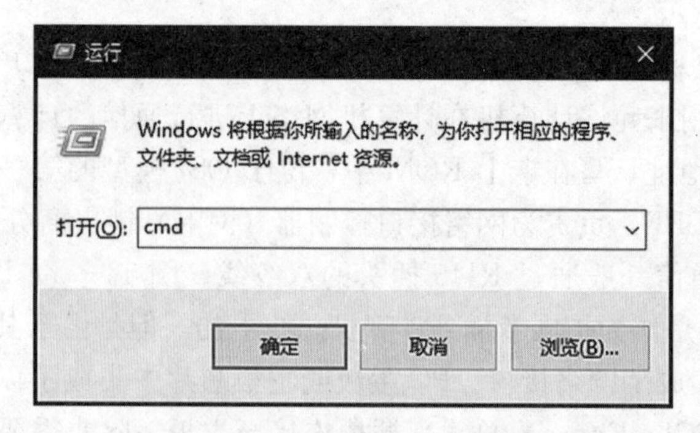

图 14－7 “运行”对话框

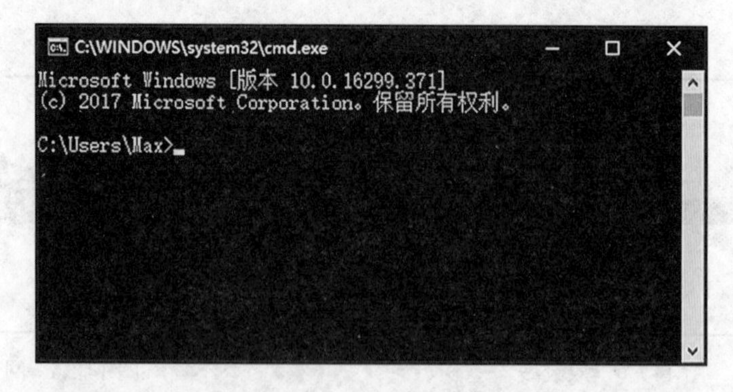

图 14－8 命令提示符窗口

（1）查看当前计算机在局域网中的 IP 地址和网关 IP 以及使用的 DNS 服务器。在命令提示符窗口内输入命令“ipconfig/all”，如图 14－9 所示。

在如图 14－9 所示的运行界面内，“以太网适配器 以太网”部分的“物理地址”即本机 MAC 地址，“无线局域网适配器 WLAN”部分的“IPv4 地址”即本机 IPv4 地址，“默认网关”即本机所在局域网的网关，“DNS 服务器”即本机所应答的 DNS 服务器。

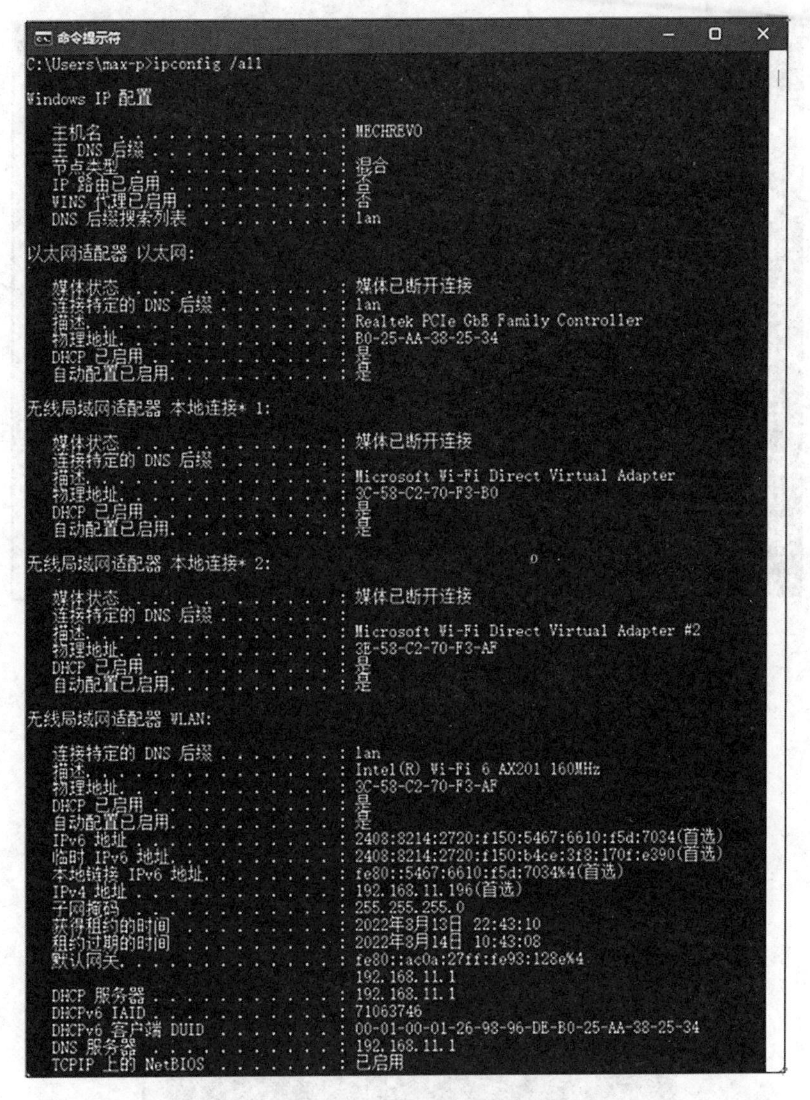

图 14－9　ipconfig 命令

（2）查看当前计算机网络所有通信端口状态。在命令提示符窗口内输入命令“netstat”，如图 14－10 所示。

在如图 14－10 所示的运行界面内，列出了当前计算机所有内部地址与外部地址 TCP 协议通信使用的端口。如需查看当前计算机所有正在使用的 TCP/UDP 端口，可使用带参数命令“netstat－a”。

（3）查看 www.sxau.edu.cn 域名所对应的 IP 地址。在命令提示符窗口内输入命令“nslookup www.sxau.edu.cn”，如图 14－11 所示。

在如图 14－11 所示的运行界面内，“服务器”“Address”项列出本次域名查询使用的是百度公共 DNS 服务器，其地址是 180.76.76.76。三次出现“DNS request timed out. timeout was 2 seconds”表示本次域名查询遇到三次超时，每次超时 2 秒，表明百度 DNS 在当前网络中并非最佳 DNS，可能会造成网页打开缓慢，可以考虑更改本机 DNS 服务

图 14-10 netstat 命令

```
命令提示符
Microsoft Windows [版本 10.0.16299.248]
(c) 2017 Microsoft Corporation。保留所有权利。

C:\Users\Administrator>nslookup www.sxau.edu.cn
服务器:  public-dns-a.baidu.com
Address:  180.76.76.76

DNS request timed out.
    timeout was 2 seconds.
DNS request timed out.
    timeout was 2 seconds.
非权威应答:
DNS request timed out.
    timeout was 2 seconds.
名称:    www.sxau.edu.cn
Address:  211.82.8.2


C:\Users\Administrator>
```

图 14-11 nslookup 命令

器，方法详见本实训要求（4）中“修改本地计算机 IP 地址”部分。由上可知，“名称”和“Address”项列出本次查询的域名以及对应的 IP 地址。

注意：不同地区、不同 ISP 一般使用不同的子 DNS 服务器，一般不建议修改，使用 ISP 默认 DNS 服务器即可（设置为“自动获得 DNS 服务器地址”）。如读者想用其他 DNS，建议使用如下公共 DNS：

百度 DNS：180.76.76.76

阿里云 DNS：223.5.5.5

腾讯 DNS：119.29.29.29

114DNS：114.114.114.114

谷歌 DNS：8.8.8.8、8.8.4.4

Cloudflare DNS：1.1.1.1

可以使用 ping 命令找出延迟最低、丢包率最低的 DNS 作为本机 DNS，方法如图 14－12 所示。

如图 14－12 所示，时间表示本机到目标 IP 地址所用的时间，越短越好，数据包丢失率越低越好。

（4）修改本地计算机 IP 地址。进入“控制面板”，“查看方式”选择“小图标”，如图 14－13 所示。

单击“网络和共享中心”，如图 14－14 所示。然后单击“更改适配器设置”，在所需要修改 IP 的网络连接上单击右键，如图 14－15 所示。

图 14－12　ping 命令

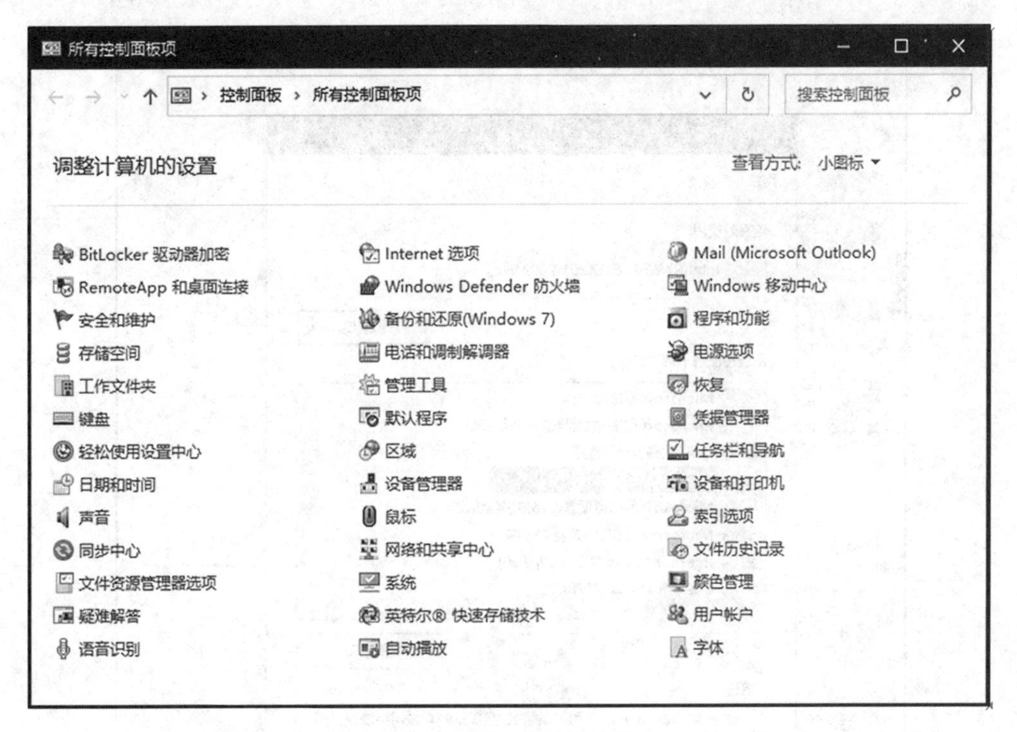

图 14－13　控制面板

在如图 14－15 所示的网络连接属性对话框内，单击“Internet 协议版本 4（TCP/IPv4）”选项，然后单击“属性”按钮，或在“Internet 协议版本 4（TCP/IPv4）”文字上双击，弹出“Internet 协议版本 4（TCP/IPv4）属性”对话框，如图 14－16 所示。

默认情况下，网络连接使用“自动获得 IP 地址”，如果想设置成指定 IP，选择“使用下面的 IP 地址”，指定的 IP 必须在交换机允许的范围内，并且跟网关处于同一子网内。通

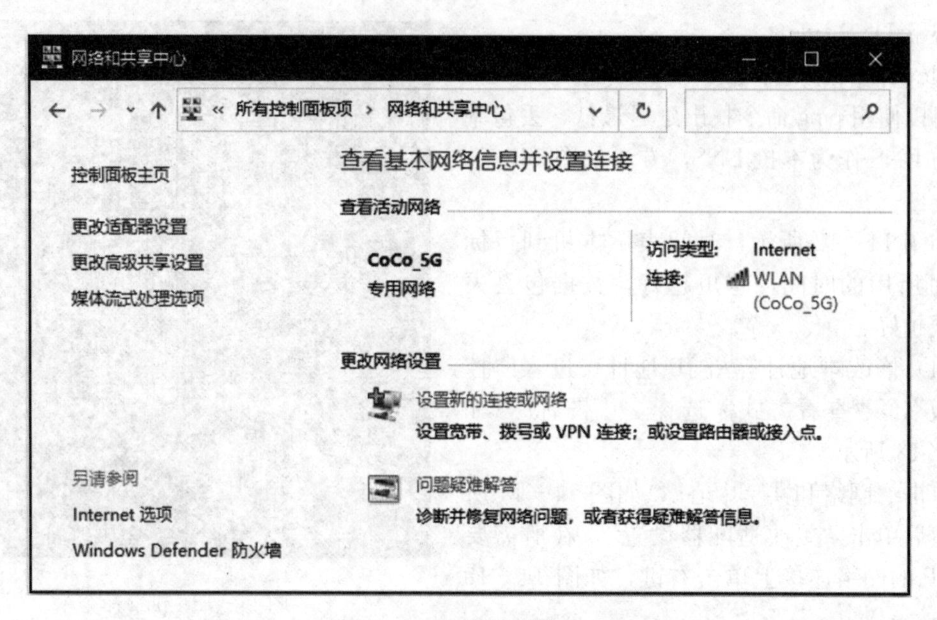

图 14－14　网络和共享中心

图 14－15　网络属性对话框

常情况下子网掩码无须计算，单击子网掩码框会自动生成。默认网关地址可通过 ipconfig 查得或咨询网络管理员。DNS 建议使用自动获取，如需自定义请单击“使用下面的 DNS 服务器地址”，填入指定的 DNS 地址。单击“确定”保存，如此时弹出 IP 冲突警示框，则需按上述方法重新设置 IP 地址，直至成功，单击“确定”保存生效。

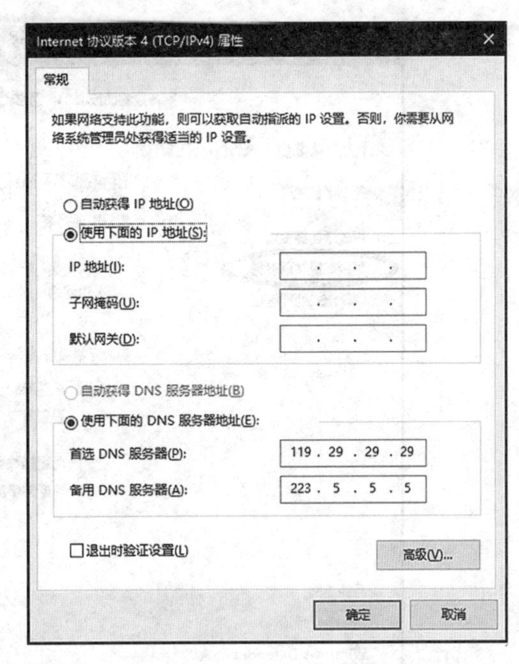

图 14－16　IPv4 属性

（5）在局域网内实现文件的共享。Windows 7、Windows 10、Windows 11 关于文件共享方式的操作步骤基本一致（Windows 8 因产品寿命较短未做测试），以上任意系统操作皆可。文件共享服务器端和客户端必须在同一局域网内。因 Windows10、Windows 11 每半年大更新功能一次，可能导致部分选项位置略有变化。

① 进入“控制面板”的“网络和共享中心”，查看活动网络类型，如专用网络、公用网络等，如图 14－17 所示。

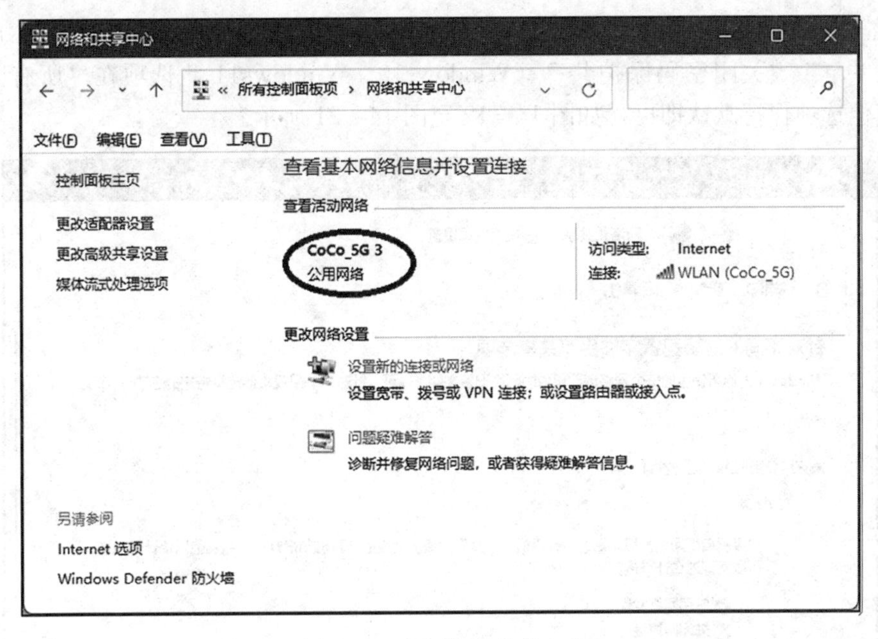

图 14－17　网络和共享中心

如当前网络活动类型为专用网络，则可跳过网络发现、文件和打印机共享设置步骤。公用网络下系统默认关闭网络发现、文件和打印机共享功能。如需在当前活动网络类型为公用网络的以太网中使用文件共享，可单击如图 14－18 所示的“更改高级共享设置”选项。

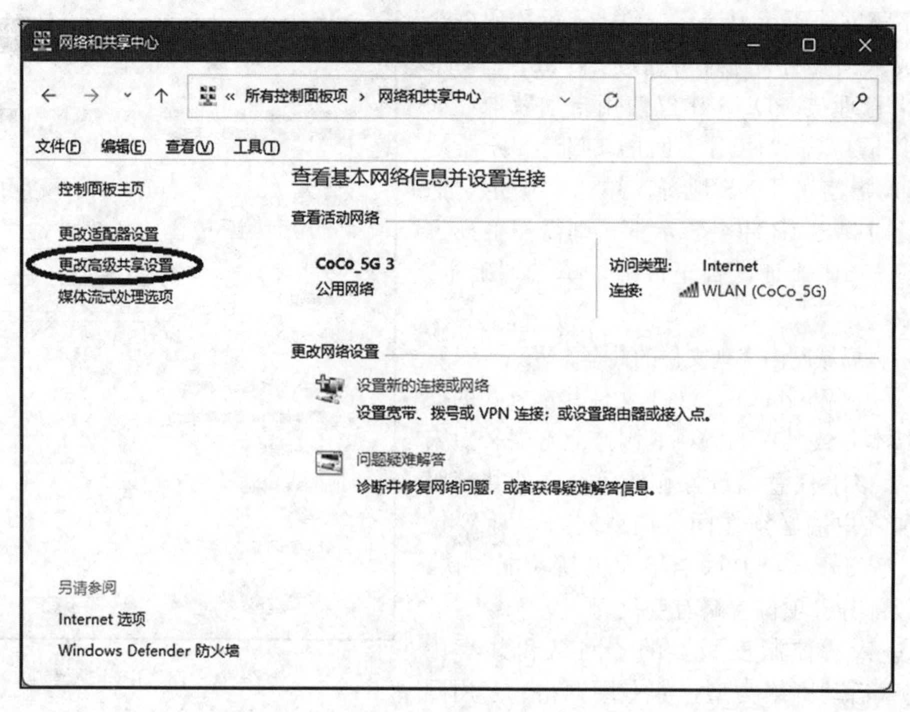

图 14-18　网络位置

② 在“来宾或公用（当前配置文件）”部分选择以下选项：“启用网络发现”“启用文件和打印机共享”“关闭密码保护共享（Windows10、Windows11 此选项在‘所有网络’部分）”，其他选项保持默认即可，如图 14-19 至图 14-21 所示。

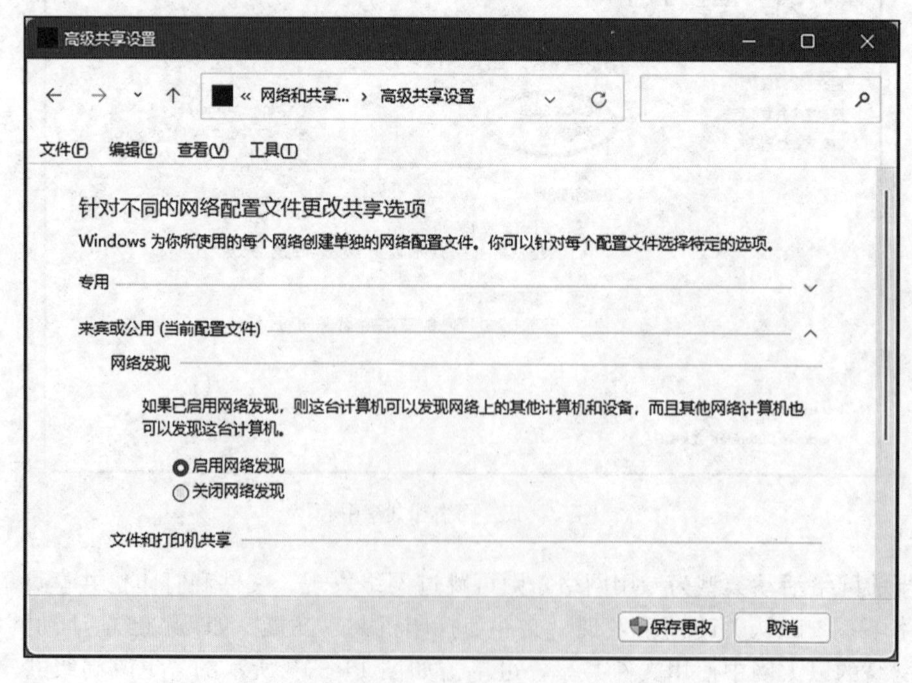

图 14-19　高级共享设置（1）

所示。

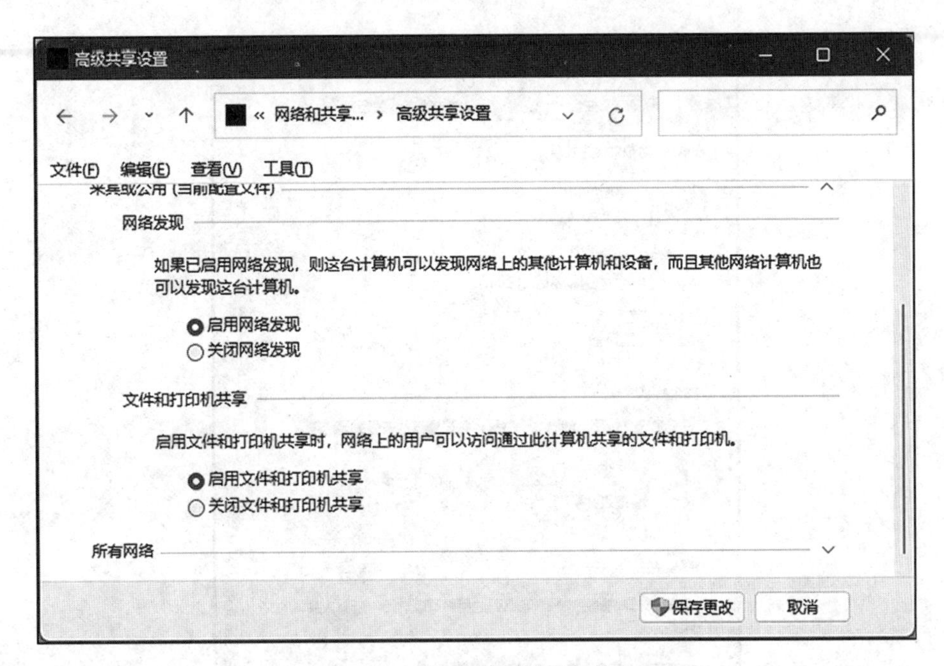

图 14－20　高级共享设置（2）

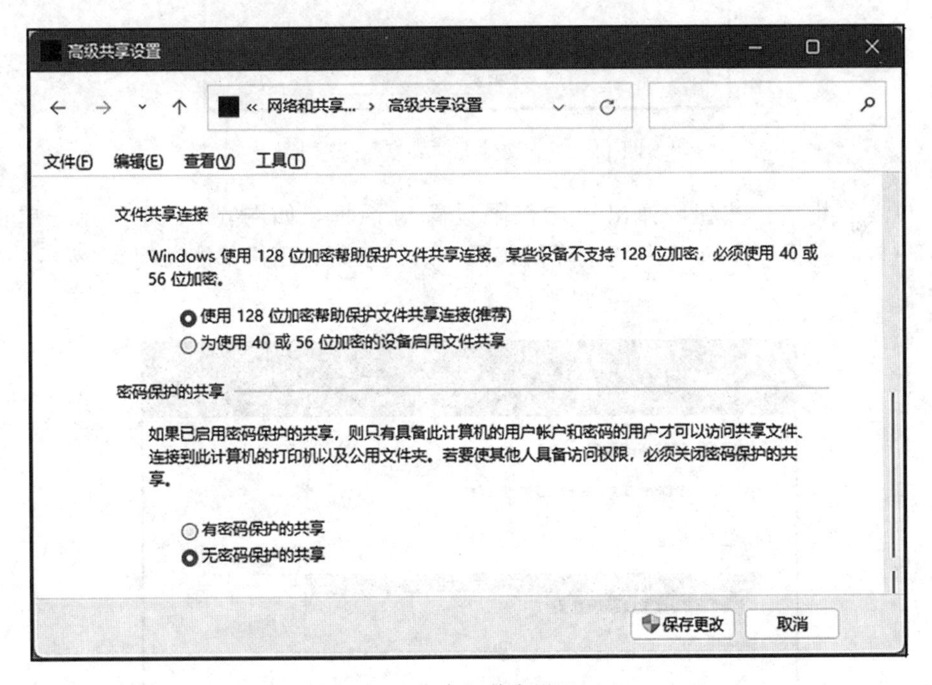

图 14－21　高级共享设置（3）

可根据用户安全需求将 Windows 共享密码保护开启或关闭，保存修改即可，如图 14－21 所示。

在 D 盘新建文件夹“downloads”，将 Office 作业全部放入该文件夹内，然后在文件夹上单击右键，然后在属性对话框中选择“共享”选项卡，如图 14－22 所示。

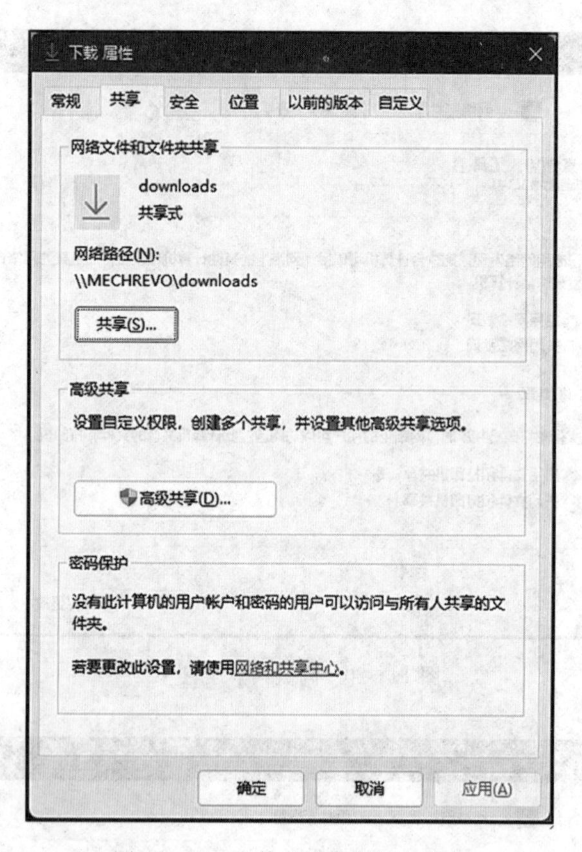

图 14－22　文件夹“共享”选项卡

③ 单击“共享”按钮，弹出用户权限设置对话框，如图 14－23 所示，单击选择“Guest”(注：选择“Guest”是为了降低权限，以便于所有用户都能访问)，然后单击“共享”按钮。

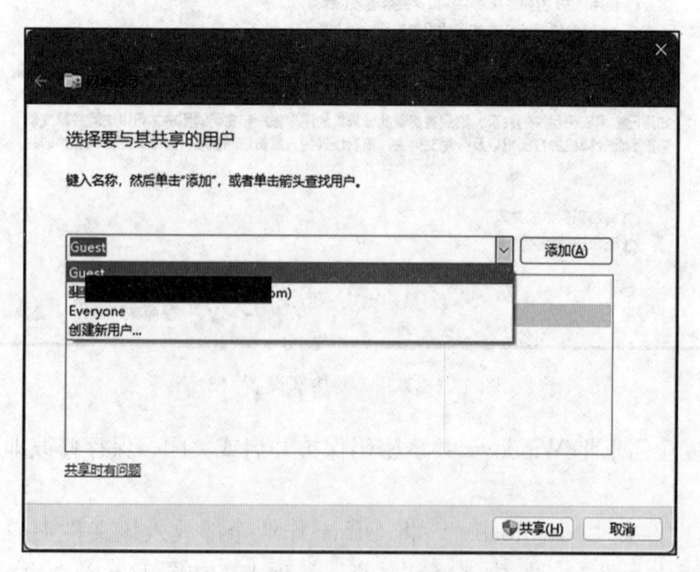

图 14－23　用户权限设置对话框

④ 单击“高级共享”按钮选择“共享此文件”，如图 14－24 所示，同时共享用户数可根据实际需求进行调整，不建议设置过大值，并设置来访用户的只读权限，如图 14－25 所示。

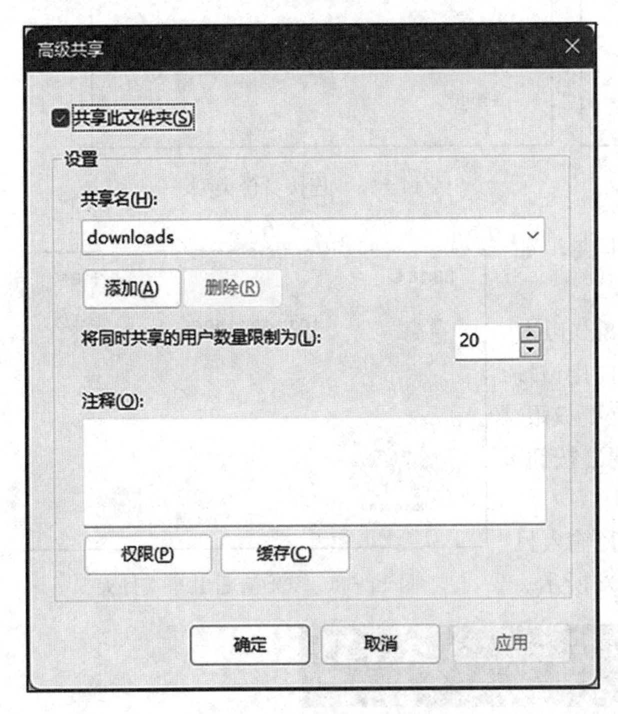

图 14－24　高级共享设置

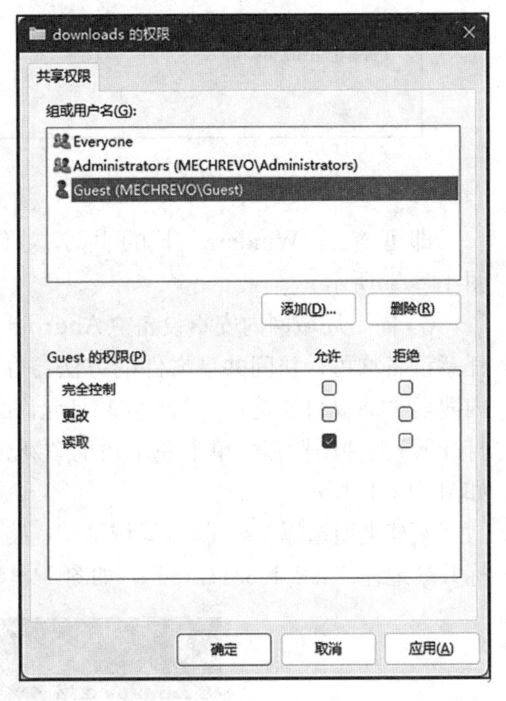

图 14－25　权限设置

至此共享文件服务器端已经设置完成，下面所述为客户端访问方法。

⑤ 其他 Windows 用户在运行窗口输入“\\ 服务器 IP”（如 \\ 192.168.11.196）访问共享文件，如图 14－26 所示，或直接通过网上邻居查看共享文件。

⑥ 同一局域网内 iOS 设备访问共享文件的方法：打开“文件”App，单击右上角的三个点，如图 14－27 所示。单击“连接服务器”，输入共享文件服务器 IP 地址“192.168.11.196”，然后单击“连接”，如图 14－28 所示。

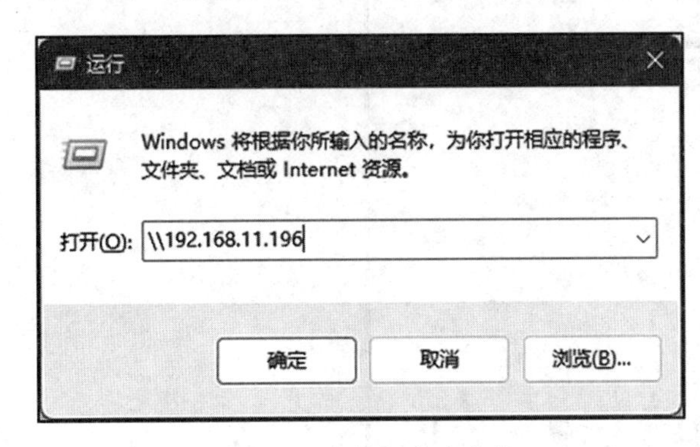

图 14－26　访问共享文件

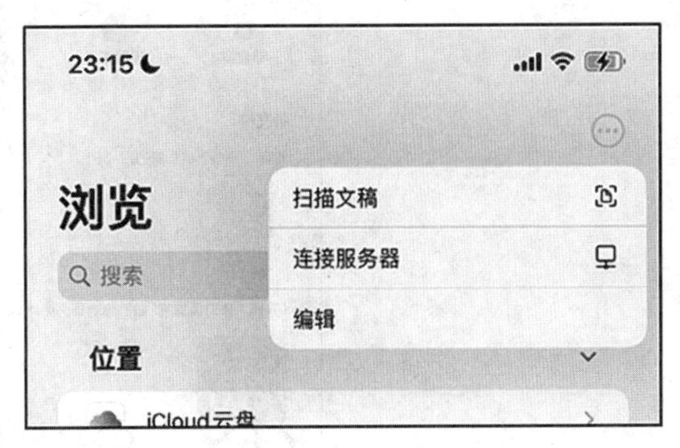

图 14－27　iOS“文件”App

连接服务器类型选择“客人”，单击“下一步”，如图 14－29 所示。

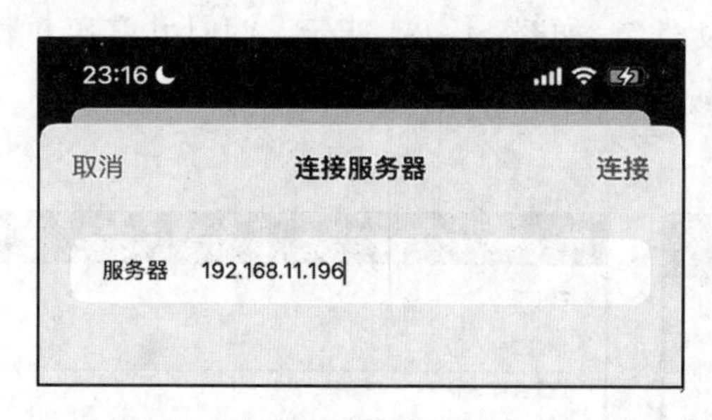

图 14-28 连接目标 IP 地址

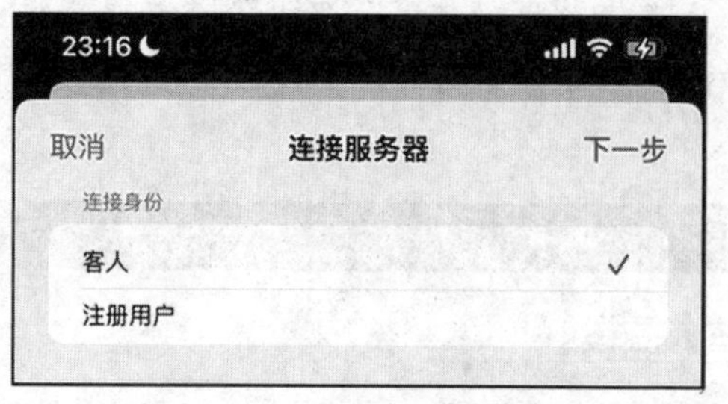

图 14-29 连接身份类型

即可查看 Windows 下的共享文件夹，如图 14-30所示。

⑦ 同一局域网内安卓设备（Android 8.0 以上任意设备均可）访问共享文件的方法：在应用市场内搜索“ES 文件浏览器”App 安装且允许必要权限。打开 ES 文件浏览器，单击左下角的“新建”按钮，如图 14-31 所示。

新建类型选择“samba（局域网）”，路径输入目标共享地址“192.168.11.196”，如图 14-32 所示。

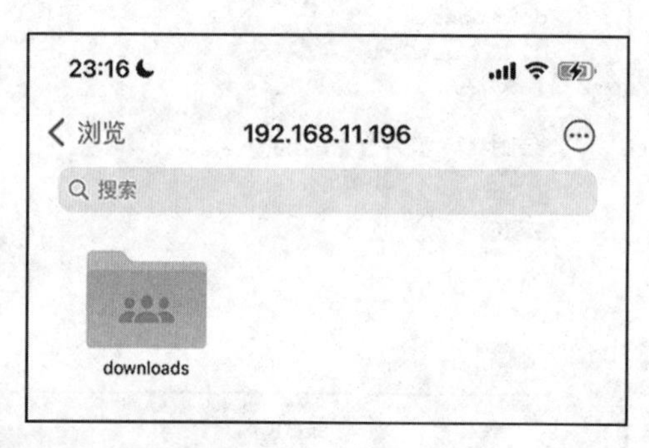

图 14-30 iOS 查看共享文件夹

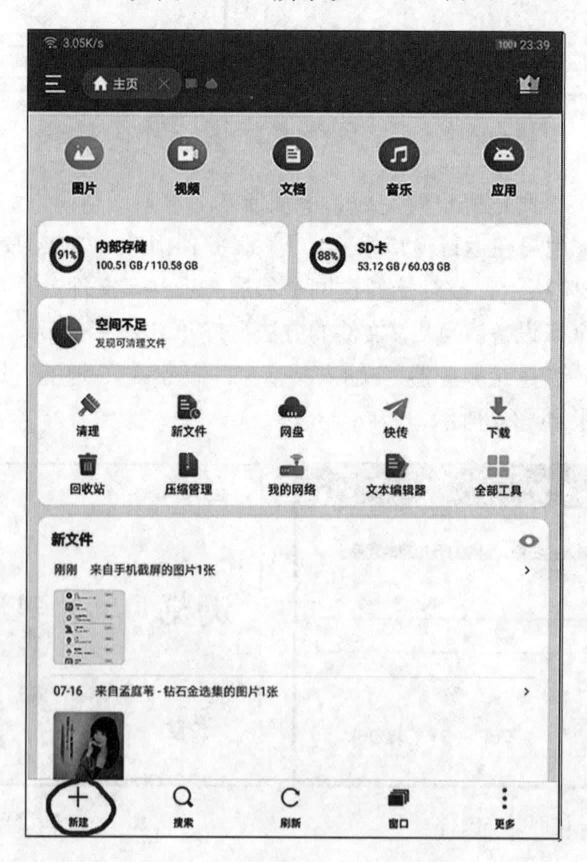

图 14-31 ES 文件浏览器界面

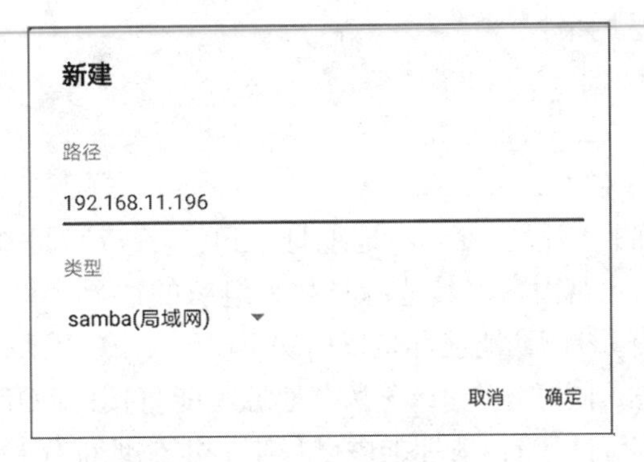

图 14－32　新建共享连接

单击“确定”，即可查看 Windows 下的共享文件夹，如图 14－33 所示。

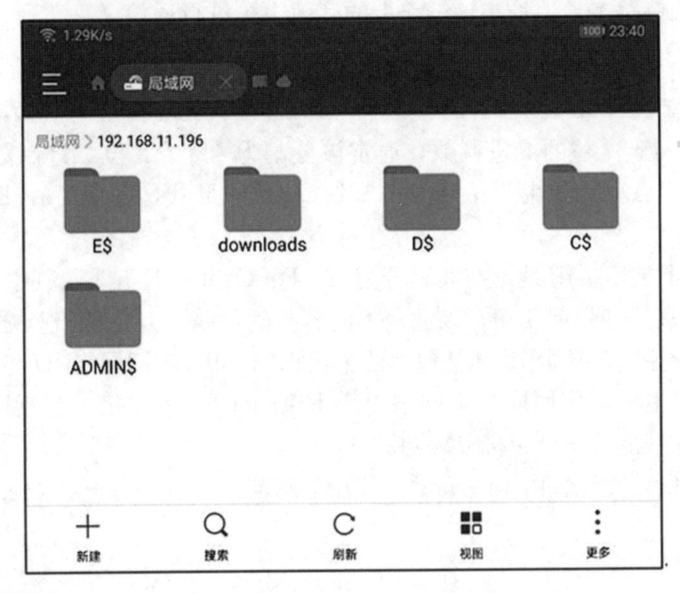

图 14－33　安卓设备查看共享文件夹

至此，常用操作系统平台共享成功。

六　实训延伸

1. IP 地址类型

公有地址：公有地址（public address）由 Inter NIC（Internet Network Information Center，因特网信息中心）负责。这些 IP 地址分配给注册并向 Inter NIC 提出申请的组织机构，用户申请使用公有 IP 需要缴纳一定的费用，通过它可直接访问因特网。

私有地址：私有地址（private address）属于非注册地址，免费使用，常用于以太网（即使用 TCP/IP 协议的局域网）内。私有 IP 无法直接被互联网所访问，不仅节省了 IP 地址资源，而且相对于公有 IP 地址，它更加安全。

（1）IPv4 的私有地址网络段。

A 类：10.0.0.0～10.255.255.255

B 类：172.16.0.0～172.31.255.255

C 类：192.168.0.0～192.168.255.255

（2）IPv6 的私有地址网络段。唯一本地地址（FC00::/7）是本地全局的，它应用于本地通信，但不通过 Internet 路由，将其范围限制为组织的边界。由于 IPv6 没有 A 类、B 类和 C 类的划分，因此所有私有 IP 地址都是以前缀 FEC0::/10 开头的，这个前缀可以给内部网络所有节点和网络设备，同样这个 IPv6 私有地址不能直接访问互联网。

站点本地地址（FEC0::/10）：新标准中已被唯一本地地址代替。

链路本地地址（FE80::/10）：仅用于单个链路（链路层不能跨 VLAN）。某一节点可使用链路本地地址与同一个链路上的相邻节点进行通信。例如，在没有路由器的单链路 IPv6 网络上，主机使用链路本地地址与该链路上的其他主机进行通信。

2. IPv4 地址分类

IPv4 地址是一组 32 位的二进制数，通常被分割为 4 个“8 位二进制数”（即 4 字节）。IPv4 地址通常用“点分十进制”表示成（a.b.c.d）的形式，其中，a，b，c，d 都是 0～255 的十进制整数。

IPv4 地址编址方案将 IP 地址空间划分为 A、B、C、D、E 五类，其中 A、B、C 是基本类，D、E 类作为多播和保留使用，以适合不同容量的网络。互联网设计之初，为了层次化构造网络以及便于寻址，每个 IP 地址包括两个标识码（ID），即网络 ID 和主机 ID。同一个物理网络上的所有主机都使用同一个网络 ID，网络上的一个主机（包括网络上的工作站、服务器和路由器等）都有一个主机 ID 与其对应。

其中 A、B、C 三类地址由 Internet NIC 在全球范围内统一分配，如表 14-1 所示，D、E 类为特殊地址。

表 14-1 IP 地址分类

类别	最大网络数	IP 地址范围	最大主机数	私有 IP 地址范围
A	126 (2^7-2)	0.0.0.0～127.255.255.255	16777214	10.0.0.0～10.255.255.255
B	16384 (2^{14})	128.0.0.0～191.255.255.255	65534	172.16.0.0～172.31.255.255
C	2097152 (2^{21})	192.0.0.0～223.255.255.255	254	192.168.0.0～192.168.255.255

（1）A 类 IP 地址。A 类 IP 地址是指在 IP 地址的四段号码中，第一段号码为网络号码，剩下的三段号码为本地计算机的号码。如果用二进制表示 IP 地址的话，A 类地址由 1 字节的网络地址和 3 字节的主机地址组成，网络地址最高位必须为“0”。A 类地址中网络标识长度为 8 位，主机标识的长度为 24 位，A 类网络地址数量较少，有 126 个网络，每个网络可以容纳的主机数达 1600 多万台。A 类地址一般用于国家级网络。

A 类 IP 地址范围为 1.0.0.0～127.255.255.255（二进制表示为 00000001.00000000.00000000.00000000～01111110.11111111.11111111.11111111），最后一个是广播地址。

A 类 IP 地址的子网掩码为 255.0.0.0，每个网络支持的最大主机数为 $256^3-2=16777214$ 台。

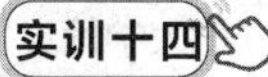

（2）B类IP地址。B类IP地址是指在IP地址的四段号码中，前两段号码为网络号码，后两段号码为本地计算机号码。如用二进制表示IP地址，则B类IP地址由2字节的网络地址和2字节主机地址组成，网络地址的最高位必须为“10”。B类IP地址中网络的标识长度为16bit，主机标识长度为16bit，B类网络地址适用于中等规模的网络，有16384个网络，每个网络所能容纳的计算机数为6万多台。

B类地址范围为128.0.0.0～191.255.255.255（二进制表示为10000000 00000000 00000000 00000000～10111111 11111111 11111111 11111111），最后一个是广播地址。

B类地址的子网掩码为255.255.0.0，每个网络支持的最大主机数为$256^2-2=65534$台。

（3）C类IP地址。C类地址是指在IP地址的四段号码中，前三段号码为网络号码，剩下的一段号码为本地计算机号码。如果用二进制表示IP地址的话，C类IP地址就由3字节的网络地址和1字节主机地址组成，网络地址的最高位必须是“110”。C类地址中网络的标识长度为24位，主机的标识长度为8位，C类网络地址数量较多，有多于209万个网络。它适用于小规模的局域网络，每个网络最多只能包含254台计算机。

C类IP地址范围为192.0.0.0～223.255.255.255（二进制表示为11000000.00000000.00000000.00000000～11011111.11111111.11111111.11111111）。

C类IP地址的子网掩码为255.255.255.0，每个网络支持的最大主机数为256－2＝254台。

（4）特殊IP地址。

① D类IP地址也被叫作多播地址（multicast address），即组播地址。在以太网中，多播是一种允许一个或者多个发送者发送单一数据包到多个接收者的网络技术。多播地址的最高位必须是“1110”，范围为224.0.0.0～239.255.255.255。

② IP地址中的所有字节都为0的地址（“0.0.0.0”）对应于当前主机。IP地址中的所有字节都为1的IP地址（“255.255.25.255”）为当前子网的广播地址。网络ID的第一个8位组不能全为“0”，全为“0”表示本地网络。

③ IP地址中凡以“11110”开头的为E类保留地址，仅做实验和开发用。

④ IP地址不能以十进制“127”作为开头，该类地址中数字127.0.0.1～127.255.255.255用于回路测试，如127.0.0.1通常分配给loopback接口。loopback是一个特殊的网络接口（可理解成虚拟网卡），用于本机中各个应用之间的网络交互。只要操作系统的网络组件是正常的，loopback就能工作。

3. IPv6地址

IPv4最大的问题在于网络地址资源有限，严重制约了互联网的应用和发展。IPv6的使用，不仅能解决网络地址资源数量有限的问题，同时也清除了物联网多种接入设备连入互联网的障碍。

IPv6是IETF（Internet Engineering Task Force，互联网工程任务组）设计的用于替代现行版本IPv4协议的下一代IP协议，号称可为全世界的每一粒沙子分配一个地址。为加快推动我国IPv6从“通路”走向“通车”，从“能用”走向“好用”，工业和信息化部联合中共中央网络安全和信息化委员会办公室2021年7月8日发布《IPv6流量提升三年专项行动计划（2021—2023年）》。

IPv6的地址长度为16位8组=128位（二进制），为IPv4地址长度的4倍。IPv4点分十进制格式不再适用，故采用十六进制表示。IPv6地址不再像IPv4一样分类。

IPv6有3种表示方法：

（1）冒分十六进制表示法。格式为“X:X:X:X:X:X:X:X”，其中每组X表示地址中的16位，以十六进制表示，例如：

ABCD:EF01:2345:6789:ABCD:EF01:2345:6789

在此表示法中，每X组的前导0可省略，例如，“2001:0DB8:0000:0023:0008:0800:200C:417A”可简化为“2001:DB8:0:23:8:800:200C:417A”。

（2）0位压缩表示法。某些IPv6地址中间可能包含很长一段0，可把连续的一段0压缩为“::”，但为保证地址解析的唯一性，地址中“::”只能出现一次，例如：

FF01:0:0:0:0:0:0:1101 → FF01::1101

0:0:0:0:0:0:0:1 →::1

0:0:0:0:0:0:0:0 →::

（3）内嵌IPv4地址表示法。为了实现IPv4与IPv6互通，IPv4地址会嵌入IPv6地址中，此时地址常表示为“X:X:X:X:X:X:d.d.d.d”，前96位（二进制）采用冒分十六进制表示，而最后32位（二进制）则使用IPv4的点分十进制表示，例如，“::192.168.0.1”与“::FFFF:192.168.0.1”。注意：在前96位中，0位压缩的方法依旧适用。

目前我国移动互联网（包括4G、5G）已经完全普及IPv6，绝大部分省份固定宽带IPv6也部署完成。通过浏览器访问 https://test-ipv6.com，此时浏览器会试图连接一系列URL，结果成功与否能说明计算机系统是否已准备好迎接IPv6。如图14-34、图14-35所示，表示此计算机已成功接入IPv6网络。通过此测试发现，移动互联网IPv6基本可以顺利通过，固定宽带部分检测不到IPv6地址，原因是相当多的家庭依旧使用不支持IPv6的老旧无线路由器，只需升级至支持IPv6的设备，并且在设备内打开IPv6选项即可。

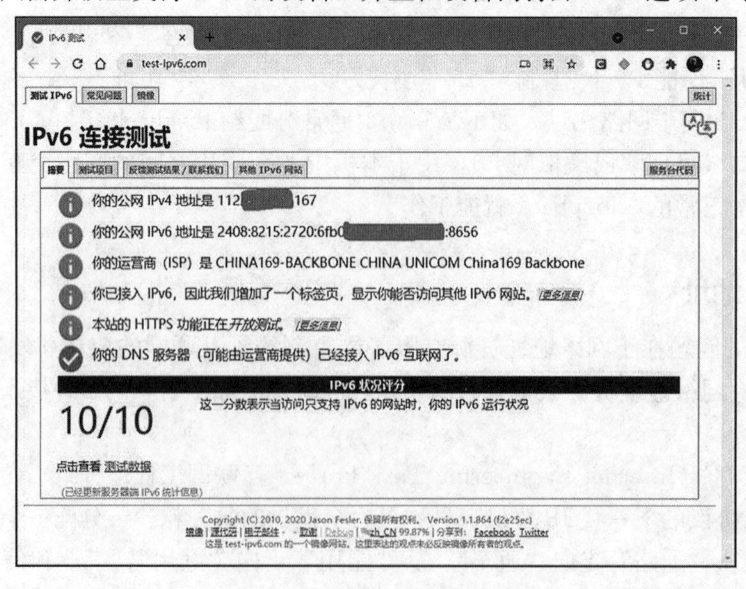

图14-34 IPv6测试（1）

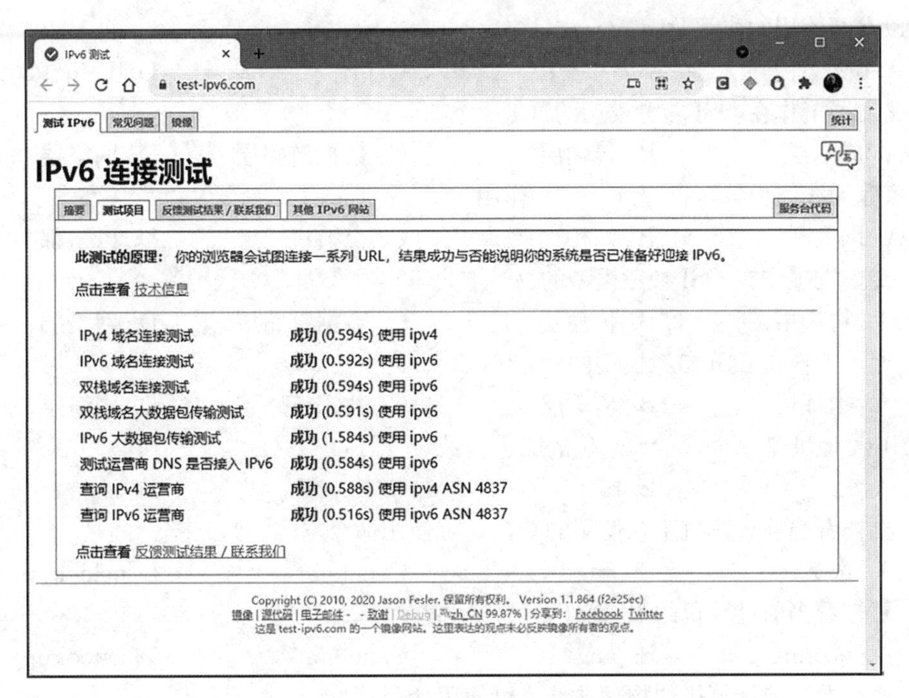

图 14-35 IPv6 测试（2）

习题

一、单选题

1. 下列 IP 地址错误的是（　　）。

A. 62.26.1.2　　B. 78.1.0.0　　C. 202.119.24.5　　D. 223.268.129.1

2. 调制解调器具有将被传输信号转换成适合远距离传输的调制信号及将接收到的调制信号转换为被传输的原始信号的功能，下面（　　）是它的英文缩写。

A. ATM　　B. MUX　　C. CODEC　　D. Modem

3. 调制解调器的作用是（　　）。

A. 将模拟信号转换成计算机的数字信号

B. 可以使上网与接电话两不误

C. 将计算机的数字信号转换成模拟信号

D. 将计算机数字信号与模拟信号互相转换

4. 网络适配器通常就是一块插件板，插入 PC 的扩展槽中，所以又称为（　　）。

A. 网络接口板或网卡　　B. 调制解调器

C. 网点　　D. 网桥

5. Internet 属于一种（　　）。

A. 局域网　　B. 城域网　　C. 广域网　　D. 以太网

6. 所有与 Internet 相连接的计算机必须遵守的一个共同协议是（　　）。

A. IPX　　B. TCP/IP　　C. http　　D. IEEE802.11

7. 以太网使用的协议是（　　）。

A. IPX　　B. TCP/IP　　C. http　　D. IEEE802.11

8. 路由器工作在OSI参考模型的（　　）。

A. 应用层　　B. 传输层　　C. 数据链路层　　D. 网络层

9. 家庭无线路由器可以起（　　）作用。

A. 网关　　B. 网桥　　C. 交换机　　D. 以上都有

10. 交换机工作在OSI参考模型的（　　）。

A. 物理层　　B. 传输层　　C. 数据链路层　　D. 网络层

11. 网卡工作在OSI参考模型的（　　）。

A. 物理层　　B. 传输层　　C. 数据链路层　　D. 网络层

12. IPv4地址是一个（　　）位的二进制数。

A. 8　　B. 16　　C. 32　　D. 64

13. 要查看当前计算机正在使用的端口，可使用命令（　　）。

A. ipconfig　　B. ping　　C. netstat　　D. nslookup

14. 要查看当前计算机的IP地址，可使用命令（　　）。

A. ipconfig　　B. ping　　C. netstat　　D. nslookup

15. 要查看当前计算机的物理地址，可使用命令（　　）。

A. ipconfig　　B. ping　　C. netstat　　D. nslookup

16. 以下IP地址不可以用于以太网内的是（　　）。

A. 123.115.8.6　　B. 192.168.0.5　　C. 172.16.16.8　　D. 10.10.100.25

17. 以下哪类IP地址不面向公众？（　　）

A. A类　　B. B类　　C. C类　　D. E类

18. 在万物互连的物联网时代，使用（　　）是最佳方案

A. A类地址　　B. D类地址　　C. E类地址　　D. IPv6地址

19. IPv6地址是一个（　　）位的二进制数。

A. 32　　B. 64　　C. 128　　D. 256

20. 计算机要通过网线连入以太网，本地计算机必须具有的网络设备是（　　）。

A. 路由器　　B. 交换机　　C. 调制解调器　　D. 网卡

21. 下列服务器中，（　　）用于接收电子邮件。

A. POP3　　B. SMTP　　C. www服务　　D. DNS

22. 计算机网络最突出的优点是（　　）。

A. 运算精度高　　B. 软硬件资源共享　　C. 运算速度快　　D. 存储容量大

23. 下列不是计算机网络按拓扑结构分类的是（　　）。

A. 总线型　　B. 星型　　C. 树型　　D. 广域网

24. 将异构的计算机网络进行互连常通使用的网络互连设备是（　　）。

A. 网桥　　B. 交换机　　C. 集线器　　D. 路由器

25. 下列IPv6地址错误的是（　　）。

A. FE80::1　　B. 0:0:0:0:0:0:0:1

C. ::　　D. FF01::1101::1

二、操作题

1. 查看当前所使用的计算机在局域网中的 IP 地址、网关 IP 及所使用的 DNS 服务器地址，并查看此计算机当前所有通信的 TCP、UDP 端口。在 C 盘下创建 exam 文件夹，在此文件夹内创建文本文档 IP. txt，将查询到的本机 IP 地址写入 IP. txt 并保存。

2. 查看 www. baidu. com 域名所对应的 IP。

3. 使用 ping 命令查看网关 IP 是否畅通。

4. 如当前计算机 IP 为 DHCP 自动获取，则将当前所使用的 IP 更改为手动，IP 地址前三组同习题 1 查询到的网关地址前三组，最后一组为座位号。DNS 使用 211. 82. 8. 5。如当前计算机 IP 为手动获取，则将其改为自动获取。

5. 在 D 盘创建文件夹 network，在局域网内实现共享，要求最大访问数不超过 10，且权限为只读。

参考答案

参 考 文 献

安德鲁·福克纳，康拉德·查韦斯，2021. Adobe Photoshop CC 2019 经典教程 [M]. 董俊霞，译. 北京：人民邮电出版社.

崔中伟，夏丽华，2017. Visio 2016 图形设计标准教程 [M]. 北京：清华大学出版社.

狄松，祝迎春，张文霖，等，2019. 谁说菜鸟不会数据分析 [M]. 北京：电子工业出版社.

韩立刚，韩利辉，王艳华，等，2021. 深入浅出计算机网络 [M]. 北京：人民邮电出版社.

恒盛杰资讯，2016. Word/Excel 2016 从入门到精通 [M]. 北京：机械工业出版社.

黄锋华，2021. 计算机基础实训教程 [M]. 北京：中国铁道出版社.

黄锋华，杨怀卿，2020. 大学信息技术概论 [M]. 北京：中国农业出版社.

黄林国，2021. 计算机网络基础（微课版）[M]. 北京：清华大学出版社.

贾宗福，2014. 新编大学计算机基础教程 [M]. 3 版. 北京：中国农业出版社.

李金明，李金蓉，2022. Photoshop 2022 完全自学教程 [M]. 北京：人民邮电出版社.

刘志成，刘涛，2016. 大学计算机基础（微课版）[M]. 北京：人民邮电出版社.

芦扬，2018. Access 2016 数据库应用基础教程 [M]. 北京：清华大学出版社.

马兆远，2020. 人工智能之不能 [M]. 北京：中信出版集团.

伞颖，白玲，2016. 大学计算机文化基础教程与任务训练 [M]. 西安：西安交通大学出版社.

史创明，秦雪，彭雪，2018. Adobe Audition 音频编辑案例教学经典教程（微课版）[M]. 北京：清华大学出版社.

嵩天，礼欣，黄天羽，2017. Python 语言程序设计基础 [M]. 2 版. 北京：高等教育出版社.

孙芳，2019. PremierePro 视频编辑剪辑设计与制作全视频实战 228 例（中文版）[M]. 北京：清华大学出版社.

孙健敏，田彩丽，2020. 大学信息技术 [M]. 北京：中国农业出版社.

王国平，2021. Python+Office：轻松实现 Python 办公自动化 [M]. 北京：电子工业出版社.

王炜丽，陈英杰，张毅，2020. PhotoshopCC 2019 实战从入门到精通 [M]. 北京：人民邮电出版社.

王移芝，2013. 大学计算机 [M]. 4 版. 北京：高等教育出版社.

唯美世界，瞿颖健，2022. Photoshop 2022 从入门到精通 [M]. 北京：中国水利水电出版社.

文杰书院，2020. Adobe Audition CC 音频编辑基础教程 [M]. 北京：清华大学出版社.

文杰书院，2020. Premiere CC 视频编辑基础教程 [M]. 北京：清华大学出版社.

武松，潘发明，2014. SPSS 统计分析大全 [M]. 北京：清华大学出版社.

向蓉美，王青华，2018. 统计学 [M]. 3 版. 成都：西南财经大学出版社.

杨怀卿，2014. 大学计算机实验基础 [M]. 北京：中国铁道出版社.

杨维忠，陈胜可，刘荣，2018. SPSS 统计分析从入门到精通 [M]. 4 版. 北京：清华大学出版社.

杨长春，薛磊，2018. 大学计算机基础实训教程 [M]. 南京：南京大学出版社.

张开成. 大学计算机基础（Windows 10+Office 2016）[M]. 北京：清华大学出版社.

朱淑鑫，徐焕良，2019. 大学信息技术基础实验 [M]. 4 版. 北京：中国农业出版社.

朱维，付营，2016. Excel 2016 从入门到精通 [M]. 北京：电子工业出版社.

图书在版编目（CIP）数据

大学信息技术实训教程 / 黄锋华，刘艳红主编. —
北京：中国农业出版社，2022.12
全国高等农林院校“十三五”规划教材
ISBN 978-7-109-30242-6

Ⅰ.①大… Ⅱ.①黄… ②刘… Ⅲ.①电子计算机－高等学校－教材 Ⅳ.①TP3

中国版本图书馆 CIP 数据核字（2022）第 222833 号

中国农业出版社出版
地址：北京市朝阳区麦子店街 18 号楼
邮编：100125
责任编辑：李 晓
责任校对：刘丽香
印刷：北京通州皇家印刷厂
版次：2022 年 12 月第 1 版
印次：2022 年 12 月北京第 1 次印刷
发行：新华书店北京发行所
开本：787mm×1092mm 1/16
印张：22
字数：550 千字
定价：43.80 元
